图解

大模型办公自动化实战

从零开始搭建自己的办公智能体

张鸿斌　编著

化学工业出版社

·北京·

内容简介

本书通过大量实战案例全面介绍如何利用 AI 大模型及智能体快速处理大批量或重复性的工作，从而节省时间，大大提高工作效率。

本书主要内容包括：办公自动化基础知识、5 分钟搭建一个专属智能体，利用 AI 智能体实现 Excel 表格及数据实战、实现自动制作图表实战、实现自动进行数据分析实战、实现自动批量处理 Word 文档实战、实现自动制作 PPT 实战、实现批量处理 PDF 文档实战、实现自动收发邮件实战及自动抓取网络数据实战等。

本书采用图解方式编写，图文并茂，一看就懂，一学就会，非常适合财会人员、市场营销人员、数据分析师等想要提高工作效率的广大职场人士阅读使用，也可用作职业院校及培训机构相关专业的教材及参考书。

图书在版编目（CIP）数据

图解大模型办公自动化实战 ：从零开始搭建自己的办公智能体 / 张鸿斌编著. -- 北京 ：化学工业出版社，2025. 10. -- ISBN 978-7-122-48692-9

Ⅰ. TP317.1

中国国家版本馆CIP数据核字第2025LD8291号

责任编辑：耍利娜
责任校对：田睿涵
装帧设计：王晓宇

出版发行：化学工业出版社
（北京市东城区青年湖南街 13 号　邮政编码 100011）
印　　装：北京云浩印刷有限责任公司
710mm×1000mm　1/16　印张 15　　字数 263 千字
2025 年 11 月北京第 1 版第 1 次印刷

购书咨询：010-64518888　　售后服务：010-64518899
网　　址：http://www.cip.com.cn
凡购买本书，如有缺损质量问题，本社销售中心负责调换。

定　　价：79.00元

前言
PREFACE

一、为什么写这本书

AI 大模型和 AI 智能体是人工智能领域的两大关键技术，智能体是大模型在各领域应用的主体形式。随着大模型和智能体的发展，我们可以利用它们来实现办公自动化，将原先需要一天或几天完成的工作，在几分钟或十几分钟内完成，从而减少重复劳动，大大提高效率。

因此，掌握办公自动化技术将是您在职场的一次自我提升，是广大职场办公人员今后必须掌握的一项与时俱进的工作技能。

本书写作的目的就是教会大家使用 AI 大模型及智能体实现办公自动化，包括批量处理 Excel 表格及数据、自动制作漂亮图表、自动进行数据分析、批量处理 Word 文档、自动制作 PPT、批量处理 PDF 文档、自动收发邮件及自动抓取网络数据等。

二、本书特色

（1）案例丰富：全书通过大量实战案例来讲解办公自动化技巧，帮助读者学以致用。

（2）场景化讲解：实战案例全部根据实际工作中的高频场景设计，直击工作中的痛点。

（3）全程图解：本书采用步步图解的形式详细介绍操作方法，图文并茂，一目了然。

三、全书主要内容

本书共有9章。第1章主要讲解Python程序的下载安装方法、各种模块（库）安装方法及使用IDLE运行Python程序的方法。

第2章主要讲解快速搭建一个使用DeepSeek智能体的案例、使用智能体实现办公自动化操作流程等内容。

第3～9章主要讲解通过智能体自动批量处理Excel表格公式、表格操作，批量制作数据透视表，批量进行数据汇总，自动进行数据分析，自动制作各种漂亮图表，自动批量处理Word文档及制作各种Word文案，自动生成PPT文案及自动制作PPT，自动批量处理PDF文档（如提取PDF的内容、拆分、组合、加密等），自动接收未读邮件并保存邮件内容，自动群发邮件，自动抓取网络数据等内容。

一本书从选题到出版要经历很多环节，在此感谢化学工业出版社的相关编辑为本书出版所做的大量工作。

由于作者水平有限，书中难免有疏漏和不足之处，恳请广大读者朋友提出宝贵意见。

编著者

扫码看视频

目录
Contents

第 3 章

利用 AI 智能体实现 Excel 自动化实战

第 4 章
利用 AI 智能体实现图表自动化实战

第 5 章

利用 AI 智能体进行数据分析实战

第 6 章 利用 AI 智能体实现 Word 自动化实战

第 7 章

利用 AI 智能体实现 PPT 自动化实战

第 8 章

利用 AI 智能体实现 PDF 文档自动化实战

第 9 章

利用 AI 智能体实现自动收发邮件及自动抓取网络数据实战

第1章

办公自动化基础知识

随着技术的发展，近年来 Python 被应用于办公自动化，许多工作人员结合 Python 程序处理日常工作。比如在处理重复性和机械化的 Excel 报表时，结合 Python 自动批量处理，会将费时费力的工作简单化。平时需要一天或几天完成的工作可以很快处理完。

本章将详细讲解 Python 编程环境的搭建、库的安装，并带领初学者迈入 Python 编程的大门。

1.1 下载与安装 Python

1.1.1 下载最新版 Python

Python 是免费的，大家可以从 Python 的官网进行下载。下面介绍操作步骤（以 Windows 系统为例）。

① 查看计算机操作系统的类型。以 Windows 10 系统为例，在桌面右键单击“此电脑”图标。在打开的“系统”窗口中，可以看到操作系统的类型。这里显示为 32 位操作系统，如图 1-1 所示。

图 1-1 查看操作系统

② 在浏览器的地址栏输入“www.python.org”并按回车键。如图 1-2 所示。

图 1-2　输入网址

③ 如果是 Windows 32 位系统，在打开的网页中，鼠标指向“Downloads”选项，然后从弹出的菜单中单击“Python3.11.2”按钮。如图 1-3 所示。

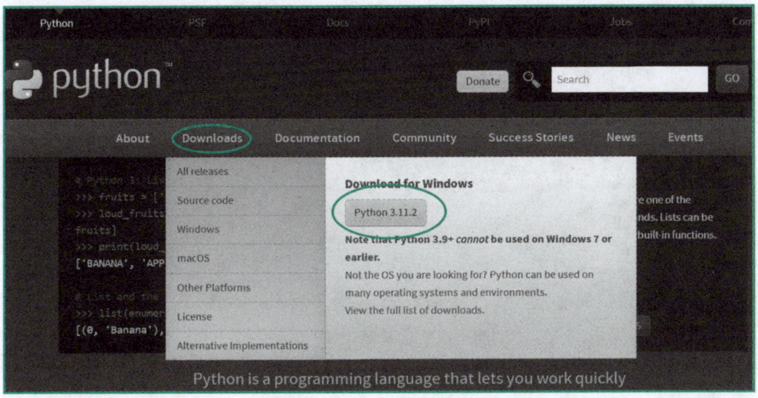

图 1-3　下载 Python

④ 如果是 Windows 64 位系统，则单击图 1-3“Downloads”菜单下的“Windows”选项，然后在打开的页面中（如图 1-4 所示）单击“Download Windows installer (64-bit)”选项进行下载。注意：如果是苹果电脑，操作系统是 macOS 系统，则单击图 1-3“Downloads”菜单中的“macOS”选项进行下载。

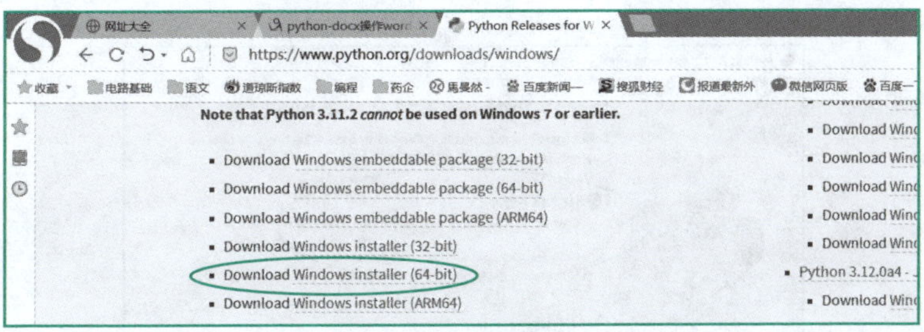

图 1-4　下载程序

⑤ 弹出下载对话框，如图 1-5 所示。单击“浏览”按钮可以设置下载文件的保存位置。设置好之后，单击“下载”按钮开始下载。

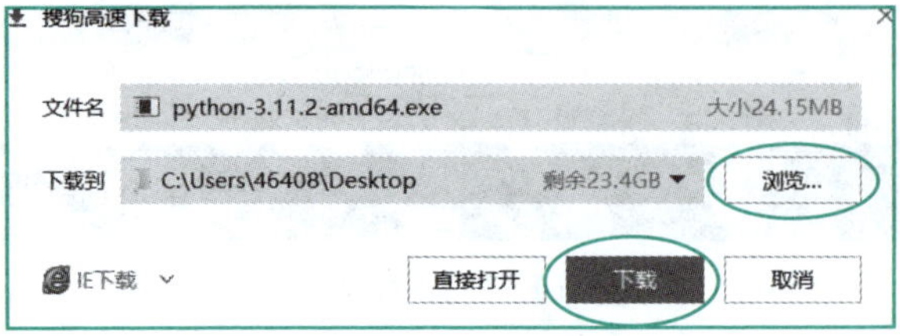

图 1-5　下载对话框

⑥ 下载完的安装文件如图 1-6 所示。

图 1-6　下载完的文件

1.1.2　安装 Python

下面介绍如何安装 Python 程序（以 Windows10 系统为例）。

① 双击 Python 安装文件，会弹出"你要允许此应用对你的设备进行更改吗？"对话框，单击"是"按钮即可。接着在打开的如图 1-7 所示的对话框中，单击勾选"Add python .exe to PATH"复选框，然后单击"Install Now "选项开始安装。

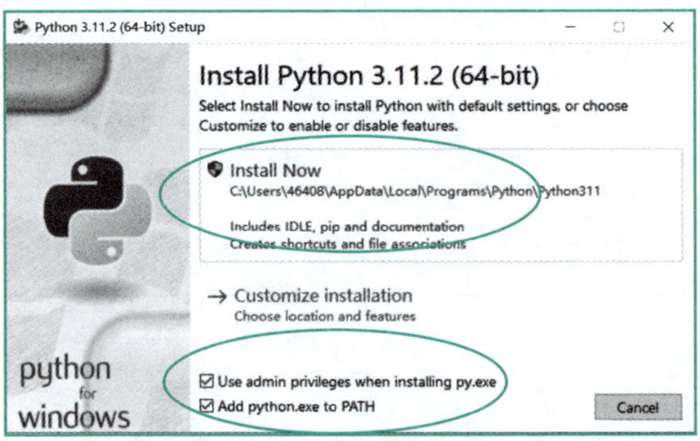

图 1-7　开始安装

② 安装程序开始复制程序文件。最后单击“Close”按钮完成，如图 1-8 所示。

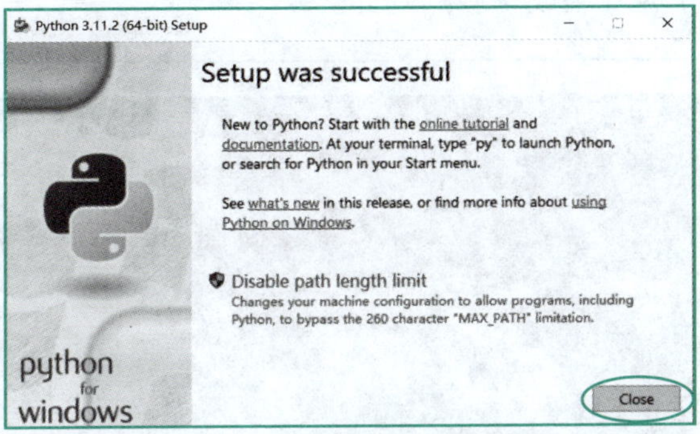
Python 3.11.2 (64-bit) Setup
Setup was successful
New to Python? Start with the online tutorial and documentation. At your terminal, type "py" to launch Python, or search for Python in your Start menu.
See what's new in this release, or find more info about using Python on Windows.
Disable path length limit
Changes your machine configuration to allow programs, including Python, to bypass the 260 character "MAX_PATH" limitation.
python for windows
Close

图 1-8　安装完成

1.1.3　库的安装与导入

Python 最大的魅力是有很多很有特色的库，也称为模块，用户在编程时可以直接调用这些库来实现某一个特定功能。比如，pandas 库有很强的数据分析功能，调用此库可以轻松实现对数据的分析；openpyxl 库有很强的 Excel 数据处理能力，调用此库可以快速处理 Excel 数据。

不过有些库在调用之前需要先下载安装，下面讲解接下来要用到的几个库的安装方法。

（1）pandas 库的安装

在 Python 中，安装库的简单方法是用 pip 命令安装。安装方法如下。

① 打开“命令提示符”窗口。方法是按键盘的“Win+R”组合键，打开“运行”对话框，输入“cmd”，然后单击“确定”按钮，如图 1-9 所示。提示：也可以单击“开始”菜单，再单击“windows 系统”下的“命令提示符”来打开。

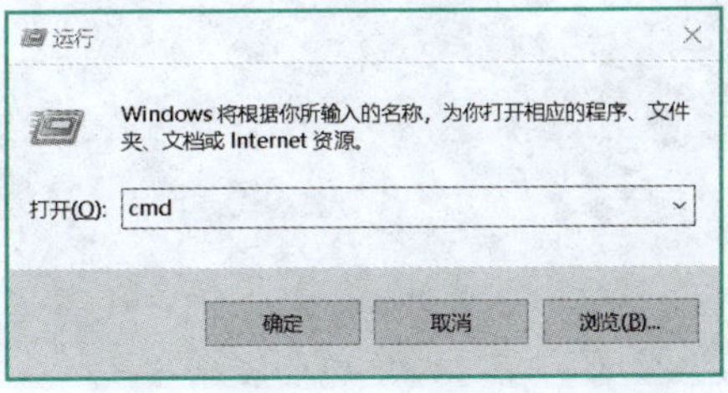
运行
Windows 将根据你所输入的名称，为你打开相应的程序、文件夹、文档或 Internet 资源。
打开(O): cmd
确定
取消
浏览(B)...

图 1-9　在“运行”对话框输入“cmd”

② 打开“命令提示符”窗口后，输入“pip install pandas”命令后按回车键，开始自动安装 pandas 库，安装完成会提示“Successfully installed”，说明安装成功。如图 1-10 所示为安装成功后的画面。

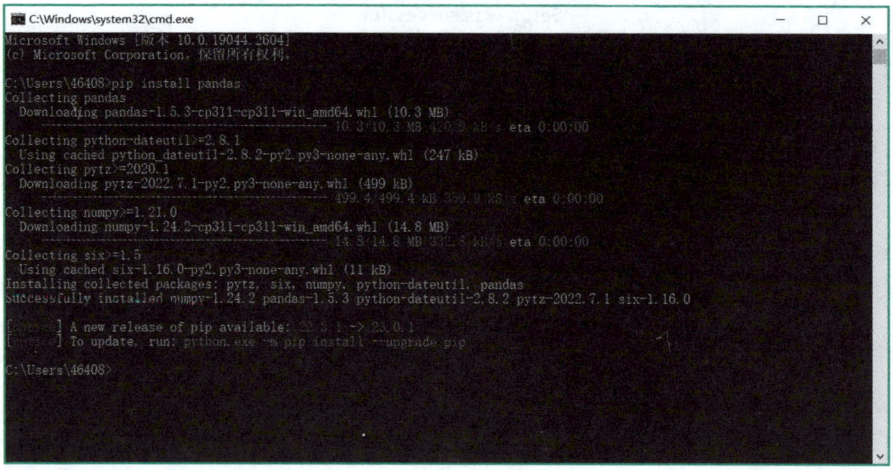
C:\Windows\system32\cmd.exe
Microsoft Windows [版本 10.0.19044.2604]
(c) Microsoft Corporation。保留所有权利。
C:\Users\46408>pip install pandas
Collecting pandas
Downloading pandas-1.5.3-cp311-cp311-win_amd64.whl (10.3 MB)
eta 0:00:00
Collecting python-dateutil>=2.8.1
Using cached python_dateutil-2.8.2-py2.py3-none-any.whl (247 kB)
Collecting pytz>=2020.1
Downloading pytz-2022.7.1-py2.py3-none-any.whl (499 kB)
eta 0:00:00
Collecting numpy>=1.21.0
Downloading numpy-1.24.2-cp311-cp311-win_amd64.whl (14.8 MB)
eta 0:00:00
Collecting six>=1.5
Using cached six-1.16.0-py2.py3-none-any.whl (11 kB)
Installing collected packages: pytz, six, numpy, python-dateutil, pandas
Successfully installed numpy-1.24.2 pandas-1.5.3 python-dateutil-2.8.2 pytz-2022.7.1 six-1.16.0
] A new release of pip available:
] To update, run:
C:\Users\46408>

图 1-10　安装 pandas 库

（2）xlwings 库的安装

xlwings 库的安装方法与 pandas 库的安装方法类似，首先打开“命令提示符”窗口，然后直接输入“pip install xlwings”并按回车键，开始安装xlwings库。安装完成后同样会提示“Successfully installed”，如图 1-11 所示。

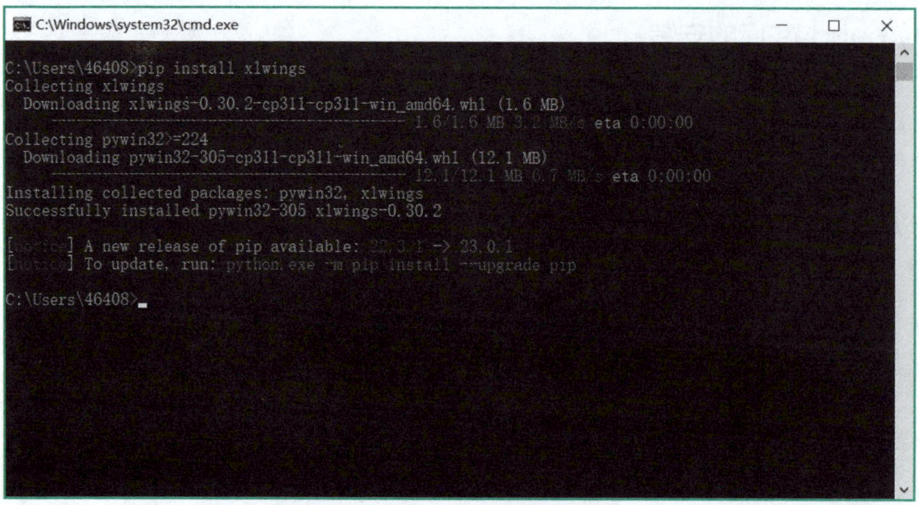
C:\Windows\system32\cmd.exe
C:\Users\46408>pip install xlwings
Collecting xlwings
Downloading xlwings-0.30.2-cp311-cp311-win_amd64.whl (1.6 MB)
1.6/1.6 MB 3.2 MB/s eta 0:00:00
Collecting pywin32>=224
Downloading pywin32-305-cp311-cp311-win_amd64.whl (12.1 MB)
12.1/12.1 MB 0.7 MB/s eta 0:00:00
Installing collected packages: pywin32, xlwings
Successfully installed pywin32-305 xlwings-0.30.2
] A new release of pip available: 22.3.1 -> 23.0.1
] To update, run: python.exe -m pip install --upgrade pip
C:\Users\46408>

图 1-11　安装 xlwings 库

（3）python-docx 库的安装

python-docx 库的安装方法与 pandas 库的安装方法类似，首先打开“命令提示符”窗口，然后直接输入“pip install python-docx”并按回车键，开始安装 python-docx 库。安装完成后同样会提示“Successfully installed”。

（4）python-pptx 库的安装

python-pptx 库的安装方法与 pandas 库的安装方法类似，首先打开“命令提示符”窗口，然后直接输入“pip install python-pptx”并按回车键，开始安装 python-pptx 库。安装完成后同样会提示“Successfully installed”。

（5）openpyxl 库的安装

同样在“命令提示符”窗口中直接输入“pip install openpyxl”并按回车键，开始安装 openpyxl 库。

（6）库的导入

要在代码中使用库的功能，除了需要安装库外，还需要在代码文件中导入库。库的导入方法有两种：一种是用 import 语句导入，另一种是用 from 语句导入。

① import 语句导入库。方法为：import+ 库名称，比如导入 pandas 库：import pandas。另外，由于有些库的名称很长，在导入库时允许给导入的库起个别名。比如导入 pandas 库并起别名为“pd”的方法为：import pandas as pd。这里使用了 as 来给库起别名。

② from 语句导入库。有些库中的函数特别多，用 import 语句导入整个库后会导致程序运行速度缓慢，如果只需要使用库中的少数几个函数，可以用 from 语句导入库时指定要导入的函数。方法为：from+ 库名 +import+ 函数名。比如导入时间库（datetime）中的“datetime”函数：from datetime import datetime。

1.2 带你进入 Python 编程大门

安装好 Python 程序后，接下来可以运行 Python 程序，并开始编写程序了。

1.2.1 使用 IDLE 运行 Python 程序

IDLE 是 Python 的集成开发环境，当安装好 Python 以后，IDLE 就自动安装好了，不需要另外去安装。

① 单击“开始”按钮，从打开的菜单中单击“IDLE(Python 3.11 64-bit)”选项。如图 1-12 所示。

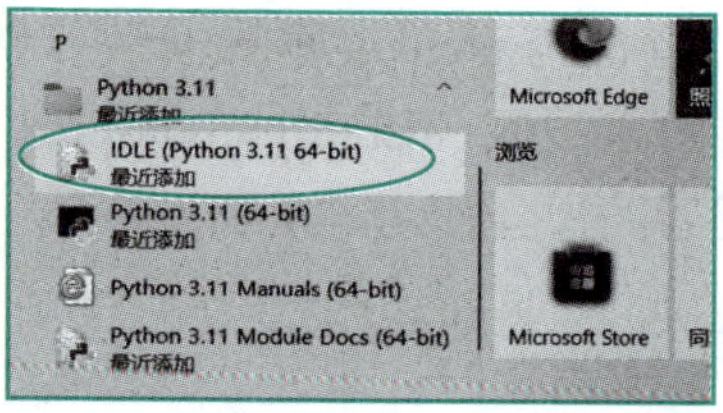
Python 3.11
IDLE (Python 3.11 64-bit)
最近添加
Python 3.11 (64-bit)
最近添加
Python 3.11 Manuals (64-bit)
Python 3.11 Module Docs (64-bit)
最近添加
Microsoft Edge
浏览
Microsoft Store

图 1-12　打开 IDLE 开发环境

② 此时会打开 IDLE 开发环境，此开发环境是一个基于命令行的环境，它的名字叫“Python 3.11.2 Shell”。Shell 是一个窗口或界面，它允许用户输入命令或代码行。如图 1-13 所示。

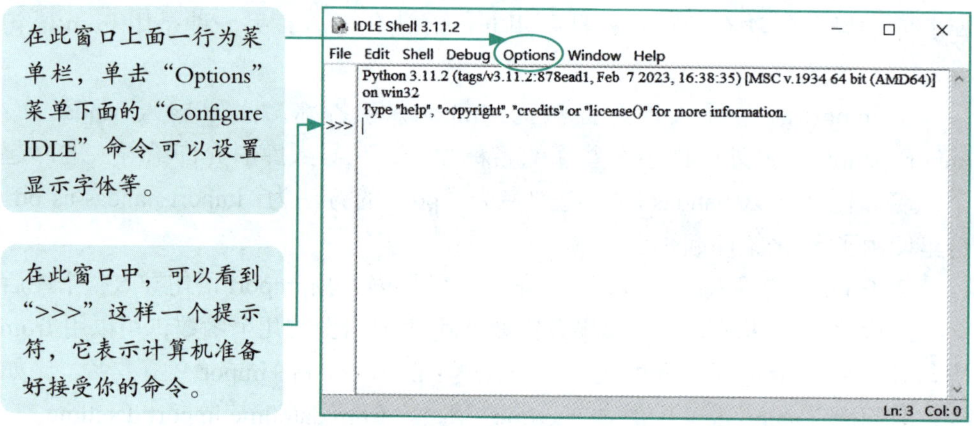
在此窗口上面一行为菜单栏，单击“Options”菜单下面的“Configure IDLE”命令可以设置显示字体等。
在此窗口中，可以看到“>>>”这样一个提示符，它表示计算机准备好接受你的命令。
IDLE Shell 3.11.2
File Edit Shell Debug Options Window Help
Python 3.11.2 (tags/v3.11.2:878ead1, Feb 7 2023, 16:38:35) [MSC v.1934 64 bit (AMD64)] on win32
Type "help", "copyright", "credits" or "license()" for more information.
>>>
Ln: 3 Col: 0

图 1-13　IDLE Shell 开发环境

1.2.2 案例：用 IDLE 编写 Python 程序

接下来我们尝试用 IDLE 开发环境编写第一个 Python 程序，如图 1-14 所示，首先运行 IDLE 开发环境。

然后在 >>> 符号右侧输入“print('你好，Python')”，按回车键，会执行 print 命令，输出“你好，Python”，如图 1-15 所示。

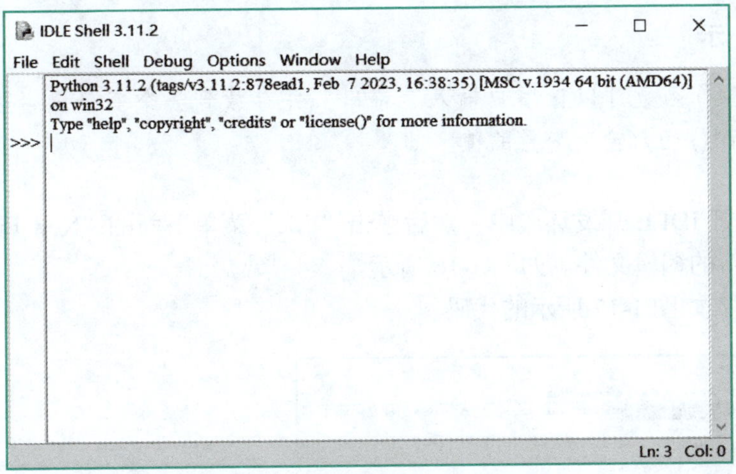
IDLE Shell 3.11.2
File Edit Shell Debug Options Window Help
Python 3.11.2 (tags/v3.11.2:878ead1, Feb 7 2023, 16:38:35) [MSC v.1934 64 bit (AMD64)]
on win32
Type "help", "copyright", "credits" or "license()" for more information.
>>>
Ln: 3 Col: 0

图 1-14　运行 IDLE 开发环境

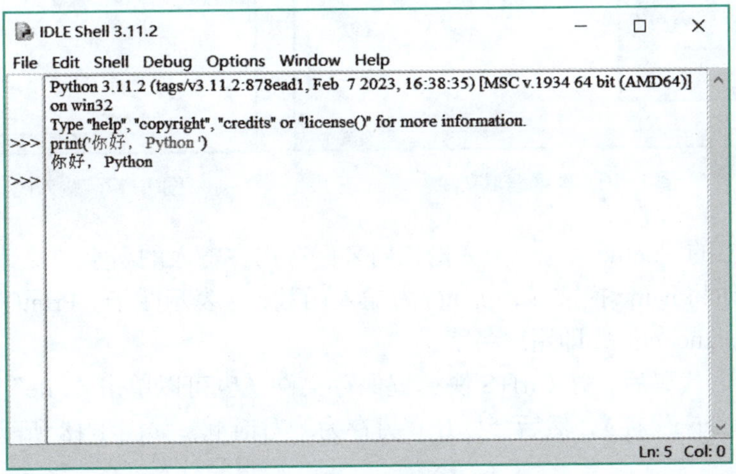
IDLE Shell 3.11.2
File Edit Shell Debug Options Window Help
Python 3.11.2 (tags/v3.11.2:878ead1, Feb 7 2023, 16:38:35) [MSC v.1934 64 bit (AMD64)]
on win32
Type "help", "copyright", "credits" or "license()" for more information.
>>> print('你好，Python ')
你好，Python
>>>
Ln: 5 Col: 0

图 1-15　输出代码

代码中的 print() 是函数，是打印输出的意思，它会直接输出引号中的内容，这里的引号可以是单引号，也可以是双引号。在输入的时候注意：() 和 ''（也可以用双引号）都必须是半角的（在英文输入法状态下输入的默认为半角）。如果使用全角输入，就会出错。

1.2.3　案例：编写第一个交互程序

下面我们编写一个稍微复杂一点的程序，使用 input() 函数编写一个请用户输入名字的程序。

提 示

input() 函数可以让用户输入字符串，并存放到一个变量里。然后可以使用 print() 函数输出变量的值。

① 打开 IDLE 开发环境中，然后单击“File”菜单下面的“New File”命令，新建一个新的编辑文件。如图 1-16 所示。

② 输入如图 1-17 所示的代码。

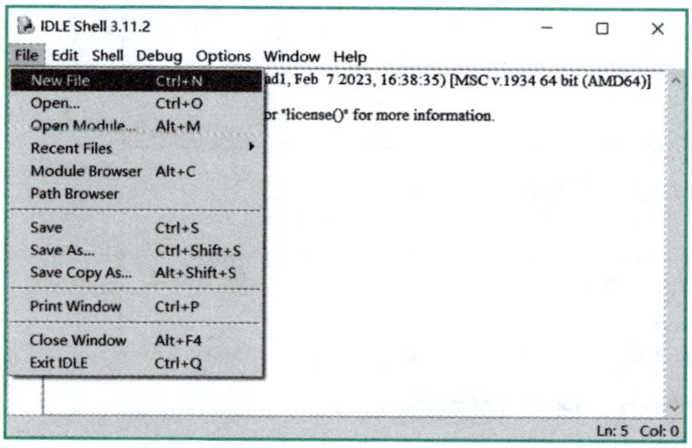

图 1-16　新建编辑文件

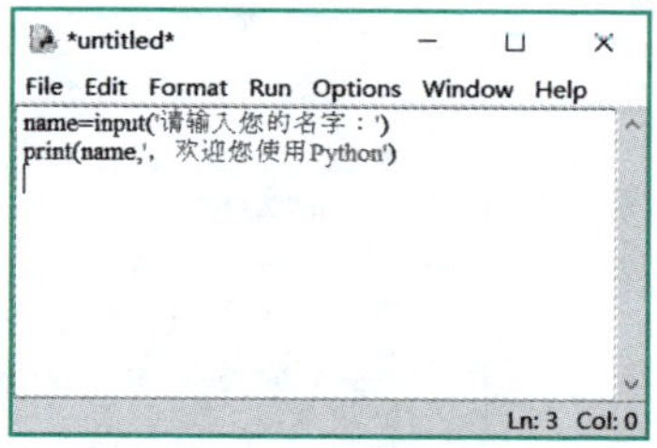

图 1-17　输入代码

代码中的“name”为一个变量，用来保存用户输入的名字。变量可以自己定义，比如将 name 换成 n；input() 为输入函数，= 表示赋予。Print() 函数用来调用变量 name 的值，即用户名字。

③ 写好代码后，按 Ctrl+S 快捷键保存文件（也可以单击“File”文件下的“保存”命令来保存），然后会打开“另存为”对话框，如图 1-18 所示。选择文

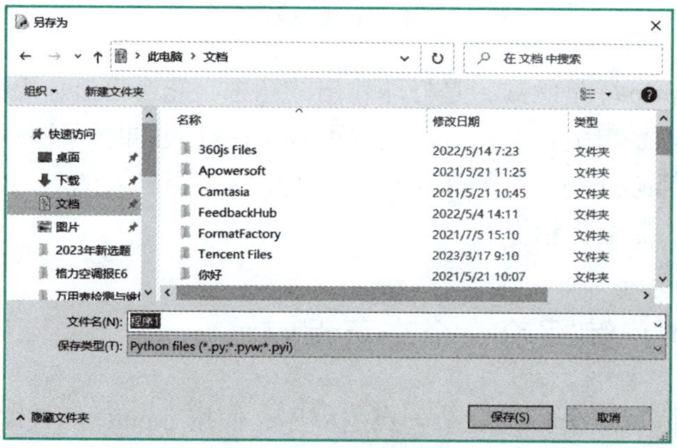

图 1-18　保存文件

件保存的位置，并在“文件名”栏中输入文件的名字（如“程序 1”），最后单击“保存”按钮，将文件保存。

④ 保存之后就可以运行此代码了，单击“Run”菜单下的“Run Module”命令（或直接按 F5 键），运行程序，如图 1-19 所示。

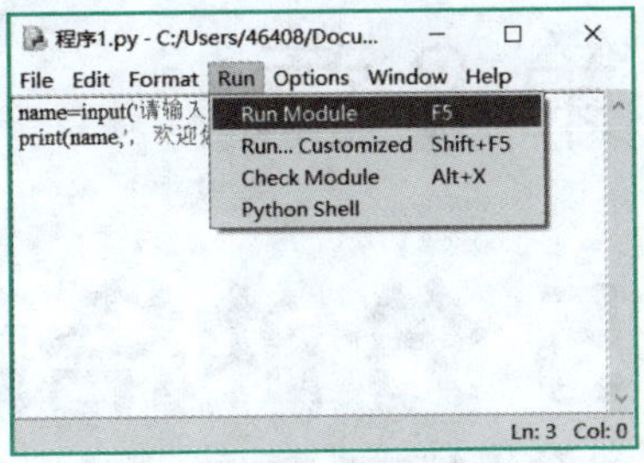
程序1.py - C:/Users/46408/Docu...
File Edit Format Run Options Window Help
Run Module F5
Run... Customized Shift+F5
Check Module Alt+X
Python Shell
Ln: 3 Col: 0

图 1-19　运行程序

⑤ 此时会自动打开 IDLE Shell 文件，并显示代码运行后的输出结果，如图 1-20 所示。

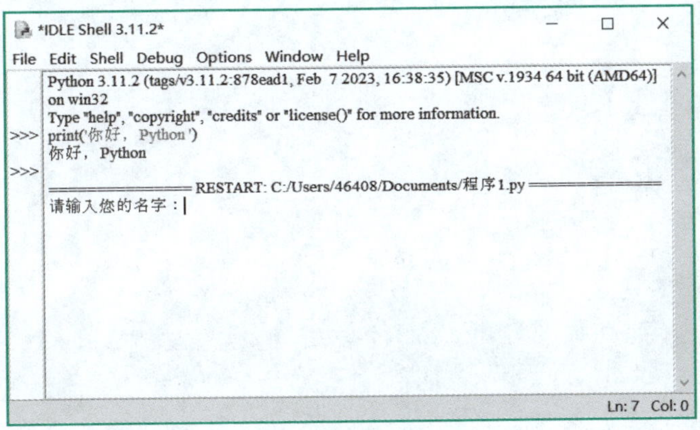
IDLE Shell 3.11.2
File Edit Shell Debug Options Window Help
Python 3.11.2 (tags/v3.11.2:878ead1, Feb 7 2023, 16:38:35) [MSC v.1934 64 bit (AMD64)] on win32
Type "help", "copyright", "credits" or "license()" for more information.
>>> print('你好，Python')
你好，Python
>>>
RESTART: C:/Users/46408/Documents/程序1.py
请输入您的名字：
Ln: 7 Col: 0

图 1-20　输出结果

⑥ 在“请输入您的名字”右侧用键盘输入“编程者”，然后按回车键，会输出如图 1-21 所示结果。

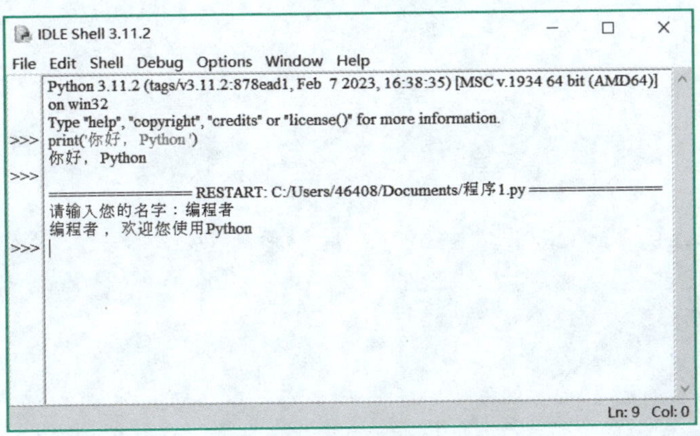
IDLE Shell 3.11.2
File Edit Shell Debug Options Window Help
Python 3.11.2 (tags/v3.11.2:878ead1, Feb 7 2023, 16:38:35) [MSC v.1934 64 bit (AMD64)] on win32
Type "help", "copyright", "credits" or "license()" for more information.
>>> print('你好，Python')
你好，Python
>>>
RESTART: C:/Users/46408/Documents/程序1.py
请输入您的名字：编程者
编程者，欢迎您使用Python
>>>
Ln: 9 Col: 0

图 1-21　输出运行结果

第 2 章

5 分钟搭建一个专属智能体

现在AI正在重塑未来，“大模型”和“智能体”成为人工智能领域的两大热点。二者在推动人工智能技术进步和应用落地方面起到了至关重要的作用。今后AI智能体将越来越火爆，它会重新定义未来人工智能的方向。

本章将详细讲解如何快速搭建一个智能体。

2.1 深入了解智能体与大模型

2.1.1 大模型——AI技术的“大脑”

大模型是指利用海量数据，通过先进的算法和技术训练得到的具有强大预测和决策能力的模型。大模型主要通过学习海量数据来提取特征、进行推理，并生成新的内容。

目前大模型在诸多领域都展现出了惊人的应用潜力，如自然语言处理（大模型可以生成高质量的文本，用于智能客服、内容创作等），图像识别（大模型可以识别图像中的物体、场景，甚至生成逼真的图像），语音识别（大模型可以实现高精度的语音转文字、语音合成等功能）等。

大模型的种类有很多，如果按照输入数据类型分类，大模型主要可以分为语言大模型、视觉大模型和多模态大模型三大类，如图2-1所示。

2.1.2 智能体——AI技术的“执行者”

智能体（Agent）是能够自主规划和执行任务的程序，它们可以利用外部工具获取信息并做出决策。智能体的核心目标是模拟人类的智能行为，具体表现为能够感知环境、决策以及执行目标任务。

智能体就像一个有“小脑袋”的东西，它能自己做决定、采取行动，还能和周围环境互动。例如，一个智能体可以利用数据库检索工具来获取客户的购物历史数据，从而为用户量身定制购物建议；在智能家居中，智能体可以根据用户习惯，自动调节灯光、温度等；在AI游戏中，智能体可以在游戏中扮演角色，与玩家互动。

智能体的运行主要依赖三个核心功能：感知、推理和执行。如图2-2所示。

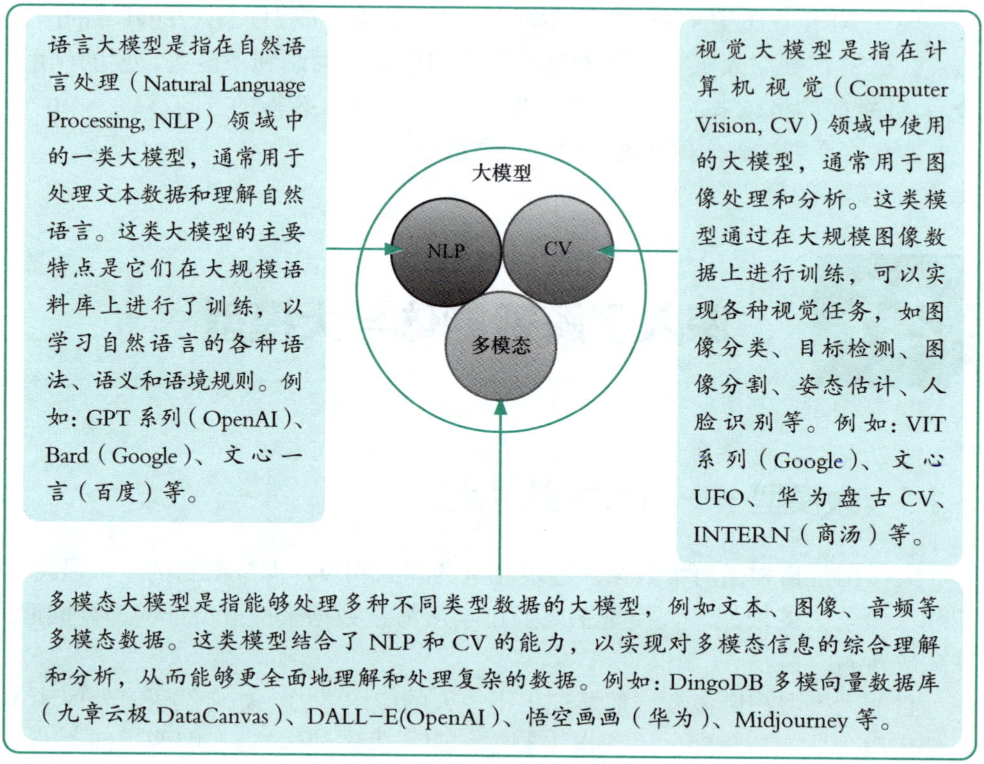
语言大模型是指在自然语言处理（Natural Language Processing, NLP）领域中的一类大模型，通常用于处理文本数据和理解自然语言。这类大模型的主要特点是它们在大规模语料库上进行了训练，以学习自然语言的各种语法、语义和语境规则。例如：GPT 系列（OpenAI）、Bard（Google）、文心一言（百度）等。
大模型
NLP
CV
多模态
视觉大模型是指在计算机视觉（Computer Vision, CV）领域中使用的大模型，通常用于图像处理和分析。这类模型通过在大规模图像数据上进行训练，可以实现各种视觉任务，如图像分类、目标检测、图像分割、姿态估计、人脸识别等。例如：VIT 系列（Google）、文心 UFO、华为盘古 CV、INTERN（商汤）等。
多模态大模型是指能够处理多种不同类型数据的大模型，例如文本、图像、音频等多模态数据。这类模型结合了 NLP 和 CV 的能力，以实现对多模态信息的综合理解和分析，从而能够更全面地理解和处理复杂的数据。例如：DingoDB 多模向量数据库（九章云极 DataCanvas）、DALL-E(OpenAI)、悟空画画（华为）、Midjourney 等。

图 2-1　大模型的分类

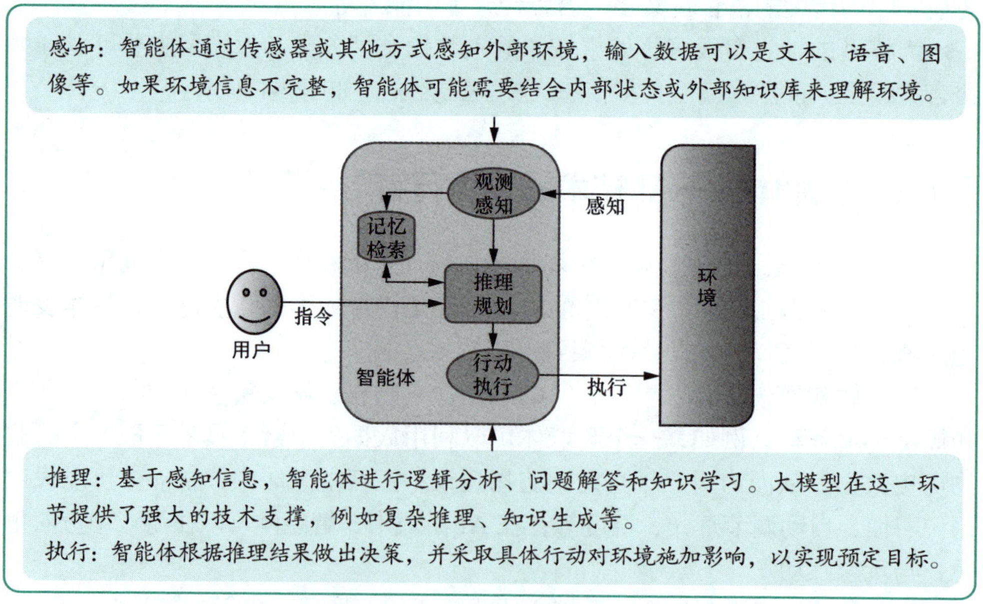
感知：智能体通过传感器或其他方式感知外部环境，输入数据可以是文本、语音、图像等。如果环境信息不完整，智能体可能需要结合内部状态或外部知识库来理解环境。
观测感知
记忆检索
推理规划
行动执行
智能体
感知
执行
环境
指令
用户
推理：基于感知信息，智能体进行逻辑分析、问题解答和知识学习。大模型在这一环节提供了强大的技术支撑，例如复杂推理、知识生成等。
执行：智能体根据推理结果做出决策，并采取具体行动对环境施加影响，以实现预定目标。

图 2-2　智能体的核心功能

2.1.3 大模型与智能体之间紧密协同

大模型和智能体在人工智能体系中各自占据重要位置。大模型是智能体的核心组件，凭借其强大的信息处理和生成能力，为智能体提供了技术支持，尤其是在推理分析和决策领域。智能体的运行需要强大的推理能力，而这正是大模型的技术优势。而智能体凭借自主性、主动性和进化性，将大模型的能力有机整合并应用到更广阔的场景中。

智能体是大模型的应用载体，尽管大模型本身具有独立的应用价值，如文本生成、代码编写、图像生成等，但其在实际应用中仍然存在一些局限性，例如专业领域知识不足、推理和决策能力有待提升等。将大模型与智能体结合，可以充分发挥大模型的技术优势，同时弥补其短板。

智能体在这一过程中的作用是将大模型的能力更好地融入到具体场景中。可以说，智能体是大模型的未来应用形态。未来，大模型将更多以智能体的形式出现在人工智能的各类应用中。

2.2 快速搭建一个使用 DeepSeek 的智能体

在人工智能快速发展的浪潮中，智能体已成为企业和个人快速驾驭 AI 能力的“新入口”。本节将讲解如何快速搭建属于自己的智能体。

2.2.1 国内 AI 智能体平台

如今智能体平台已成为各行业创新和变革的核心驱动力，国内的智能体平台也是百花齐放，接下来我们就来了解一下国内几家 AI 智能体平台。

(1) 百度文心智能体平台

百度文心智能体平台是由百度推出的基于文心大模型、DeepSeek 大模型的智能体构建平台。其具备强大的对话交互、内容创作、知识推理及多模态生成能力，可广泛应用于信息咨询、文案撰写、创意激发等场景。

（2）字节跳动扣子（Coze）智能体平台

扣子（Coze）是字节跳动推出的 AI 智能体开发平台，提供插件、知识库、工作流等多功能，还具备图像流、数据库和记忆功能。它允许用户无论是否有编程基础，都能快速搭建基于大模型的各类智能体，并将这些智能体发布到扣子商店、豆包、飞书、抖音、微信、掘金等社交平台及通讯软件或部署到网站等渠道。

（3）腾讯元器智能体平台

腾讯元器是腾讯公司推出的一款 AI 智能体创作与分发平台，用户通过低代码或无代码的方式，能够快速高效地创建和部署智能体，实现聊天对话、内容创作、图像生成等功能的开发和接入。另外，它提供了一个直观的流程图式的界面，用户只需通过在图形化界面中拖放组件来设计工作流程，即可实现智能体的逻辑编排。

2.2.2 案例：创建并发布自己的专属智能体

下面以在扣子（Coze）智能体平台创建智能体为例，讲解如何创建自己的专属智能体。

先在浏览器地址栏输入扣子（Coze）智能体平台网址，打开扣子开发平台网站，然后按照如图 2-3 所示的方法创建智能体。

扣子
扣子空间 BETA
开发平台
调试工具
代码框架
客户案例
扣子开发平台
零基础开启 Agent 专业开发
hi
快速开始
智能硬件解决方案
基于扣子 AI 应用开发平台，为硬件厂商提供覆盖语音交互、教育辅助、情感陪伴等场景的智能化改造方案。
① 在打开的网页中单击“快速开始”按钮，开始创建。

② 打开登录注册的界面，在此界面中根据提示用手机号进行注册。

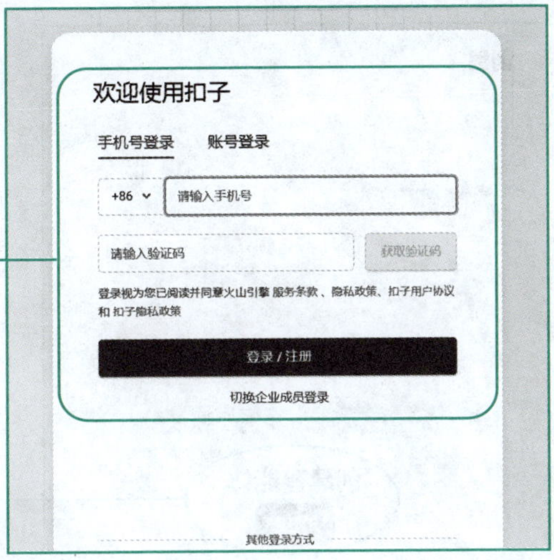

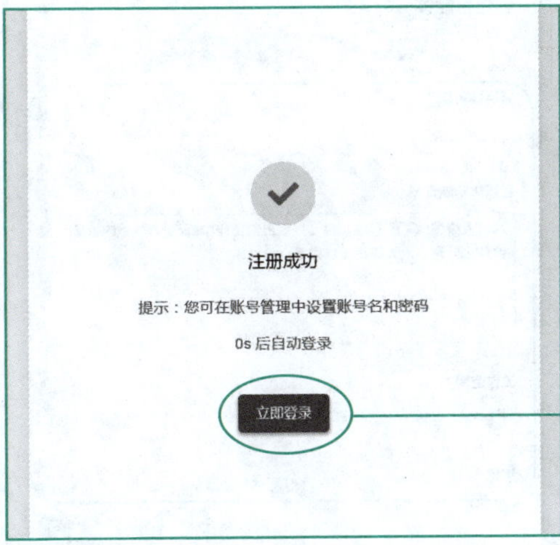

③ 注册成功后，单击“立即登录”，进行登录。

④ 在登录后的界面中单击“+”创建按钮，开始创建智能体。

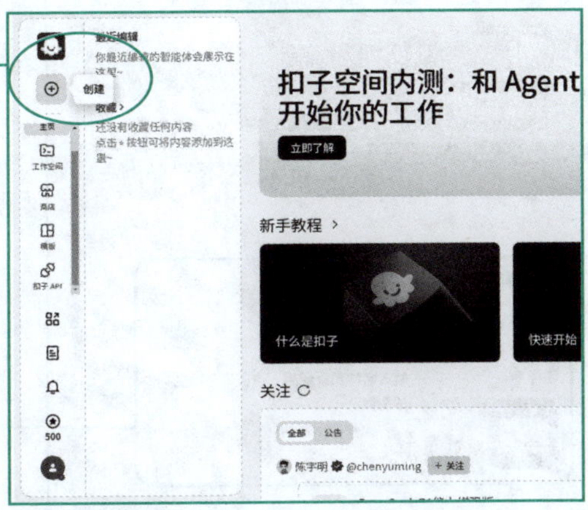

图 2-3

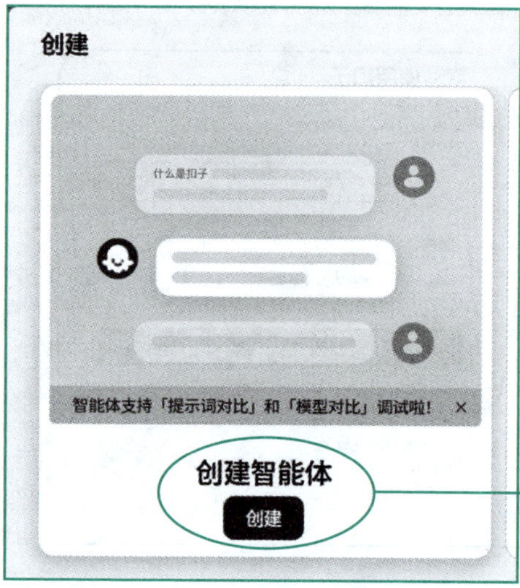

⑤ 在弹出的界面中，单击“创建”按钮。

⑥ 在弹出的界面中的“智能体名称”栏输入一个名称；在“智能体功能介绍”栏输入要创建的智能体的功能介绍。

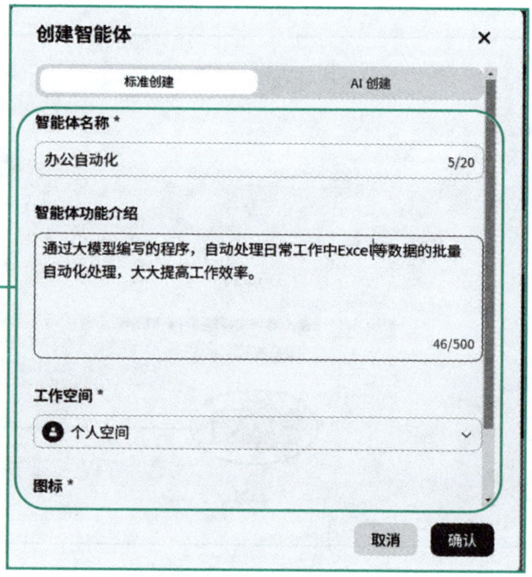

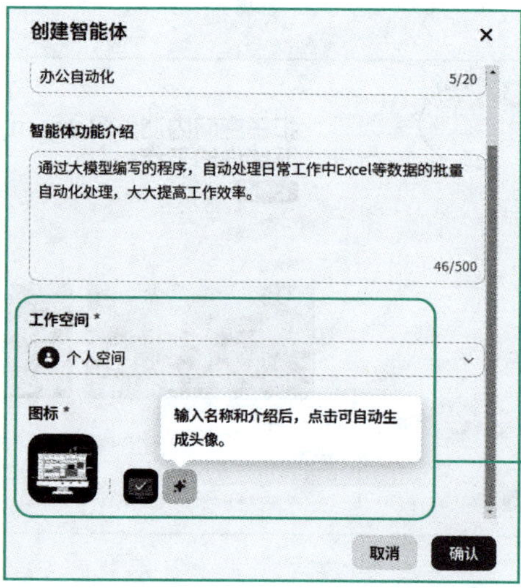

⑦ 在“图标”栏单击下面的图标，设置一个智能体的图标，或单击右侧的“自动生成头像”按钮，自动生成一个图标。设置好后，单击“确认”按钮。

⑧ 在打开的界面中，单击"编排"下面的大模型下拉列表，选择一个大模型（如选择DeepSeek-V3）。
编排
豆包 · 1.5 · Pro · 32k
预览与调试
豆包 · 1.5 · Pro · 视觉推理 · 128K 深度思考 图片理解
豆包 · 1.5 · Pro · 256k 长文本 旗舰
DeepSeek-R1 深度思考
DeepSeek-V3-0324 工具调用 MoE 模型
Kimi 限额使用 性价比
关闭
发送消息...

图 2-3　创建智能体

接着开始配置智能体，主要配置智能体的技能、知识和对话体验等，如图 2-4 所示。

然后调试智能体。配置好智能体后，就可以在预览与调试区域中测试智能体是否符合预期。如图 2-5 所示。

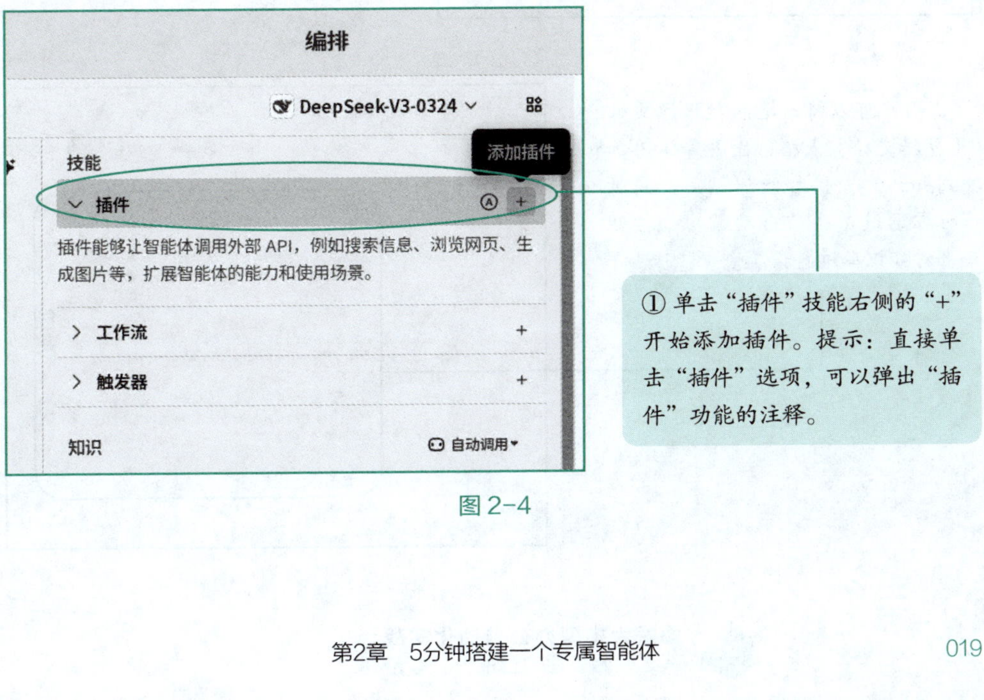

编排
DeepSeek-V3-0324
添加插件
技能
插件
插件能够让智能体调用外部 API，例如搜索信息、浏览网页、生成图片等，扩展智能体的能力和使用场景。
工作流
触发器
知识
自动调用
① 单击"插件"技能右侧的"+"开始添加插件。提示：直接单击"插件"选项，可以弹出"插件"功能的注释。

图 2-4

② 在打开的“添加插件”对话框中，单击想添加的插件，可以打开此插件包含的工具，然后单击想添加的工具右侧的“添加”按钮，即可将插件中的工具添加到智能体中。可以添加多个插件。

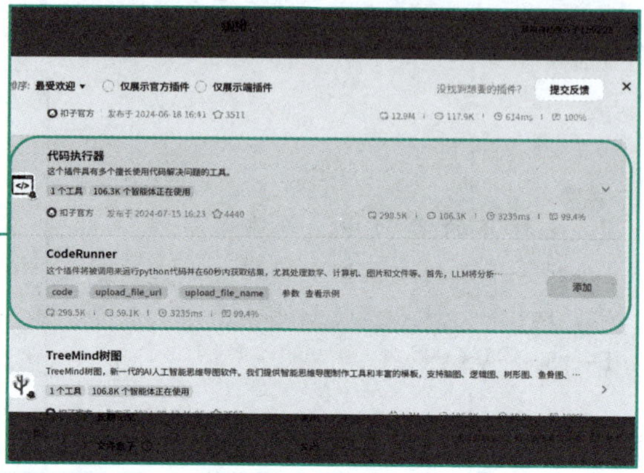
最受欢迎
仅展示官方插件
仅展示端插件
没找到想要的插件？
提交反馈
代码执行器
这个插件具有多个擅长使用代码解决问题的工具。
1个工具 106.3K 个智能体正在使用
CodeRunner
code
upload_file_url
upload_file_name
添加
TreeMind树图
1个工具 106.8K 个智能体正在使用

Agent（LLM模式）
编排
DeepSeek-V3-0324
技能
插件
编辑参数
代码执行器 / CodeRunner
这个插件将被调用来运行python代…
AI基础工具集 / Audio2Text
音频识别成文字
AiPPT / AiPPT
新一代的AI人工智能产品。最快10秒一句话智能生成PPT，自…
工作流
触发器
知识
自动调用
文本

③ 添加好的插件，还可以通过插件右侧的按钮进行设置、删除等操作。

④ 用户可以将本地的数据源文件（包括文档、表格、图片等）添加到知识库，供智能体调用。同时可以通过单击“自动调用”按钮来对知识库进行设置。

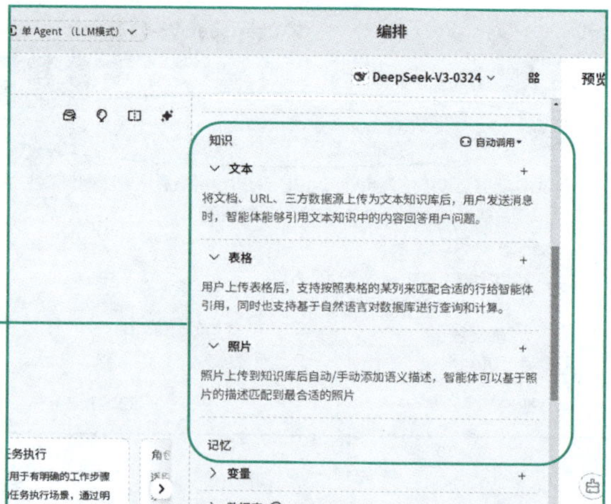
单 Agent（LLM模式）
编排
DeepSeek-V3-0324
知识
自动调用
文本
将文档、URL、三方数据源上传为文本知识库后，用户发送消息时，智能体能够引用文本知识中的内容回答用户问题。
表格
用户上传表格后，支持按照表格的某列来匹配合适的行给智能体引用，同时也支持基于自然语言对数据库进行查询和计算。
照片
照片上传到知识库后自动/手动添加语义描述，智能体可以基于照片的描述匹配到最合适的照片
记忆
变量
数据库

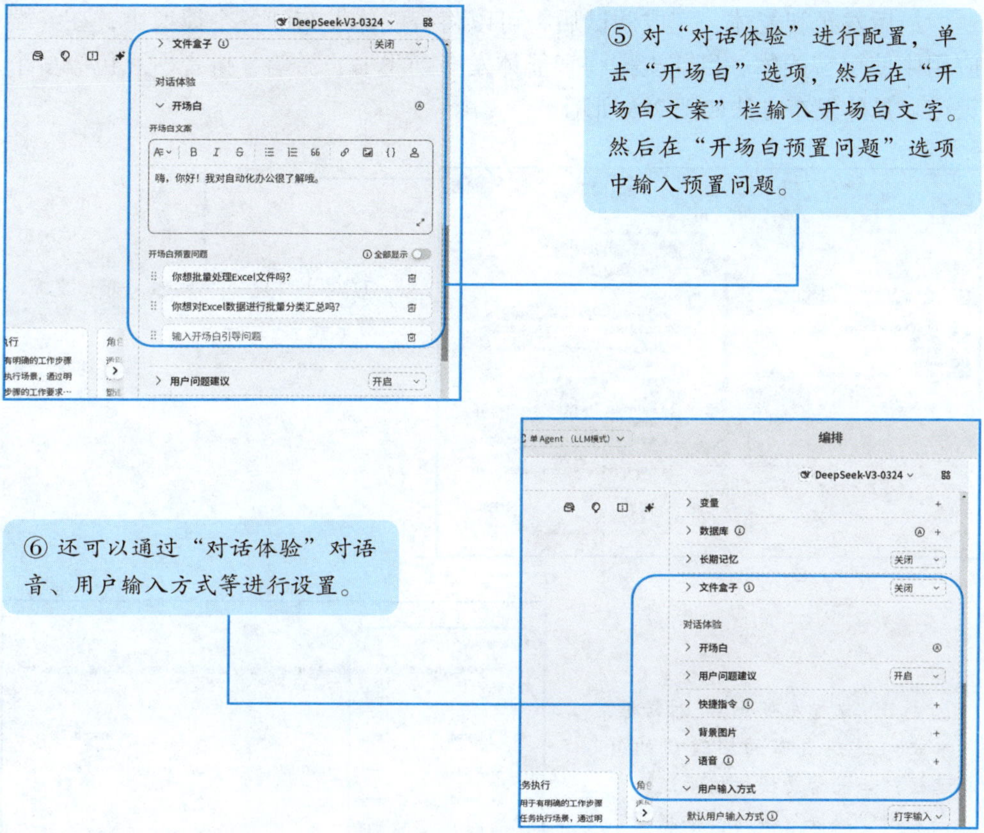
⑤ 对“对话体验”进行配置，单击“开场白”选项，然后在“开场白文案”栏输入开场白文字。然后在“开场白预置问题”选项中输入预置问题。
⑥ 还可以通过“对话体验”对语音、用户输入方式等进行设置。

图 2-4　配置智能体

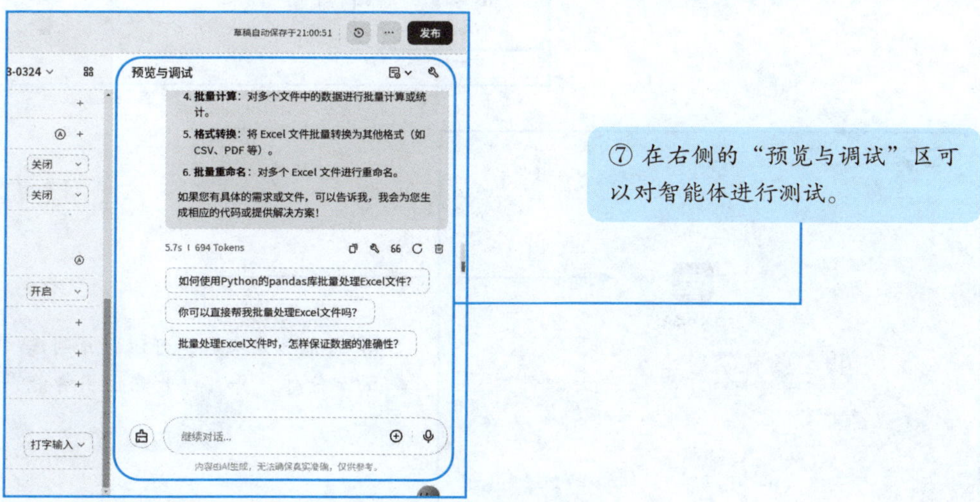
⑦ 在右侧的“预览与调试”区可以对智能体进行测试。

图 2-5　测试智能体

最后发布智能体。完成调试后，可以将智能体发布到各个渠道中，在终端应用中使用智能体。目前支持将智能体发布到飞书、微信、抖音、豆包等多个渠道。具体发布方法如图 2-6 所示。

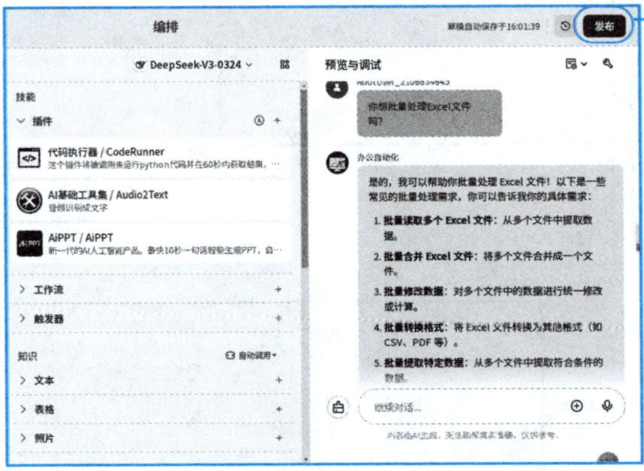

① 单击“发布”按钮，开始发布智能体。

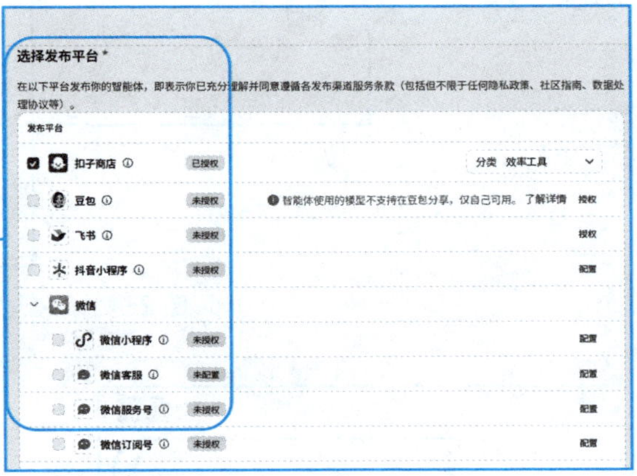

② 打开“选择发布平台”对话框，单击勾选想发布的渠道前的复选框，如果需要授权的渠道，单击右侧“授权”按钮，根据提示进行授权设置。设置好后，单击“发布”按钮发布智能体。

③ 智能体发布后，可以打开创建的智能体，并可以开始使用智能体。

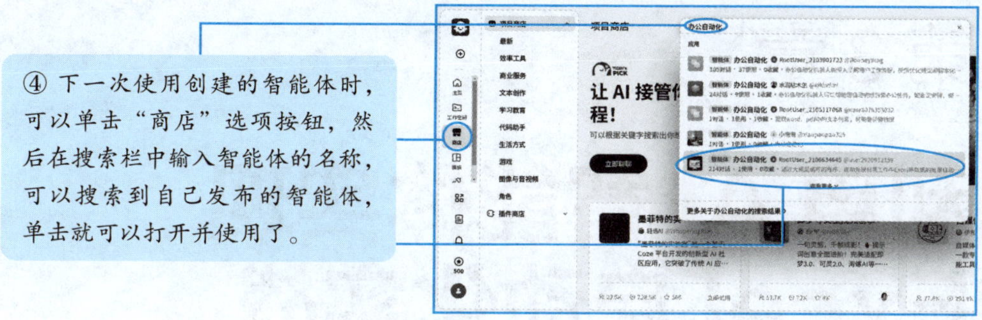
④ 下一次使用创建的智能体时，可以单击“商店”选项按钮，然后在搜索栏中输入智能体的名称，可以搜索到自己发布的智能体，单击就可以打开并使用了。
项目商店
办公自动化
程！

图 2-6　发布智能体

2.3　使用智能体实现办公自动化操作流程

使用智能体实现办公自动化操作流程图如图 2-7 所示。

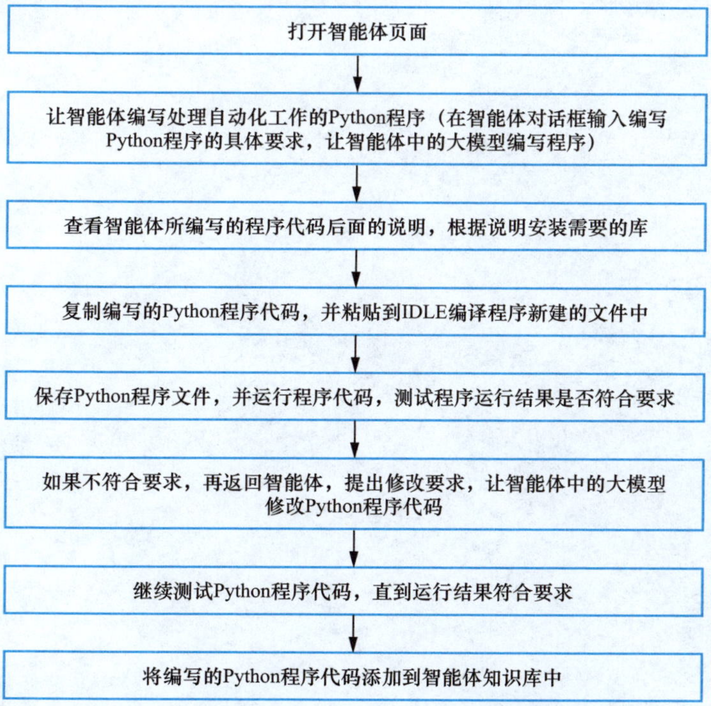
打开智能体页面
让智能体编写处理自动化工作的Python程序（在智能体对话框输入编写Python程序的具体要求，让智能体中的大模型编写程序）
查看智能体所编写的程序代码后面的说明，根据说明安装需要的库
复制编写的Python程序代码，并粘贴到IDLE编译程序新建的文件中
保存Python程序文件，并运行程序代码，测试程序运行结果是否符合要求
如果不符合要求，再返回智能体，提出修改要求，让智能体中的大模型修改Python程序代码
继续测试Python程序代码，直到运行结果符合要求
将编写的Python程序代码添加到智能体知识库中

图 2-7　使用智能体实现办公自动化操作流程图

第 3 章

利用 AI 智能体实现 Excel 自动化实战

利用 AI 智能体来编写 Python 程序，通过 Python 程序调用 Excel 数据，然后对数据进行分析处理，之后再将处理后的结果写入 Excel 工作表，实现 Excel 自动化操作。本章将结合大量实战案例，重点讲解利用 AI 智能体实现 Excel 自动化操作的方法。

3.1 自动生成 Excel 计算公式

会计在日常工作中经常做报表和数据分析，熟练运用 Excel 函数公式可以大大提高工作效率，减少人为错误。下面通过 AI 智能体来编写 Excel 函数公式，提高工作效率。如图 3-1 所示（以编写完成率公式为例，其他公式编写方法类似）。

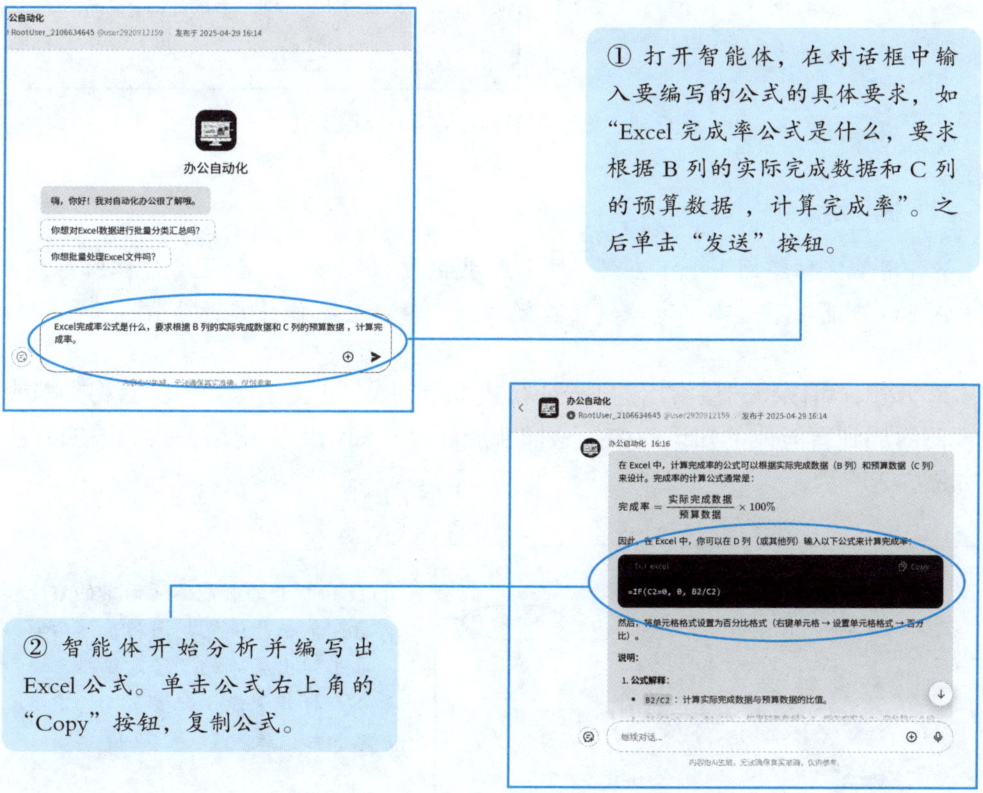

办公自动化
嗨，你好！我对自动化办公很了解哦。
你想对Excel数据进行批量分类汇总吗？
你想批量处理Excel文件吗？
Excel完成率公式是什么，要求根据 B 列的实际完成数据和 C 列的预算数据，计算完成率。
① 打开智能体，在对话框中输入要编写的公式的具体要求，如“Excel 完成率公式是什么，要求根据 B 列的实际完成数据和 C 列的预算数据，计算完成率”。之后单击“发送”按钮。
办公自动化
在 Excel 中，计算完成率的公式可以根据实际完成数据（B 列）和预算数据（C 列）来设计。完成率的计算公式通常是：
完成率 = 实际完成数据 / 预算数据 × 100%
因此，在 Excel 中，你可以在 D 列（或其他列）输入以下公式来计算完成率：
=IF(C2=0, 0, B2/C2)
然后，将单元格格式设置为百分比格式（右键单元格 → 设置单元格格式 → 百分比）。
说明：
1. 公式解释：
B2/C2：计算实际完成数据与预算数据的比值。
② 智能体开始分析并编写出 Excel 公式。单击公式右上角的“Copy”按钮，复制公式。

图 3-1

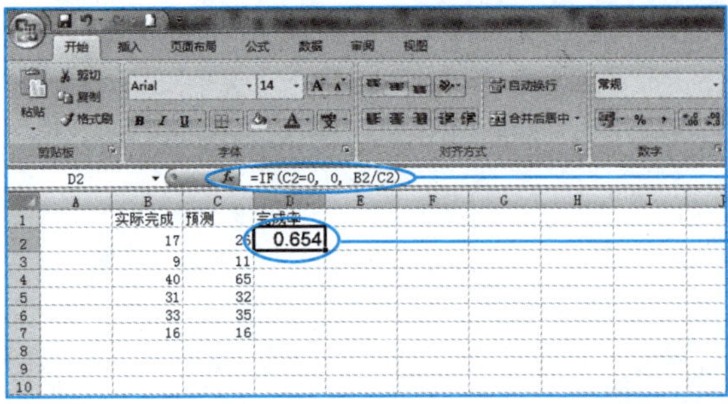

③ 打开要使用公式的 Excel 文档，右键单击要使用公式的单元格，将公式粘贴到单元格进行验证。可以看到在单元格中的公式自动计算出了结果，并在编辑栏显示出了粘贴的公式。

④ 将 Excel 完成率列单元格格式设置为百分比。

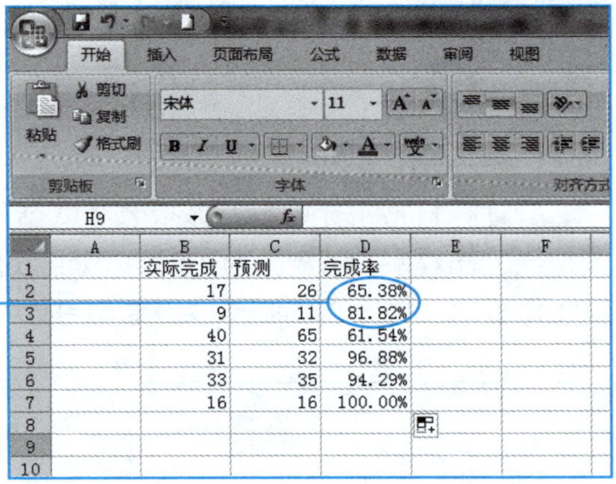

图 3-1　利用 AI 智能体编写 Excel 公式

提　示

用智能体编写 Excel 公式，要将公式的要求写清楚。如果智能体编写的公式经验证后不正确，可以修改提问内容，继续让智能体修改公式。

另外，可以将一些常用的 Excel 公式汇总到 Word 文档保存，然后将文档或截图添加到智能体的知识库中，这样智能体会从知识库中引用公式。添加方法如图 3-2 所示。

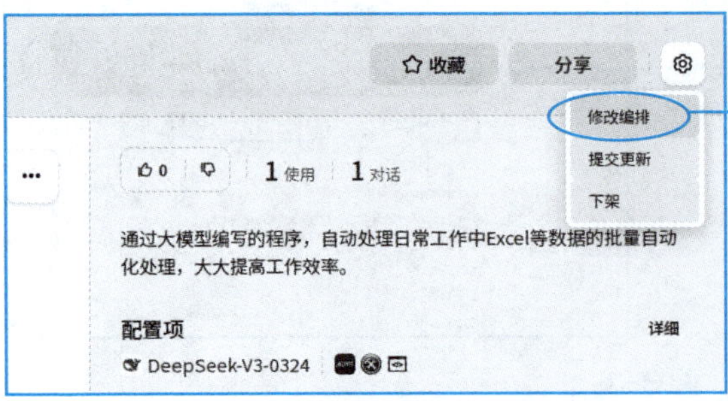

① 在打开的智能体页面中的右上角，单击“设置”图标，然后再单击弹出菜单的“修改编排”命令，打开智能体配置页面，准备添加知识库。

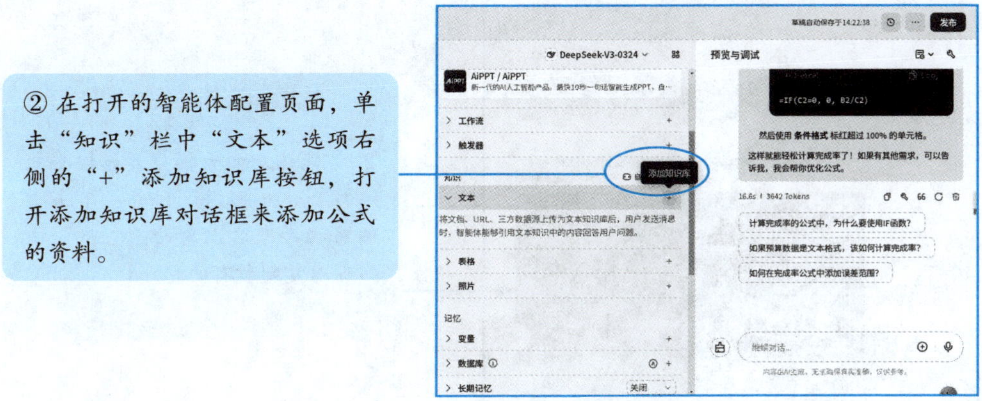
②在打开的智能体配置页面，单击“知识”栏中“文本”选项右侧的“+”添加知识库按钮，打开添加知识库对话框来添加公式的资料。
添加知识库

图 3-2　将公式添加到智能体知识库

3.2　Excel 文档自动化操作

3.2.1　案例：自动批量新建 Excel 新文档

通过智能体编写一个 Python 程序，来实现自动批量新建 Excel 新文档。具体要求为：批量新建 10 个 Excel 文档，命名为：财务 1、财务 2 等，并将新建的 Excel 文档保存在 E 盘的“练习”文件夹中。自动批量新建 Excel 新文档如图 3-3 所示。

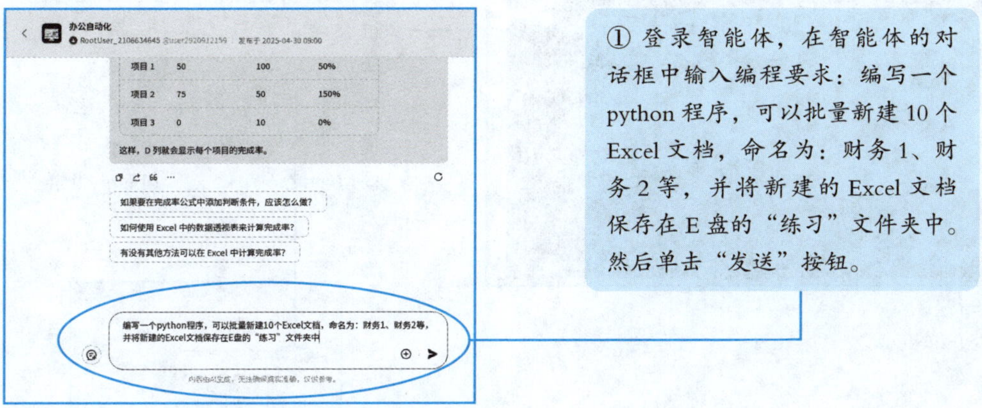
①登录智能体，在智能体的对话框中输入编程要求：编写一个 python 程序，可以批量新建 10 个 Excel 文档，命名为：财务 1、财务 2 等，并将新建的 Excel 文档保存在 E 盘的“练习”文件夹中。然后单击“发送”按钮。
编写一个python程序，可以批量新建10个Excel文档，命名为：财务1、财务2等，并将新建的Excel文档保存在E盘的“练习”文件夹中

图 3-3

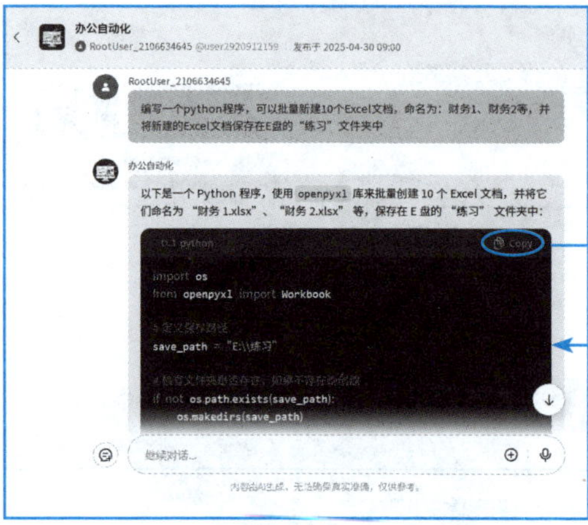
办公自动化
RootUser_2106634645
编写一个python程序，可以批量新建10个Excel文档，命名为：财务1、财务2等，并将新建的Excel文档保存在E盘的“练习”文件夹中
以下是一个 Python 程序，使用 openpyxl 库来批量创建 10 个 Excel 文档，并将它们命名为“财务 1.xlsx”、“财务 2.xlsx”等，保存在 E 盘的“练习”文件夹中：
import os
from openpyxl import Workbook
save_path = "E:\\练习"
if not os.path.exists(save_path):
os.makedirs(save_path)

② 智能体中的大模型开始按要求编写 Python 程序。注意：单击所编写程序框右上角的“Copy”按钮可以复制所有的程序代码。

③ 在智能体编写的 Python 程序后的说明中，要注意查看所编写的 Python 程序需要使用的库（如图中的 openpyxl 库）。在运行智能体编写的程序前，需要先安装使用的库。

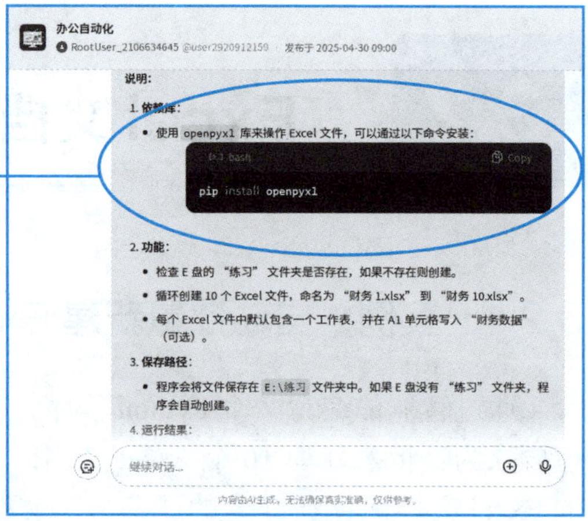
办公自动化
说明：
1. 依赖库：
使用 openpyxl 库来操作 Excel 文件，可以通过以下命令安装：
pip install openpyxl
2. 功能：
检查 E 盘的“练习”文件夹是否存在，如果不存在则创建。
循环创建 10 个 Excel 文件，命名为“财务 1.xlsx”到“财务 10.xlsx”。
每个 Excel 文件中默认包含一个工作表，并在 A1 单元格写入“财务数据”（可选）。
3. 保存路径：
程序会将文件保存在 E:\练习 文件夹中。如果 E 盘没有“练习”文件夹，程序会自动创建。
4. 运行结果：

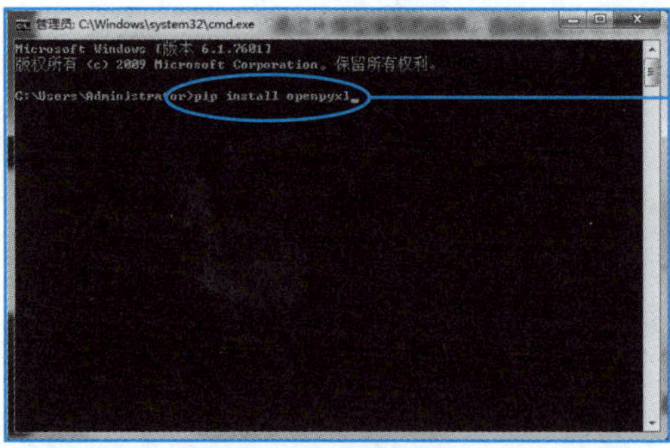
管理员: C:\Windows\system32\cmd.exe
C:\Users\Administrator>pip install openpyxl

④ 安装 openxl 库。先按“Win+R”组合键，打开“运行”对话框，然后输入“cmd”并按“确定”按钮，打开“命令提示符”窗口。接着输入“pip install openpyxl”并按回车键，开始安装 openpyxl 库。

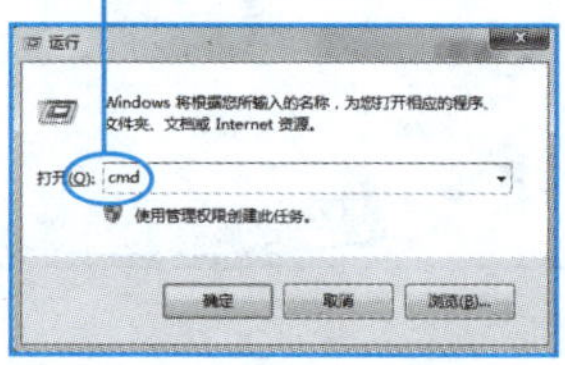
运行
Windows 将根据您所输入的名称，为您打开相应的程序、文件夹、文档或 Internet 资源。
打开(O): cmd
使用管理权限创建此任务。
确定
取消
浏览(B)...

⑤ 运行电脑中安装的 Python 编译程序 IDLE，打开“IDLE Shell”程序，然后单击“File”菜单中的“New File”命令，新建一个文件。

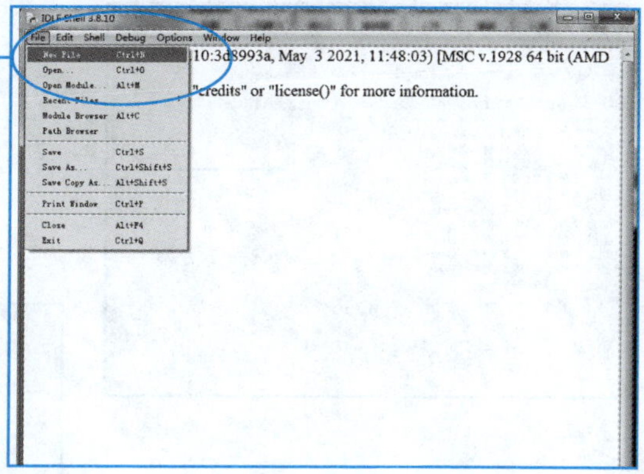
IDLE Shell 3.8.10
File Edit Shell Debug Options Window Help
New File Ctrl+N
Open... Ctrl+O
Open Module... Alt+M
Recent Files
Module Browser Alt+C
Path Browser
Save Ctrl+S
Save As... Ctrl+Shift+S
Save Copy As... Alt+Shift+S
Print Window Ctrl+P
Close Alt+F4
Exit Ctrl+Q
10:3d8993a, May 3 2021, 11:48:03) [MSC v.1928 64 bit (AMD
"credits" or "license()" for more information.

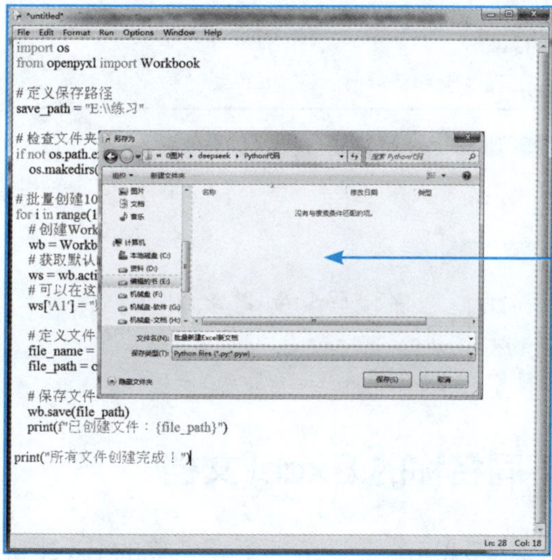
untitled
File Edit Format Run Options Window Help
import os
from openpyxl import Workbook
# 定义保存路径
save_path = "E:\\练习"
另存为
文件名(N): 批量新建Excel新文档
保存类型(T): Python files (*.py;*.pyw)
保存(S)
取消
wb.save(file_path)
print(f"已创建文件：{file_path}")
print("所有文件创建完成！")
Ln: 28 Col: 18

⑥ 在智能体编写的程序右上角单击“Copy”按钮，然后在新建的 IDLE 文件中，按“Ctrl+V”组合键，将复制的程序代码粘贴到新文件中。接下来在新文件中单击“File”菜单中的“Save As”命令，打开“另存为”对话框，然后输入文件名，单击“保存”按钮，将文件保存。

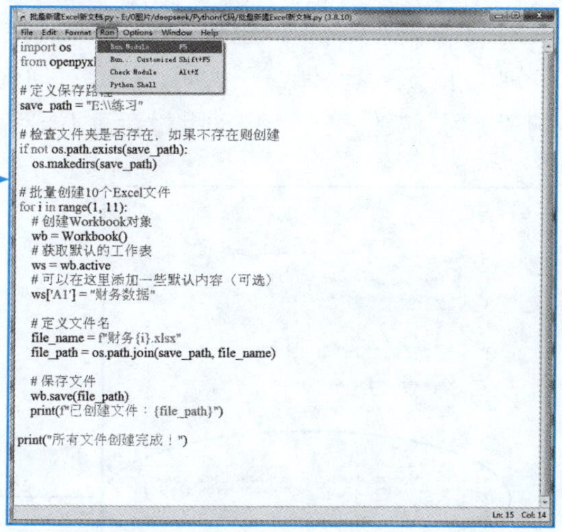
File Edit Format Run Options Window Help
Run Module F5
Run... Customized Shift+F5
Check Module Alt+X
Python Shell
import os
from openpyxl
# 定义保存路径
save_path = "E:\\练习"
# 检查文件夹是否存在，如果不存在则创建
if not os.path.exists(save_path):
os.makedirs(save_path)
# 批量创建10个Excel文件
for i in range(1, 11):
# 创建Workbook对象
wb = Workbook()
# 获取默认的工作表
ws = wb.active
# 可以在这里添加一些默认内容（可选）
ws['A1'] = "财务数据"
# 定义文件名
file_name = f"财务{i}.xlsx"
file_path = os.path.join(save_path, file_name)
# 保存文件
wb.save(file_path)
print(f"已创建文件：{file_path}")
print("所有文件创建完成！")
Ln: 15 Col: 14

⑦ 在保存的 IDLE 文件中，按 F5 键运行编写的程序代码，对程序代码进行测试。

图 3-3

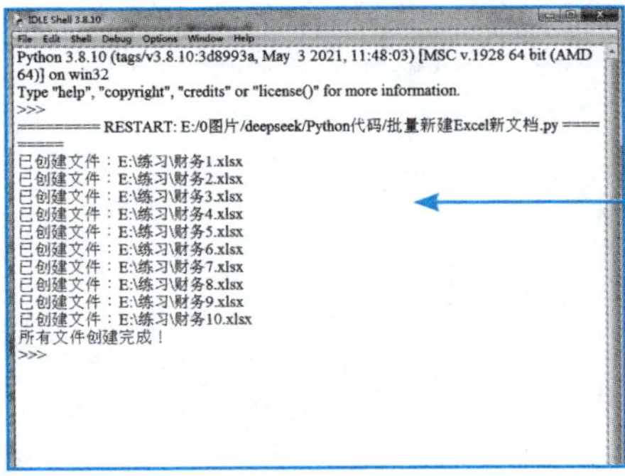
IDLE Shell 3.8.10
File Edit Shell Debug Options Window Help
Python 3.8.10 (tags/v3.8.10:3d8993a, May 3 2021, 11:48:03) [MSC v.1928 64 bit (AMD 64)] on win32
Type "help", "copyright", "credits" or "license()" for more information.
>>>
======== RESTART: E:/0图片/deepseek/Python代码/批量新建Excel新文档.py ========
已创建文件：E:\练习\财务1.xlsx
已创建文件：E:\练习\财务2.xlsx
已创建文件：E:\练习\财务3.xlsx
已创建文件：E:\练习\财务4.xlsx
已创建文件：E:\练习\财务5.xlsx
已创建文件：E:\练习\财务6.xlsx
已创建文件：E:\练习\财务7.xlsx
已创建文件：E:\练习\财务8.xlsx
已创建文件：E:\练习\财务9.xlsx
已创建文件：E:\练习\财务10.xlsx
所有文件创建完成！
>>>

⑧ 运行程序代码后，看到在E盘中的“练习”文件夹中自动创建了10个Excel文档，说明智能体编写的Python程序代码实现了自动批量创建Excel文档。

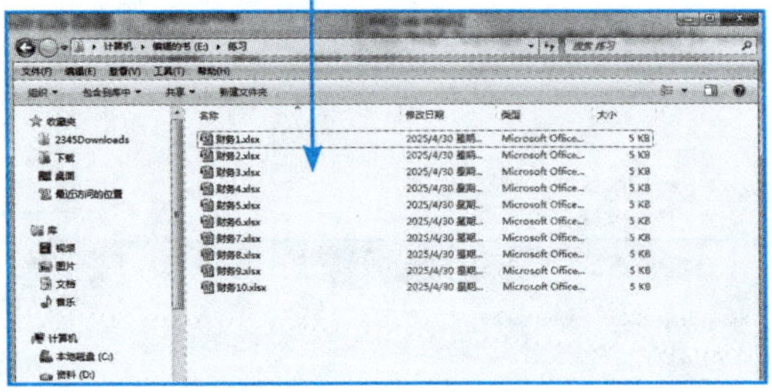

图 3-3　自动批量新建 Excel 新文档

提　示

在调试好程序代码后，将编写的Python程序代码复制到Word文档保存，将代码文档或截图添加到智能体的知识库中，以供智能体之后引用。

3.2.2　案例：自动批量新建不同名称的 Excel 文档

通过智能体编写一个Python程序，来实现自动批量新建不同名称的Excel新文档。具体要求为：批量新建5个Excel文档，分别以客户姓名命名，客户姓名分别为张三、李小四、王大明、张鹏、何晓，并将新建的Excel文档保存在E盘的“练习”文件夹中。自动批量新建不同名称Excel新文档的方法如图3-4所示。

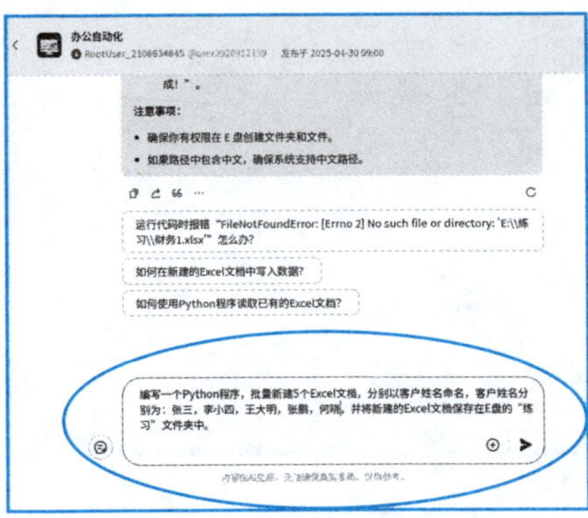

① 登录智能体，在智能体的对话框中输入编程要求：编写一个Python程序，批量新建5个Excel文档，分别以客户姓名命名，客户姓名分别为：张三，李小四，王大明，张鹏，何晓，并将新建的Excel文档保存在E盘的“练习”文件夹中。然后单击“发送”按钮。

② 在智能体编写的 Python 程序后的说明中，查看所编写的 Python 程序需要使用的库（如图中的 openpyxl 库）。如果电脑中已经安装此库，则不用再安装；如果没有安装此库，则需要在“命令提示符”下安装此库。安装方法参考 1.1.3 节。

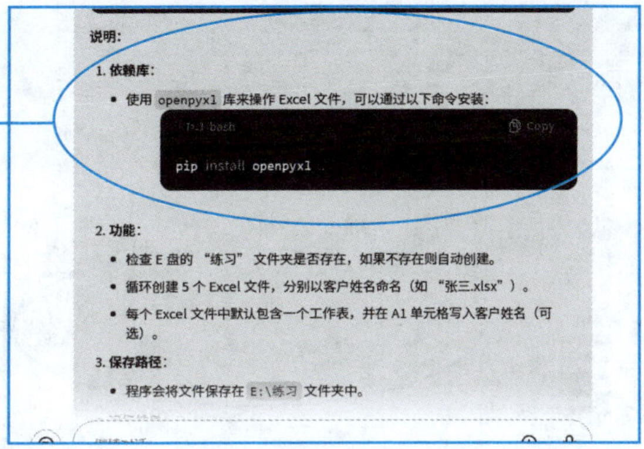
说明：
1. 依赖库：
• 使用 openpyxl 库来操作 Excel 文件，可以通过以下命令安装：
pip install openpyxl
2. 功能：
• 检查 E 盘的 “练习” 文件夹是否存在，如果不存在则自动创建。
• 循环创建 5 个 Excel 文件，分别以客户姓名命名（如 “张三.xlsx”）。
• 每个 Excel 文件中默认包含一个工作表，并在 A1 单元格写入客户姓名（可选）。
3. 保存路径：
• 程序会将文件保存在 E:\练习 文件夹中。

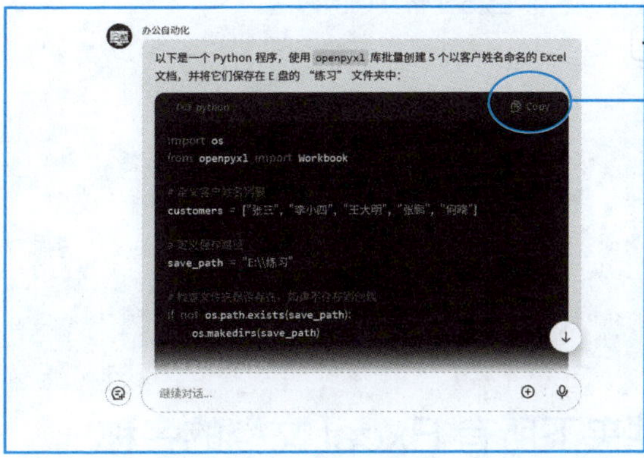
办公自动化
以下是一个 Python 程序，使用 openpyxl 库批量创建 5 个以客户姓名命名的 Excel 文档，并将它们保存在 E 盘的 “练习” 文件夹中：
import os
from openpyxl import Workbook
customers = ["张三", "李小四", "王大明", "张鹏", "何晓"]
save_path = "E:\\练习"
if not os.path.exists(save_path):
os.makedirs(save_path)
继续对话...

③ 在智能体编写的 Python 程序框右上角，单击“Copy”按钮复制所编写的程序代码。

④ 打开“IDLE Shell”程序，新建一个 IDLE 文件，之后按“Ctrl+V”组合键，将 Python 程序代码粘贴到新建的文件中。并按“Ctrl+S”组合键保存程序文件。

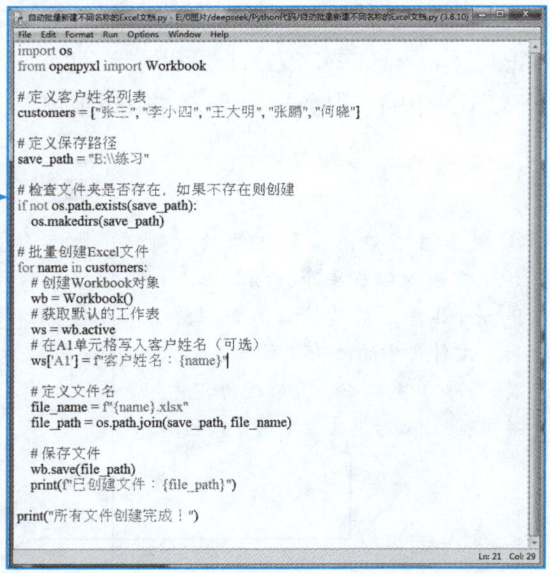
File Edit Format Run Options Window Help
import os
from openpyxl import Workbook
# 定义客户姓名列表
customers = ["张三", "李小四", "王大明", "张鹏", "何晓"]
# 定义保存路径
save_path = "E:\\练习"
# 检查文件夹是否存在，如果不存在则创建
if not os.path.exists(save_path):
os.makedirs(save_path)
# 批量创建Excel文件
for name in customers:
# 创建Workbook对象
wb = Workbook()
# 获取默认的工作表
ws = wb.active
# 在A1单元格写入客户姓名（可选）
ws['A1'] = f"客户姓名：{name}"
# 定义文件名
file_name = f"{name}.xlsx"
file_path = os.path.join(save_path, file_name)
# 保存文件
wb.save(file_path)
print(f"已创建文件：{file_path}")
print("所有文件创建完成！")
Ln: 21 Col: 29

图 3-4

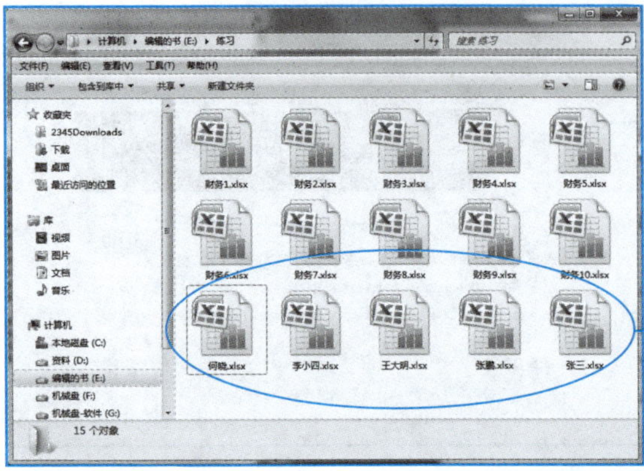

⑤ 按 F5 键运行编写的程序代码，对程序代码进行测试。运行程序代码后，看到在 E 盘中的“练习”文件夹中自动创建了以客户名称命名的 5 个 Excel 文档，说明程序运行正常。

图 3-4　自动批量新建不同名称 Excel 新文档的方法

提　示

智能体生成的 Python 程序代码，会自动在新建的 Excel 文档的 A1 单元格中写入客户姓名，如果不想在新建文档的 A1 单元格中写入客户姓名，可以让智能体修改程序代码。

3.2.3　案例：批量修改文件夹下所有 Excel 文档的名称

通过智能体编写一个 Python 程序，来实现自动修改文件夹下所有 Excel 文档的名称。具体要求为：批量修改 E 盘下“练习”文件夹中的所有文件的名称，将文件名中的“财务”修改为“财务报表”。如图 3-5 所示。

① 登录智能体，在智能体的对话框中输入编程要求：编写一个 Python 程序，批量修改 E 盘“练习”文件夹中的所有文件的名称，将文件名中的“财务”修改为“财务报表”。然后单击“发送”按钮。

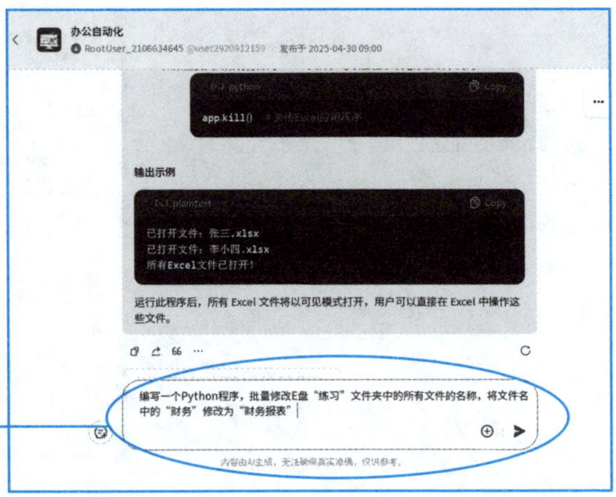

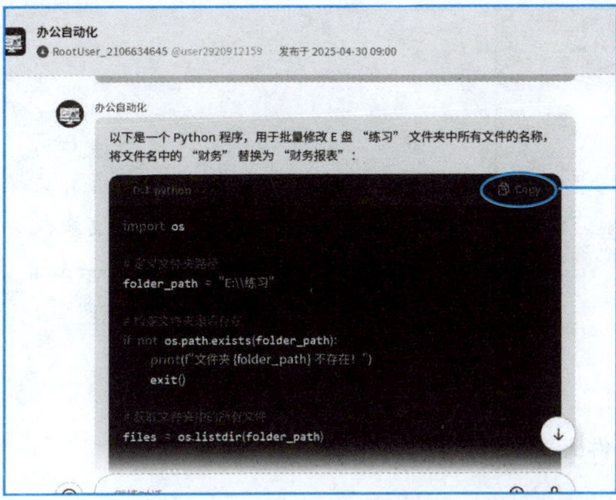
办公自动化
RootUser_2106634645 @user2920912159 发布于 2025-04-30 09:00
办公自动化
以下是一个 Python 程序，用于批量修改 E 盘 "练习" 文件夹中所有文件的名称，将文件名中的 "财务" 替换为 "财务报表"：
Copy
import os
folder_path = "E:\\练习"
if not os.path.exists(folder_path):
print(f"文件夹 {folder_path} 不存在！")
exit()
files = os.listdir(folder_path)

② 在智能体编写的 Python 程序框右上角，单击“Copy”按钮复制所编写的程序代码。

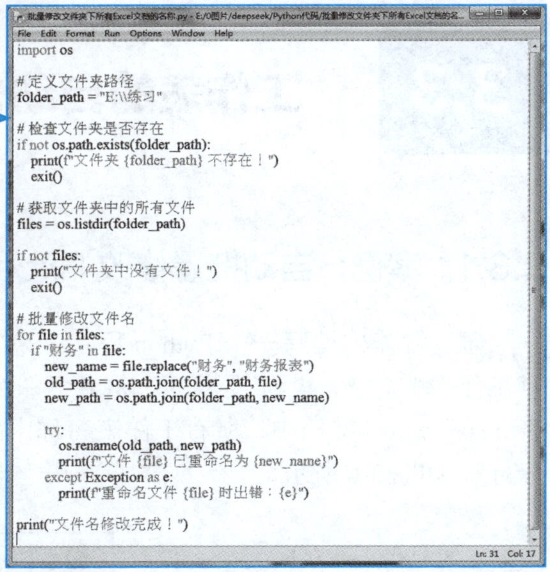
File Edit Format Run Options Window Help
import os
# 定义文件夹路径
folder_path = "E:\\练习"
# 检查文件夹是否存在
if not os.path.exists(folder_path):
print(f"文件夹 {folder_path} 不存在！")
exit()
# 获取文件夹中的所有文件
files = os.listdir(folder_path)
if not files:
print("文件夹中没有文件！")
exit()
# 批量修改文件名
for file in files:
if "财务" in file:
new_name = file.replace("财务", "财务报表")
old_path = os.path.join(folder_path, file)
new_path = os.path.join(folder_path, new_name)
try:
os.rename(old_path, new_path)
print(f"文件 {file} 已重命名为 {new_name}")
except Exception as e:
print(f"重命名文件 {file} 时出错：{e}")
print("文件名修改完成！")
Ln: 31 Col: 17

③ 打开“IDLE Shell”程序，新建一个 IDLE 文件，按“Ctrl+V”组合键，将 Python 程序代码粘贴到新建的文件中。并按“Ctrl+S”组合键保存程序文件。接着按 F5 键运行编写的程序代码，对程序代码进行测试。

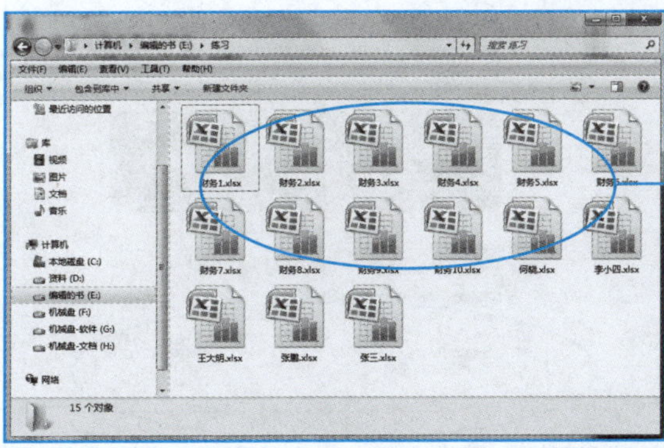
财务1.xlsx
财务2.xlsx
财务3.xlsx
财务4.xlsx
财务5.xlsx
财务7.xlsx
财务8.xlsx
财务10.xlsx
何杨.xlsx
李小四.xlsx
王大朋.xlsx
张基.xlsx
张三.xlsx
15 个对象

待修改文件名的文件。

图 3-5

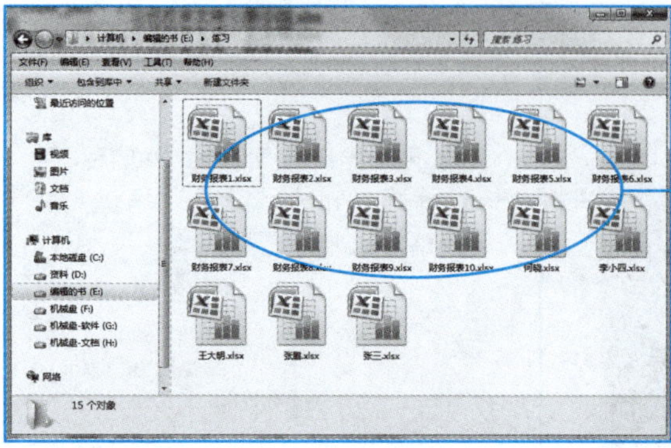

④ 运行程序代码后，看到在 E 盘中的“练习”文件夹中，所有文件的文件名中的“财务”被修改为了“财务报表”，说明程序运行正常。

图 3-5　批量修改文件夹下所有 Excel 文档的名称

3.3　工作表的自动化操作

3.3.1　案例：自动批量修改 Excel 文档中所有工作表的名称

通过智能体编写一个 Python 程序，来实现自动批量修改 Excel 文档中所有工作表的名称。具体要求为：将 E 盘“练习”文件夹中的“企业代付明细表 .xlsx” Excel 文档中，所有工作表名称中的“工行北京”批量修改为“北京分行”。如图 3-6 所示。

① 登录智能体，在智能体的对话框中输入编程要求：编写一个 Python 程序，将 E 盘“练习”文件夹中的“企业代付明细表 .xlsx” Excel 文档中，所有工作表名称中的“工行北京”修改为“北京分行”，并将修改后文档另存为“企业代付明细表改 .xlsx”。然后单击“发送”按钮。

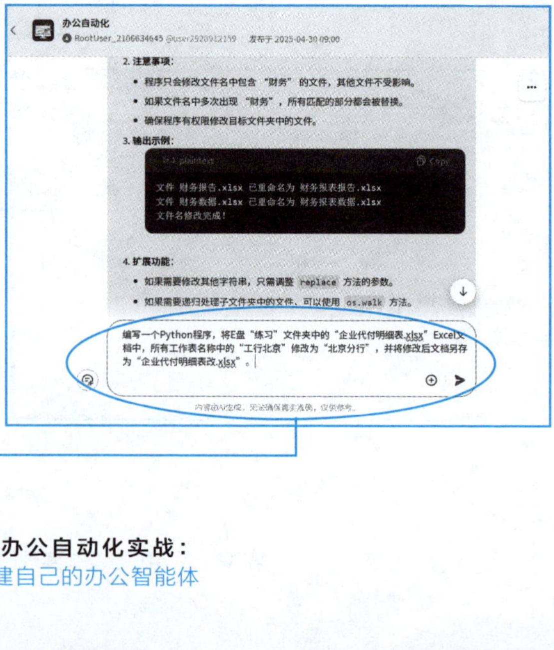
办公自动化
2. 注意事项：
程序只会修改文件名中包含“财务”的文件，其他文件不受影响。
如果文件名中多次出现“财务”，所有匹配的部分都会被替换。
确保程序有权限修改目标文件夹中的文件。
3. 输出示例：
文件 财务报告.xlsx 已重命名为 财务报表报告.xlsx
文件 财务数据.xlsx 已重命名为 财务报表数据.xlsx
文件名修改完成！
4. 扩展功能：
如果需要修改其他字符串，只需调整 replace 方法的参数。
如果需要递归处理子文件夹中的文件，可以使用 os.walk 方法。
编写一个Python程序，将E盘“练习”文件夹中的“企业代付明细表.xlsx” Excel文档中，所有工作表名称中的“工行北京”修改为“北京分行”，并将修改后文档另存为“企业代付明细表改.xlsx”。

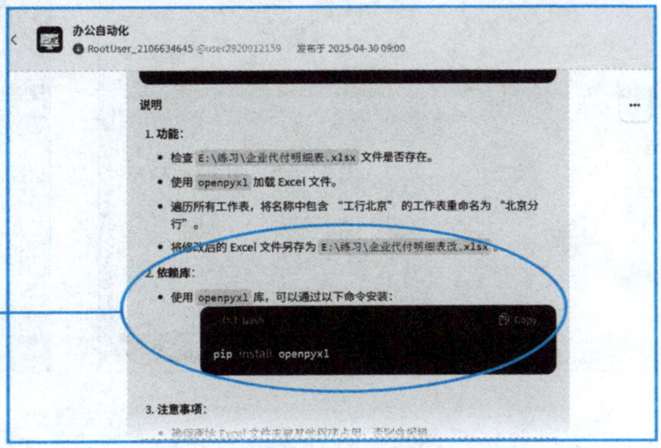
办公自动化
RootUser_2106634645 @user2920912159 发布于 2025-04-30 09:00
说明
1. 功能:
检查 E:\练习\企业代付明细表.xlsx 文件是否存在。
使用 openpyxl 加载 Excel 文件。
遍历所有工作表，将名称中包含"工行北京"的工作表重命名为"北京分行"。
将修改后的 Excel 文件另存为 E:\练习\企业代付明细表改.xlsx。
2. 依赖库:
使用 openpyxl 库，可以通过以下命令安装:
pip install openpyxl
3. 注意事项:

② 在智能体编写的 Python 程序后的说明中，查看所编写的 Python 程序需要使用的库（如图中的 openpyxl 库）。如果电脑中已经安装此库，则不用再安装；如果没有安装此库，则需要在"命令提示符"下安装此库。安装方法参考 1.1.3 节。

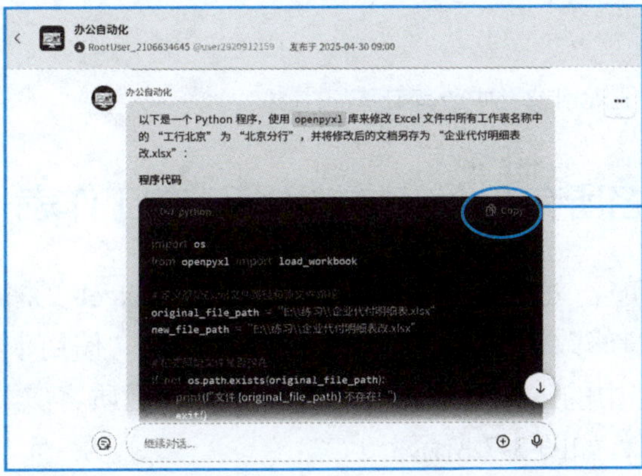
办公自动化
RootUser_2106634645 @user2920912159 发布于 2025-04-30 09:00
以下是一个 Python 程序，使用 openpyxl 库来修改 Excel 文件中所有工作表名称中的"工行北京"为"北京分行"，并将修改后的文档另存为"企业代付明细表改.xlsx"：
程序代码
Copy
import os
from openpyxl import load_workbook
original_file_path = "E:\\练习\\企业代付明细表.xlsx"
new_file_path = "E:\\练习\\企业代付明细表改.xlsx"
if not os.path.exists(original_file_path):
print(f"文件 {original_file_path} 不存在！")

③ 在智能体编写的 Python 程序框右上角，单击"Copy"按钮复制所编写的程序代码。

④ 打开"IDLE Shell"程序，新建一个 IDLE 文件，按"Ctrl+V"组合键，将 Python 程序代码粘贴到新建的文件中，并按"Ctrl+S"组合键保存程序文件。接着按 F5 键运行编写的程序代码，对程序代码进行测试。

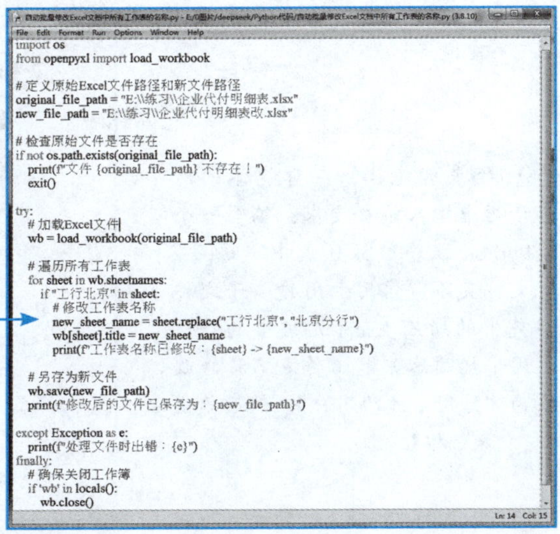
File Edit Format Run Options Window Help
import os
from openpyxl import load_workbook
# 定义原始Excel文件路径和新文件路径
original_file_path = "E:\\练习\\企业代付明细表.xlsx"
new_file_path = "E:\\练习\\企业代付明细表改.xlsx"
# 检查原始文件是否存在
if not os.path.exists(original_file_path):
print(f"文件 {original_file_path} 不存在！")
exit()
try:
# 加载Excel文件
wb = load_workbook(original_file_path)
# 遍历所有工作表
for sheet in wb.sheetnames:
if "工行北京" in sheet:
# 修改工作表名称
new_sheet_name = sheet.replace("工行北京", "北京分行")
wb[sheet].title = new_sheet_name
print(f"工作表名称已修改：{sheet} -> {new_sheet_name}")
# 另存为新文件
wb.save(new_file_path)
print(f"修改后的文件已保存为：{new_file_path}")
except Exception as e:
print(f"处理文件时出错：{e}")
finally:
# 确保关闭工作簿
if 'wb' in locals():
wb.close()
Ln: 14 Col: 15

图 3-6

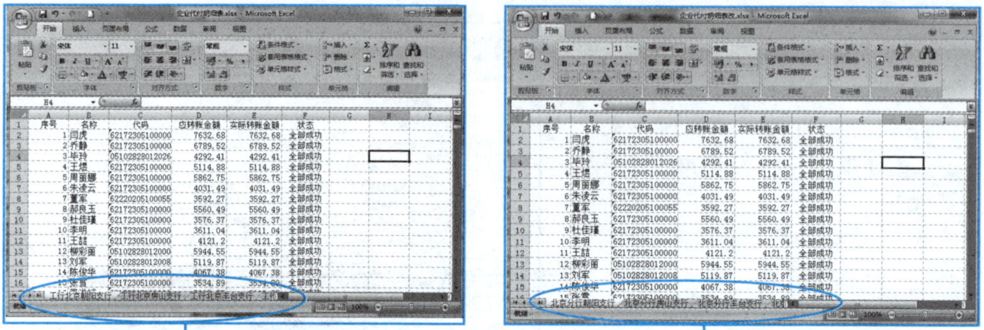

⑤ 运行程序代码后，看到在 E 盘中的“练习”文件夹中出现了“企业代付明细表改 .xlsx”文档，打开后，看到工作表的名称中的“工行北京”修改为“北京分行”，说明程序运行正常。

图 3-6　自动批量修改 Excel 文档中所有工作表的名称

3.3.2　案例：自动批量重命名所有 Excel 文档中指定的工作表

通过智能体编写一个 Python 程序，来实现自动批量重命名所有 Excel 文档中指定的工作表。具体要求为：批量修改 E 盘中“练习”文件夹下的“信用卡用户”子文件夹中的所有 Excel 文档中的工作表的名称，将“信用卡优质客户”工作表名修改为“信用卡违约用户”，如图 3-7 所示。

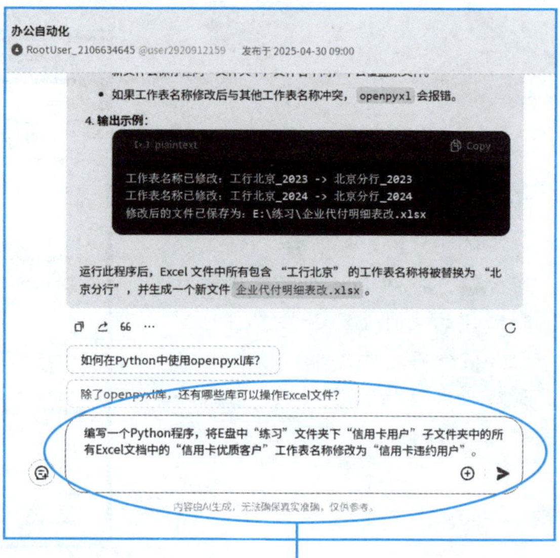
办公自动化
RootUser_2106634645 @user2920912159 发布于 2025-04-30 09:00
• 如果工作表名称修改后与其他工作表名称冲突，openpyxl 会报错。
4. 输出示例：
plaintext
Copy
工作表名称已修改：工行北京_2023 -> 北京分行_2023
工作表名称已修改：工行北京_2024 -> 北京分行_2024
修改后的文件已保存为：E:\练习\企业代付明细表改.xlsx
运行此程序后，Excel 文件中所有包含“工行北京”的工作表名称将被替换为“北京分行”，并生成一个新文件 企业代付明细表改.xlsx。
如何在Python中使用openpyxl库?
除了openpyxl库，还有哪些库可以操作Excel文件?
编写一个Python程序，将E盘中“练习”文件夹下“信用卡用户”子文件夹中的所有Excel文档中的“信用卡优质客户”工作表名称修改为“信用卡违约用户”。
内容由AI生成，无法确保真实准确，仅供参考。

① 登录智能体，在智能体的对话框中输入编程要求：编写一个 Python 程序，将 E 盘中“练习”文件夹下“信用卡用户”子文件夹中的所有 Excel 文档中的“信用卡优质客户”工作表名称修改为“信用卡违约用户”。然后单击“发送”按钮。

② 在智能体编写的 Python 程序后的说明中，查看所编写的 Python 程序需要使用的库（如图中的 openpyxl 库）。如果电脑中已经安装此库，则不用再安装；如果没有安装此库，则需要在“命令提示符”下安装此库。安装方法参考 1.1.3 节。

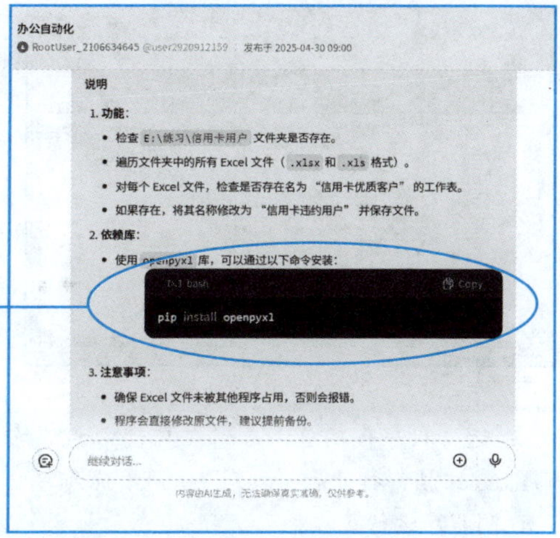

办公自动化
说明
1. 功能：
检查 E:\练习\信用卡用户 文件夹是否存在。
遍历文件夹中的所有 Excel 文件（.xlsx 和 .xls 格式）。
对每个 Excel 文件，检查是否存在名为“信用卡优质客户”的工作表。
如果存在，将其名称修改为“信用卡违约用户”并保存文件。
2. 依赖库：
使用 openpyxl 库，可以通过以下命令安装：
pip install openpyxl
3. 注意事项：
确保 Excel 文件未被其他程序占用，否则会报错。
程序会直接修改原文件，建议提前备份。

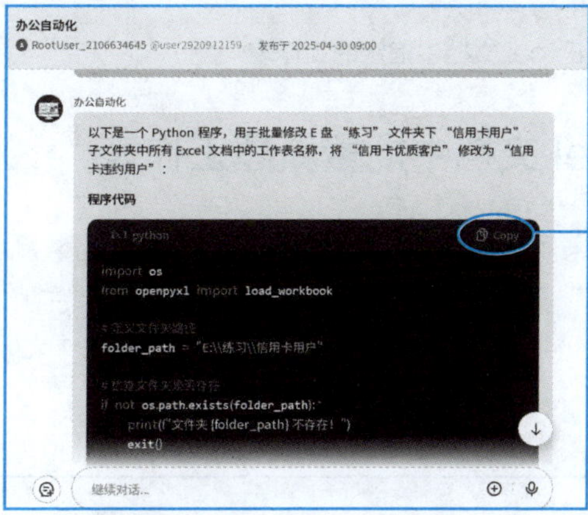

办公自动化
以下是一个 Python 程序，用于批量修改 E 盘“练习”文件夹下“信用卡用户”子文件夹中所有 Excel 文档中的工作表名称，将“信用卡优质客户”修改为“信用卡违约用户”：
程序代码
Copy
import os
from openpyxl import load_workbook
folder_path = "E:\\练习\\信用卡用户"
if not os.path.exists(folder_path):
print(f"文件夹 {folder_path} 不存在！")
exit()

③ 在智能体编写的 Python 程序框右上角，单击“Copy”按钮复制所编写的程序代码。

④ 打开“IDLE Shell”程序，新建一个 IDLE 文件，按“Ctrl+V”组合键，将 Python 程序代码粘贴到新建的文件中，并按“Ctrl+S”组合键保存程序文件。接着按 F5 键运行编写的程序代码，对程序代码进行测试。

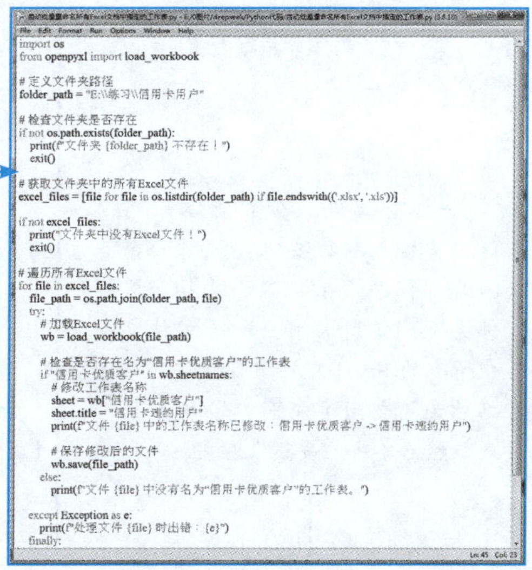

import os
from openpyxl import load_workbook
# 定义文件夹路径
folder_path = "E:\\练习\\信用卡用户"
# 检查文件夹是否存在
if not os.path.exists(folder_path):
print(f"文件夹 {folder_path} 不存在！")
exit()
# 获取文件夹中的所有Excel文件
excel_files = [file for file in os.listdir(folder_path) if file.endswith(('.xlsx', '.xls'))]
if not excel_files:
print("文件夹中没有Excel文件！")
exit()
# 遍历所有Excel文件
for file in excel_files:
file_path = os.path.join(folder_path, file)
try:
# 加载Excel文件
wb = load_workbook(file_path)
# 检查是否存在名为"信用卡优质客户"的工作表
if "信用卡优质客户" in wb.sheetnames:
# 修改工作表名称
sheet = wb["信用卡优质客户"]
sheet.title = "信用卡违约用户"
print(f"文件 {file} 中的工作表名称已修改：信用卡优质客户 -> 信用卡违约用户")
# 保存修改后的文件
wb.save(file_path)
else:
print(f"文件 {file} 中没有名为"信用卡优质客户"的工作表。")
except Exception as e:
print(f"处理文件 {file} 时出错：{e}")
finally:

图 3-7

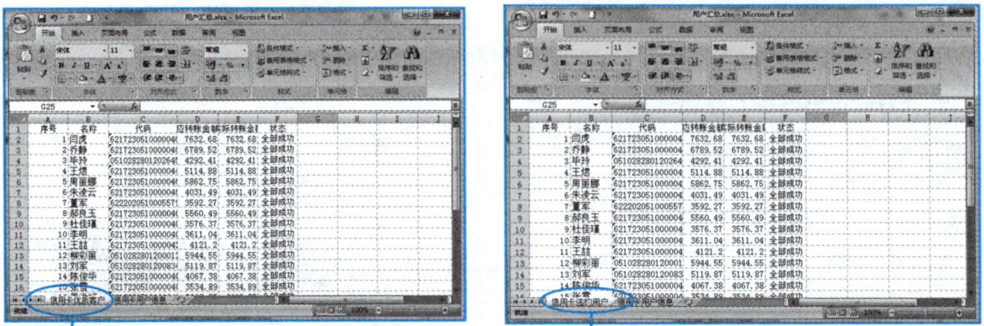
⑤ 运行程序代码后，看到在 E 盘中的“练习”文件夹中“信用卡用户”子文件夹中的 Excel 文档，打开后，看到“信用卡优质客户”工作表名称被修改为了“信用卡违约用户”，说明程序运行正常。

图 3-7　自动批量重命名所有 Excel 文档中指定的工作表

3.3.3　案例：自动在多个 Excel 文档中批量新建工作表

通过智能体编写一个 Python 程序，来实现自动在多个 Excel 文档中批量新建工作表。具体要求为：在 E 盘中“练习”文件夹下“信用卡用户”子文件夹中，批量在所有 Excel 文档中新建一个名称为“信用卡新客户”的工作表，如图 3-8 所示。

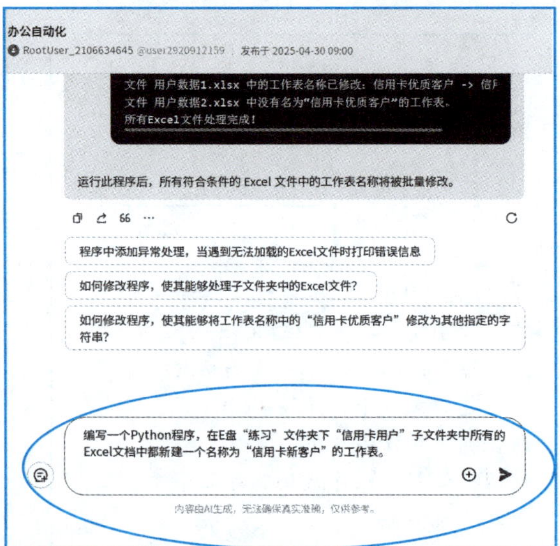
办公自动化
运行此程序后，所有符合条件的 Excel 文件中的工作表名称将被批量修改。
程序中添加异常处理，当遇到无法加载的Excel文件时打印错误信息
如何修改程序，使其能够处理子文件夹中的Excel文件？
如何修改程序，使其能够将工作表名称中的“信用卡优质客户”修改为其他指定的字符串？
编写一个Python程序，在E盘“练习”文件夹下“信用卡用户”子文件夹中所有的Excel文档中都新建一个名称为“信用卡新客户”的工作表。
内容由AI生成，无法确保真实准确，仅供参考。
① 登录智能体，在智能体的对话框中输入编程要求：编写一个 Python 程序，在 E 盘“练习”文件夹下“信用卡用户”子文件夹中所有的 Excel 文档中都新建一个名称为“信用卡新客户”的工作表。然后单击“发送”按钮。

② 在智能体编写的Python程序后的说明中，查看所编写的Python程序需要使用的库（如图中的openpyxl库）。如果电脑中已经安装此库，则不用再安装；如果没有安装此库，则需要在“命令提示符”下安装此库。安装方法参考1.1.3节。

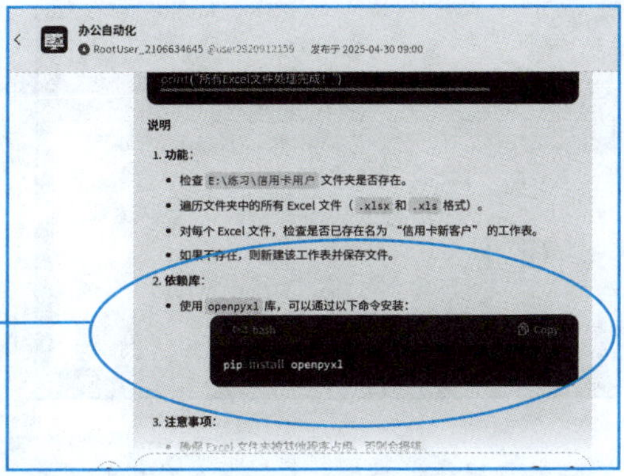

办公自动化
RootUser_2106634645 @user2920912159 发布于 2025-04-30 09:00
说明
1. 功能：
检查 E:\练习\信用卡用户 文件夹是否存在。
遍历文件夹中的所有 Excel 文件（.xlsx 和 .xls 格式）。
对每个 Excel 文件，检查是否已存在名为“信用卡新客户”的工作表。
如果不存在，则新建该工作表并保存文件。
2. 依赖库：
使用 openpyxl 库，可以通过以下命令安装：
bash
Copy
pip install openpyxl
3. 注意事项：

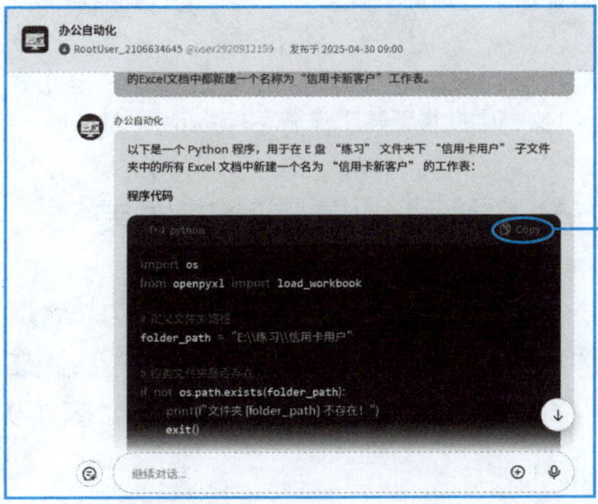

办公自动化
RootUser_2106634645 @user2920912159 发布于 2025-04-30 09:00
的Excel文档中都新建一个名称为“信用卡新客户”工作表。
办公自动化
以下是一个 Python 程序，用于在 E 盘“练习”文件夹下“信用卡用户”子文件夹中的所有 Excel 文档中新建一个名为“信用卡新客户”的工作表：
程序代码
python
Copy
import os
from openpyxl import load_workbook
# 定义文件夹路径
folder_path = "E:\\练习\\信用卡用户"
# 检查文件夹是否存在
if not os.path.exists(folder_path):
print(f"文件夹 {folder_path} 不存在！")
exit()
继续对话...

③ 在智能体编写的Python程序框右上角，单击“Copy”按钮复制所编写的程序代码。

④ 打开“IDLE Shell”程序，新建一个IDLE文件，按“Ctrl+V”组合键，将Python程序代码粘贴到新建的文件中，并按“Ctrl+S”组合键保存程序文件。接着按F5键运行编写的程序代码，对程序代码进行测试。

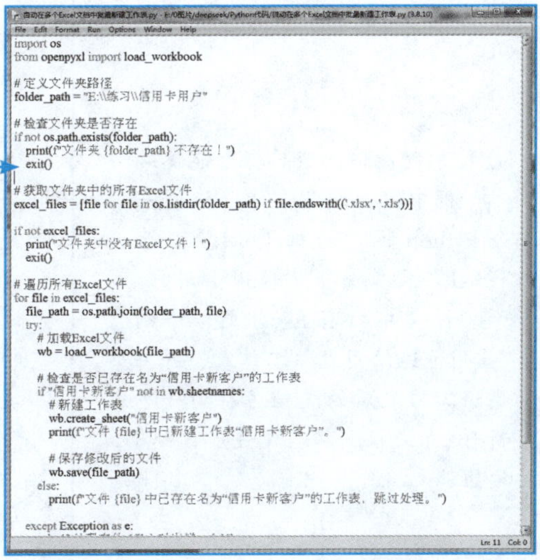

File Edit Format Run Options Window Help
import os
from openpyxl import load_workbook
# 定义文件夹路径
folder_path = "E:\\练习\\信用卡用户"
# 检查文件夹是否存在
if not os.path.exists(folder_path):
print(f"文件夹 {folder_path} 不存在！")
exit()
# 获取文件夹中的所有Excel文件
excel_files = [file for file in os.listdir(folder_path) if file.endswith(('.xlsx', '.xls'))]
if not excel_files:
print("文件夹中没有Excel文件！")
exit()
# 遍历所有Excel文件
for file in excel_files:
file_path = os.path.join(folder_path, file)
try:
# 加载Excel文件
wb = load_workbook(file_path)
# 检查是否已存在名为"信用卡新客户"的工作表
if "信用卡新客户" not in wb.sheetnames:
# 新建工作表
wb.create_sheet("信用卡新客户")
print(f"文件 {file} 中已新建工作表"信用卡新客户"。")
# 保存修改后的文件
wb.save(file_path)
else:
print(f"文件 {file} 中已存在名为"信用卡新客户"的工作表，跳过处理。")
except Exception as e:
Ln: 11 Col: 0

图3-8

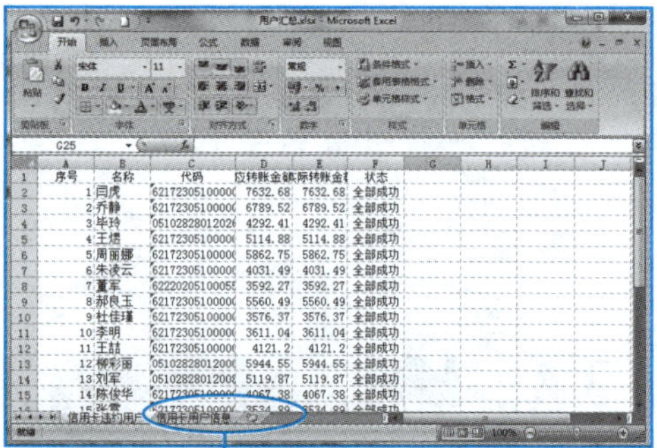

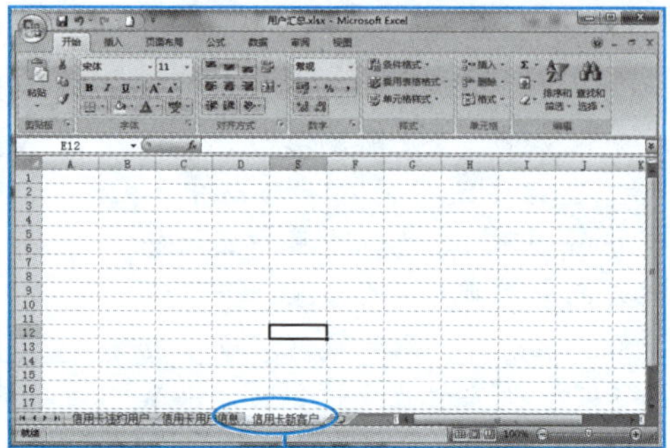

⑤ 运行程序代码后，看到在 E 盘中的“练习”文件夹中“信用卡用户”子文件夹中的 Excel 文档，打开后看到所有的 Excel 文档中都新建了“信用卡新客户”工作表，说明程序运行正常。

图 3-8　自动在多个 Excel 文档中批量新建工作表

3.3.4　案例：自动在多个 Excel 文档中批量删除工作表

通过智能体编写一个 Python 程序，来实现自动在多个 Excel 文档中批量删除工作表。具体要求为：在 E 盘中“练习”文件夹下“信用卡用户”子文件夹中，自动删除所有 Excel 文档中的“信用卡违约用户”工作表。如图 3-9 所示。

① 登录智能体，然后在智能体的对话框中输入编程要求：编写一个 Python 程序，批量删除 E 盘“练习”文件夹下“信用卡用户”子文件夹中所有 Excel 文档中的“信用卡违约用户”工作表，并将删除工作表后的文档另存为一个新 Excel 文档。然后单击“发送”按钮。

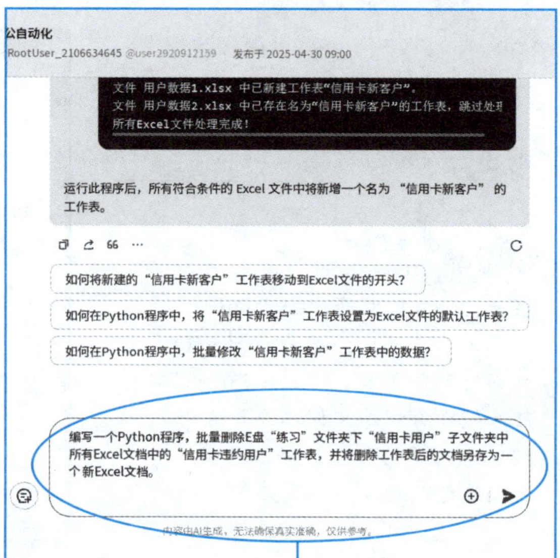
公自动化
RootUser_2106634645 @user2920912159　发布于 2025-04-30 09:00
文件 用户数据1.xlsx 中已新建工作表"信用卡新客户"。
文件 用户数据2.xlsx 中已存在名为"信用卡新客户"的工作表，跳过处理
所有Excel文件处理完成！
运行此程序后，所有符合条件的 Excel 文件中将新增一个名为“信用卡新客户”的工作表。
如何将新建的“信用卡新客户”工作表移动到Excel文件的开头?
如何在Python程序中，将“信用卡新客户”工作表设置为Excel文件的默认工作表?
如何在Python程序中，批量修改“信用卡新客户”工作表中的数据?
编写一个Python程序，批量删除E盘“练习”文件夹下“信用卡用户”子文件夹中所有Excel文档中的“信用卡违约用户”工作表，并将删除工作表后的文档另存为一个新Excel文档。
内容由AI生成，无法确保真实准确，仅供参考。

② 在智能体编写的 Python 程序后的说明中，查看所编写的 Python 程序需要使用的库（如图中的 openpyxl 库）。如果电脑中已经安装此库，则不用再安装；如果没有安装此库，则需要在“命令提示符”下安装此库。安装方法参考 1.1.3 节。

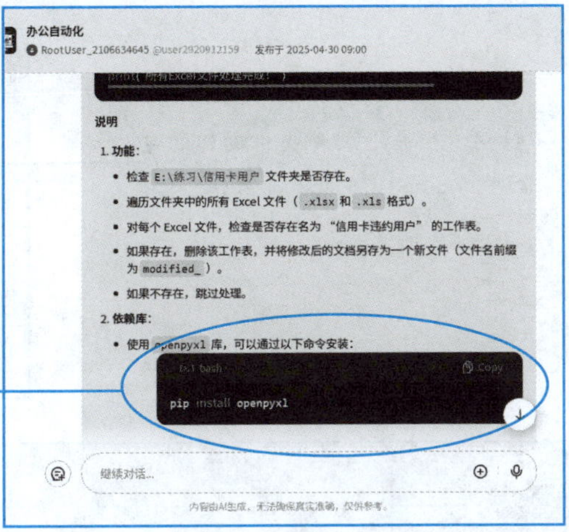

办公自动化
RootUser_2106634645 @user2920912159 发布于 2025-04-30 09:00
说明
1. 功能：
检查 E:\练习\信用卡用户 文件夹是否存在。
遍历文件夹中的所有 Excel 文件（.xlsx 和 .xls 格式）。
对每个 Excel 文件，检查是否存在名为“信用卡违约用户”的工作表。
如果存在，删除该工作表，并将修改后的文档另存为一个新文件（文件名前缀为 modified_）。
如果不存在，跳过处理。
2. 依赖库：
使用 openpyxl 库，可以通过以下命令安装：
bash
Copy
pip install openpyxl
继续对话...

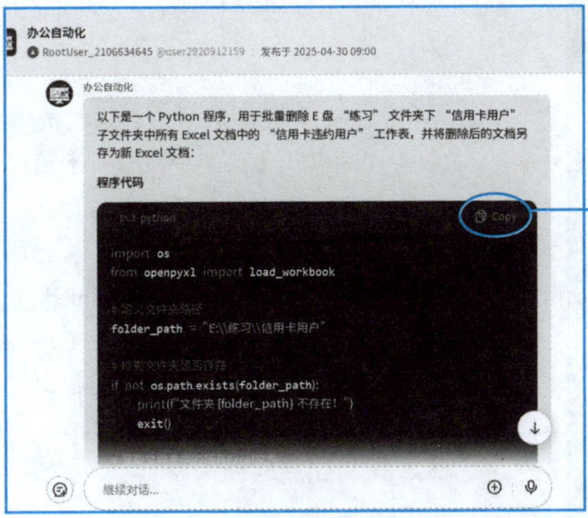

办公自动化
RootUser_2106634645 @user2920912159 发布于 2025-04-30 09:00
办公自动化
以下是一个 Python 程序，用于批量删除 E 盘“练习”文件夹下“信用卡用户”子文件夹中所有 Excel 文档中的“信用卡违约用户”工作表，并将删除后的文档另存为新 Excel 文档：
程序代码
python
Copy
import os
from openpyxl import load_workbook
folder_path = "E:\\练习\\信用卡用户"
if not os.path.exists(folder_path):
print(f"文件夹 {folder_path} 不存在！")
exit()
继续对话...

③ 在智能体编写的 Python 程序框右上角，单击“Copy”按钮复制所编写的程序代码。

④ 打开“IDLE Shell”程序，新建一个 IDLE 文件，按“Ctrl+V”组合键，将 Python 程序代码粘贴到新建的文件中，并按“Ctrl+S”组合键保存程序文件。接着按 F5 键运行编写的程序代码，对程序代码进行测试。

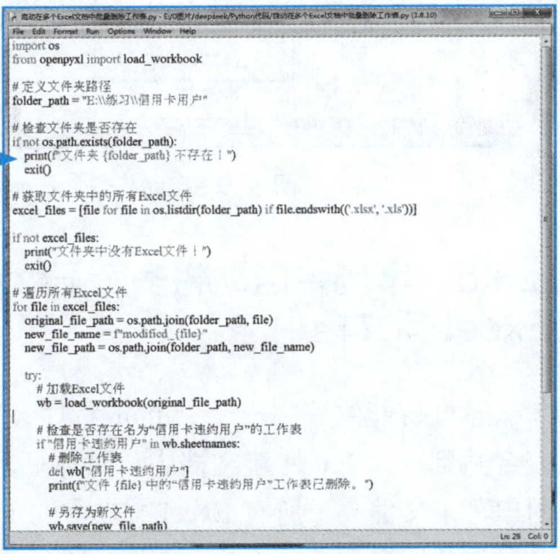

File Edit Format Run Options Window Help
import os
from openpyxl import load_workbook
# 定义文件夹路径
folder_path = "E:\\练习\\信用卡用户"
# 检查文件夹是否存在
if not os.path.exists(folder_path):
print(f"文件夹 {folder_path} 不存在！")
exit()
# 获取文件夹中的所有Excel文件
excel_files = [file for file in os.listdir(folder_path) if file.endswith(('.xlsx', '.xls'))]
if not excel_files:
print("文件夹中没有Excel文件！")
exit()
# 遍历所有Excel文件
for file in excel_files:
original_file_path = os.path.join(folder_path, file)
new_file_name = f"modified_{file}"
new_file_path = os.path.join(folder_path, new_file_name)
try:
# 加载Excel文件
wb = load_workbook(original_file_path)
# 检查是否存在名为"信用卡违约用户"的工作表
if "信用卡违约用户" in wb.sheetnames:
# 删除工作表
del wb["信用卡违约用户"]
print(f"文件 {file} 中的"信用卡违约用户"工作表已删除。")
# 另存为新文件
wb.save(new_file_path)

图 3-9

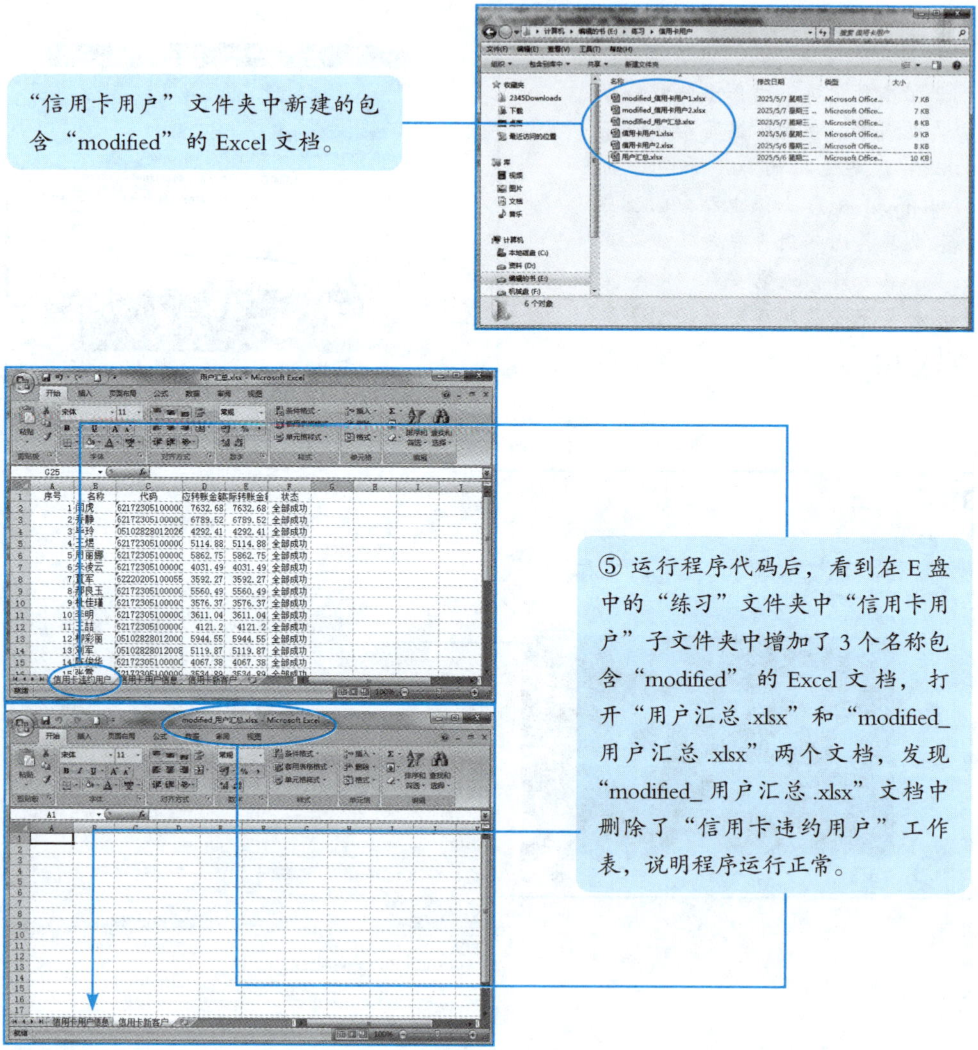
"信用卡用户"文件夹中新建的包含"modified"的 Excel 文档。
⑤ 运行程序代码后，看到在 E 盘中的"练习"文件夹中"信用卡用户"子文件夹中增加了 3 个名称包含"modified"的 Excel 文档，打开"用户汇总 .xlsx"和"modified_用户汇总 .xlsx"两个文档，发现"modified_ 用户汇总 .xlsx"文档中删除了"信用卡违约用户"工作表，说明程序运行正常。

图 3-9　自动在多个 Excel 文档中批量删除工作表

3.3.5　案例：自动将多个 Excel 文档中的工作表合并到一个 Excel 新文档中

通过智能体编写一个 Python 程序，来实现自动将多个 Excel 文档中的工作表合并到一个 Excel 新文档中。具体要求为：将 E 盘中"练习"文件夹中"卡用户"子文件夹下所有 Excel 文档中的工作表合并到一个新的 Excel 文档中，并命名为"用户汇总 .xlsx"。如图 3-10 所示。

① 登录智能体，在智能体的对话框中输入编程要求：编写一个 Python 程序，将 E 盘中“练习”文件夹中“卡用户”子文件夹下所有 Excel 文档中的所有工作表合并到一个新 Excel 文档中，新 Excel 文档命名为“用户汇总.xlsx”。然后单击“发送”按钮。

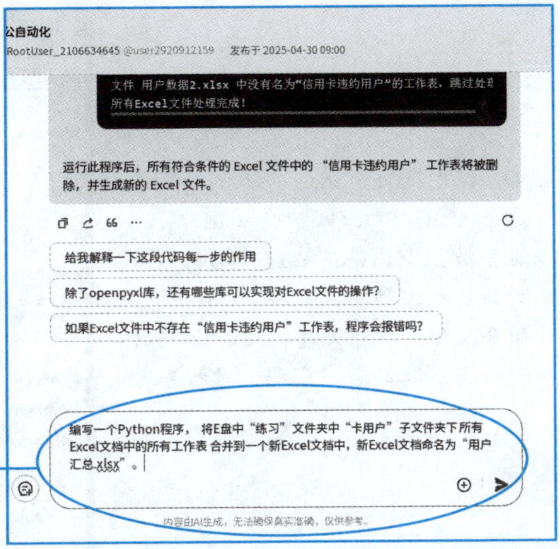
公自动化
RootUser_2106634645 @user2920912159 发布于 2025-04-30 09:00
文件 用户数据2.xlsx 中没有名为“信用卡违约用户”的工作表，跳过处理
所有Excel文件处理完成！
运行此程序后，所有符合条件的 Excel 文件中的 “信用卡违约用户” 工作表将被删除，并生成新的 Excel 文件。
给我解释一下这段代码每一步的作用
除了openpyxl库，还有哪些库可以实现对Excel文件的操作?
如果Excel文件中不存在 “信用卡违约用户” 工作表，程序会报错吗?
编写一个Python程序， 将E盘中 “练习” 文件夹中 “卡用户” 子文件夹下所有Excel文档中的所有工作表 合并到一个新Excel文档中，新Excel文档命名为 “用户汇总.xlsx” 。
内容由AI生成，无法确保真实准确，仅供参考。

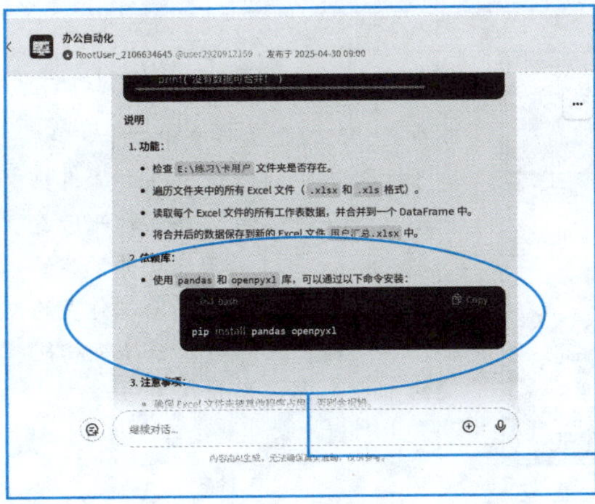
办公自动化
RootUser_2106634645 @user2920912159 发布于 2025-04-30 09:00
说明
1. 功能:
检查 E:\练习\卡用户 文件夹是否存在。
遍历文件夹中的所有 Excel 文件（.xlsx 和 .xls 格式）。
读取每个 Excel 文件的所有工作表数据，并合并到一个 DataFrame 中。
将合并后的数据保存到新的 Excel 文件 用户汇总.xlsx 中。
2. 依赖库:
使用 pandas 和 openpyxl 库，可以通过以下命令安装：
pip install pandas openpyxl
3. 注意事项:
继续对话...

② 在智能体编写的 Python 程序后的说明中，查看所编写的 Python 程序需要使用的库（如图中的 pandas、openpyxl 库）。如果电脑中已经安装这些库，则不用再安装；如果没有安装，则需要在“命令提示符”下安装这些库。安装方法参考 1.1.3 节。

③ 在智能体编写的 Python 程序框右上角，单击“Copy”按钮复制所编写的程序代码。

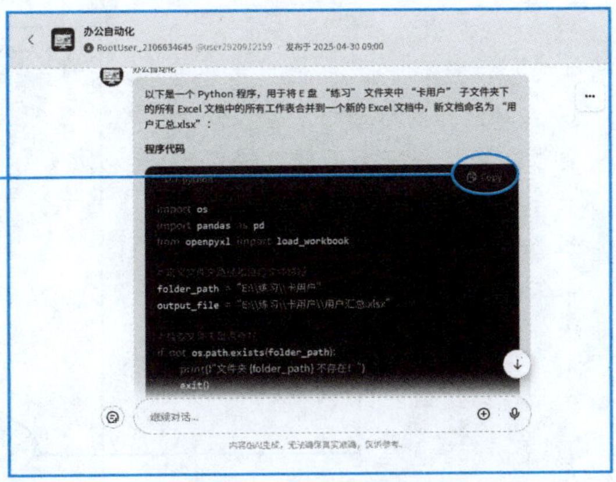
办公自动化
RootUser_2106634645 @user2920912159 发布于 2025-04-30 09:00
以下是一个 Python 程序，用于将 E 盘 “练习” 文件夹中 “卡用户” 子文件夹下的所有 Excel 文档中的所有工作表合并到一个新的 Excel 文档中，新文档命名为 “用户汇总.xlsx”：
程序代码
import os
import pandas as pd
from openpyxl import load_workbook
folder_path = "E:\\练习\\卡用户"
if not os.path.exists(folder_path):
exit()
继续对话...
内容由AI生成，无法确保真实准确，仅供参考。

图 3-10

④ 打开“IDLE Shell”程序，新建一个IDLE文件，按“Ctrl+V”组合键，将Python程序代码粘贴到新建的文件中，并按“Ctrl+S”组合键保存程序文件。接着按F5键运行编写的程序代码，对程序代码进行测试。

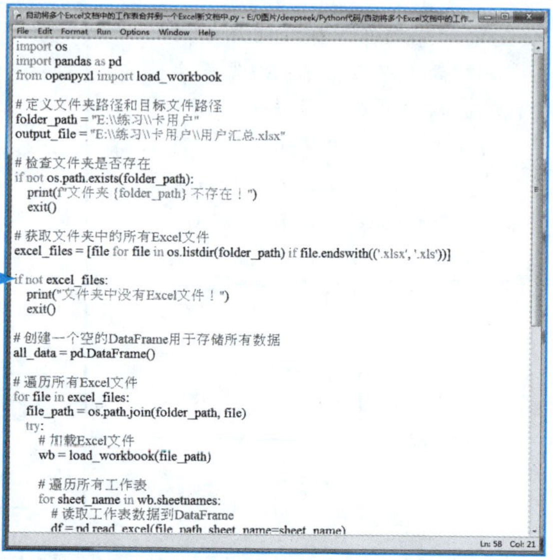

```
import os
import pandas as pd
from openpyxl import load_workbook

# 定义文件夹路径和目标文件路径
folder_path = "E:\\练习\\卡用户"
output_file = "E:\\练习\\卡用户\\用户汇总.xlsx"

# 检查文件夹是否存在
if not os.path.exists(folder_path):
    print(f"文件夹 {folder_path} 不存在！")
    exit()

# 获取文件夹中的所有Excel文件
excel_files = [file for file in os.listdir(folder_path) if file.endswith(('.xlsx', '.xls'))]

if not excel_files:
    print("文件夹中没有Excel文件！")
    exit()

# 创建一个空的DataFrame用于存储所有数据
all_data = pd.DataFrame()

# 遍历所有Excel文件
for file in excel_files:
    file_path = os.path.join(folder_path, file)
    try:
        # 加载Excel文件
        wb = load_workbook(file_path)

        # 遍历所有工作表
        for sheet_name in wb.sheetnames:
            # 读取工作表数据到DataFrame
            df = pd.read_excel(file_path, sheet_name=sheet_name)
```

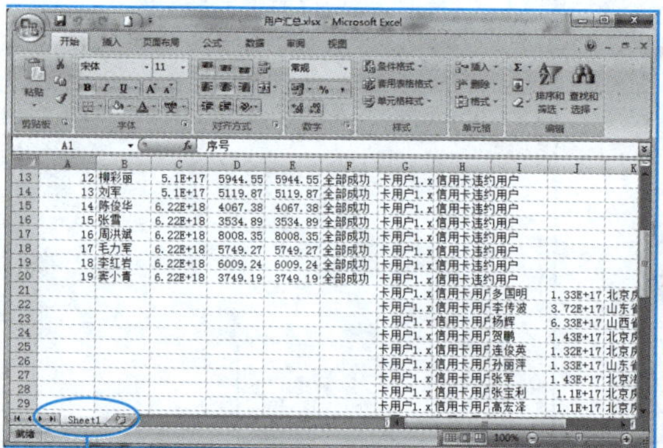

⑤ 运行程序代码后，看到在E盘中的“练习”文件夹中“卡用户”子文件夹中的新建了一个“用户汇总.xlsx”Excel文档，打开后看到“Sheet1”工作表中合并了其他所有的Excel文档中所有工作表的内容。由于我们想让程序将相同的工作表内容合并在同一个工作表中，因此需要继续修改程序。

⑥ 在智能体的对话框中输入修改要求：修改一下上面的代码，要求合并时相同名称的工作表合并到新文档中的同一个新工作表中，新工作表名称用合并的工作表名称命名。然后单击“发送”按钮。

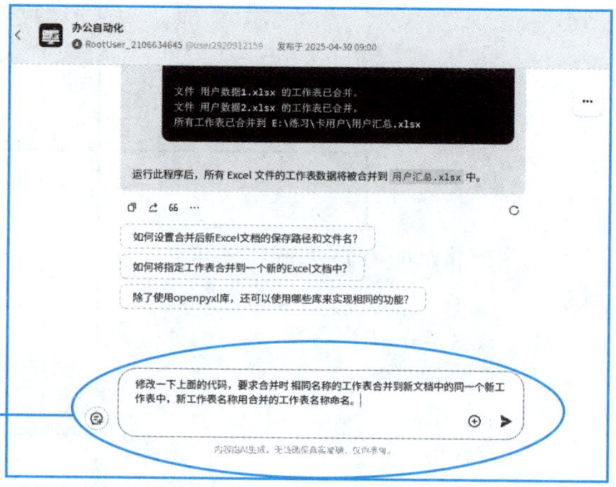
办公自动化
文件 用户数据1.xlsx 的工作表已合并。
文件 用户数据2.xlsx 的工作表已合并。
所有工作表已合并到 E:\练习\卡用户\用户汇总.xlsx
运行此程序后，所有 Excel 文件的工作表数据将被合并到 用户汇总.xlsx 中。
如何设置合并后新Excel文档的保存路径和文件名?
如何将指定工作表合并到一个新的Excel文档中?
除了使用openpyxl库，还可以使用哪些库来实现相同的功能?
修改一下上面的代码，要求合并时相同名称的工作表合并到新文档中的同一个新工作表中，新工作表名称用合并的工作表名称命名。

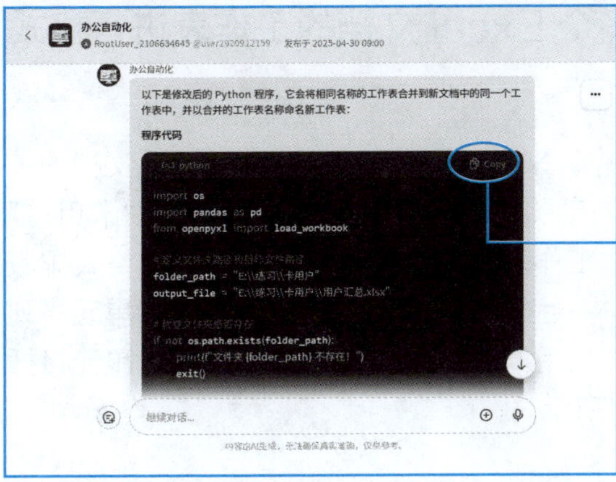

办公自动化
以下是修改后的 Python 程序，它会将相同名称的工作表合并到新文档中的同一个工作表中，并以合并的工作表名称命名新工作表：
程序代码
Copy
import os
import pandas as pd
from openpyxl import load_workbook
folder_path = "E:\\练习\\卡用户"
output_file = "E:\\练习\\卡用户\\用户汇总.xlsx"
if not os.path.exists(folder_path):
exit()

⑦ 在智能体编写的 Python 程序框右上角，单击“Copy”按钮复制所编写的程序代码。

⑧ 将之前的程序代码删除，再按“Ctrl+V”组合键，将修改后的程序代码粘贴到 IDLE 文件，并按“Ctrl+S”组合键保存程序文件。接着将之前新建的“用户汇总 .xlsx”删除（否则会将此文件的内容也合并到新文件中），然后按 F5 键运行编写的程序代码，继续对程序代码进行测试。

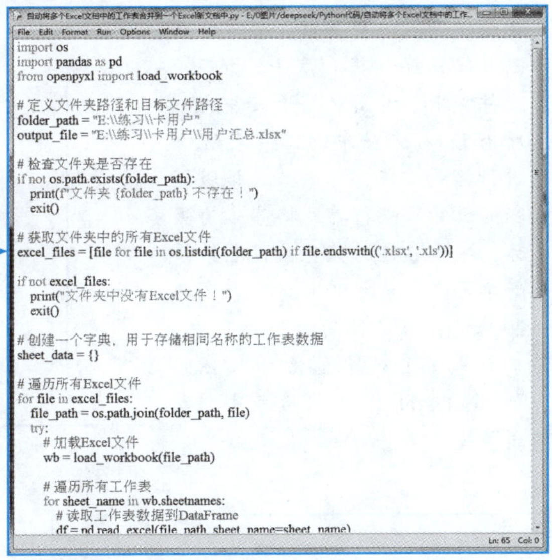

File Edit Format Run Options Window Help
import os
import pandas as pd
from openpyxl import load_workbook
# 定义文件夹路径和目标文件路径
folder_path = "E:\\练习\\卡用户"
output_file = "E:\\练习\\卡用户\\用户汇总.xlsx"
# 检查文件夹是否存在
if not os.path.exists(folder_path):
print(f"文件夹 {folder_path} 不存在！")
exit()
# 获取文件夹中的所有Excel文件
excel_files = [file for file in os.listdir(folder_path) if file.endswith(('.xlsx', '.xls'))]
if not excel_files:
print("文件夹中没有Excel文件！")
exit()
# 创建一个字典，用于存储相同名称的工作表数据
sheet_data = {}
# 遍历所有Excel文件
for file in excel_files:
file_path = os.path.join(folder_path, file)
try:
# 加载Excel文件
wb = load_workbook(file_path)
# 遍历所有工作表
for sheet_name in wb.sheetnames:
# 读取工作表数据到DataFrame
Ln: 65 Col: 0

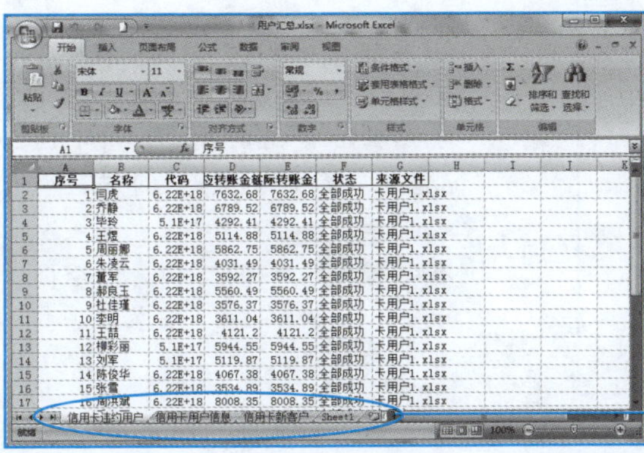

用户汇总.xlsx - Microsoft Excel
序号
名称
代码
状态
来源文件
信用卡违约用户
信用卡用户信息
信用卡新客户
Sheet1

⑨ 运行程序代码后，打开“用户汇总 .xlsx”Excel 文档，看到各个工作表中合并了其他所有的 Excel 文档中所有工作表的内容，说明程序运行正常。

图 3-10　自动将多个 Excel 文档中的工作表合并到一个 Excel 新文档中

3.3.6 案例：自动批量对多个 Excel 文档的工作表进行格式排版

通过智能体编写一个 Python 程序，来实现自动批量对多个 Excel 文档的工作表进行格式排版。具体要求为：自动将 E 盘中“练习”文件夹中“卡用户”子文件夹下所有 Excel 文档中的所有工作表统一进行格式排版，具体格式排版包括：设置第一行单元格字体为黑体，字体颜色为蓝色，设置第一行单元格列宽为 80 像素，行高为 20 像素，在“信用卡违约用户”工作表的 D35 单元格插入公式“=sum(D2:D31)”。如图 3-11 所示。

① 登录智能体，在智能体的对话框中输入编程要求：编写一个 Python 程序，将 E 盘中“练习”文件夹中“卡用户”子文件夹下所有 Excel 文档中的工作表统一进行格式排版，具体格式排版包括：设置第一行单元格字体为黑体，字体颜色为蓝色，设置第一行单元格列宽为 80 像素，行高为 20 像素，在“信用卡违约用户”工作表的 D35 单元格插入公式“=sum(D2:D31)”。然后单击“发送”按钮。

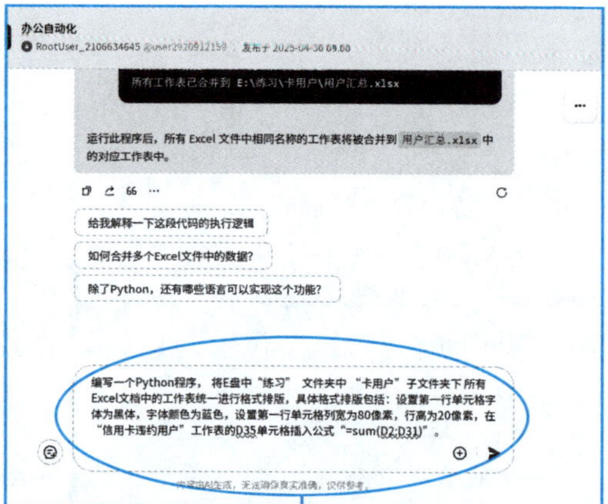
办公自动化
运行此程序后，所有 Excel 文件中相同名称的工作表将被合并到 用户汇总.xlsx 中的对应工作表中。
给我解释一下这段代码的执行逻辑
如何合并多个Excel文件中的数据?
除了Python，还有哪些语言可以实现这个功能?
编写一个Python程序，将E盘中“练习”文件夹中“卡用户”子文件夹下所有Excel文档中的工作表统一进行格式排版，具体格式排版包括：设置第一行单元格字体为黑体，字体颜色为蓝色，设置第一行单元格列宽为80像素，行高为20像素，在“信用卡违约用户”工作表的D35单元格插入公式“=sum(D2:D31)”。

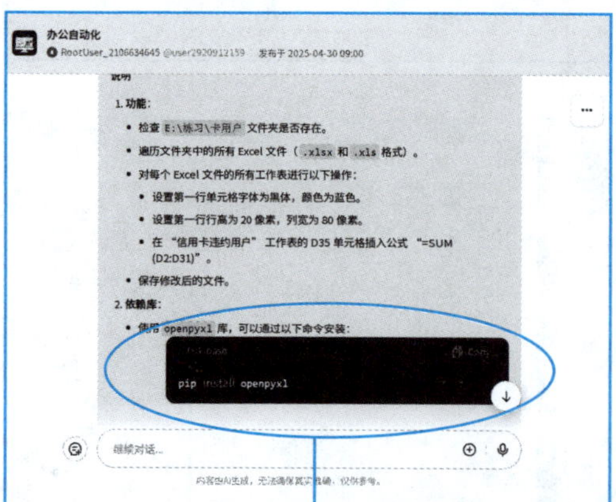
办公自动化
1. 功能:
检查 E:\练习\卡用户 文件夹是否存在。
遍历文件夹中的所有 Excel 文件（.xlsx 和 .xls 格式）。
对每个 Excel 文件的所有工作表进行以下操作:
设置第一行单元格字体为黑体，颜色为蓝色。
设置第一行行高为 20 像素，列宽为 80 像素。
在“信用卡违约用户”工作表的 D35 单元格插入公式“=SUM(D2:D31)”。
保存修改后的文件。
2. 依赖库:
需要 openpyxl 库，可以通过以下命令安装:
pip install openpyxl

② 在智能体编写的 Python 程序后的说明中，查看所编写的 Python 程序需要使用的库（如图中的 openpyxl 库）。如果电脑中已经安装此库，则不用再安装；如果没有安装此库，则需要在“命令提示符”下安装此库。安装方法参考 1.1.3 节。

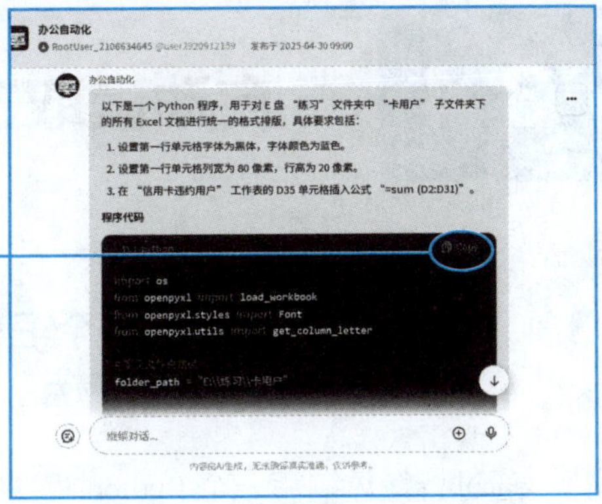

办公自动化
以下是一个 Python 程序，用于对 E 盘 "练习" 文件夹中 "卡用户" 子文件夹下的所有 Excel 文档进行统一的格式排版，具体要求包括：
1. 设置第一行单元格字体为黑体，字体颜色为蓝色。
2. 设置第一行单元格列宽为 80 像素，行高为 20 像素。
3. 在 "信用卡违约用户" 工作表的 D35 单元格插入公式 "=sum (D2:D31)"。
程序代码
import os
from openpyxl import load_workbook
from openpyxl.styles import Font
from openpyxl.utils import get_column_letter
folder_path = "E:\\练习\\卡用户"

③ 在智能体编写的 Python 程序框右上角，单击“Copy”按钮复制所编写的程序代码。

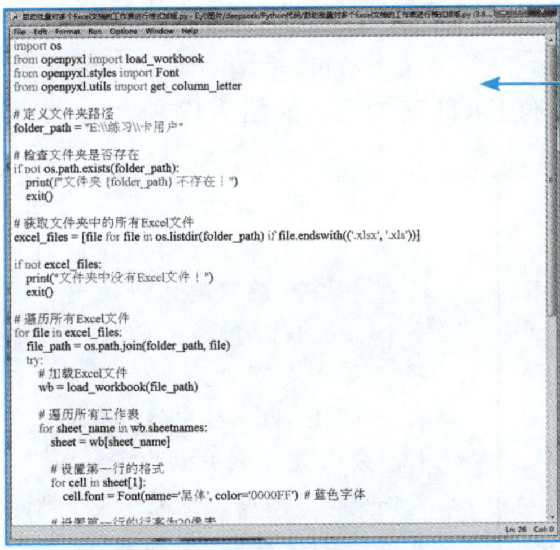

File Edit Format Run Options Window Help
import os
from openpyxl import load_workbook
from openpyxl.styles import Font
from openpyxl.utils import get_column_letter
# 定义文件夹路径
folder_path = "E:\\练习\\卡用户"
# 检查文件夹是否存在
if not os.path.exists(folder_path):
print(f"文件夹 {folder_path} 不存在！")
exit()
# 获取文件夹中的所有Excel文件
excel_files = [file for file in os.listdir(folder_path) if file.endswith(('.xlsx', '.xls'))]
if not excel_files:
print("文件夹中没有Excel文件！")
exit()
# 遍历所有Excel文件
for file in excel_files:
file_path = os.path.join(folder_path, file)
try:
# 加载Excel文件
wb = load_workbook(file_path)
# 遍历所有工作表
for sheet_name in wb.sheetnames:
sheet = wb[sheet_name]
# 设置第一行的格式
for cell in sheet[1]:
cell.font = Font(name='黑体', color='0000FF') # 蓝色字体
Ln: 26 Col: 0

④ 打开“IDLE Shell”程序，新建一个 IDLE 文件，按“Ctrl+V”组合键，将 Python 程序代码粘贴到新建的文件中，并按“Ctrl+S”组合键保存程序文件。接着按 F5 键运行编写的程序代码，对程序代码进行测试。

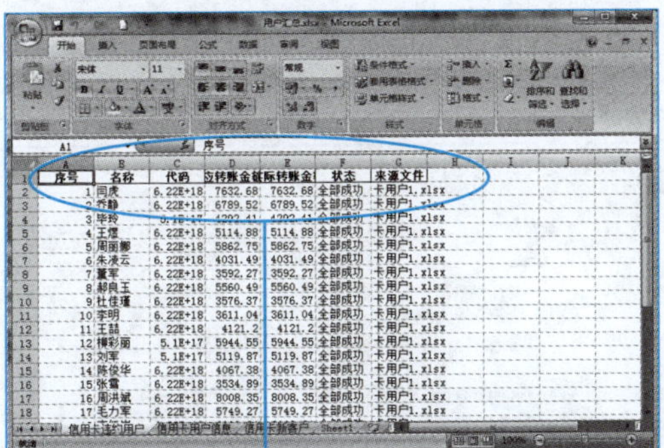

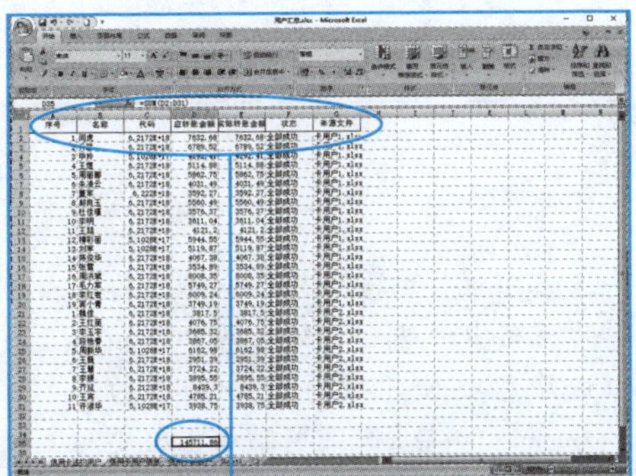

⑤ 运行程序代码后，打开 E 盘中的“练习”文件夹中“卡用户”子文件夹中的所有 Excel 文档，看到对第一行格式进行了排版，并在“信用卡违约用户”工作表的 D35 单元格插入了公式，说明程序运行正常。

图 3-11　自动批量对多个 Excel 文档的工作表进行格式排版

3.4 自动读取工作表中数据

3.4.1 案例：自动将一个 Excel 文档的所有工作表批量复制到其他 Excel 文档

通过智能体编写一个 Python 程序，来实现自动将一个 Excel 文档的所有工作表批量复制到其他 Excel 文档。具体要求为：自动复制 E 盘中“练习”文件夹下“企业代付明细表.xlsx”Excel 文档中的所有工作表，然后将其粘贴到 E 盘中“练习”文件夹下的“财务”子文件夹中的所有 Excel 文档中。如图 3-12 所示。

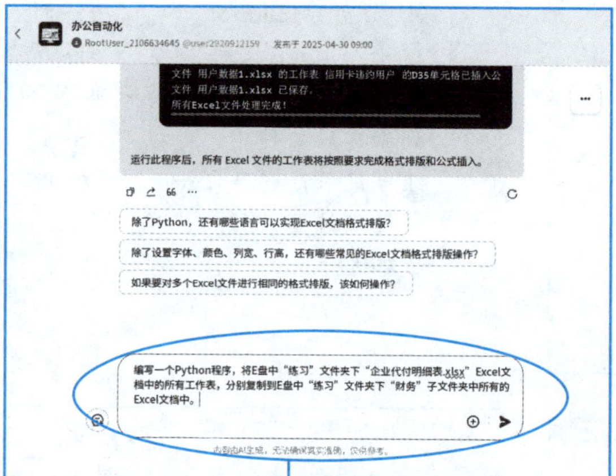
办公自动化
运行此程序后，所有 Excel 文件的工作表将按照要求完成格式排版和公式插入。
除了Python，还有哪些语言可以实现Excel文档格式排版?
除了设置字体、颜色、列宽、行高，还有哪些常见的Excel文档格式排版操作?
如果要对多个Excel文件进行相同的格式排版，该如何操作?
编写一个Python程序，将E盘中“练习”文件夹下“企业代付明细表.xlsx”Excel文档中的所有工作表，分别复制到E盘中“练习”文件夹下“财务”子文件夹中所有的Excel文档中。

① 登录智能体，在智能体的对话框中输入编程要求：编写一个 Python 程序，将 E 盘中“练习”文件夹下“企业代付明细表.xlsx”Excel 文档中的所有工作表，分别复制到 E 盘中“练习”文件夹下“财务”子文件夹中所有的 Excel 文档中。然后单击“发送”按钮。

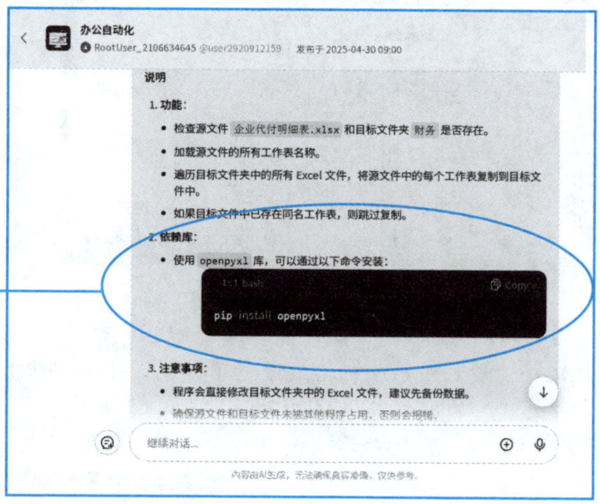
办公自动化
说明
1. 功能:
检查源文件 企业代付明细表.xlsx 和目标文件夹 财务 是否存在。
加载源文件的所有工作表名称。
遍历目标文件夹中的所有 Excel 文件，将源文件中的每个工作表复制到目标文件中。
如果目标文件中已存在同名工作表，则跳过复制。
2. 依赖库:
使用 openpyxl 库，可以通过以下命令安装:
pip install openpyxl
3. 注意事项:
程序会直接修改目标文件中的 Excel 文件，建议先备份数据。

② 在智能体编写的 Python 程序后的说明中，查看所编写的 Python 程序需要使用的库（如图中的 openpyxl 库）。如果电脑中已经安装此库，则不用再安装；如果没有安装此库，则需要在“命令提示符”下安装此库。安装方法参考 1.1.3 节。

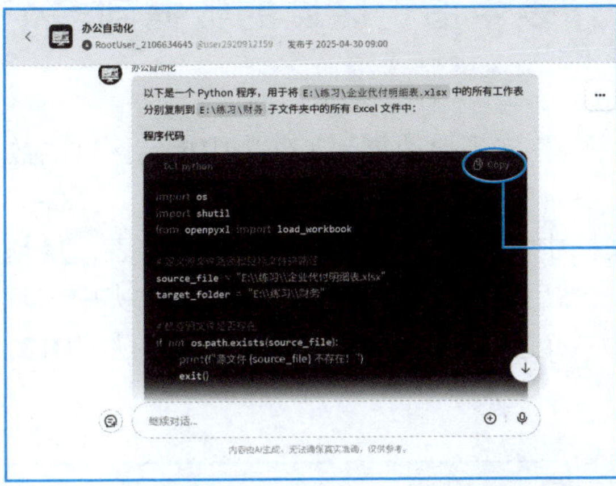

③ 在智能体编写的 Python 程序框右上角，单击“Copy”按钮复制所编写的程序代码。

④ 打开“IDLE Shell”程序，然后新建一个 IDLE 文件，之后按“Ctrl+V”组合键，将 Python 程序代码粘贴到新建的文件中，并按“Ctrl+S”组合键保存程序文件。接着按 F5 键运行编写的程序代码，对程序代码进行测试。

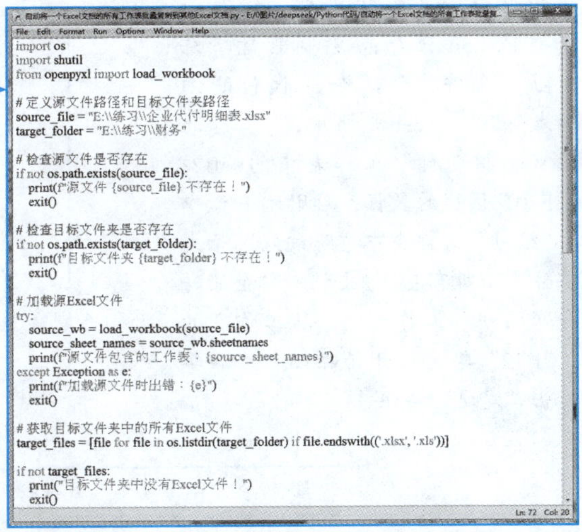
import os
import shutil
from openpyxl import load_workbook
# 定义源文件路径和目标文件夹路径
source_file = "E:\\练习\\企业代付明细表.xlsx"
target_folder = "E:\\练习\\财务"
# 检查源文件是否存在
if not os.path.exists(source_file):
print(f"源文件 {source_file} 不存在！")
exit()
# 检查目标文件夹是否存在
if not os.path.exists(target_folder):
print(f"目标文件夹 {target_folder} 不存在！")
exit()
# 加载源Excel文件
try:
source_wb = load_workbook(source_file)
source_sheet_names = source_wb.sheetnames
print(f"源文件包含的工作表：{source_sheet_names}")
except Exception as e:
print(f"加载源文件时出错：{e}")
exit()
# 获取目标文件夹中的所有Excel文件
target_files = [file for file in os.listdir(target_folder) if file.endswith(('.xlsx', '.xls'))]
if not target_files:
print("目标文件夹中没有Excel文件！")
exit()

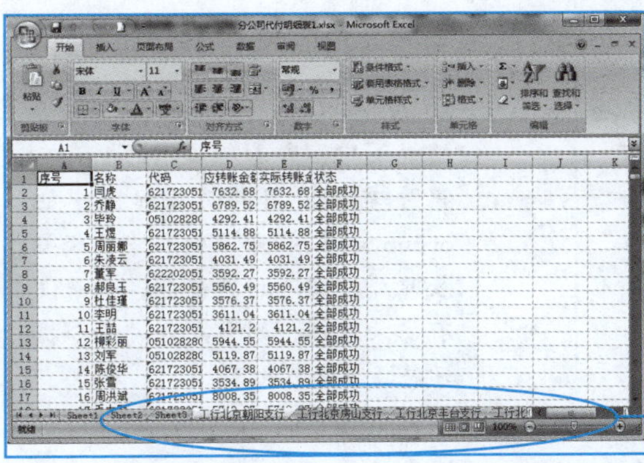

⑤ 运行程序代码后，打开 E 盘中的“练习”文件夹中“财务”子文件夹中的所有 Excel 文档，看到文档中增加了复制过来的工作表，说明程序运行正常。

图 3-12　自动将一个 Excel 文档的所有工作表批量复制到其他 Excel 文档

3.4.2 案例：自动复制工作表中指定区域的数据到多个 Excel 文档中指定工作表

通过智能体编写一个 Python 程序，来实现自动复制工作表中指定区域的数据到多个 Excel 文档中指定工作表。具体要求为：先打开 E 盘“练习”文件夹下“企业代付明细表 .xlsx”Excel 文档中“工行北京朝阳支行”工作表，复制此工作表中“B2：F20”区域的数据，然后粘贴到 E 盘中“练习”文件夹中“明细账”子文件夹下所有 Excel 文档中“企业转账明细”工作表中，并从“B12”单元格开始粘贴。如图 3-13 所示。

① 登录智能体，在智能体的对话框中输入编程要求：编写一个 Python 程序，复制 E 盘“练习”文件夹下“企业代付明细表 .xlsx”Excel 文档中，“工行北京朝阳支行”工作表中的“B2：F20”区域的数据，粘贴到 E 盘中“练习”文件夹中“明细账”子文件夹下所有 Excel 文档中“企业转账明细”工作表中，从工作表的“B12”单元格开始粘贴。然后单击“发送”按钮。

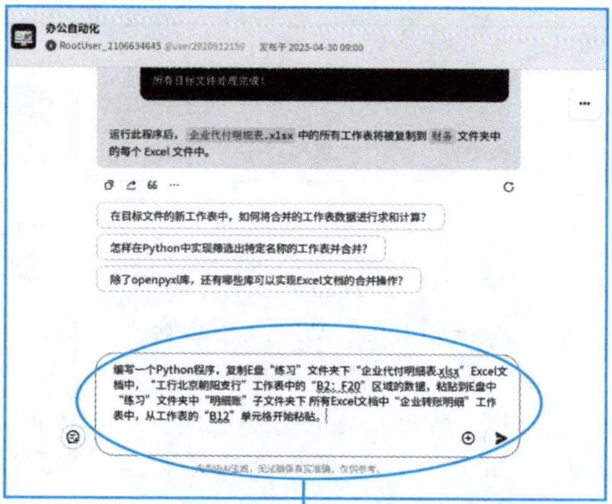
办公自动化
在目标文件的新工作表中，如何将合并的工作表数据进行求和计算?
怎样在Python中实现筛选出特定名称的工作表并合并?
除了openpyxl库，还有哪些库可以实现Excel文档的合并操作?

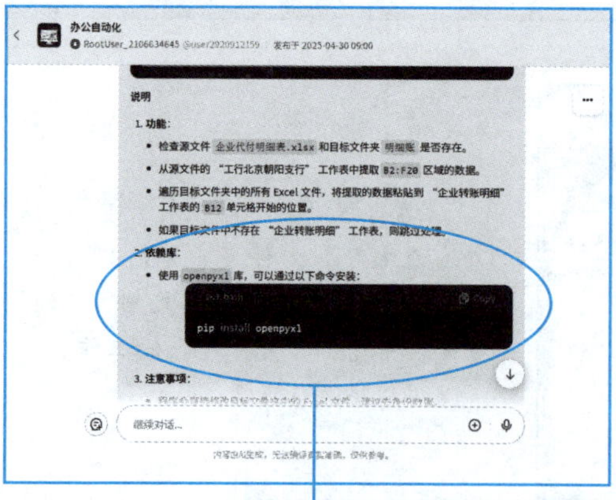
办公自动化
说明
1. 功能:
2. 依赖库:
pip install openpyxl
3. 注意事项:

② 在智能体编写的 Python 程序后的说明中，查看所编写的 Python 程序需要使用的库（如图中的 openpyxl 库）。如果电脑中已经安装此库，则不用再安装；如果没有安装此库，则需要在“命令提示符”下安装此库。

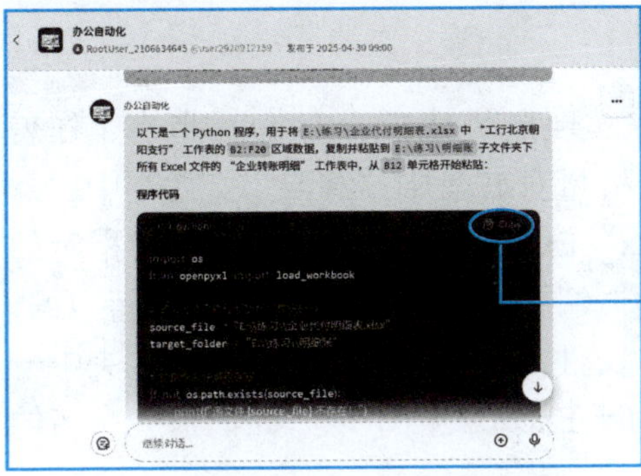

办公自动化
以下是一个 Python 程序，用于将 E:\练习\企业代付明细表.xlsx 中"工行北京朝阳支行"工作表的 B2:F20 区域数据，复制并粘贴到 E:\练习\明细账 子文件夹下所有 Excel 文件的"企业转账明细"工作表中，从 B12 单元格开始粘贴：
程序代码
import os
from openpyxl import load_workbook
source_file
target_folder
if not os.path.exists(source_file):

③ 在智能体编写的 Python 程序框右上角，单击"Copy"按钮复制所编写的程序代码。

④ 打开"IDLE Shell"程序，新建一个 IDLE 文件，按"Ctrl+V"组合键，将 Python 程序代码粘贴到新建的文件中，并按"Ctrl+S"组合键保存程序文件。接着按 F5 键运行编写的程序代码，对程序代码进行测试。

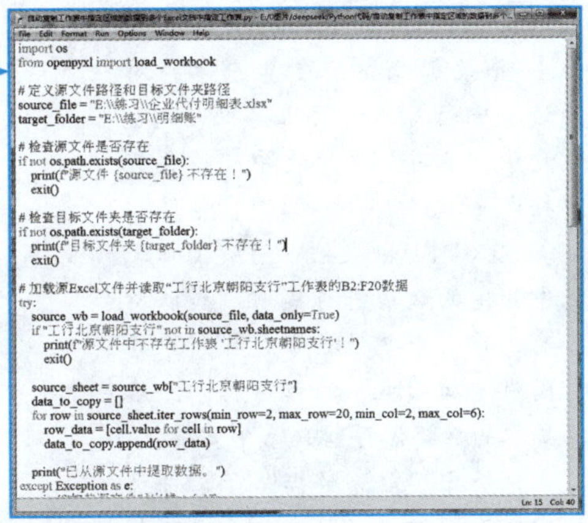

import os
from openpyxl import load_workbook
# 定义源文件路径和目标文件夹路径
source_file = "E:\\练习\\企业代付明细表.xlsx"
target_folder = "E:\\练习\\明细账"
# 检查源文件是否存在
if not os.path.exists(source_file):
print(f"源文件 {source_file} 不存在！")
exit()
# 检查目标文件夹是否存在
if not os.path.exists(target_folder):
print(f"目标文件夹 {target_folder} 不存在！")
exit()
# 加载源Excel文件并读取"工行北京朝阳支行"工作表的B2:F20数据
try:
source_wb = load_workbook(source_file, data_only=True)
if "工行北京朝阳支行" not in source_wb.sheetnames:
print("源文件中不存在工作表'工行北京朝阳支行'！")
exit()
source_sheet = source_wb["工行北京朝阳支行"]
data_to_copy = []
for row in source_sheet.iter_rows(min_row=2, max_row=20, min_col=2, max_col=6):
row_data = [cell.value for cell in row]
data_to_copy.append(row_data)
print("已从源文件中提取数据。")
except Exception as e:

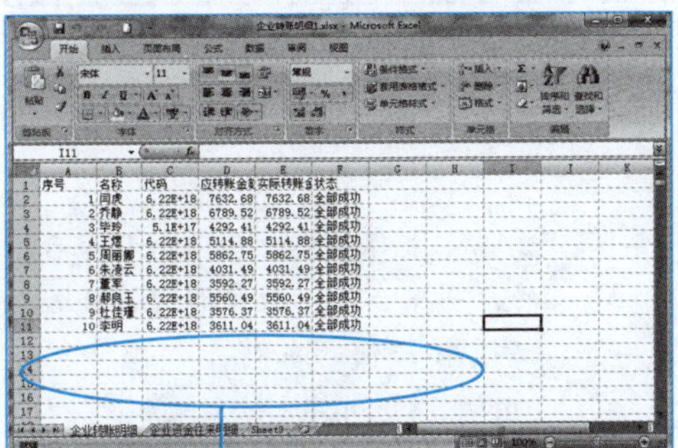

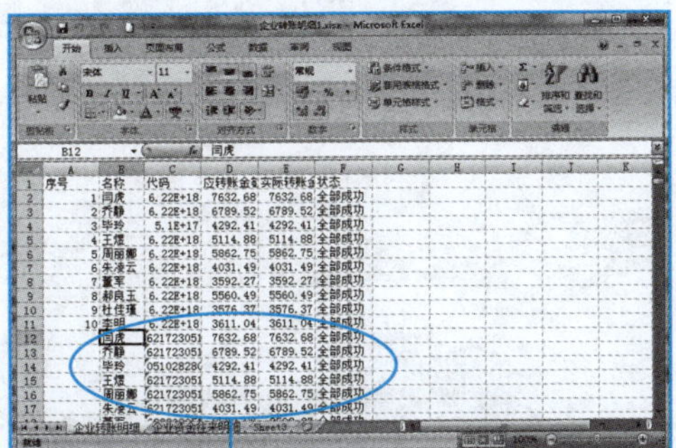

⑤ 运行程序代码后，打开 E 盘中的"练习"文件夹中"明细账"子文件夹中的所有 Excel 文档，看到文档中增加了复制过来的内容，说明程序运行正常。

图 3-13 自动复制工作表中指定区域的数据到多个 Excel 文档中指定工作表

3.4.3 案例：自动提取 Excel 文档中所有工作表中指定的行数据

通过智能体编写一个 Python 程序，来实现自动对 Excel 文档中所有工作表中指定的行数据进行提取。具体要求为：批量对 E 盘中“练习”文件夹中“财务数据”子文件夹中的“开票明细表 .xlsx” Excel 文档中所有工作表中指定的数据进行提取。提取所有工作表中“付款方式”列中的所有“加油卡”的行数据，然后将提取的数据保存到 E 盘中“练习”文件夹中“财务数据”子文件夹中一个名称为“开票明细表 - 加油卡 .xlsx”的新 Excel 文档中以“加油卡”命名的新工作表中，如图 3-14 所示。

① 登录智能体，在智能体的对话框中输入编程要求：批量对 E 盘中“练习”文件夹中“财务数据”子文件夹中的“开票明细表 .xlsx” Excel 文档中所有工作表中指定的数据进行提取。提取所有工作表中“付款方式”列中的所有“加油卡”的行数据，然后提取的数据保存到 E 盘中“练习”文件夹中“财务数据”子文件夹中一个名称为“开票明细表 - 加油卡 .xlsx”的新 Excel 文档中以“加油卡”命名的新工作表中。然后单击“发送”按钮。

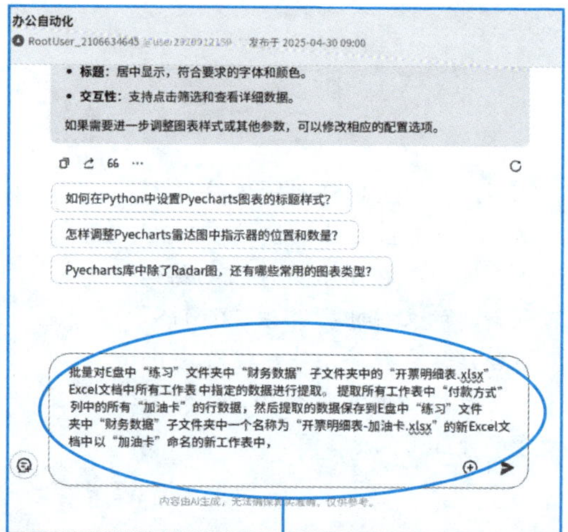
办公自动化
标题：居中显示，符合要求的字体和颜色。
交互性：支持点击筛选和查看详细数据。
如果需要进一步调整图表样式或其他参数，可以修改相应的配置选项。
如何在Python中设置Pyecharts图表的标题样式?
怎样调整Pyecharts雷达图中指示器的位置和数量?
Pyecharts库中除了Radar图，还有哪些常用的图表类型?
批量对E盘中“练习”文件夹中“财务数据”子文件夹中的“开票明细表.xlsx” Excel文档中所有工作表中指定的数据进行提取。提取所有工作表中“付款方式”列中的所有“加油卡”的行数据，然后提取的数据保存到E盘中“练习”文件夹中“财务数据”子文件夹中一个名称为“开票明细表-加油卡.xlsx”的新Excel文档中以“加油卡”命名的新工作表中，

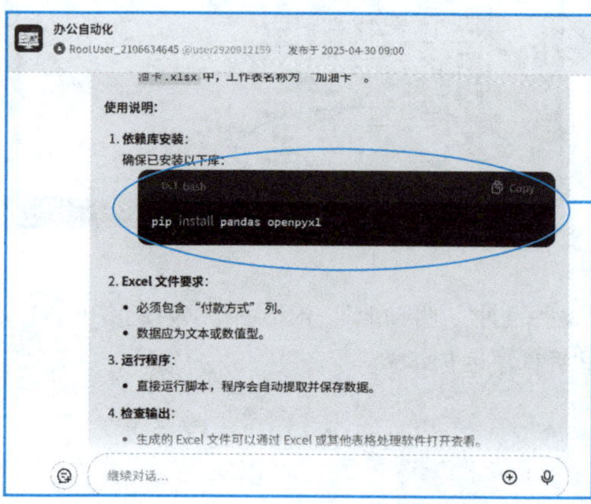
办公自动化
使用说明:
1. 依赖库安装:
确保已安装以下库:
pip install pandas openpyxl
2. Excel 文件要求:
必须包含“付款方式”列。
数据应为文本或数值型。
3. 运行程序:
直接运行脚本，程序会自动提取并保存数据。
4. 检查输出:
生成的 Excel 文件可以通过 Excel 或其他表格处理软件打开查看。
继续对话...

② 在智能体编写的 Python 程序后的说明中，查看所编写的 Python 程序需要使用的库（如图中的 pandas、openpyxl 库）。如果电脑中已经安装这些库，则不用再安装；如果没有安装，则需要在“命令提示符”下安装这些库。

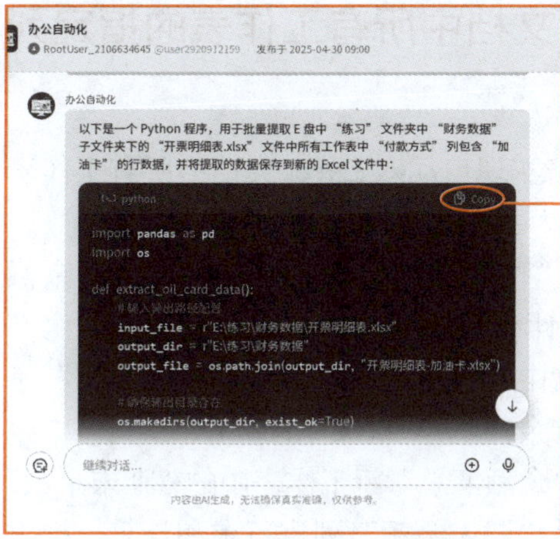
办公自动化
以下是一个 Python 程序，用于批量提取 E 盘中 “练习” 文件夹中 “财务数据” 子文件夹下的 “开票明细表.xlsx” 文件中所有工作表中 “付款方式” 列包含 “加油卡” 的行数据，并将提取的数据保存到新的 Excel 文件中：
python
Copy
import pandas as pd
import os
def extract_oil_card_data():
input_file = r"E:\练习\财务数据\开票明细表.xlsx"
output_dir = r"E:\练习\财务数据"
output_file = os.path.join(output_dir, "开票明细表-加油卡.xlsx")
os.makedirs(output_dir, exist_ok=True)
继续对话...
内容由AI生成，无法确保真实准确，仅供参考。

③ 在智能体编写的 Python 程序框右上角，单击 “Copy” 按钮复制所编写的程序代码。

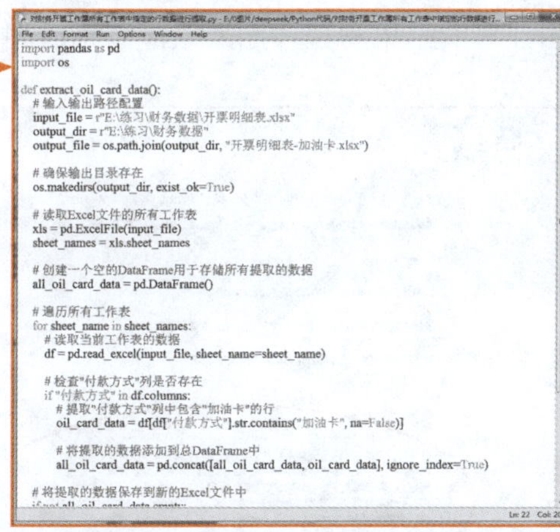
import pandas as pd
import os

def extract_oil_card_data():
# 输入输出路径配置
input_file = r"E:\练习\财务数据\开票明细表.xlsx"
output_dir = r"E:\练习\财务数据"
output_file = os.path.join(output_dir, "开票明细表-加油卡.xlsx")
# 确保输出目录存在
os.makedirs(output_dir, exist_ok=True)
# 读取Excel文件的所有工作表
xls = pd.ExcelFile(input_file)
sheet_names = xls.sheet_names
# 创建一个空的DataFrame用于存储所有提取的数据
all_oil_card_data = pd.DataFrame()
# 遍历所有工作表
for sheet_name in sheet_names:
# 读取当前工作表的数据
df = pd.read_excel(input_file, sheet_name=sheet_name)
# 检查"付款方式"列是否存在
if "付款方式" in df.columns:
# 提取"付款方式"列中包含"加油卡"的行
oil_card_data = df[df["付款方式"].str.contains("加油卡", na=False)]
# 将提取的数据添加到总DataFrame中
all_oil_card_data = pd.concat([all_oil_card_data, oil_card_data], ignore_index=True)
# 将提取的数据保存到新的Excel文件中

④ 打开 “IDLE Shell” 程序，新建一个 IDLE 文件，按 “Ctrl+V” 组合键，将 Python 程序代码粘贴到新建的文件中，并按 “Ctrl+S” 组合键保存程序文件。接着按 F5 键运行编写的程序代码，对程序代码进行测试。

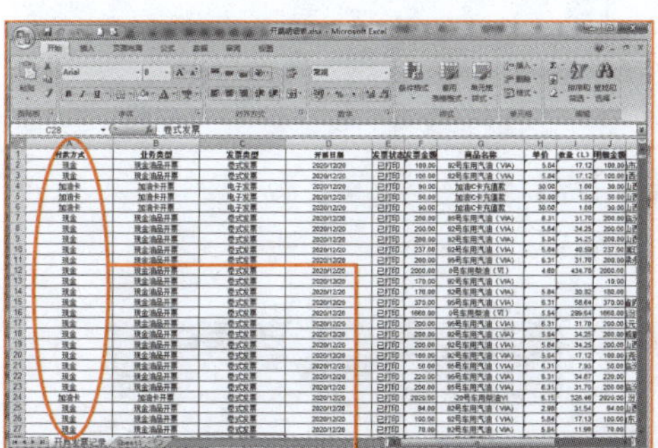

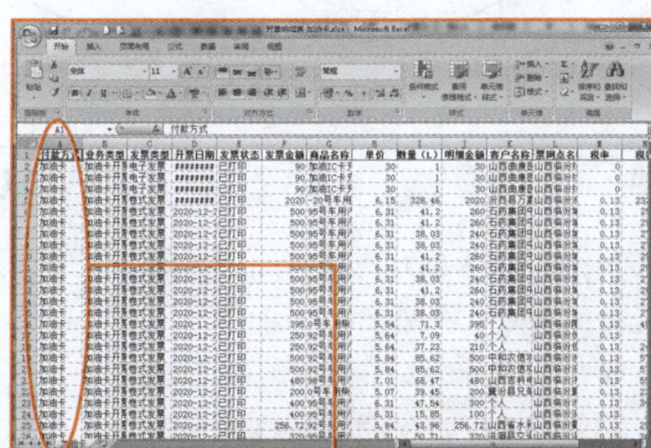

⑤ 运行程序代码后，打开 “开票明细表 .xlsx” 文档和新生成的 “开票明细表 – 加油卡 .xlsx” 文档对比，看到程序把 “开票明细表 .xlsx” 文档的 “付款方式” 列中的所有 “加油卡” 的行数据，提取到了 “开票明细表 – 加油卡 .xlsx” 文档中的 “付款方式” 列，说明程序运行正常。

图 3-14　对财务开票工作簿所有工作表中指定的行数据进行提取

3.4.4 案例：自动提取 Excel 文档中所有工作表的指定列数据并求和

通过智能体编写一个 Python 程序，来实现自动对 Excel 文档中所有工作表的指定列数据进行提取并求和。具体要求为：

批量提取 E 盘中“练习”文件夹中“财务数据”子文件夹中“科目余额表 .xlsx”Excel 文档中所有工作表中“会计科目”列和“期末余额”列的全部列数据。然后将提取的列数据保存到 E 盘中“练习”文件夹中“财务数据”子文件夹中一个名称为“科目余额表 - 期末余额汇总 .xlsx”的新 Excel 文档中以“余额汇总”命名的新工作表中，同时将“余额汇总”新工作表中的“期末余额”列的单元格格式设为“数值”格式，并对“期末余额”列进行求和计算，把求和计算的结果写在“期末余额”列后面的单元格中。如图 3-15 所示。

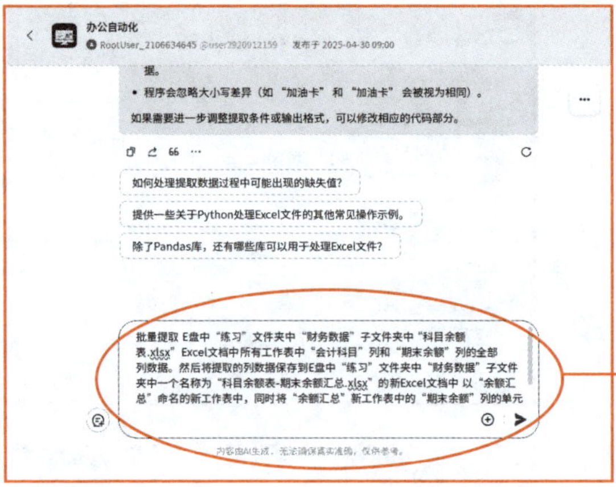
办公自动化
RootUser_2106634645
发布于 2025-04-30 09:00
据。
• 程序会忽略大小写差异（如“加油卡”和“加油卡”会被视为相同）。
如果需要进一步调整提取条件或输出格式，可以修改相应的代码部分。
如何处理提取数据过程中可能出现的缺失值？
提供一些关于Python处理Excel文件的其他常见操作示例。
除了Pandas库，还有哪些库可以用于处理Excel文件？
批量提取 E盘中“练习”文件夹中“财务数据”子文件夹中“科目余额表.xlsx”Excel文档中所有工作表中“会计科目”列和“期末余额”列的全部列数据。然后将提取的列数据保存到E盘中“练习”文件夹中“财务数据”子文件夹中一个名称为“科目余额表-期末余额汇总.xlsx”的新Excel文档中 以“余额汇总”命名的新工作表中，同时将“余额汇总”新工作表中的“期末余额”列的单元

① 登录智能体，在智能体的对话框中输入编程要求（编程要求参考上面），然后单击“发送”按钮。

② 在智能体编写的 Python 程序后的说明中，查看所编写的 Python 程序需要使用的库（如图中的 pandas、openpyxl 库）。如果电脑中已经安装这些库，则不用再安装；如果没有安装，则需要在“命令提示符”下安装这些库。

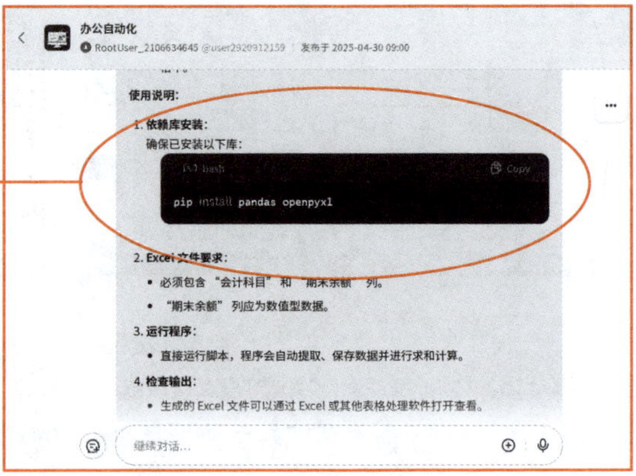
办公自动化
RootUser_2106634645
发布于 2025-04-30 09:00
使用说明:
1. 依赖库安装:
确保已安装以下库:
pip install pandas openpyxl
2. Excel文件要求:
• 必须包含“会计科目”和“期末余额”列。
• “期末余额”列应为数值型数据。
3. 运行程序:
• 直接运行脚本，程序会自动提取、保存数据并进行求和计算。
4. 检查输出:
• 生成的 Excel 文件可以通过 Excel 或其他表格处理软件打开查看。
继续对话...

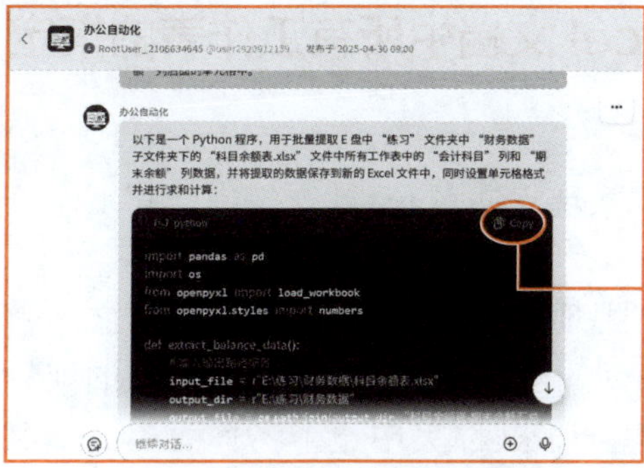
办公自动化
以下是一个 Python 程序，用于批量提取 E 盘中“练习”文件夹中“财务数据”子文件夹下的“科目余额表.xlsx”文件中所有工作表中的“会计科目”列和“期末余额”列数据，并将提取的数据保存到新的 Excel 文件中，同时设置单元格格式并进行求和计算：
Copy
import pandas as pd
import os
from openpyxl import load_workbook
from openpyxl.styles import numbers
def extract_balance_data():
继续对话…

③ 在智能体编写的 Python 程序框右上角，单击“Copy”按钮复制所编写的程序代码。

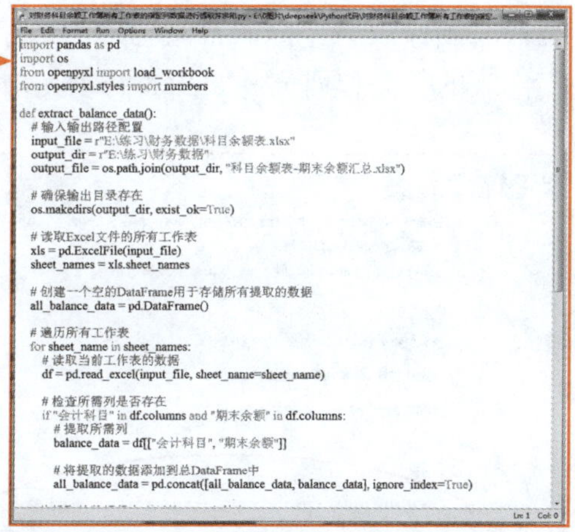
import pandas as pd
import os
from openpyxl import load_workbook
from openpyxl.styles import numbers
def extract_balance_data():
# 输入输出路径配置
input_file = r"E:\练习\财务数据\科目余额表.xlsx"
output_dir = r"E:\练习\财务数据"
output_file = os.path.join(output_dir, "科目余额表-期末余额汇总.xlsx")
# 确保输出目录存在
os.makedirs(output_dir, exist_ok=True)
# 读取Excel文件的所有工作表
xls = pd.ExcelFile(input_file)
sheet_names = xls.sheet_names
# 创建一个空的DataFrame用于存储所有提取的数据
all_balance_data = pd.DataFrame()
# 遍历所有工作表
for sheet_name in sheet_names:
# 读取当前工作表的数据
df = pd.read_excel(input_file, sheet_name=sheet_name)
# 检查所需列是否存在
if "会计科目" in df.columns and "期末余额" in df.columns:
# 提取所需列
balance_data = df[["会计科目", "期末余额"]]
# 将提取的数据添加到总DataFrame中
all_balance_data = pd.concat([all_balance_data, balance_data], ignore_index=True)

④ 打开“IDLE Shell”程序，新建一个 IDLE 文件，按“Ctrl+V”组合键，将 Python 程序代码粘贴到新建的文件中，并按“Ctrl+S”组合键保存程序文件。接着按 F5 键运行编写的程序代码，对程序代码进行测试。

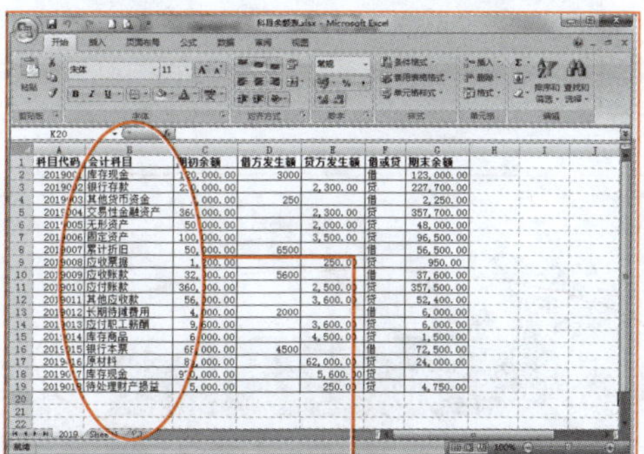

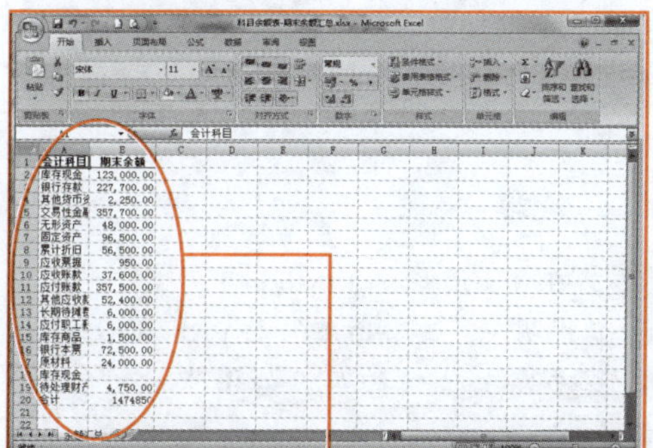

⑤ 运行程序代码后，打开新生成的“科目余额表－期末余额汇总.xlsx”文档，看到程序把“科目余额表.xlsx”文档中的“会计科目”列和“期末余额”列数据复制到了新文档中，并在最下面一行写入了“期末余额”列求和结果，说明程序运行正常。

图 3-15　对财务科目余额工作簿所有工作表的指定列数据进行提取并求和

3.4.5 案例：自动提取多个 Excel 文档中所有工作表的指定列数据

通过智能体编写一个 Python 程序，来实现自动对 Excel 文档中所有工作表的指定列数据进行提取。具体要求为：

批量提取 E 盘中“练习”文件夹中“提现”子文件夹中所有 Excel 文档中所有工作表中“用途”列和“提取金额”列的全部列数据。然后将提取的列数据保存到 E 盘中“练习”文件夹中“提现”子文件夹中一个名称为“提现汇总 .xlsx”的新 Excel 文档中以“提现金额”命名的新工作表中，同时将“提现金额”工作表中“提取金额”列的数字格式设置为“数值”格式，并自动调整工作表的行高和列宽。如图 3-16 所示。

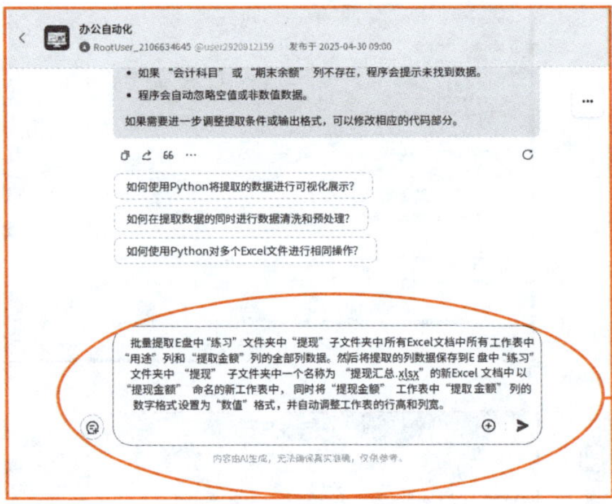

办公自动化
如果“会计科目”或“期末余额”列不存在，程序会提示未找到数据。
程序会自动忽略空值或非数值数据。
如果需要进一步调整提取条件或输出格式，可以修改相应的代码部分。
如何使用Python将提取的数据进行可视化展示?
如何在提取数据的同时进行数据清洗和预处理?
如何使用Python对多个Excel文件进行相同操作?
批量提取E盘中“练习”文件夹中“提现”子文件夹中所有Excel文档中所有工作表中“用途”列和“提取金额”列的全部列数据。然后将提取的列数据保存到E盘中“练习”文件夹中“提现”子文件夹中一个名称为“提现汇总.xlsx”的新Excel文档中以“提现金额”命名的新工作表中，同时将“提现金额”工作表中“提取金额”列的数字格式设置为“数值”格式，并自动调整工作表的行高和列宽。

① 登录智能体，在智能体的对话框中输入编程要求（编程要求参考上面），然后单击“发送”按钮。

② 在智能体编写的 Python 程序后的说明中，查看所编写的 Python 程序需要使用的库（如图中的 pandas、openpyxl 库）。如果电脑中已经安装这些库，则不用再安装；如果没有安装，则需要在“命令提示符”下安装这些库。

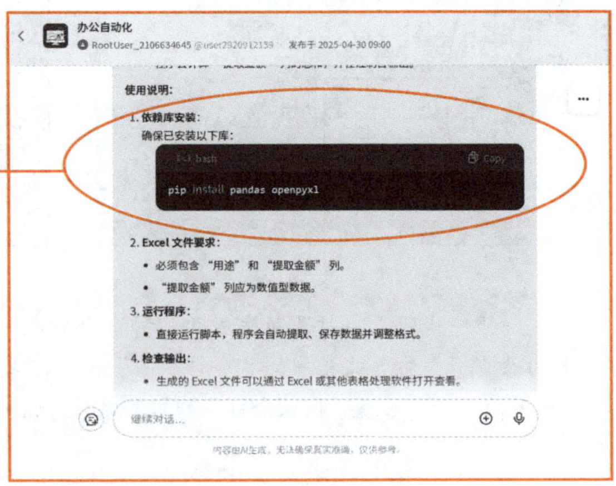

办公自动化
使用说明:
1. 依赖库安装:
确保已安装以下库:
pip install pandas openpyxl
2. Excel 文件要求:
必须包含“用途”和“提取金额”列。
“提取金额”列应为数值型数据。
3. 运行程序:
直接运行脚本，程序会自动提取、保存数据并调整格式。
4. 检查输出:
生成的 Excel 文件可以通过 Excel 或其他表格处理软件打开查看。

③ 在智能体编写的 Python 程序框右上角，单击“Copy”按钮复制所编写的程序代码。

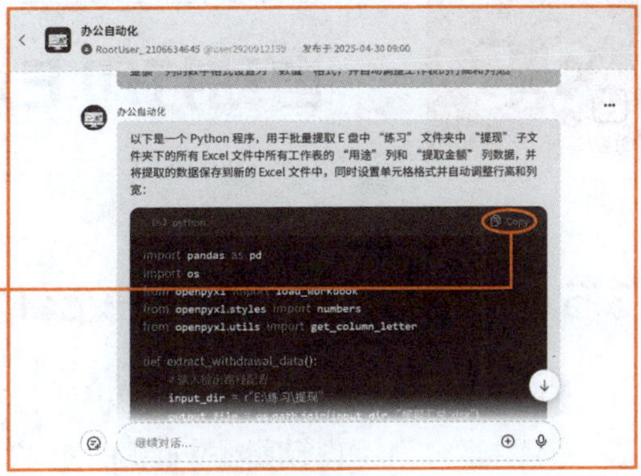
办公自动化
以下是一个 Python 程序，用于批量提取 E 盘中“练习”文件夹中“提现”子文件夹下的所有 Excel 文件中所有工作表的“用途”列和“提取金额”列数据，并将提取的数据保存到新的 Excel 文件中，同时设置单元格格式并自动调整行高和列宽：
Copy
import pandas as pd
import os
from openpyxl.styles import numbers
from openpyxl.utils import get_column_letter
def extract_withdrawal_data():
input_dir = r"E:\练习\提现"
继续对话...

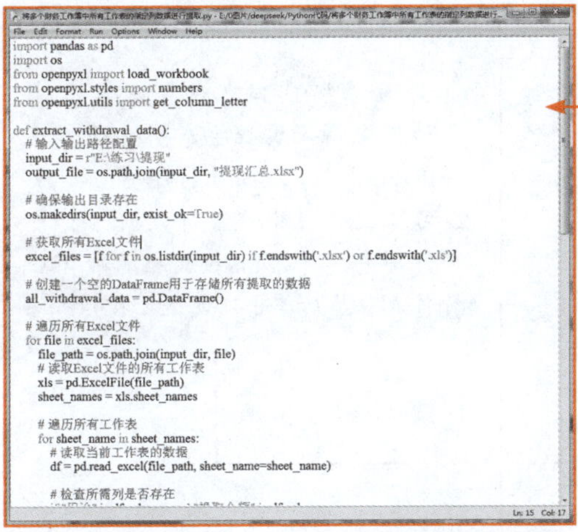
File Edit Format Run Options Window Help
import pandas as pd
import os
from openpyxl import load_workbook
from openpyxl.styles import numbers
from openpyxl.utils import get_column_letter
def extract_withdrawal_data():
# 输入输出路径配置
input_dir = r"E:\练习\提现"
output_file = os.path.join(input_dir, "提现汇总.xlsx")
# 确保输出目录存在
os.makedirs(input_dir, exist_ok=True)
# 获取所有Excel文件
excel_files = [f for f in os.listdir(input_dir) if f.endswith('.xlsx') or f.endswith('.xls')]
# 创建一个空的DataFrame用于存储所有提取的数据
all_withdrawal_data = pd.DataFrame()
# 遍历所有Excel文件
for file in excel_files:
file_path = os.path.join(input_dir, file)
# 读取Excel文件的所有工作表
xls = pd.ExcelFile(file_path)
sheet_names = xls.sheet_names
# 遍历所有工作表
for sheet_name in sheet_names:
# 读取当前工作表的数据
df = pd.read_excel(file_path, sheet_name=sheet_name)
# 检查所需列是否存在
Ln: 15 Col: 17

④ 打开“IDLE Shell”程序，新建一个 IDLE 文件，按“Ctrl+V”组合键，将 Python 程序代码粘贴到新建的文件中，并按“Ctrl+S”组合键保存程序文件。接着按 F5 键运行编写的程序代码，对程序代码进行测试。

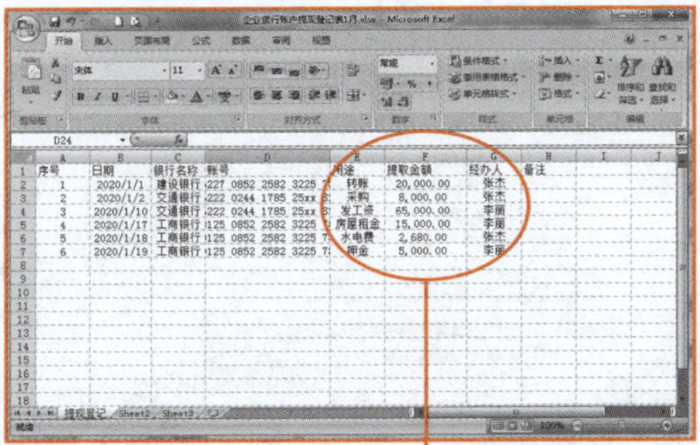

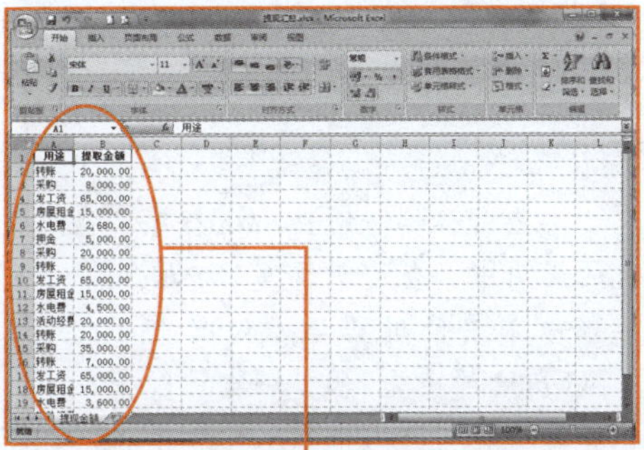

⑤ 运行程序代码后，打开新生成的“提现汇总.xlsx”文档，看到程序把所有文档中的“用途”列和“提取金额”列的列数据全部复制到新文档中，说明程序运行正常。

图 3-16　将多个财务工作簿中所有工作表的指定列数据进行提取

3.5 自动打印 Excel 文档

3.5.1 案例：批量打印 Excel 文档中所有工作表

通过智能体编写一个 Python 程序，来实现批量打印 Excel 文档中所有工作表。具体要求为：自动批量打印 E 盘“练习”文件夹中“银行数据”子文件夹中所有 Excel 文档的所有工作表。如图 3-17 所示。

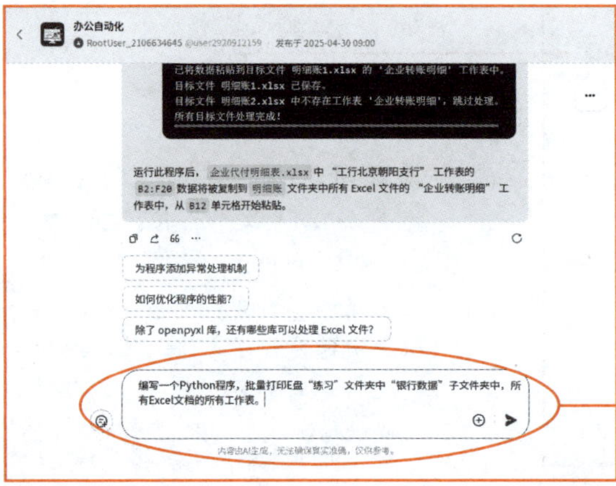
办公自动化
为程序添加异常处理机制
如何优化程序的性能?
除了 openpyxl 库，还有哪些库可以处理 Excel 文件?
编写一个Python程序，批量打印E盘“练习”文件夹中“银行数据”子文件夹中，所有Excel文档的所有工作表。

① 登录智能体，在智能体的对话框中输入编程要求：编写一个 Python 程序，批量打印 E 盘“练习”文件夹中“银行数据”子文件夹中，所有 Excel 文档的所有工作表。然后单击“发送”按钮。

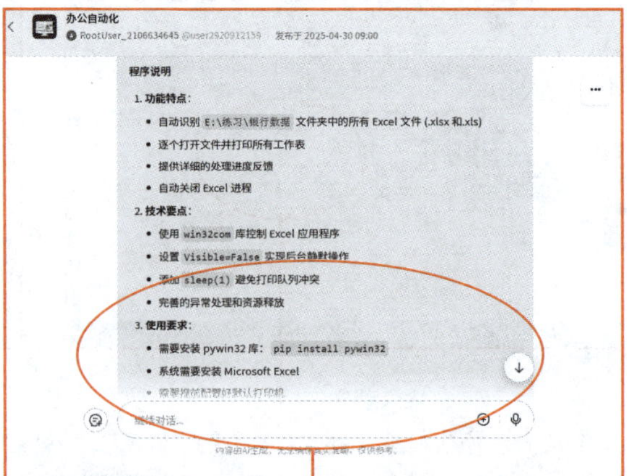
办公自动化
程序说明
1. 功能特点:
自动识别 E:\练习\银行数据 文件夹中的所有 Excel 文件 (.xlsx 和.xls)
逐个打开文件并打印所有工作表
提供详细的处理进度反馈
自动关闭 Excel 进程
2. 技术要点:
使用 win32com 库控制 Excel 应用程序
设置 Visible=False 实现后台静默操作
添加 sleep(1) 避免打印队列冲突
完善的异常处理和资源释放
3. 使用要求:
需要安装 pywin32 库: pip install pywin32
系统需要安装 Microsoft Excel

② 在智能体编写的 Python 程序后的说明中，查看所编写的 Python 程序需要使用的库（如图中的 pywin32 库）。如果电脑中已经安装此库，则不用再安装；如果没有安装此库，则需要在“命令提示符”下安装此库。安装方法参考 1.1.3 节。

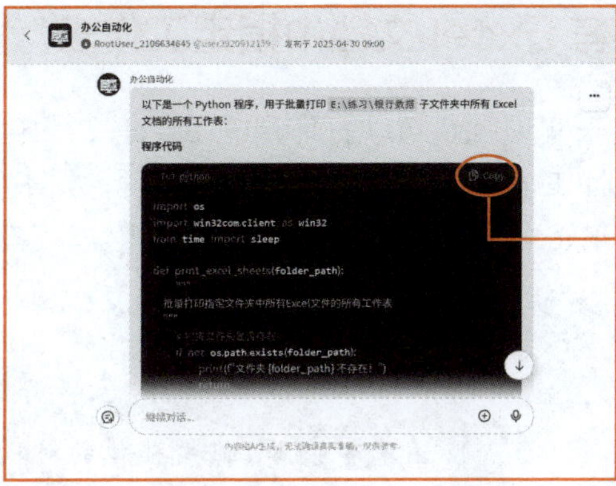
办公自动化
以下是一个 Python 程序，用于批量打印 E:\练习\银行数据 子文件夹中所有 Excel 文档的所有工作表：
程序代码
Copy
import os
import win32com.client as win32
from time import sleep
def print_excel_sheets(folder_path):
批量打印指定文件夹中所有Excel文件的所有工作表
if not os.path.exists(folder_path):
print(f"文件夹 {folder_path} 不存在！")
return

③ 在智能体编写的 Python 程序框右上角，单击“Copy”按钮复制所编写的程序代码。

④ 打开“IDLE Shell”程序，新建一个 IDLE 文件，按“Ctrl+V”组合键，将 Python 程序代码粘贴到新建的文件中，并按“Ctrl+S”组合键保存程序文件。接着按 F5 键运行编写的程序代码，对程序代码进行测试。

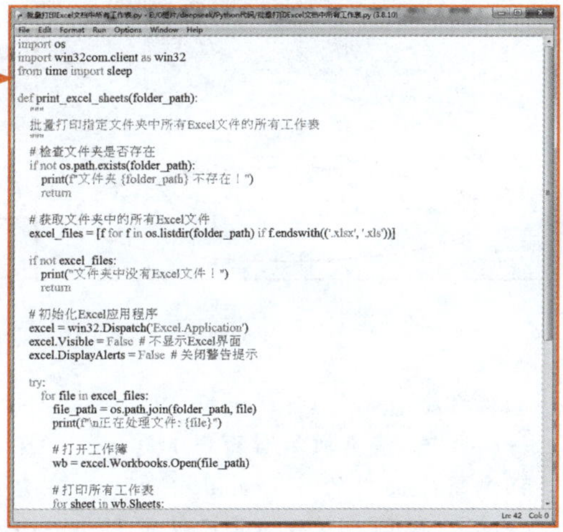
File Edit Format Run Options Window Help
import os
import win32com.client as win32
from time import sleep
def print_excel_sheets(folder_path):
"""
批量打印指定文件夹中所有Excel文件的所有工作表
"""
# 检查文件夹是否存在
if not os.path.exists(folder_path):
print(f"文件夹 {folder_path} 不存在！")
return
# 获取文件夹中的所有Excel文件
excel_files = [f for f in os.listdir(folder_path) if f.endswith(('.xlsx', '.xls'))]
if not excel_files:
print("文件夹中没有Excel文件！")
return
# 初始化Excel应用程序
excel = win32.Dispatch('Excel.Application')
excel.Visible = False # 不显示Excel界面
excel.DisplayAlerts = False # 关闭警告提示
try:
for file in excel_files:
file_path = os.path.join(folder_path, file)
print(f"\n正在处理文件: {file}")
# 打开工作簿
wb = excel.Workbooks.Open(file_path)
# 打印所有工作表
for sheet in wb.Sheets:
Ln: 42 Col: 0

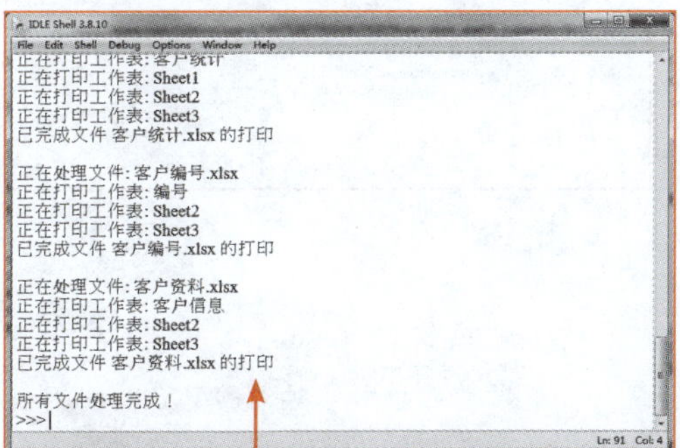
IDLE Shell 3.8.10
File Edit Shell Debug Options Window Help
正在打印工作表: Sheet1
正在打印工作表: Sheet2
正在打印工作表: Sheet3
已完成文件 客户统计.xlsx 的打印
正在处理文件: 客户编号.xlsx
正在打印工作表: 编号
正在打印工作表: Sheet2
正在打印工作表: Sheet3
已完成文件 客户编号.xlsx 的打印
正在处理文件: 客户资料.xlsx
正在打印工作表: 客户信息
正在打印工作表: Sheet2
正在打印工作表: Sheet3
已完成文件 客户资料.xlsx 的打印
所有文件处理完成！
>>>
Ln: 91 Col: 4

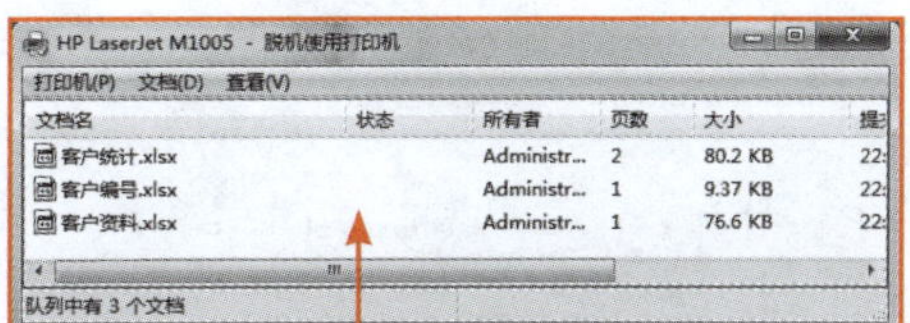
HP LaserJet M1005 - 脱机使用打印机
打印机(P) 文档(D) 查看(V)
文档名 状态 所有者 页数 大小
客户统计.xlsx Administr... 2 80.2 KB
客户编号.xlsx Administr... 1 9.37 KB
客户资料.xlsx Administr... 1 76.6 KB
队列中有 3 个文档

⑤ 运行程序代码后，程序提示正在打印，系统看到打印任务窗口中打印机开始打印，说明程序运行正常。

图 3-17 批量打印 Excel 文档中所有工作表

3.5.2 案例：批量自动打印所有 Excel 文档中指定工作表

通过智能体编写一个 Python 程序，来实现批量自动打印所有 Excel 文档中指定工作表。具体要求为：批量自动打印 E 盘“练习”文件夹中“银行数据”子文件夹下“信用卡”子文件夹中所有 Excel 文档中的“信用卡违约用户”工作表。如图 3-18 所示。

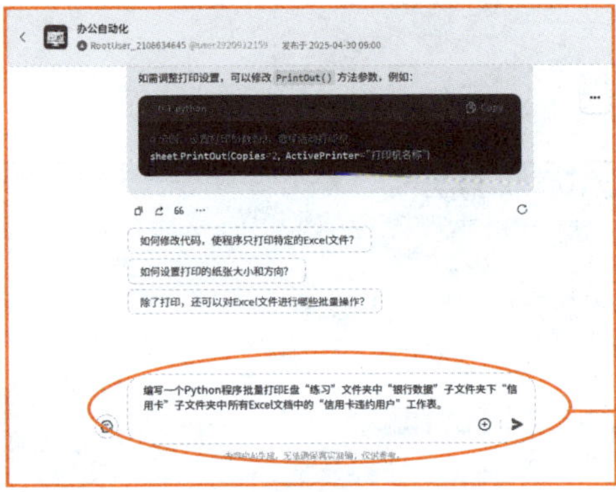

办公自动化
如需调整打印设置，可以修改 PrintOut() 方法参数，例如：
sheet.PrintOut(Copies=2, ActivePrinter="打印机名称")
如何修改代码，使程序只打印特定的Excel文件？
如何设置打印的纸张大小和方向？
除了打印，还可以对Excel文件进行哪些批量操作？
编写一个Python程序批量打印E盘“练习”文件夹中“银行数据”子文件夹下“信用卡”子文件夹中所有Excel文档中的“信用卡违约用户”工作表。

① 登录智能体，在智能体的对话框中输入编程要求：编写一个 Python 程序，批量打印 E 盘“练习”文件夹中“银行数据”子文件夹下“信用卡”子文件夹中所有 Excel 文档中的“信用卡违约用户”工作表。然后单击“发送”按钮。

② 在智能体编写的 Python 程序后的说明中，查看所编写的 Python 程序需要使用的库（如图中的 pywin32 库）。如果电脑中已经安装此库，则不用再安装；如果没有安装此库，则需要在“命令提示符”下安装此库。

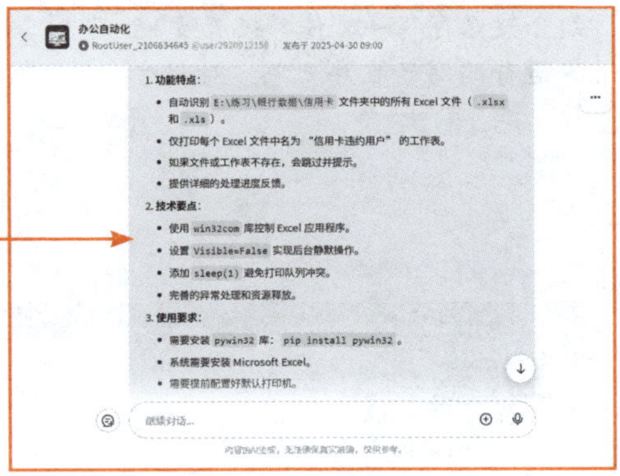

办公自动化
1. 功能特点：
自动识别 E:\练习\银行数据\信用卡 文件夹中的所有 Excel 文件（.xlsx 和 .xls）。
仅打印每个 Excel 文件中名为“信用卡违约用户”的工作表。
如果文件或工作表不存在，会跳过并提示。
提供详细的处理进度反馈。
2. 技术要点：
使用 win32com 库控制 Excel 应用程序。
设置 Visible=False 实现后台静默操作。
添加 sleep(1) 避免打印队列冲突。
完善的异常处理和资源释放。
3. 使用要求：
需要安装 pywin32 库：pip install pywin32。
系统需要安装 Microsoft Excel。
需要提前配置好默认打印机。

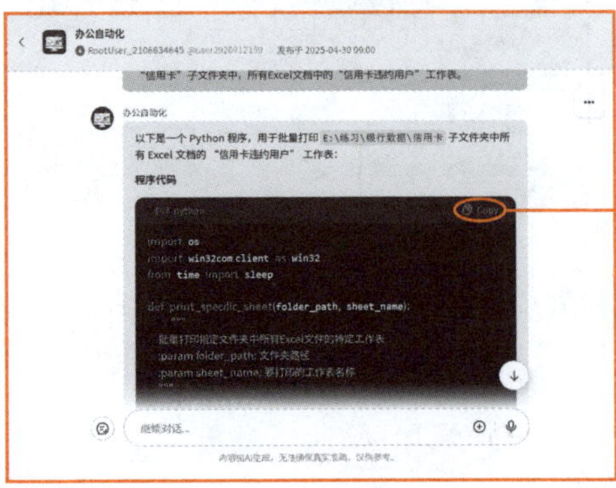

办公自动化
以下是一个 Python 程序，用于批量打印 E:\练习\银行数据\信用卡 子文件夹中所有 Excel 文档的“信用卡违约用户”工作表：
程序代码
import os
import win32com.client as win32
from time import sleep
def print_specific_sheet(folder_path, sheet_name):

③ 在智能体求编写的 Python 程序框右上角，单击“Copy”按钮复制所编写的程序代码。

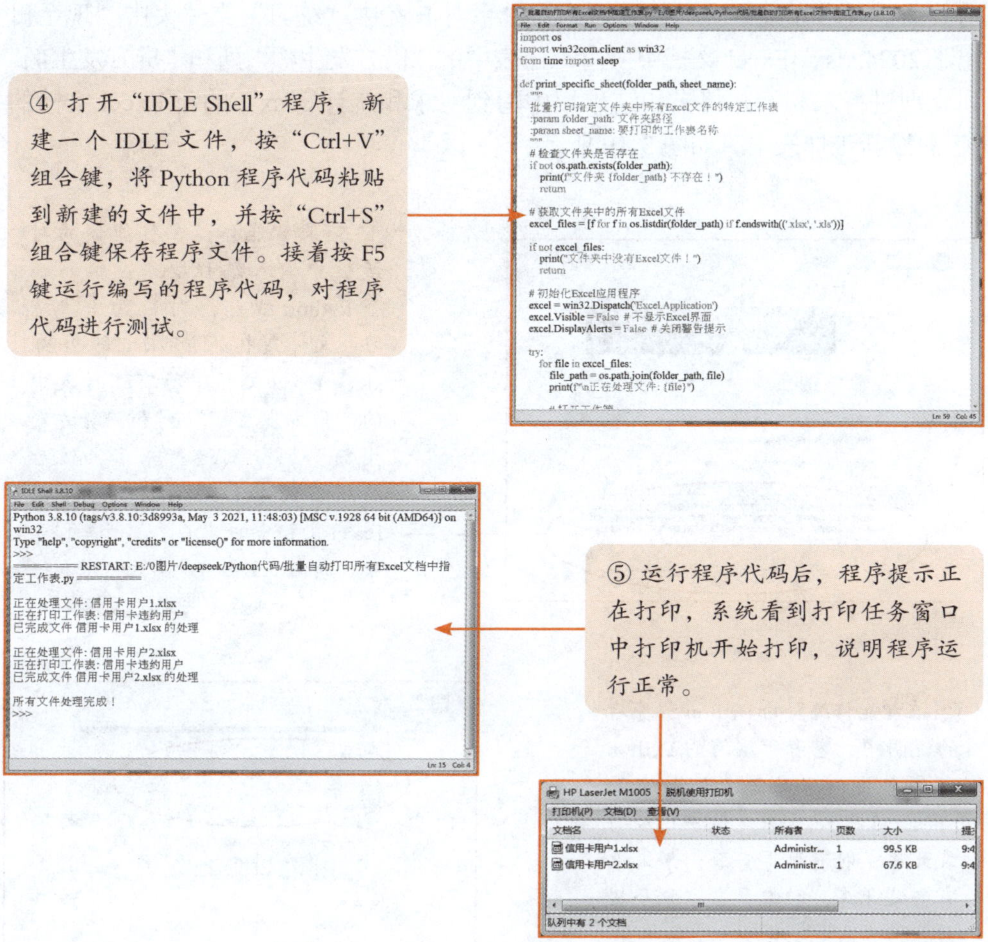

import os
import win32com.client as win32
from time import sleep
def print_specific_sheet(folder_path, sheet_name):
批量打印指定文件夹中所有Excel文件的特定工作表
:param folder_path: 文件夹路径
:param sheet_name: 要打印的工作表名称
# 检查文件夹是否存在
if not os.path.exists(folder_path):
print(f"文件夹 {folder_path} 不存在！")
return
# 获取文件夹中的所有Excel文件
excel_files = [f for f in os.listdir(folder_path) if f.endswith(('.xlsx', '.xls'))]
if not excel_files:
print("文件夹中没有Excel文件！")
return
# 初始化Excel应用程序
excel = win32.Dispatch('Excel.Application')
excel.Visible = False # 不显示Excel界面
excel.DisplayAlerts = False # 关闭警告提示
try:
for file in excel_files:
file_path = os.path.join(folder_path, file)
print(f"\n正在处理文件: {file}")
④ 打开“IDLE Shell”程序，新建一个IDLE文件，按“Ctrl+V”组合键，将Python程序代码粘贴到新建的文件中，并按“Ctrl+S”组合键保存程序文件。接着按F5键运行编写的程序代码，对程序代码进行测试。
Python 3.8.10 (tags/v3.8.10:3d8993a, May 3 2021, 11:48:03) [MSC v.1928 64 bit (AMD64)] on win32
Type "help", "copyright", "credits" or "license()" for more information.
>>>
RESTART: E:/0图片/deepseek/Python代码/批量自动打印所有Excel文档中指定工作表.py
正在处理文件: 信用卡用户1.xlsx
正在打印工作表: 信用卡违约用户
已完成文件 信用卡用户1.xlsx 的处理
正在处理文件: 信用卡用户2.xlsx
正在打印工作表: 信用卡违约用户
已完成文件 信用卡用户2.xlsx 的处理
所有文件处理完成！
>>>
⑤ 运行程序代码后，程序提示正在打印，系统看到打印任务窗口中打印机开始打印，说明程序运行正常。
HP LaserJet M1005 - 脱机使用打印机
打印机(P) 文档(D) 查看(V)
文档名 状态 所有者 页数 大小
信用卡用户1.xlsx Administr... 1 99.5 KB
信用卡用户2.xlsx Administr... 1 67.6 KB
队列中有 2 个文档

图 3-18　批量自动打印所有 Excel 文档中指定工作表

3.6　Excel 工作表数据处理

3.6.1　案例：自动对 Excel 文档中所有工作表的数据进行求和统计

通过智能体编写一个 Python 程序，来实现自动对 Excel 文档中所有工作表的数据进行求和统计。具体要求为：批量对 E 盘中“练习”文件夹中“现金日记账 2024.xlsx” Excel 文档中所有工作表中的“借方发生额”列和“贷方发生额”列分别进行求和，并将求和结果集中写到“求和统计 .xlsx”的新 Excel 文档的“汇总”新工作表中。如图 3-19 所示。

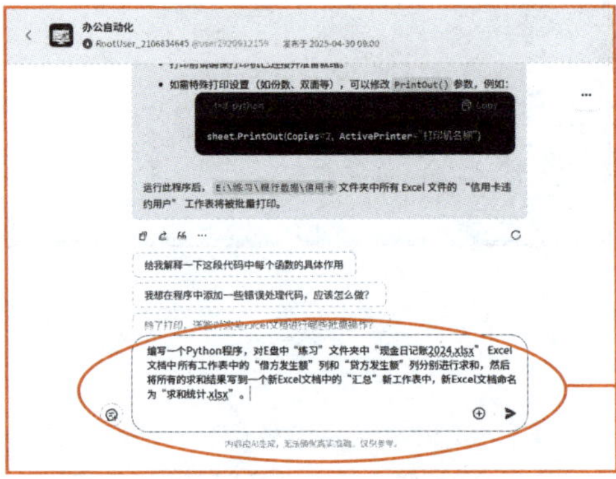
办公自动化
给我解释一下这段代码中每个函数的具体作用
我想在程序中添加一些错误处理代码，应该怎么做？
编写一个Python程序，对E盘中“练习”文件夹中“现金日记账2024.xlsx” Excel文档中所有工作表中的“借方发生额”列和“贷方发生额”列分别进行求和，然后将所有的求和结果写到一个新Excel文档中的“汇总”新工作表中，新Excel文档命名为“求和统计.xlsx”。

① 登录智能体，在智能体的对话框中输入编程要求：编写一个 Python 程序，对 E 盘中“练习”文件夹中“现金日记账 2024.xlsx” Excel 文档中所有工作表中的“借方发生额”列和“贷方发生额”列分别进行求和，然后将所有的求和结果写到一个新 Excel 文档中的“汇总”新工作表中，新 Excel 文档命名为“求和统计 .xlsx”。然后单击“发送”按钮。

② 在智能体编写的 Python 程序后的说明中，查看所编写的 Python 程序需要使用的库（如图中的 openpyxl 库）。如果电脑中已经安装此库，则不用再安装；如果没有安装此库，则需要在“命令提示符”下安装此库。

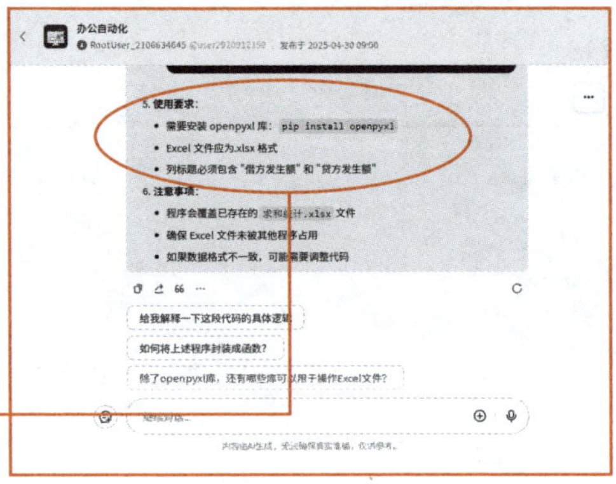
办公自动化
5. 使用要求：
需要安装 openpyxl 库：pip install openpyxl
Excel 文件应为.xlsx 格式
列标题必须包含“借方发生额”和“贷方发生额”
6. 注意事项：
确保 Excel 文件未被其他程序占用

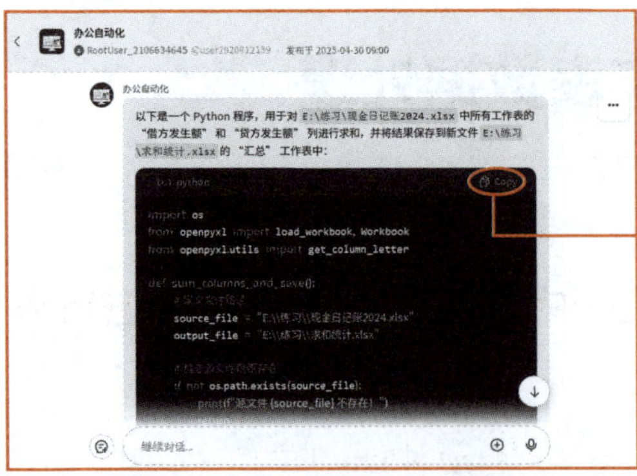
办公自动化
import os
from openpyxl import load_workbook, Workbook
from openpyxl.utils import get_column_letter
def sum_columns_and_save():

③ 在智能体编写的 Python 程序框右上角，单击“Copy”按钮复制所编写的程序代码。

④ 打开“IDLE Shell”程序，新建一个 IDLE 文件，按“Ctrl+V”组合键，将 Python 程序代码粘贴到新建的文件中，并按“Ctrl+S”组合键保存程序文件。接着按 F5 键运行编写的程序代码，对程序代码进行测试。

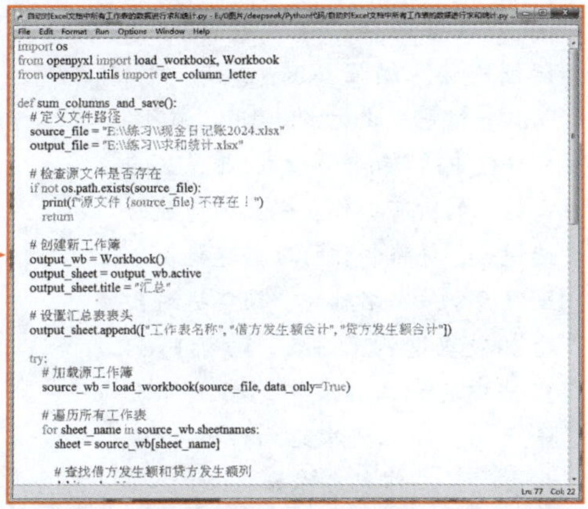

import os
from openpyxl import load_workbook, Workbook
from openpyxl.utils import get_column_letter
def sum_columns_and_save():
# 定义文件路径
source_file = "E:\\练习\\现金日记账2024.xlsx"
output_file = "E:\\练习\\求和统计.xlsx"
# 检查源文件是否存在
if not os.path.exists(source_file):
print(f"源文件 {source_file} 不存在！")
return
# 创建新工作簿
output_wb = Workbook()
output_sheet = output_wb.active
output_sheet.title = "汇总"
# 设置汇总表表头
output_sheet.append(["工作表名称", "借方发生额合计", "贷方发生额合计"])
try:
# 加载源工作簿
source_wb = load_workbook(source_file, data_only=True)
# 遍历所有工作表
for sheet_name in source_wb.sheetnames:
sheet = source_wb[sheet_name]
# 查找借方发生额和贷方发生额列

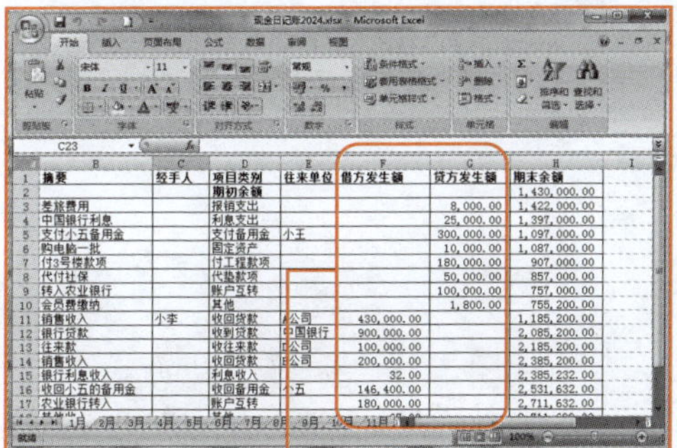

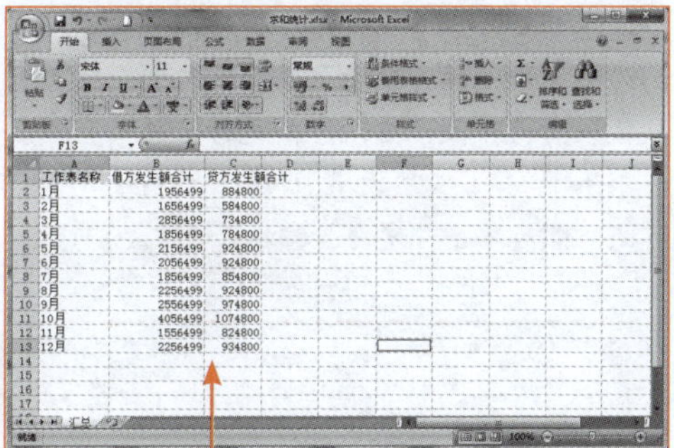

⑤ 运行程序代码后，看到“练习”文件夹中新建了“求和统计.xlsx”文档，打开此文档，看到在“汇总”工作表中列出了各个月份的求和汇总数据。经核对都正确，说明程序运行正常。

图 3-19　自动对 Excel 文档中所有工作表的数据进行求和统计

3.6.2　案例：自动对 Excel 文档的所有工作表分别制作数据透视表

通过智能体编写一个 Python 程序，来实现自动对 Excel 文档的所有工作表分别制作数据透视表。具体要求为：批量对 E 盘中“练习”文件夹中的“销售明细表.xlsx”Excel 文档中的所有工作表分别制作数据透视表（透视表中以“店名”为行字段，以“品种”为列字段，以“数量”和“销售金额”为值字段，对值字段进行汇总求和计算），并将制作的每一个数据透视表保存到一个名称为“销售明细表全部数据透视表.xlsx”的新文档中以月份和数据透视表结合命名的工作表中（如 1 月数据透视表）。如图 3-20 所示。

①登录智能体，在智能体的对话框中输入编程要求：编写一个Python程序，批量对E盘中“练习”文件夹中的“销售明细表.xlsx”Excel文档中的所有工作表分别制作数据透视表，并将制作的数据透视表分别保存到一个名称为“销售明细表全部数据透视表.xlsx”的新Excel文档中的新工作表中，新工作表命名为：原工作表名称+数据透视表，新工作表名称如“1月数据透视表”。数据透视表制作要求为：以“店名”为行字段，以“品种”为列字段，以“数量”和“销售金额”为值字段，对值字段进行汇总求和计算。不用设置工作表的格式。然后单击“发送”按钮。

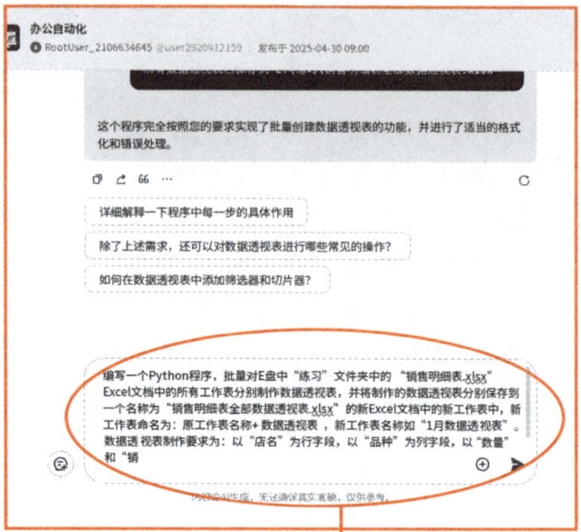

办公自动化
这个程序完全按照您的要求实现了批量创建数据透视表的功能，并进行了适当的格式化和错误处理。
详细解释一下程序中每一步的具体作用
除了上述需求，还可以对数据透视表进行哪些常见的操作?
如何在数据透视表中添加筛选器和切片器?

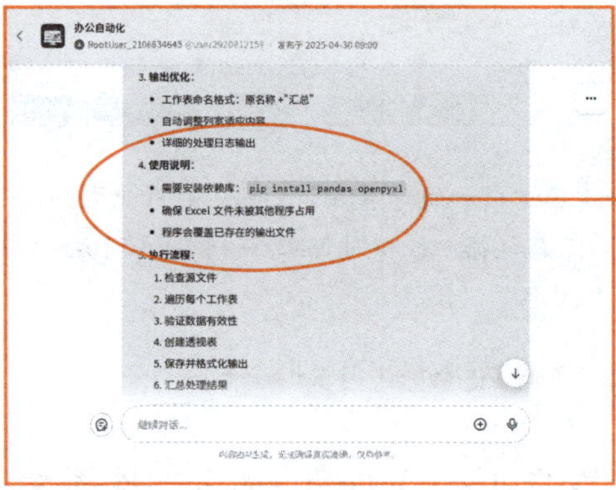

办公自动化
3. 输出优化：
工作表命名格式：原名称+"汇总"
详细的处理日志输出
4. 使用说明：
需要安装依赖库：pip install pandas openpyxl
确保 Excel 文件未被其他程序占用
程序会覆盖已存在的输出文件
执行流程：
1. 检查源文件
2. 遍历每个工作表
3. 验证数据有效性
4. 创建透视表
5. 保存并格式化输出
6. 汇总处理结果

②在智能体编写的Python程序后的说明中，查看所编写的Python程序需要使用的库（如图中的pandas、openpyxl库）。如果电脑中已经安装这些库，则不用再安装；如果没有安装，则需要在“命令提示符”下安装这些库。

③在智能体编写的Python程序框右上角，单击“Copy”按钮复制所编写的程序代码。

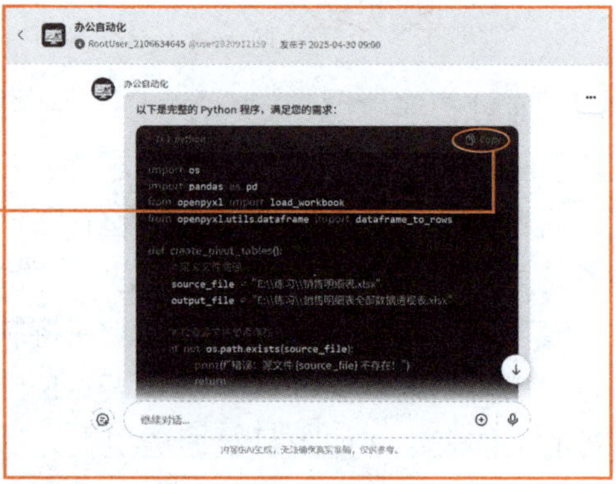

办公自动化
以下是完整的 Python 程序，满足您的需求：
import os
import pandas as pd
from openpyxl import load_workbook
from openpyxl.utils.dataframe import dataframe_to_rows

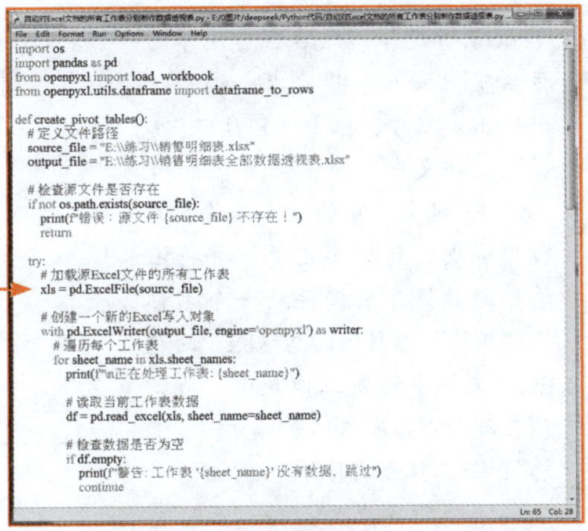
File Edit Format Run Options Window Help
import os
import pandas as pd
from openpyxl import load_workbook
from openpyxl.utils.dataframe import dataframe_to_rows
def create_pivot_tables():
# 定义文件路径
source_file = "E:\\练习\\销售明细表.xlsx"
output_file = "E:\\练习\\销售明细表全部数据透视表.xlsx"
# 检查源文件是否存在
if not os.path.exists(source_file):
print(f"错误：源文件 {source_file} 不存在！")
return
try:
# 加载源Excel文件的所有工作表
xls = pd.ExcelFile(source_file)
# 创建一个新的Excel写入对象
with pd.ExcelWriter(output_file, engine='openpyxl') as writer:
# 遍历每个工作表
for sheet_name in xls.sheet_names:
print(f"\n正在处理工作表: {sheet_name}")
# 读取当前工作表数据
df = pd.read_excel(xls, sheet_name=sheet_name)
# 检查数据是否为空
if df.empty:
print(f"警告：工作表 '{sheet_name}' 没有数据，跳过")
continue

④ 打开“IDLE Shell”程序，新建一个 IDLE 文件，按“Ctrl+V”组合键，将 Python 程序代码粘贴到新建的文件中，并按“Ctrl+S”组合键保存程序文件。接着按 F5 键运行编写的程序代码，对程序代码进行测试。

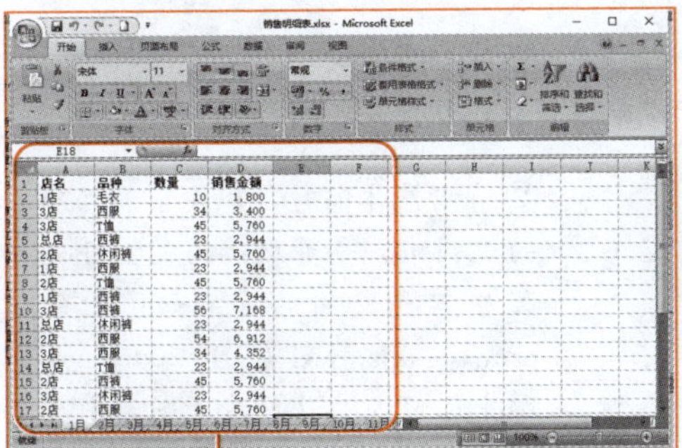

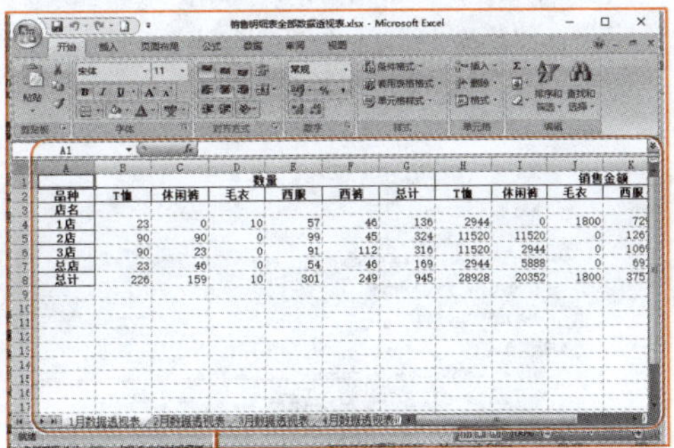

⑤ 运行程序代码后，看到“练习”文件夹中新建了“销售明细表全部数据透视表 .xlsx”文档，打开此文档，看到在“1 月数据透视表”等工作表中制作了数据透视表，经核对都正确，说明程序运行正常。

图 3-20 自动对 Excel 文档的所有工作表分别制作数据透视表

3.6.3 案例：自动对 Excel 文档中所有工作表分别进行分类汇总

通过智能体编写一个 Python 程序，来实现自动对 Excel 文档中所有工作表分别进行分类汇总。具体要求为：批量对 E 盘中“练习”文件夹中的“销售明细表 2024.xlsx”Excel 文档中的所有工作表的数据分别进行分类汇总，并将汇总后的数据分别写到名称为“销售数据月度汇总 .xlsx”的新 Excel 文档中以月份和汇总结合命名的工作表中（如 1 月汇总）。如图 3-21 所示。

① 登录智能体，然后在智能体的对话框中输入编程要求：编写一个 Python 程序，批量对 E 盘中“练习”文件夹中“销售明细表 2024.xlsx”Excel 文档中的所有工作表的数据分别进行分类汇总，并将汇总后的数据分别保存到一个名称为“销售数据月度汇总 .xlsx”的新 Excel 文档中的新工作表中。新工作表命名为：原工作表名称 +“汇总”，新工作表名称如“1 月汇总”。分类汇总的要求为：对“产品名称”列进行汇总，分别对“销售数量”和“总金额”列进行求和计算。然后单击“发送”按钮。

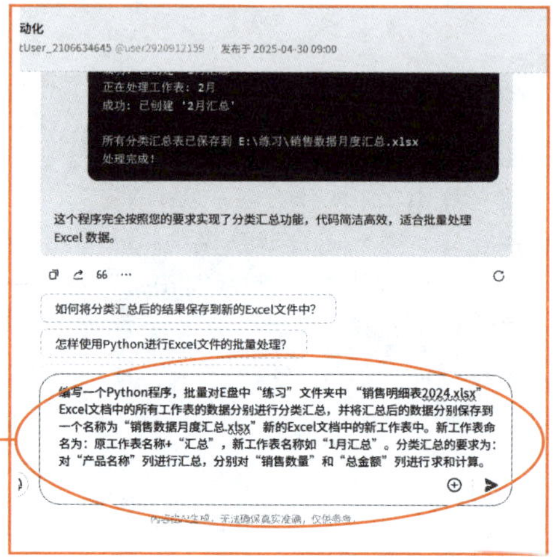

正在处理工作表：2月
成功：已创建 '2月汇总'
所有分类汇总表已保存到 E:\练习\销售数据月度汇总.xlsx
处理完成！
这个程序完全按照您的要求实现了分类汇总功能，代码简洁高效，适合批量处理Excel数据。
如何将分类汇总后的结果保存到新的Excel文件中?
怎样使用Python进行Excel文件的批量处理?
编写一个Python程序，批量对E盘中“练习”文件夹中“销售明细表2024.xlsx”Excel文档中的所有工作表的数据分别进行分类汇总，并将汇总后的数据分别保存到一个名称为“销售数据月度汇总.xlsx”新的Excel文档中的新工作表中。新工作表命名为：原工作表名称+“汇总”，新工作表名称如“1月汇总”。分类汇总的要求为：对“产品名称”列进行汇总，分别对“销售数量”和“总金额”列进行求和计算。

② 在智能体编写的 Python 程序后的说明中，查看所编写的 Python 程序需要使用的库（如图中的 pandas、openpyxl 库）。如果电脑中已经安装这些库，则不用再安装；如果没有安装，则需要在“命令提示符”下安装。

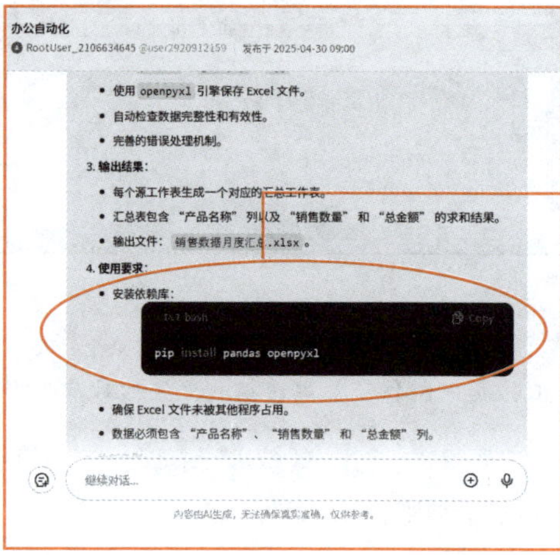

办公自动化
RootUser_2106634645 @user2920912159 发布于 2025-04-30 09:00
使用 openpyxl 引擎保存 Excel 文件。
自动检查数据完整性和有效性。
完善的错误处理机制。
3. 输出结果：
每个源工作表生成一个对应的汇总工作表。
汇总表包含“产品名称”列以及“销售数量”和“总金额”的求和结果。
输出文件：销售数据月度汇总.xlsx。
4. 使用要求：
安装依赖库：
pip install pandas openpyxl
确保 Excel 文件未被其他程序占用。
数据必须包含“产品名称”、“销售数量”和“总金额”列。
继续对话...
内容由AI生成，无法确保真实准确，仅供参考。

③ 在智能体编写的 Python 程序框右上角，单击“Copy”按钮复制所编写的程序代码。

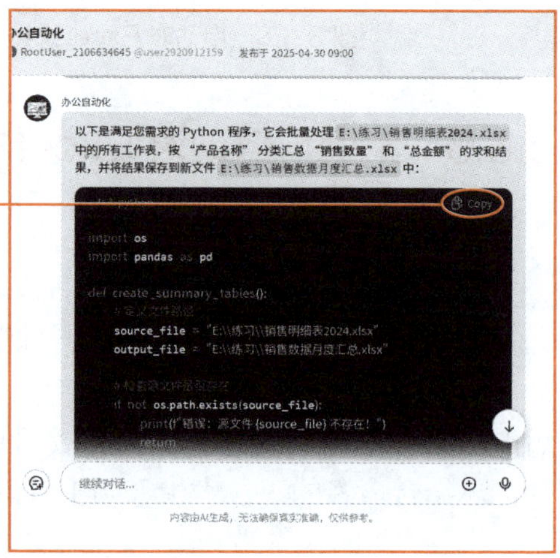

办公自动化
RootUser_2106634645 @user2920912159 发布于 2025-04-30 09:00
以下是满足您需求的 Python 程序，它会批量处理 E:\练习\销售明细表2024.xlsx 中的所有工作表，按“产品名称”分类汇总“销售数量”和“总金额”的求和结果，并将结果保存到新文件 E:\练习\销售数据月度汇总.xlsx 中：
Copy
import os
import pandas as pd
def create_summary_tables():
source_file = "E:\\练习\\销售明细表2024.xlsx"
output_file = "E:\\练习\\销售数据月度汇总.xlsx"
if not os.path.exists(source_file):
继续对话...
内容由AI生成，无法确保真实准确，仅供参考。

④ 打开“IDLE Shell”程序，新建一个IDLE文件，按“Ctrl+V”组合键，将Python程序代码粘贴到新建的文件中，并按“Ctrl+S”组合键保存程序文件。接着按F5键运行编写的程序代码，对程序代码进行测试。

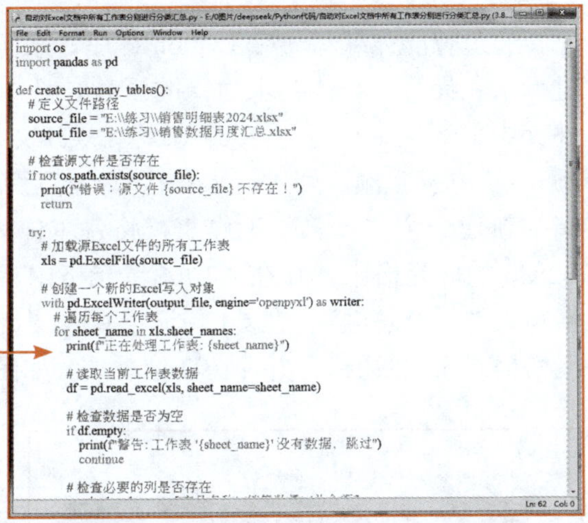
File Edit Format Run Options Window Help
import os
import pandas as pd
def create_summary_tables():
# 定义文件路径
source_file = "E:\\练习\\销售明细表2024.xlsx"
output_file = "E:\\练习\\销售数据月度汇总.xlsx"
# 检查源文件是否存在
if not os.path.exists(source_file):
print(f"错误：源文件 {source_file} 不存在！")
return
try:
# 加载源Excel文件的所有工作表
xls = pd.ExcelFile(source_file)
# 创建一个新的Excel写入对象
with pd.ExcelWriter(output_file, engine='openpyxl') as writer:
# 遍历每个工作表
for sheet_name in xls.sheet_names:
print(f"正在处理工作表: {sheet_name}")
# 读取当前工作表数据
df = pd.read_excel(xls, sheet_name=sheet_name)
# 检查数据是否为空
if df.empty:
print(f"警告: 工作表 '{sheet_name}' 没有数据，跳过")
continue
检查必要的列是否存在

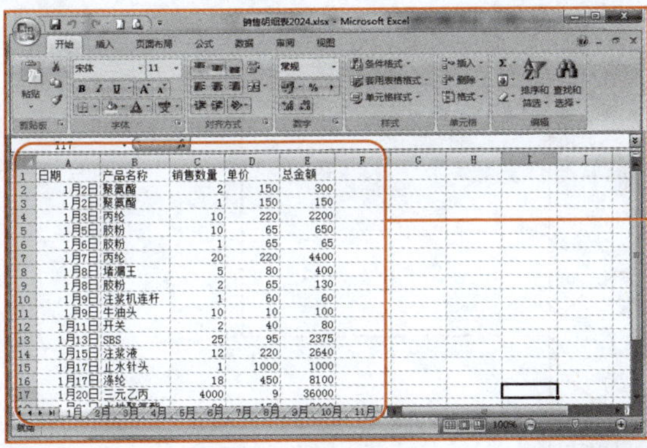
销售明细表2024.xlsx - Microsoft Excel
日期 产品名称 销售数量 单价 总金额
1月2日 聚氯酯 2 150 300
1月2日 聚氯酯 1 150 150
1月3日 丙纶 10 220 2200
1月5日 胶粉 10 65 650
1月6日 胶粉 1 65 65
1月7日 丙纶 20 220 4400
1月8日 堵漏王 5 80 400
1月8日 胶粉 2 65 130
1月9日 注浆机连杆 1 60 60
1月9日 牛油头 10 10 100
1月11日 开关 2 40 80
1月13日 SBS 25 95 2375
1月15日 注浆液 12 220 2640
1月17日 止水针头 1 1000 1000
1月17日 涤纶 18 450 8100
1月20日 三元乙丙 4000 9 36000
1月 2月 3月 4月 5月 6月 7月 8月 9月 10月 11月

“销售明细表2024.xlsx”Excel文档中的数据。

⑤ 运行程序代码后，看到“练习”文件夹中新建了“销售数据月度汇总.xlsx”文档，打开此文档，看到在“1月汇总”等工作表中制作了分类汇总表，经核对都正确，说明程序运行正常。

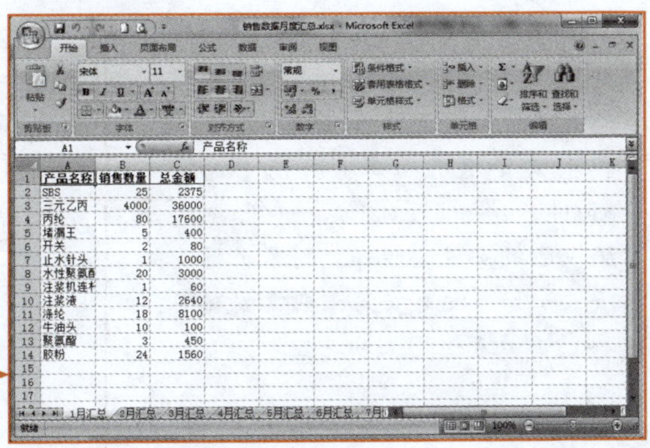
销售数据月度汇总.xlsx - Microsoft Excel
产品名称 销售数量 总金额
SBS 25 2375
三元乙丙 4000 36000
丙纶 80 17600
堵漏王 5 400
开关 2 80
止水针头 1 1000
水性聚氨酯 20 3000
注浆机连杆 1 60
注浆液 12 2640
涤纶 18 8100
牛油头 10 100
聚氯酯 3 450
胶粉 24 1560
1月汇总 2月汇总 3月汇总 4月汇总 5月汇总 6月汇总

图3-21 自动对Excel文档中所有工作表分别进行分类汇总

3.6.4 案例：自动对 Excel 文档中所有工作表进行求和计算

通过智能体编写一个 Python 程序，来实现自动对 Excel 文档中所有工作表进行求和计算。具体要求为：批量对 E 盘中“练习”文件夹中“日记账”子文件夹中的“现金日记账 2020.xlsx”Excel 文档中的所有工作表中的“借方发生额”“贷方发生额”列进行求和运算。然后在“现金日记账 2020.xlsx”Excel 文档中新建一个“汇总”工作表，将各工作表求和后的数据复制到此工作表中 B2:C6 的单元格中，并在 A2:A6 单元格中写入每个工作表的名称，在 B1 单元格写入“借方总额”，在 C1 单元格写入“贷方总额”，最后设置 B 列和 C 列单元格格式为“数值”，并保留 2 位小数。如图 3-22 所示。

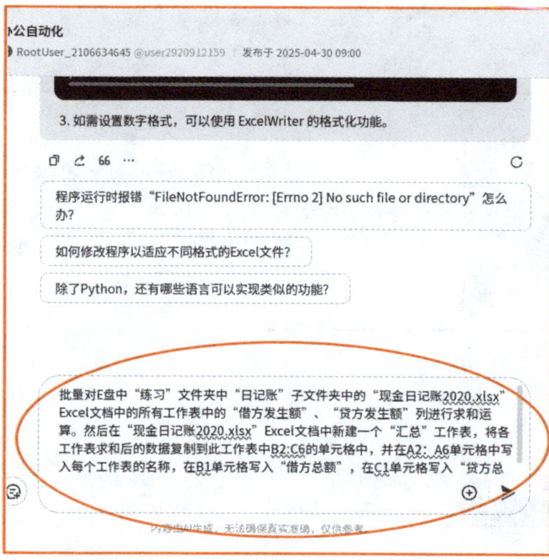

办公自动化
RootUser_2106634645 @user2920912159 发布于 2025-04-30 09:00
3. 如需设置数字格式，可以使用 ExcelWriter 的格式化功能。
程序运行时报错“FileNotFoundError: [Errno 2] No such file or directory”怎么办?
如何修改程序以适应不同格式的Excel文件?
除了Python，还有哪些语言可以实现类似的功能?
批量对E盘中“练习”文件夹中“日记账”子文件夹中的“现金日记账2020.xlsx”Excel文档中的所有工作表中的“借方发生额”、“贷方发生额”列进行求和运算。然后在“现金日记账2020.xlsx”Excel文档中新建一个“汇总”工作表，将各工作表求和后的数据复制到此工作表中B2:C6的单元格中，并在A2:A6单元格中写入每个工作表的名称，在B1单元格写入“借方总额”，在C1单元格写入“贷方总

① 登录智能体，然后在智能体的对话框中输入编程要求（要求见上面），然后单击“发送”按钮。

② 在智能体编写的 Python 程序后的说明中，查看所编写的 Python 程序需要使用的库（如图中的 pandas、openpyxl 库）。如果电脑中已经安装这些库，则不用再安装；如果没有安装，则需要在“命令提示符”下安装这些库。

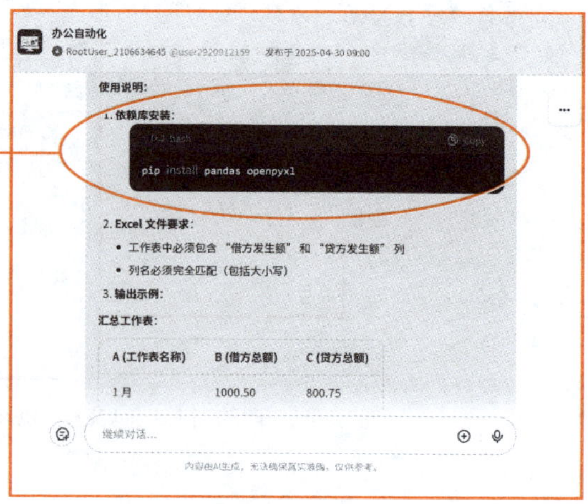

办公自动化
RootUser_2106634645 @user2920912159 发布于 2025-04-30 09:00
使用说明:
1. 依赖库安装:
pip install pandas openpyxl
2. Excel 文件要求:
工作表中必须包含“借方发生额”和“贷方发生额”列
列名必须完全匹配（包括大小写）
3. 输出示例:
汇总工作表:
A (工作表名称) B (借方总额) C (贷方总额)
1月 1000.50 800.75
继续对话...
内容由AI生成，无法确保真实准确，仅供参考。

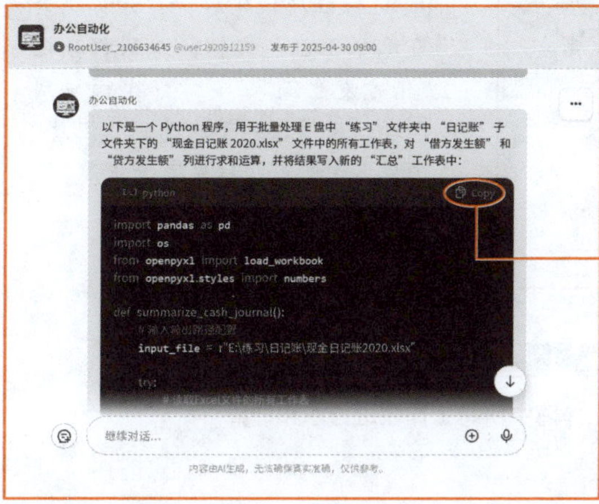
办公自动化
以下是一个 Python 程序，用于批量处理 E 盘中 "练习" 文件夹中 "日记账" 子文件夹下的 "现金日记账 2020.xlsx" 文件中的所有工作表，对 "借方发生额" 和 "贷方发生额" 列进行求和运算，并将结果写入新的 "汇总" 工作表中：
python
Copy
import pandas as pd
import os
from openpyxl import load_workbook
from openpyxl.styles import numbers
def summarize_cash_journal():
input_file = r"E:\练习\日记账\现金日记账2020.xlsx"
try:
继续对话...
内容由AI生成，无法确保真实准确，仅供参考。

③ 在智能体编写的 Python 程序框右上角，单击 "Copy" 按钮复制所编写的程序代码。

④ 打开 "IDLE Shell" 程序，新建一个 IDLE 文件，按 "Ctrl+V" 组合键，将 Python 程序代码粘贴到新建的文件中，并按 "Ctrl+S" 组合键保存程序文件。接着按 F5 键运行编写的程序代码，对程序代码进行测试。

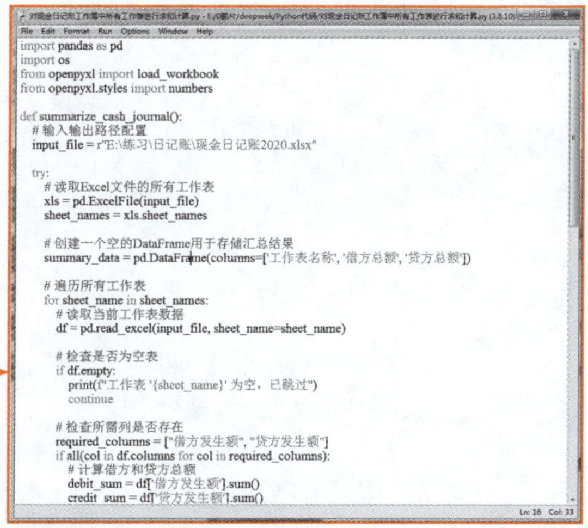
File Edit Format Run Options Window Help
import pandas as pd
import os
from openpyxl import load_workbook
from openpyxl.styles import numbers
def summarize_cash_journal():
# 输入输出路径配置
input_file = r"E:\练习\日记账\现金日记账2020.xlsx"
try:
# 读取Excel文件的所有工作表
xls = pd.ExcelFile(input_file)
sheet_names = xls.sheet_names
# 创建一个空的DataFrame用于存储汇总结果
summary_data = pd.DataFrame(columns=['工作表名称', '借方总额', '贷方总额'])
# 遍历所有工作表
for sheet_name in sheet_names:
# 读取当前工作表数据
df = pd.read_excel(input_file, sheet_name=sheet_name)
# 检查是否为空表
if df.empty:
print(f"工作表 '{sheet_name}' 为空，已跳过")
continue
# 检查所需列是否存在
required_columns = ["借方发生额", "贷方发生额"]
if all(col in df.columns for col in required_columns):
# 计算借方和贷方总额
debit_sum = df['借方发生额'].sum()
credit_sum = df['贷方发生额'].sum()
Ln: 16 Col: 33

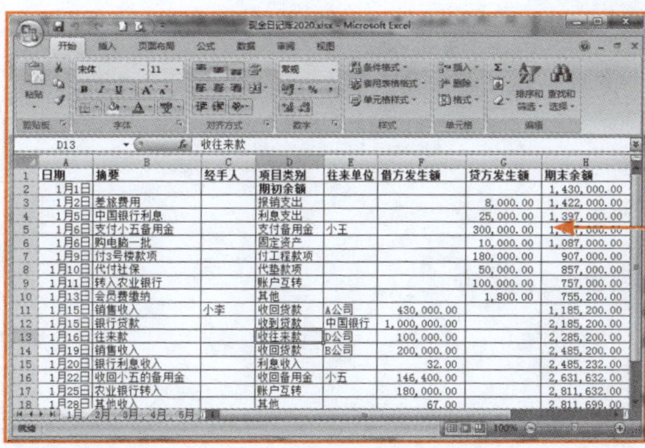
现金日记账2020.xlsx - Microsoft Excel
D13 收往来款
日期 摘要 经手人 项目类别 往来单位 借方发生额 贷方发生额 期末余额
1月1日 期初余额 1,430,000.00
1月2日 差旅费用 报销支出 8,000.00 1,422,000.00
1月5日 中国银行利息 利息支出 25,000.00 1,397,000.00
1月6日 支付小五备用金 支付备用金 小王 300,000.00
1月6日 购电脑一批 固定资产 10,000.00 1,087,000.00
1月9日 付3号楼款项 付工程款项 180,000.00 907,000.00
1月10日 代付社保 代垫款项 50,000.00 857,000.00
1月11日 转入农业银行 账户互转 100,000.00 757,000.00
1月13日 会员费缴纳 其他 1,800.00 755,200.00
1月15日 销售收入 小李 收回货款 A公司 430,000.00 1,185,200.00
1月15日 银行贷款 收到贷款 中国银行 1,000,000.00 2,185,200.00
1月16日 往来款 收往来款 D公司 100,000.00 2,285,200.00
1月19日 销售收入 收回货款 B公司 200,000.00 2,485,200.00
1月20日 银行利息收入 利息收入 32.00 2,485,232.00
1月22日 收回小五的备用金 收回备用金 小五 146,400.00 2,631,632.00
1月25日 农业银行转入 账户互转 180,000.00 2,811,632.00
1月28日 其他收入 其他 67.00 2,811,699.00

"现金日记账 2020.xlsx" Excel 文档中的数据。

图 3-22

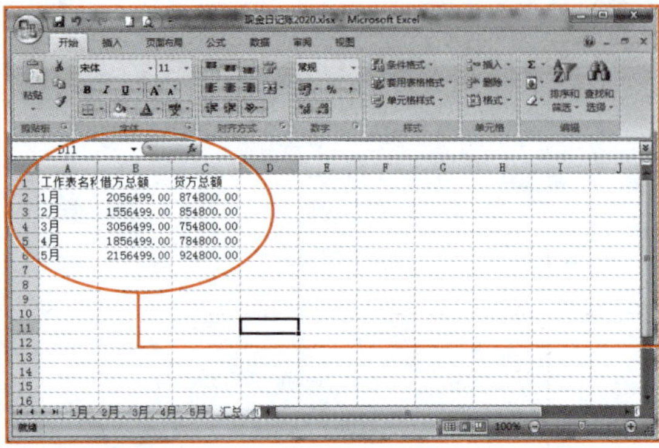

⑤ 运行程序代码后，打开“现金日记账2020”文档，看到程序把“借方发生额”“贷方发生额”列求和结果写入到了新建的“汇总”工作表中，说明程序运行正常。

图3-22　对现金日记账工作簿中所有工作表进行求和计算

第 4 章

利用 AI 智能体实现图表自动化实战

利用 AI 智能体来编写 Python 程序，通过 Python 程序自动制作各种专业图表，实现图表制作自动化。本章将结合大量实战案例，重点讲解利用 AI 智能体实现自动制作各种图表的方法。

4.1 自动绘制销售数据分析图表实战

4.1.1 案例：自动制作销售额占比分析图表（饼图）

通过智能体编写一个 Python 程序，来自动制作销售额占比分析图表。具体要求为：将 E 盘“练习”文件夹中“图表”子文件夹下的“销售额明细 .xlsx”文档中的“销售额”工作表的数据制作成图表。要求使用 Matplotlib 库将图表制作成饼图，设置饼图中文本字体为黑体，字体颜色为黑色，字体大小为 12，将销售额最小的产品在饼图中突出显示，图表的标题设置为“产品销售额占比图”，标题字体为黑体，字体颜色为红色，字体大小为 16 号，然后将绘制的图表插入到“销售额”工作表，图表的高和宽都设置为 12cm。如图 4-1 所示。提示：不同的库制作的图表样式不同，指定库名后，可以准确制作出想要的图表。

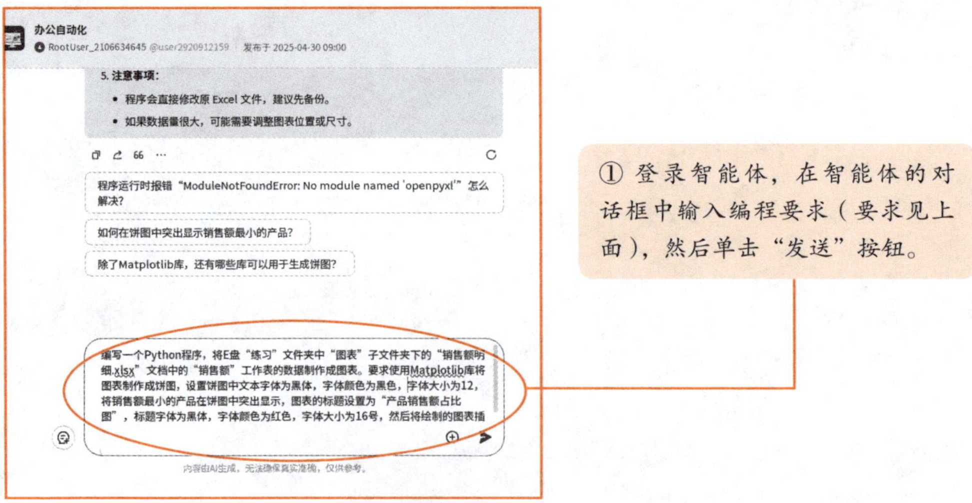
办公自动化
RootUser_2106634645 @user2920912159 发布于 2025-04-30 09:00
5. 注意事项：
• 程序会直接修改原 Excel 文件，建议先备份。
• 如果数据量很大，可能需要调整图表位置或尺寸。
程序运行时报错“ModuleNotFoundError: No module named 'openpyxl'”怎么解决?
如何在饼图中突出显示销售额最小的产品?
除了Matplotlib库，还有哪些库可以用于生成饼图?
编写一个Python程序，将E盘“练习”文件夹中“图表”子文件夹下的“销售额明细.xlsx”文档中的“销售额”工作表的数据制作成图表。要求使用Matplotlib库将图表制作成饼图，设置饼图中文本字体为黑体，字体颜色为黑色，字体大小为12，将销售额最小的产品在饼图中突出显示，图表的标题设置为“产品销售额占比图”，标题字体为黑体，字体颜色为红色，字体大小为16号，然后将绘制的图表插
内容由AI生成，无法确保真实准确，仅供参考。
① 登录智能体，在智能体的对话框中输入编程要求（要求见上面），然后单击“发送”按钮。

② 在智能体编写的 Python 程序后的说明中，查看所编写的 Python 程序需要使用的库（如图中的 pandas、matplotlib、openpyxl 库）。如果电脑中已经安装这些库，则不用再安装；如果没有安装，则需要在“命令提示符”下安装这些库。

办公自动化
RootUser_2106634645 @user2920912159 · 发布于 2025-04-30 09:00
2. 技术要点：
• 字体设置：通过 plt.rcParams['font.family'] = 'SimHei' 设置全局字体为黑体，并通过 textprops={'color': 'black', 'fontsize': 12} 设置文本颜色为黑色，字体大小为 12。
• 标题样式：通过 fontname="SimHei"、color="red" 和 fontsize=16 设置标题为红色黑体，字体大小为 16。
• 图表尺寸：通过 plt.figure(figsize=(6, 6)) 和 dpi=100 控制图片大小，最终调整为 12cm × 12cm。
• 突出显示：通过 explode 参数突出显示销售额最小的产品。
• Excel 插入：使用 openpyxl 将图片插入到指定位置，并调整图片大小。
3. 使用要求：
• 安装依赖库：
pip install pandas matplotlib openpyxl
• 确保 Excel 文件未被其他程序占用。
继续对话...

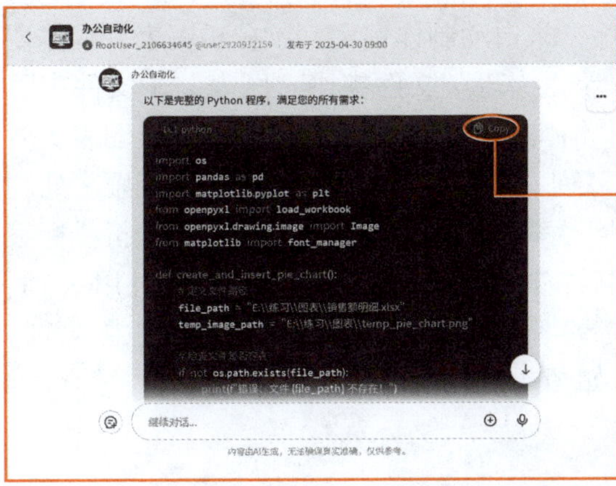

办公自动化
RootUser_2106634645 @user2920912159 · 发布于 2025-04-30 09:00
以下是完整的 Python 程序，满足您的所有需求：
Copy
import os
import pandas as pd
import matplotlib.pyplot as plt
from openpyxl import load_workbook
from openpyxl.drawing.image import Image
from matplotlib import font_manager
def create_and_insert_pie_chart():
file_path = "E:\\练习\\图表\\销售额明细.xlsx"
temp_image_path = "E:\\练习\\图表\\temp_pie_chart.png"
if not os.path.exists(file_path):
继续对话...
内容由AI生成，无法确保真实准确，仅供参考。

③ 在智能体编写的 Python 程序框右上角，单击“Copy”按钮复制所编写的程序代码。

④ 打开“IDLE Shell”程序，新建一个 IDLE 文件，按“Ctrl+V”组合键，将 Python 程序代码粘贴到新建的文件中，并按“Ctrl+S”组合键保存程序文件。接着按 F5 键运行编写的程序代码，对程序代码进行测试。

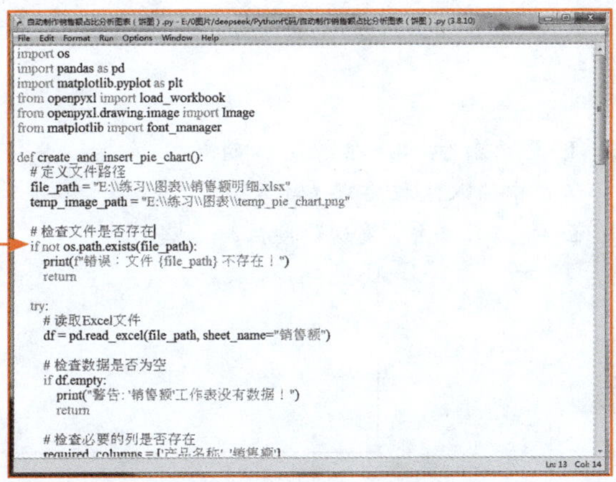

File Edit Format Run Options Window Help
import os
import pandas as pd
import matplotlib.pyplot as plt
from openpyxl import load_workbook
from openpyxl.drawing.image import Image
from matplotlib import font_manager
def create_and_insert_pie_chart():
# 定义文件路径
file_path = "E:\\练习\\图表\\销售额明细.xlsx"
temp_image_path = "E:\\练习\\图表\\temp_pie_chart.png"
# 检查文件是否存在
if not os.path.exists(file_path):
print(f"错误：文件 {file_path} 不存在！")
return
try:
# 读取Excel文件
df = pd.read_excel(file_path, sheet_name="销售额")
# 检查数据是否为空
if df.empty:
print("警告：'销售额'工作表没有数据！")
return
检查必要的列是否存在
Ln: 13 Col: 14

图 4-1

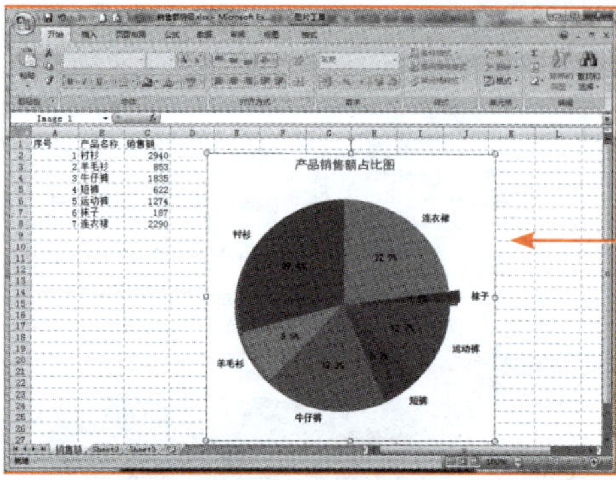
产品销售额占比图
连衣裙
衬衫
袜子
运动裤
羊毛衫
短裤
牛仔裤

⑤ 运行程序代码后，打开“销售额明细 .xlsx”文档，看到工作表中创建了销售数据的饼图，说明程序运行正常。

图 4-1　自动制作销售额占比分析图表（饼图）

4.1.2　案例：自动制作销售回款分析图表（柱形折线组合图）

通过智能体编写一个 Python 程序，来自动制作销售回款分析图表。具体要求为：编写一个 Python 程序，将 E 盘“练习”文件夹中“图表”子文件夹下的“销售回款明细 .xlsx”文档中的“销售回款”工作表的数据制作成图表。要求使用 Pyecharts 库，将“工程名称”列、“合同金额”列和“回款金额”列制作成柱形图。将“工程名称”列、“回款率”列 ×100 制作成折线图，折线标签文字显示“回款率”列对应数据，然后将柱形图和折线图组合在一起共用 X 轴。最后将组合后的图表保存到 E 盘“练习”文件夹中“图表”子文件夹中，并将图表命名为“销售回款分析 .html”。如图 4-2 所示。

提　示

不同的库制作的图表样式不同，指定库名后，可以准确制作出想要的图表。

① 登录智能体，在智能体的对话框中输入编程要求（要求见上面），然后单击“发送”按钮。

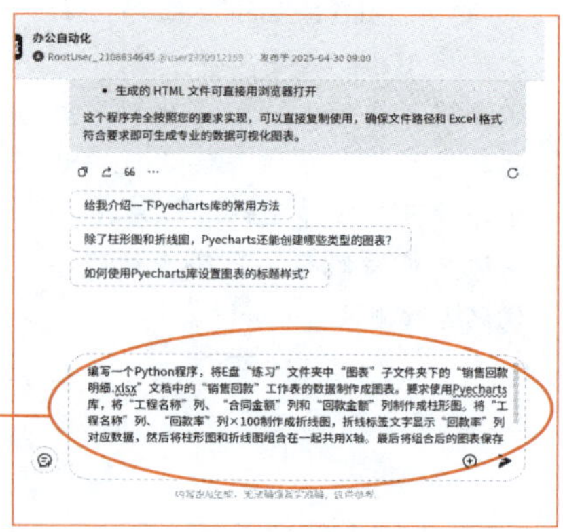
办公自动化
• 生成的HTML 文件可直接用浏览器打开
这个程序完全按照您的要求实现，可以直接复制使用，确保文件路径和 Excel 格式符合要求即可生成专业的数据可视化图表。
给我介绍一下Pyecharts库的常用方法
除了柱形图和折线图，Pyecharts还能创建哪些类型的图表？
如何使用Pyecharts库设置图表的标题样式？
编写一个Python程序，将E盘“练习”文件夹中“图表”子文件夹下的“销售回款明细.xlsx”文档中的“销售回款”工作表的数据制作成图表。要求使用Pyecharts库，将“工程名称”列、“合同金额”列和“回款金额”列制作成柱形图。将“工程名称”列、“回款率”列×100制作成折线图，折线标签文字显示“回款率”列对应数据，然后将柱形图和折线图组合在一起共用X轴。最后将组合后的图表保存

② 在智能体编写的 Python 程序后的说明中，查看所编写的 Python 程序需要使用的库（如图中的 pandas、pyecharts 库）。如果电脑中已经安装这些库，则不用再安装；如果没有安装，则需要在“命令提示符”下安装这些库。

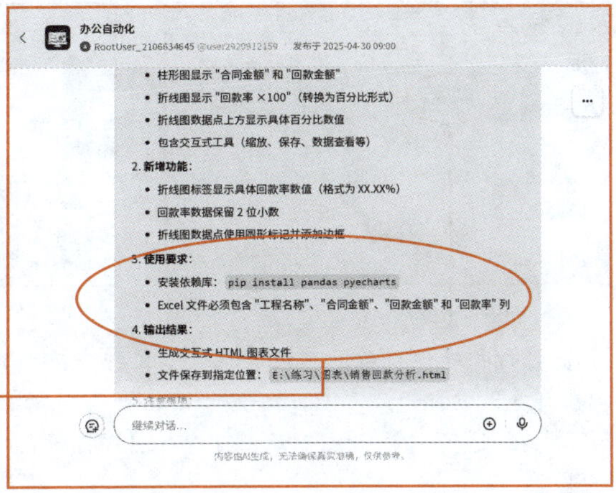

办公自动化
柱形图显示 "合同金额" 和 "回款金额"
折线图显示 "回款率 ×100" (转换为百分比形式)
折线图数据点上方显示具体百分比数值
包含交互式工具 (缩放、保存、数据查看等)
2. 新增功能:
折线图标签显示具体回款率数值 (格式为 XX.XX%)
回款率数据保留 2 位小数
3. 使用要求:
安装依赖库: pip install pandas pyecharts
Excel 文件必须包含 "工程名称"、"合同金额"、"回款金额" 和 "回款率" 列
4. 输出结果:
生成交互式 HTML 图表文件
文件保存到指定位置: E:\练习\图表\销售回款分析.html
继续对话...

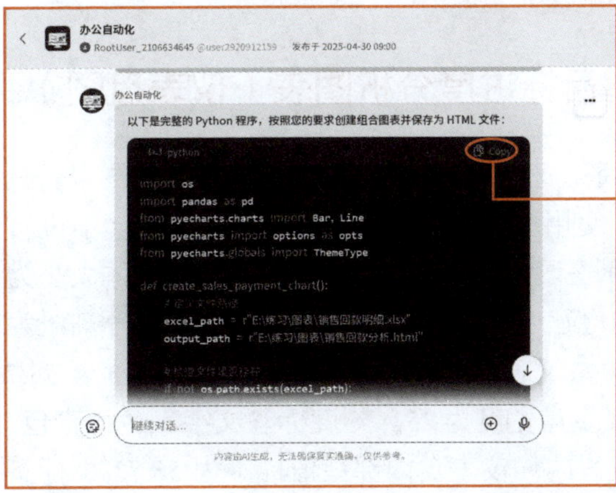

办公自动化
以下是完整的 Python 程序，按照您的要求创建组合图表并保存为 HTML 文件:
import os
import pandas as pd
from pyecharts.charts import Bar, Line
from pyecharts import options as opts
from pyecharts.globals import ThemeType
def create_sales_payment_chart():
继续对话...

③ 在智能体编写的 Python 程序框右上角，单击“Copy”按钮复制所编写的程序代码。

④ 打开“IDLE Shell”程序，新建一个 IDLE 文件，按“Ctrl+V”组合键，将 Python 程序代码粘贴到新建的文件中，并按“Ctrl+S”组合键保存程序文件。接着按 F5 键运行编写的程序代码，对程序代码进行测试。

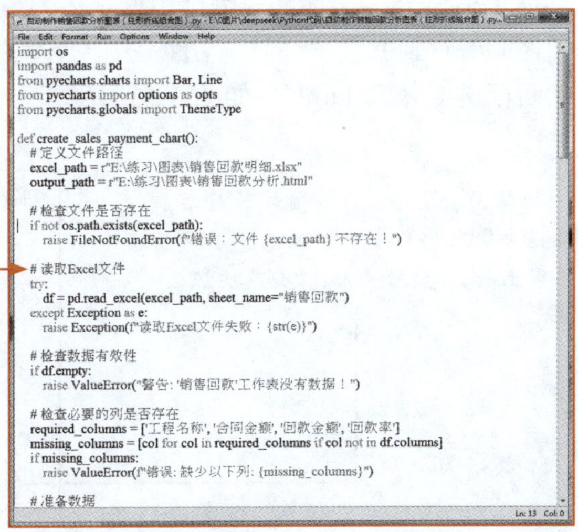

File Edit Format Run Options Window Help
import os
import pandas as pd
from pyecharts.charts import Bar, Line
from pyecharts import options as opts
from pyecharts.globals import ThemeType
def create_sales_payment_chart():
# 定义文件路径
excel_path = r"E:\练习\图表\销售回款明细.xlsx"
output_path = r"E:\练习\图表\销售回款分析.html"
# 检查文件是否存在
if not os.path.exists(excel_path):
raise FileNotFoundError(f"错误：文件 {excel_path} 不存在！")
# 读取Excel文件
try:
df = pd.read_excel(excel_path, sheet_name="销售回款")
except Exception as e:
raise Exception(f"读取Excel文件失败：{str(e)}")
# 检查数据有效性
if df.empty:
raise ValueError("警告:'销售回款'工作表没有数据！")
# 检查必要的列是否存在
required_columns = ['工程名称', '合同金额', '回款金额', '回款率']
missing_columns = [col for col in required_columns if col not in df.columns]
if missing_columns:
raise ValueError(f"错误: 缺少以下列: {missing_columns}")
准备数据

图 4-2

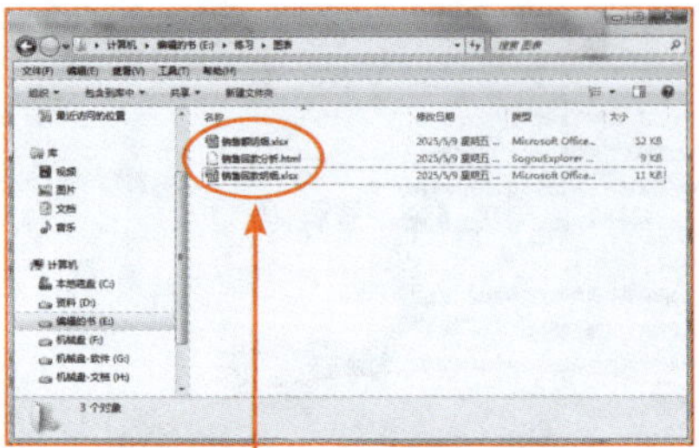

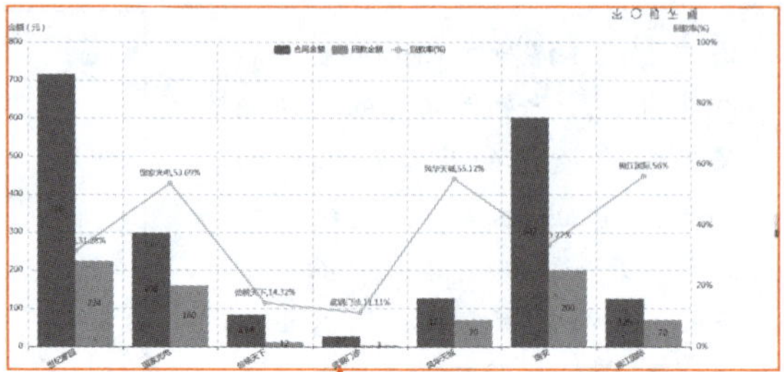

⑤ 运行程序代码后，看到“图表”文件夹中新建了“销售回款分析 .html”图表文件，在浏览器中打开“销售回款分析 .html”文件，看到制作的图表，说明程序运行正常。提示：在浏览器中打开图表后，可以截图，将图表图片插入 Excel 文档中。

图 4-2　自动制作销售回款分析图表（柱形折线组合图）

4.1.3　案例：自动制作销售目标进度分析图表（仪表盘图）

通过智能体编写一个 Python 程序，来自动制作销售目标进度分析图表。具体要求为：编写一个 Python 程序，使用 Pyecharts 库制作仪表盘图表，不设置图表的标签，将仪表盘图表内部的标签设置为“销售完成率”，标签字体大小为 18、字体颜色为黑色、字体为黑体。仪表盘半径为 75%，仪表盘平均分割段为 10，最小数值为 0，最大数值为 100。仪表盘的颜色设置为：起始位置至 55.7 为青色，55.7 至结束位置用灰色，仪表盘宽度为 25。刻度标签文字颜色为青色，字体为黑体，大小为 12, 刻度放在仪表内。仪表盘内部数值标签为 55.7%，标签字体大小为 18、字体颜色为红色、字体为黑体，指针样式采用默认样式。最后将图表保存到 E 盘“练习”文件夹中“图表”子文件夹中，并将图表命名为“销售目标进度分析 .html”。如图 4-3 所示。

① 登录智能体，在智能体的对话框中输入编程要求（编程要求参考上面），然后单击“发送”按钮。

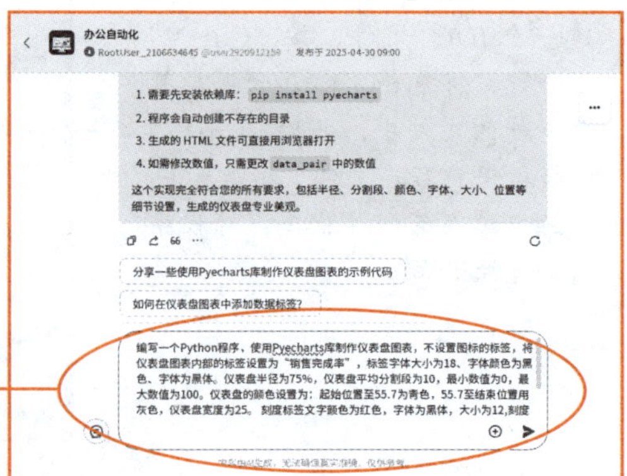
办公自动化
1. 需要先安装依赖库：pip install pyecharts
2. 程序会自动创建不存在的目录
3. 生成的 HTML 文件可直接用浏览器打开
4. 如需修改数值，只需更改 data_pair 中的数值
这个实现完全符合您的所有要求，包括半径、分割段、颜色、字体、大小、位置等细节设置，生成的仪表盘专业美观。
分享一些使用Pyecharts库制作仪表盘图表的示例代码
如何在仪表盘图表中添加数据标签？
编写一个Python程序，使用Pyecharts库制作仪表盘图表，不设置图标的标签，将仪表盘图表内部的标签设置为“销售完成率”，标签字体大小为18、字体颜色为黑色、字体为黑体。仪表盘半径为75%，仪表盘平均分割段为10，最小数值为0，最大数值为100。仪表盘的颜色设置为：起始位置至55.7为青色，55.7至结束位置用灰色，仪表盘宽度为25。刻度标签文字颜色为红色，字体为黑体，大小为12,刻度

② 在智能体编写的 Python 程序后的说明中，查看所编写的 Python 程序需要使用的库（如图中的 pyecharts 库）。如果电脑中已经安装此库，则不用再安装；如果没有安装，则需要在“命令提示符”下安装此库。

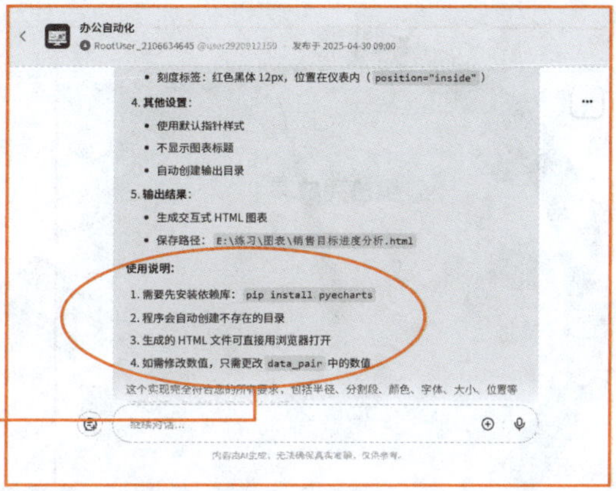
办公自动化
• 刻度标签：红色黑体 12px，位置在仪表内（position="inside"）
4. 其他设置：
• 使用默认指针样式
• 不显示图表标题
• 自动创建输出目录
5. 输出结果：
• 生成交互式 HTML 图表
• 保存路径：E:\练习\图表\销售目标进度分析.html
使用说明：
1. 需要先安装依赖库：pip install pyecharts
2. 程序会自动创建不存在的目录
3. 生成的 HTML 文件可直接用浏览器打开
4. 如需修改数值，只需更改 data_pair 中的数值

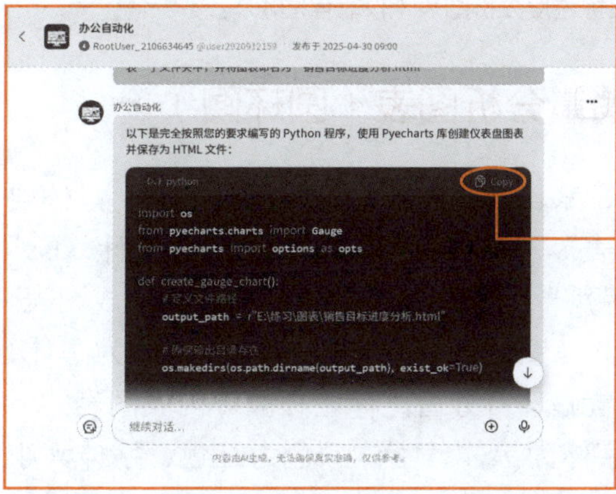
办公自动化
以下是完全按照您的要求编写的 Python 程序，使用 Pyecharts 库创建仪表盘图表并保存为 HTML 文件：
import os
from pyecharts.charts import Gauge
from pyecharts import options as opts
def create_gauge_chart():
output_path = r"E:\练习\图表\销售目标进度分析.html"
os.makedirs(os.path.dirname(output_path), exist_ok=True)
继续对话...

③ 在智能体编写的 Python 程序框右上角，单击“Copy”按钮复制所编写的程序代码。

④ 打开“IDLE Shell”程序，新建一个 IDLE 文件，按“Ctrl+V”组合键，将 Python 程序代码粘贴到新建的文件中，并按“Ctrl+S”组合键保存程序文件。接着按 F5 键运行编写的程序代码，对程序代码进行测试。

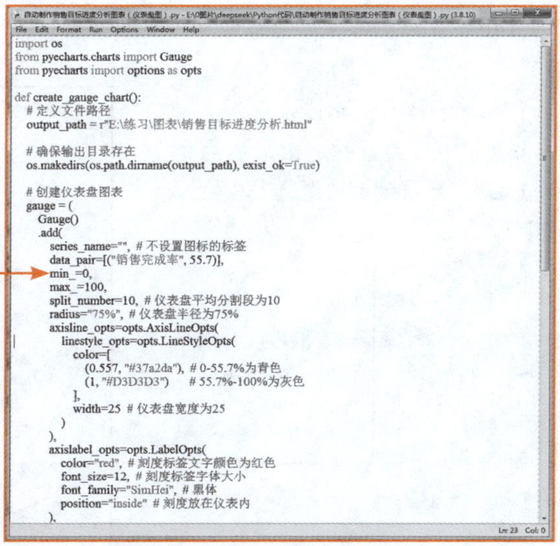
File Edit Format Run Options Window Help
import os
from pyecharts.charts import Gauge
from pyecharts import options as opts
def create_gauge_chart():
# 定义文件路径
output_path = r"E:\练习\图表\销售目标进度分析.html"
# 确保输出目录存在
os.makedirs(os.path.dirname(output_path), exist_ok=True)
# 创建仪表盘图表
gauge = (
Gauge()
.add(
series_name="", # 不设置图标的标签
data_pair=[("销售完成率", 55.7)],
min_=0,
max_=100,
split_number=10, # 仪表盘平均分割段为10
radius="75%", # 仪表盘半径为75%
axisline_opts=opts.AxisLineOpts(
linestyle_opts=opts.LineStyleOpts(
color=[
(0.557, "#37a2da"), # 0-55.7%为青色
(1, "#D3D3D3") # 55.7%-100%为灰色
],
width=25 # 仪表盘宽度为25
)
),
axislabel_opts=opts.LabelOpts(
color="red", # 刻度标签文字颜色为红色
font_size=12, # 刻度标签字体大小
font_family="SimHei", # 黑体
position="inside" # 刻度放在仪表内
),

图 4-3

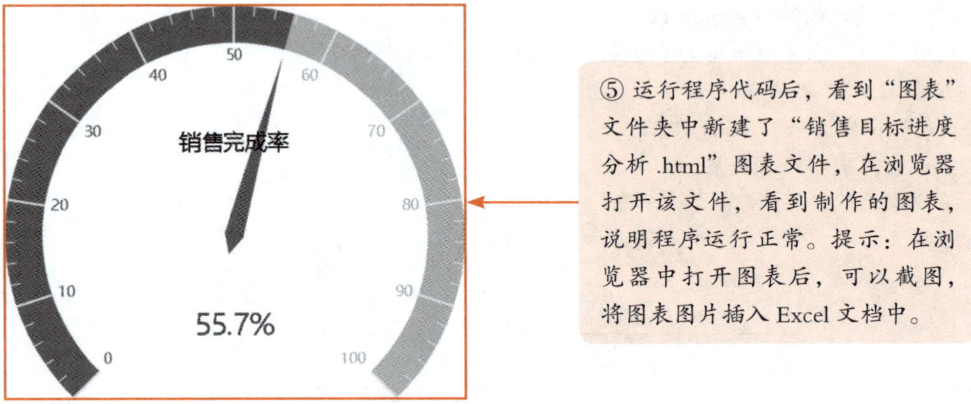

销售完成率
55.7%
⑤ 运行程序代码后，看到“图表”文件夹中新建了“销售目标进度分析.html”图表文件，在浏览器打开该文件，看到制作的图表，说明程序运行正常。提示：在浏览器中打开图表后，可以截图，将图表图片插入 Excel 文档中。

图 4-3　自动制作销售目标进度分析图表（仪表盘图）

4.1.4　案例：自动制作产品销量分析图表（圆环图）

通过智能体编写一个 Python 程序，来自动制作产品销量分析图表。具体要求为：将 E 盘“练习”文件夹中“图表”子文件夹下的“产品销售统计 .xlsx”文档中的“销售统计”工作表中的“品牌”列和“销量”列的数据制作成图表。要求使用 Matplotlib 库将图表制作成圆环图，设置圆环图中文本字体为黑体，字体颜色为黑色，字体大小为 12，设置圆环百分占比标签在圆环内。图表的标题设置为“产品销量分析图”，标题字体为黑体，字体颜色为红色，字体大小为 16 号，然后将绘制的图表插入到“销售统计”工作表，图表的高和宽都设置为 14cm。如图 4-4 所示。

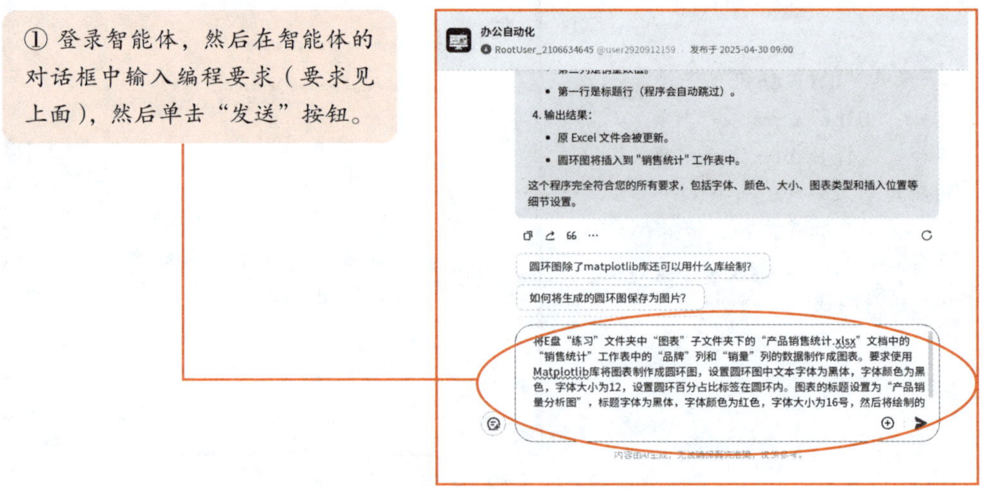

① 登录智能体，然后在智能体的对话框中输入编程要求（要求见上面），然后单击“发送”按钮。
办公自动化
第一行是标题行（程序会自动跳过）。
4. 输出结果：
原 Excel 文件会被更新。
圆环图将插入到"销售统计"工作表中。
这个程序完全符合您的所有要求，包括字体、颜色、大小、图表类型和插入位置等细节设置。
圆环图除了matplotlib库还可以用什么库绘制?
如何将生成的圆环图保存为图片?
将E盘“练习”文件夹中“图表”子文件夹下的“产品销售统计.xlsx”文档中的“销售统计”工作表中的“品牌”列和“销量”列的数据制作成图表。要求使用Matplotlib库将图表制作成圆环图，设置圆环图中文本字体为黑体，字体颜色为黑色，字体大小为12，设置圆环百分占比标签在圆环内。图表的标题设置为“产品销量分析图”，标题字体为黑体，字体颜色为红色，字体大小为16号，然后将绘制的

② 在智能体编写的 Python 程序后的说明中，查看所编写的 Python 程序需要使用的库（如图中的 matplotlib、openpyxl 库）。如果电脑中已经安装这些库，则不用再安装；如果没有安装，则需要在“命令提示符”下安装这些库。

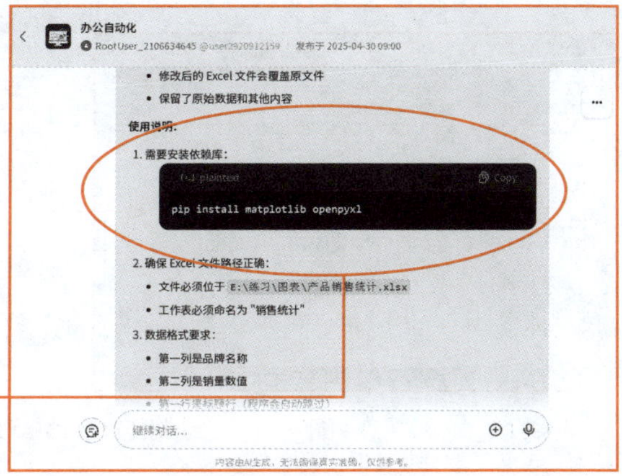
办公自动化
RootUser_2106634645 @user2920912159 发布于 2025-04-30 09:00
• 修改后的 Excel 文件会覆盖原文件
• 保留了原始数据和其他内容
使用说明：
1. 需要安装依赖库：
pip install matplotlib openpyxl
2. 确保 Excel 文件路径正确：
• 文件必须位于 E:\练习\图表\产品销售统计.xlsx
• 工作表必须命名为 "销售统计"
3. 数据格式要求：
• 第一列是品牌名称
• 第二列是销量数值
继续对话...
内容由AI生成，无法确保真实准确，仅供参考。

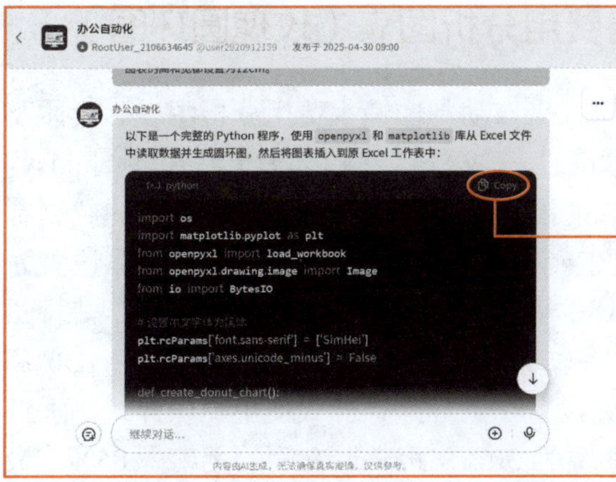
办公自动化
RootUser_2106634645 @user2920912159 发布于 2025-04-30 09:00
以下是一个完整的 Python 程序，使用 openpyxl 和 matplotlib 库从 Excel 文件中读取数据并生成圆环图，然后将图表插入到原 Excel 工作表中：
python
Copy
import os
import matplotlib.pyplot as plt
from openpyxl import load_workbook
from openpyxl.drawing.image import Image
from io import BytesIO
plt.rcParams['font.sans-serif'] = ['SimHei']
plt.rcParams['axes.unicode_minus'] = False
def create_donut_chart():
继续对话...
内容由AI生成，无法确保真实准确，仅供参考。

③ 在智能体编写的 Python 程序框右上角，单击“Copy”按钮复制所编写的程序代码。

④ 打开“IDLE Shell”程序，新建一个 IDLE 文件，按“Ctrl+V”组合键，将 Python 程序代码粘贴到新建的文件中，并按“Ctrl+S”组合键保存程序文件。接着按 F5 键运行编写的程序代码，对程序代码进行测试。

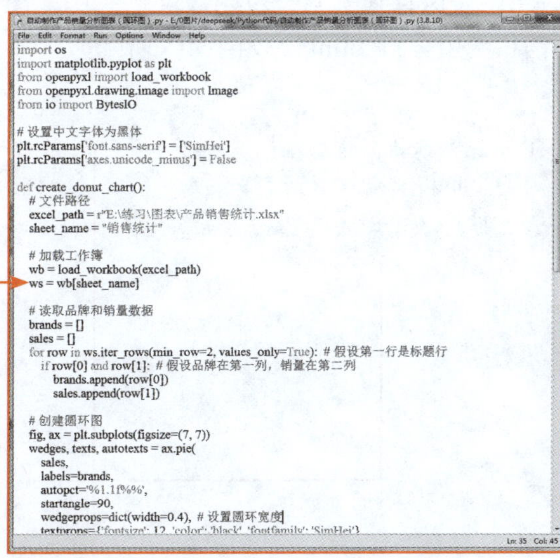
File Edit Format Run Options Window Help
import os
import matplotlib.pyplot as plt
from openpyxl import load_workbook
from openpyxl.drawing.image import Image
from io import BytesIO
# 设置中文字体为黑体
plt.rcParams['font.sans-serif'] = ['SimHei']
plt.rcParams['axes.unicode_minus'] = False
def create_donut_chart():
# 文件路径
excel_path = r"E:\练习\图表\产品销售统计.xlsx"
sheet_name = "销售统计"
# 加载工作簿
wb = load_workbook(excel_path)
ws = wb[sheet_name]
# 读取品牌和销量数据
brands = []
sales = []
for row in ws.iter_rows(min_row=2, values_only=True): # 假设第一行是标题行
if row[0] and row[1]: # 假设品牌在第一列，销量在第二列
brands.append(row[0])
sales.append(row[1])
# 创建圆环图
fig, ax = plt.subplots(figsize=(7, 7))
wedges, texts, autotexts = ax.pie(
sales,
labels=brands,
autopct='%1.1f%%',
startangle=90,
wedgeprops=dict(width=0.4), # 设置圆环宽度
Ln: 35 Col: 45

图 4-4

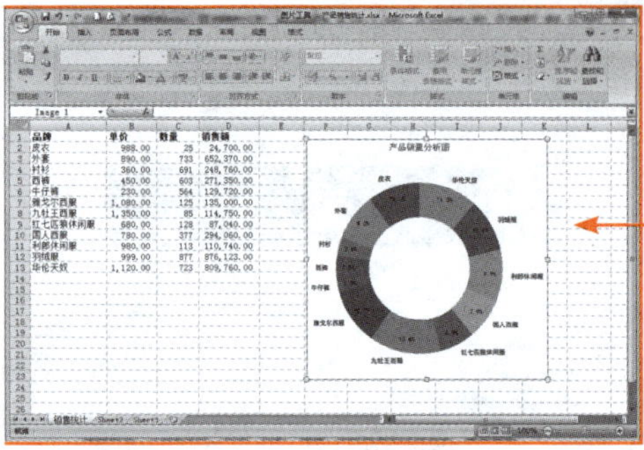

⑤ 运行程序代码后，打开“产品销售统计.xlsx”文档，看到工作表中创建了销售占比的圆环图，说明程序运行正常。

图 4-4　自动制作产品销量分析图表（圆环图）

4.1.5　案例：自动制作销售费用分析图表（玫瑰圆环图）

通过智能体编写一个 Python 程序，来自动制作销售费用分析图表。具体要求为：将 E 盘“练习”文件夹中“图表”子文件夹下的“销售费用明细 .xlsx”文档中的“销售费用”工作表中的“销售费用项目”列和“金额”列的数据制作成图表。要求使用 Pyecharts 库将图表制作成玫瑰圆环图。图表的标签设置为“销售费用分析”，标签字体大小为 18、字体颜色为黑色、字体为黑体，并将图表标签放在距离左侧 45% 的位置。将玫瑰圆的大小和宽度分别设置为“30%”和“10%”。玫瑰圆环图上的文本标签设置在圆环外，样式使用默认样式，垂直排列图表的图例，图例距离顶部的距离为 30%，距离最左侧的距离为 85%。最后将图表保存到 E 盘“练习”文件夹中“图表”子文件夹中，并将图表命名为“销售费用分析 .html”。如图 4-5 所示。

① 登录智能体，然后在智能体的对话框中输入编程要求（要求参考上面），然后单击“发送”按钮。

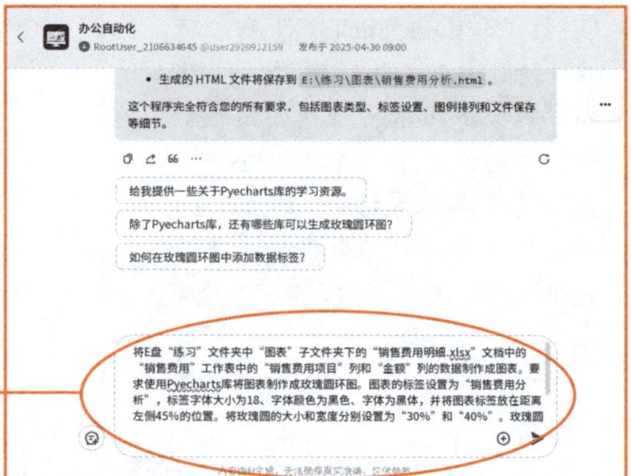
办公自动化
RootUser_2106634645 @user2920912159 发布于 2025-04-30 09:00
生成的 HTML 文件将保存到 E:\练习\图表\销售费用分析.html 。
这个程序完全符合您的所有要求，包括图表类型、标签设置、图例排列和文件保存等细节。
给我提供一些关于Pyecharts库的学习资源。
除了Pyecharts库，还有哪些库可以生成玫瑰圆环图？
如何在玫瑰圆环图中添加数据标签？
将E盘“练习”文件夹中“图表”子文件夹下的“销售费用明细.xlsx”文档中的“销售费用”工作表中的“销售费用项目”列和“金额”列的数据制作成图表。要求使用Pyecharts库将图表制作成玫瑰圆环图。图表的标签设置为“销售费用分析”，标签字体大小为18、字体颜色为黑色、字体为黑体，并将图表标签放在距离左侧45%的位置。将玫瑰圆的大小和宽度分别设置为“30%”和“40%”。玫瑰圆

② 在智能体编写的 Python 程序后的说明中，查看所编写的 Python 程序需要使用的库（如图中的 matplotlib、openpyxl 库）。如果电脑中已经安装这些库，则不用再安装；如果没有安装，则需要在“命令提示符”下安装这些库。

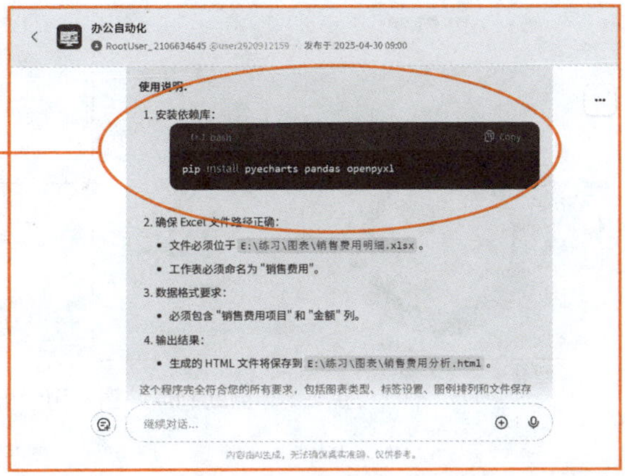

办公自动化
使用说明：
1. 安装依赖库：
pip install pyecharts pandas openpyxl
2. 确保 Excel 文件路径正确：
• 文件必须位于 E:\练习\图表\销售费用明细.xlsx 。
• 工作表必须命名为 "销售费用"。
3. 数据格式要求：
• 必须包含 "销售费用项目" 和 "金额" 列。
4. 输出结果：
• 生成的 HTML 文件将保存到 E:\练习\图表\销售费用分析.html 。
继续对话...

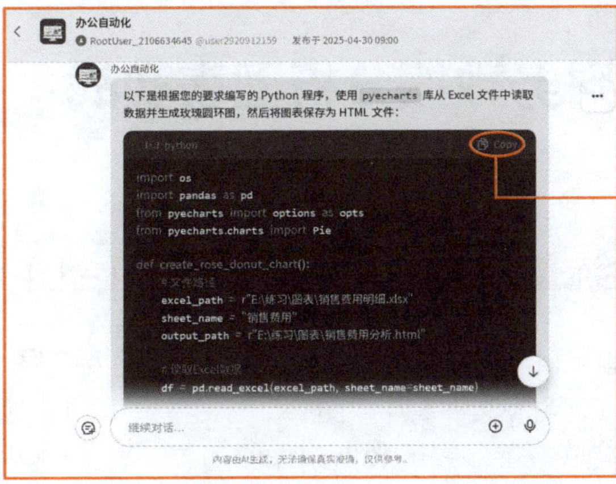

办公自动化
以下是根据您的要求编写的 Python 程序，使用 pyecharts 库从 Excel 文件中读取数据并生成玫瑰圆环图，然后将图表保存为 HTML 文件：
import os
import pandas as pd
from pyecharts import options as opts
from pyecharts.charts import Pie
def create_rose_donut_chart():
excel_path = r"E:\练习\图表\销售费用明细.xlsx"
sheet_name = "销售费用"
output_path = r"E:\练习\图表\销售费用分析.html"
df = pd.read_excel(excel_path, sheet_name=sheet_name)
继续对话...

③ 在智能体编写的 Python 程序框右上角，单击“Copy”按钮复制所编写的程序代码。

④ 打开“IDLE Shell”程序，新建一个 IDLE 文件，按“Ctrl+V”组合键，将 Python 程序代码粘贴到新建的文件中，并按“Ctrl+S”组合键保存程序文件。接着按 F5 键运行编写的程序代码，对程序代码进行测试。

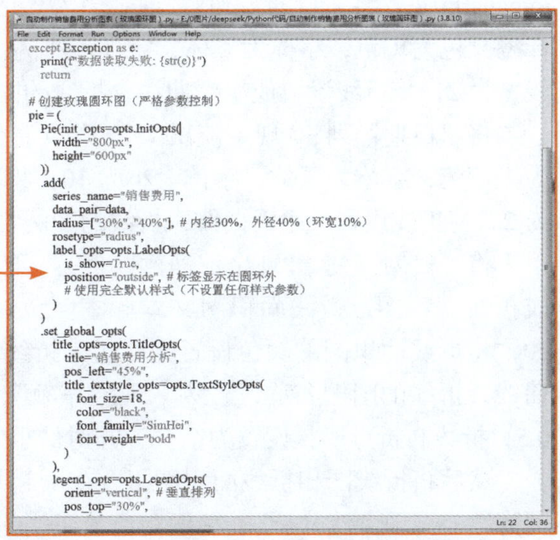

except Exception as e:
print(f"数据读取失败: {str(e)}")
return
# 创建玫瑰圆环图（严格参数控制）
pie = (
Pie(init_opts=opts.InitOpts(
width="800px",
height="600px"
))
.add(
series_name="销售费用",
data_pair=data,
radius=["30%", "40%"], # 内径30%，外径40%（环宽10%）
rosetype="radius",
label_opts=opts.LabelOpts(
is_show=True,
position="outside", # 标签显示在圆环外
# 使用完全默认样式（不设置任何样式参数）
)
)
.set_global_opts(
title_opts=opts.TitleOpts(
title="销售费用分析",
pos_left="45%",
title_textstyle_opts=opts.TextStyleOpts(
font_size=18,
color="black",
font_family="SimHei",
font_weight="bold"
)
),
legend_opts=opts.LegendOpts(
orient="vertical", # 垂直排列
pos_top="30%",

图 4-5

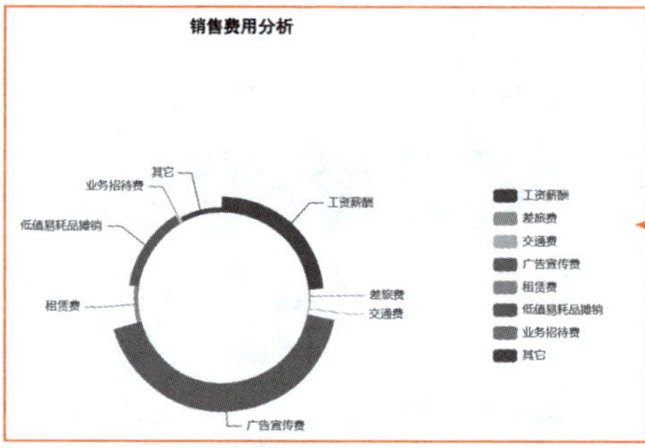

⑤ 运行程序代码后，看到“图表”文件夹中，新建了“销售费用分析.html”图表文件，在浏览器中打开该文件，看到制作的图表，说明程序运行正常。提示：在浏览器打开图表后，可以截图，将图表图片插入 Excel 文档中。

图 4-5　自动制作销售费用分析图表（玫瑰圆环图）

4.2 自动绘制财务数据分析图表实战

4.2.1 案例：自动制作现金流量分析图表（折线面积组合图）

通过智能体编写一个 Python 程序，来自动制作现金流量分析图表。具体要求为：

编写一个 Python 程序，将 E 盘“练习”文件夹中“图表”子文件夹下的“现金流量表.xlsx”文档中的“现金流汇总”工作表的数据制作成图表。要求使用 Pyecharts 库，将“日期”列、“现金流入（亿）”列制作成折线图，折线图文本标签颜色为橙色，字体为黑体，字体大小为 10，将折线的颜色设置为橙色，折线宽为 2，将折线设置成平滑曲线，折线的图例名称设置为“现金流入”。

将“日期”列、“现金流出（亿）”列制作成折线图，折线图文本标签颜色为天蓝色，字体为黑体，字体大小为 10，将折线的颜色设置为天蓝色，折线宽为 2，将折线设置成平滑曲线，折线的图例名称设置为“现金流出”。

将“日期”列、“现金流净额（亿）”列（此列数值取小数点后两位）制作成折线面积图，折线面积图文本标签颜色为红色，字体为黑体，字体大小为 10，将折线面积图的颜色设置为红色，折线宽为 2，将折线面积图设置成平滑曲线，折线的图例名称设置为“现金净额”，将折线面积填充的透明度设置为 0.5，折线转折点形状设置为箭头，并对最小值进行标记。

然后将折线图和折线面积图组合在一起共用 X 轴，设置组合后的图表的标题为“公司现金流分析”，标题距离最左侧的距离为 5%，设置 X 坐标轴刻度包含零刻度，X 坐标轴两边不留空白。

最后将组合后的图表保存到 E 盘“练习”文件夹中“图表”子文件夹中，并将图表命名为“现金流量分析 .html”。如图 4-6 所示。

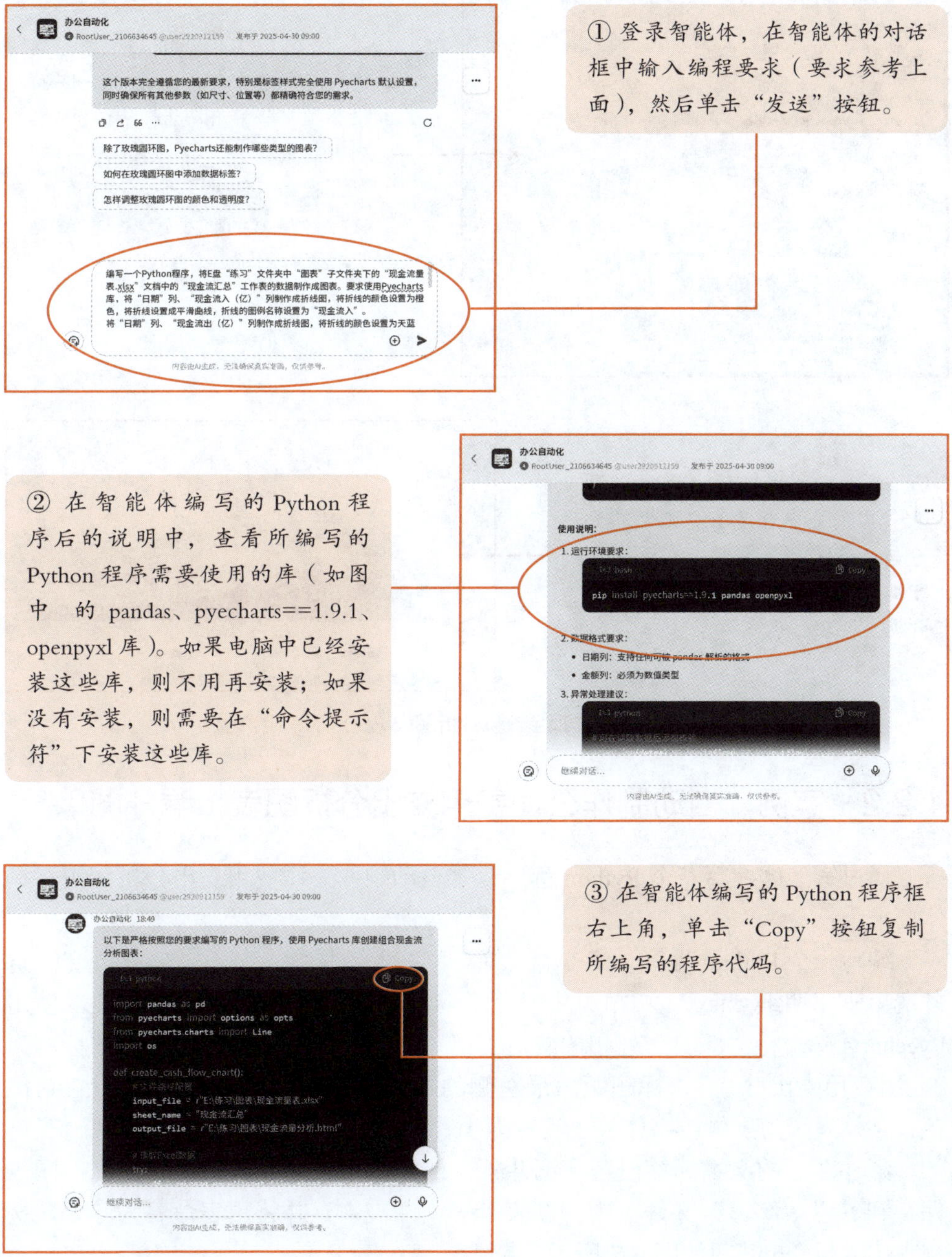
办公自动化
这个版本完全遵循您的最新要求，特别是标签样式完全使用 Pyecharts 默认设置，同时确保所有其他参数（如尺寸、位置等）都精确符合您的需求。
除了玫瑰圆环图，Pyecharts还能制作哪些类型的图表？
如何在玫瑰圆环图中添加数据标签？
怎样调整玫瑰圆环图的颜色和透明度？
编写一个Python程序，将E盘“练习”文件夹中“图表”子文件夹下的“现金流量表.xlsx”文档中的“现金流汇总”工作表的数据制作成图表。要求使用Pyecharts库，将“日期”列、“现金流入（亿）”列制作成折线图，将折线的颜色设置为橙色，将折线设置成平滑曲线，折线的图例名称设置为“现金流入”。
将“日期”列、“现金流出（亿）”列制作成折线图，将折线的颜色设置为天蓝
① 登录智能体，在智能体的对话框中输入编程要求（要求参考上面），然后单击“发送”按钮。
② 在智能体编写的 Python 程序后的说明中，查看所编写的 Python 程序需要使用的库（如图中的 pandas、pyecharts==1.9.1、openpyxl 库）。如果电脑中已经安装这些库，则不用再安装；如果没有安装，则需要在“命令提示符”下安装这些库。
使用说明：
1. 运行环境要求：
pip install pyecharts==1.9.1 pandas openpyxl
2. 数据格式要求：
3. 异常处理建议：
继续对话...
以下是严格按照您的要求编写的 Python 程序，使用 Pyecharts 库创建组合现金流分析图表：
import pandas as pd
from pyecharts import options as opts
from pyecharts.charts import Line
import os
def create_cash_flow_chart():
input_file = r"E:\练习\图表\现金流量表.xlsx"
sheet_name = "现金流汇总"
output_file = r"E:\练习\图表\现金流量分析.html"
③ 在智能体编写的 Python 程序框右上角，单击“Copy”按钮复制所编写的程序代码。

图 4-6

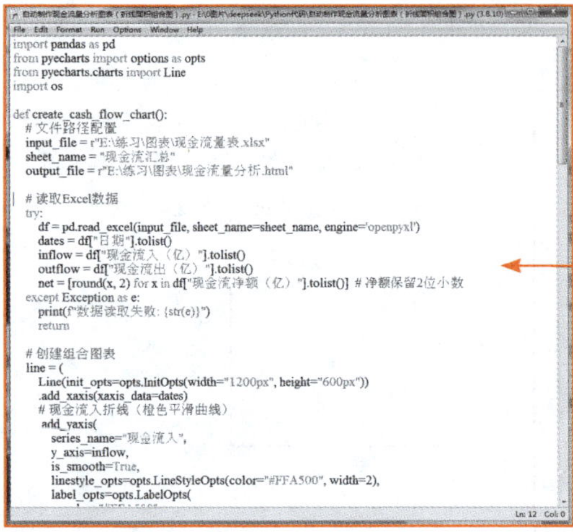
File Edit Format Run Options Window Help
import pandas as pd
from pyecharts import options as opts
from pyecharts.charts import Line
import os

def create_cash_flow_chart():
    # 文件路径配置
    input_file = r"E:\练习\图表\现金流量表.xlsx"
    sheet_name = "现金流汇总"
    output_file = r"E:\练习\图表\现金流量分析.html"

    # 读取Excel数据
    try:
        df = pd.read_excel(input_file, sheet_name=sheet_name, engine='openpyxl')
        dates = df["日期"].tolist()
        inflow = df["现金流入（亿）"].tolist()
        outflow = df["现金流出（亿）"].tolist()
        net = [round(x, 2) for x in df["现金流净额（亿）"].tolist()] # 净额保留2位小数
    except Exception as e:
        print(f"数据读取失败: {str(e)}")
        return

    # 创建组合图表
    line = (
        Line(init_opts=opts.InitOpts(width="1200px", height="600px"))
        .add_xaxis(xaxis_data=dates)
        # 现金流入折线（橙色平滑曲线）
        .add_yaxis(
            series_name="现金流入",
            y_axis=inflow,
            is_smooth=True,
            linestyle_opts=opts.LineStyleOpts(color="#FFA500", width=2),
            label_opts=opts.LabelOpts(
Ln: 12 Col: 0

④ 打开“IDLE Shell”程序，新建一个 IDLE 文件，按“Ctrl+V”组合键，将 Python 程序代码粘贴到新建的文件中，并按“Ctrl+S”组合键保存程序文件。接着按 F5 键运行编写的程序代码，对程序代码进行测试。

⑤ 运行程序代码后，看到“图表”文件夹中新建了“现金流量分析 .html”图表文件，在浏览器中打开该文件，看到制作的图表，说明程序运行正常。

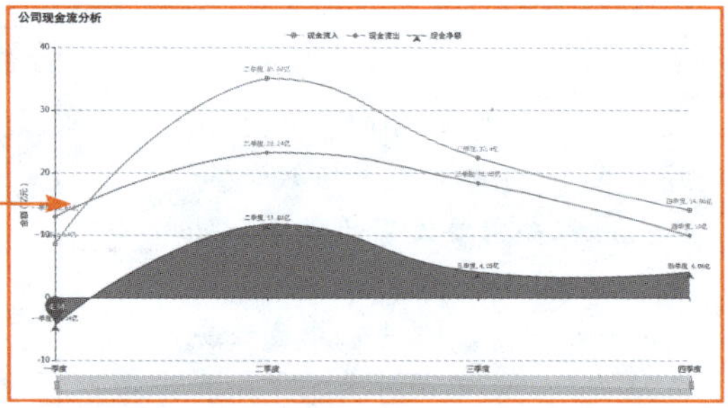
公司现金流分析
一季度
二季度
三季度
四季度

图 4-6　自动制作现金流量分析图表（折线面积组合图）

4.2.2　案例：自动制作公司费用支出分析图表（漏斗图）

通过智能体编写一个 Python 程序，来自动制作公司费用支出分析图表。具体要求为：

编写一个 Python 程序，将 E 盘“练习”文件夹中“图表”子文件夹下的“财务费用支出明细 .xlsx”文档中的“1 月”工作表的数据制作成图表。要求使用 Pyecharts 库，将“部门”列和“费用支出”列制作成漏斗图表。图表的标题为“公司费用支出分析”，标题距离最左侧的距离为 5%，标题文本颜色设置为黑色，字体设置为黑体，字体大小设置为 16。

漏斗图上的文本标签设置在漏斗外，样式使用默认样式，最后将漏斗图表保存到 E 盘“练习”文件夹中“图表”子文件夹中，并将图表命名为“公司费用支出分析 .html”。如图 4-7 所示。

① 登录智能体，在智能体的对话框中输入编程要求（要求参考上面），然后单击“发送”按钮。

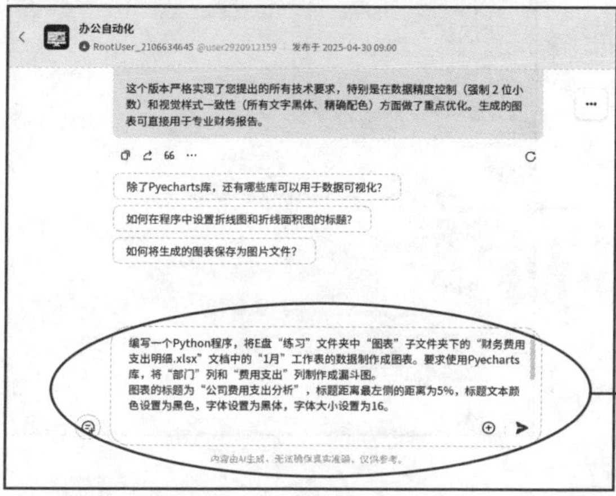
办公自动化
RootUser_2106634645 @user2920912159 发布于 2025-04-30 09:00
这个版本严格实现了您提出的所有技术要求，特别是在数据精度控制（强制2位小数）和视觉样式一致性（所有文字黑体、精确配色）方面做了重点优化。生成的图表可直接用于专业财务报告。
除了Pyecharts库，还有哪些库可以用于数据可视化？
如何在程序中设置折线图和折线面积图的标题？
如何将生成的图表保存为图片文件？
编写一个Python程序，将E盘“练习”文件夹中“图表”子文件夹下的“财务费用支出明细.xlsx”文档中的“1月”工作表的数据制作成图表。要求使用Pyecharts库，将“部门”列和“费用支出”列制作成漏斗图。
图表的标题为“公司费用支出分析”，标题距离最左侧的距离为5%，标题文本颜色设置为黑色，字体设置为黑体，字体大小设置为16。
内容由AI生成，无法确保真实准确，仅供参考。

② 在智能体编写的 Python 程序后的说明中，查看所编写的 Python 程序需要使用的库（如图中的 pandas、pyecharts、openpyxl 库）。如果电脑中已经安装这些库，则不用再安装；如果没有安装，则需要在“命令提示符”下安装这些库。

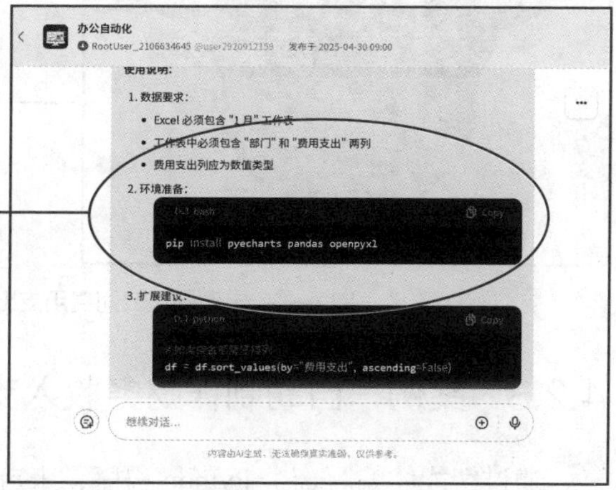
办公自动化
RootUser_2106634645 @user2920912159 发布于 2025-04-30 09:00
使用说明：
1. 数据要求：
Excel 必须包含“1月”工作表
工作表中必须包含“部门”和“费用支出”两列
费用支出列应为数值类型
2. 环境准备：
pip install pyecharts pandas openpyxl
3. 扩展建议：
df = df.sort_values(by="费用支出", ascending=False)
继续对话...
内容由AI生成，无法确保真实准确，仅供参考。

③ 在智能体编写的 Python 程序框右上角，单击“Copy”按钮复制所编写的程序代码。

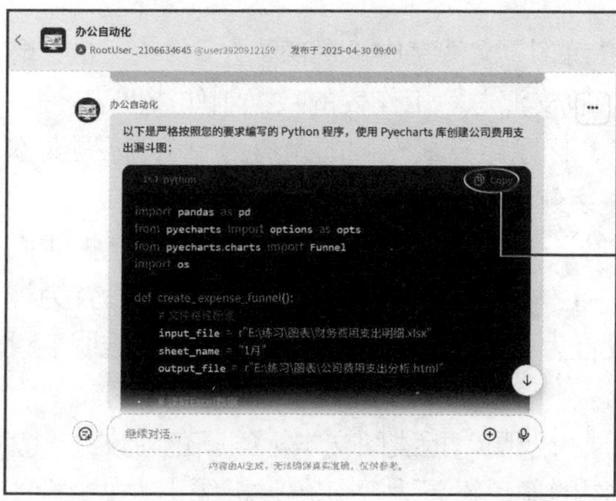
办公自动化
RootUser_2106634645 @user2920912159 发布于 2025-04-30 09:00
以下是严格按照您的要求编写的 Python 程序，使用 Pyecharts 库创建公司费用支出漏斗图：
import pandas as pd
from pyecharts import options as opts
from pyecharts.charts import Funnel
import os
def create_expense_funnel():
input_file = r"E:\练习\图表\财务费用支出明细.xlsx"
sheet_name = "1月"
output_file = r"E:\练习\图表\公司费用支出分析.html"
继续对话...
内容由AI生成，无法确保真实准确，仅供参考。

图 4-7

④ 打开“IDLE Shell”程序，新建一个 IDLE 文件，按“Ctrl+V”组合键，将 Python 程序代码粘贴到新建的文件中，并按“Ctrl+S”组合键保存程序文件。接着按 F5 键运行编写的程序代码，对程序代码进行测试。

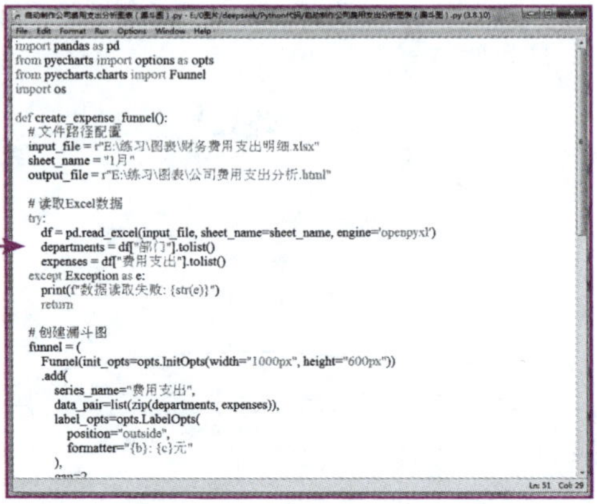

```
import pandas as pd
from pyecharts import options as opts
from pyecharts.charts import Funnel
import os

def create_expense_funnel():
    # 文件路径配置
    input_file = r"E:\练习\图表\财务费用支出明细.xlsx"
    sheet_name = "1月"
    output_file = r"E:\练习\图表\公司费用支出分析.html"

    # 读取Excel数据
    try:
        df = pd.read_excel(input_file, sheet_name=sheet_name, engine='openpyxl')
        departments = df["部门"].tolist()
        expenses = df["费用支出"].tolist()
    except Exception as e:
        print(f"数据读取失败: {str(e)}")
        return

    # 创建漏斗图
    funnel = (
        Funnel(init_opts=opts.InitOpts(width="1000px", height="600px"))
        .add(
            series_name="费用支出",
            data_pair=list(zip(departments, expenses)),
            label_opts=opts.LabelOpts(
                position="outside",
                formatter="{b}: {c}元"
            ),
```

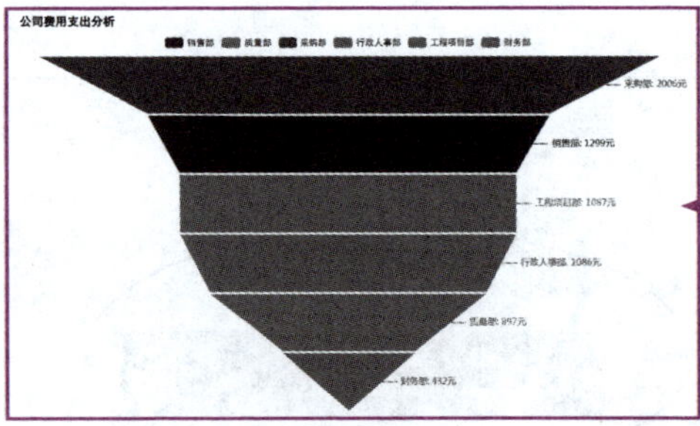

⑤ 运行程序代码后，看到“图表”文件夹中新建了“公司费用支出分析.html”图表文件，在浏览器中打开该文件，看到制作的图表，说明程序运行正常。

图 4-7 自动制作公司费用支出分析图表（漏斗图）

4.2.3 案例：自动制作财务收入支出分析图表（面积图）

通过智能体编写一个 Python 程序，来自动制作财务收入支出分析图表。具体要求为：

编写一个 Python 程序，将 E 盘“练习”文件夹中“图表”子文件夹下的“财务收入支出分析表.xlsx”文档中的“收支汇总”工作表的数据制作成图表。

图表的标题为“公司收支分析”，标题距离最左侧的距离为 5%，标题文本颜色设置为黑色，字体设置为黑体，字体大小设置为 16。

要求使用 Pyecharts 库，将“月份”列、“收入”列制作成折线图，折线图文本标签颜色为橙色，字体为黑体，字体大小为 10，将折线图的颜色设置为橙色，折线宽为 2，折线的图例名称设置为“收入”，将折线面积填充的透明度设置为 0.5，折线转折点形状设置为圆。

将“月份”列、“支出”列制作成折线图，折线图文本标签颜色为玫红，字体为黑体，字体大小为 10，将折线图的颜色设置为玫红色，折线宽为 2，折线的图例名称设置为“支出”，将折线面积填充的透明度设置为 0.5，折线转折点形状设置为圆。

将柱形图和折线图组合在一起共用 X 轴。设置 X 坐标轴刻度包含零刻度，X 坐标轴两边不留空白。

最后将组合后的图表保存到 E 盘“练习”文件夹中“图表”子文件夹中，并将图表命名为“财务收入支出分析 .html”。如图 4-8 所示。

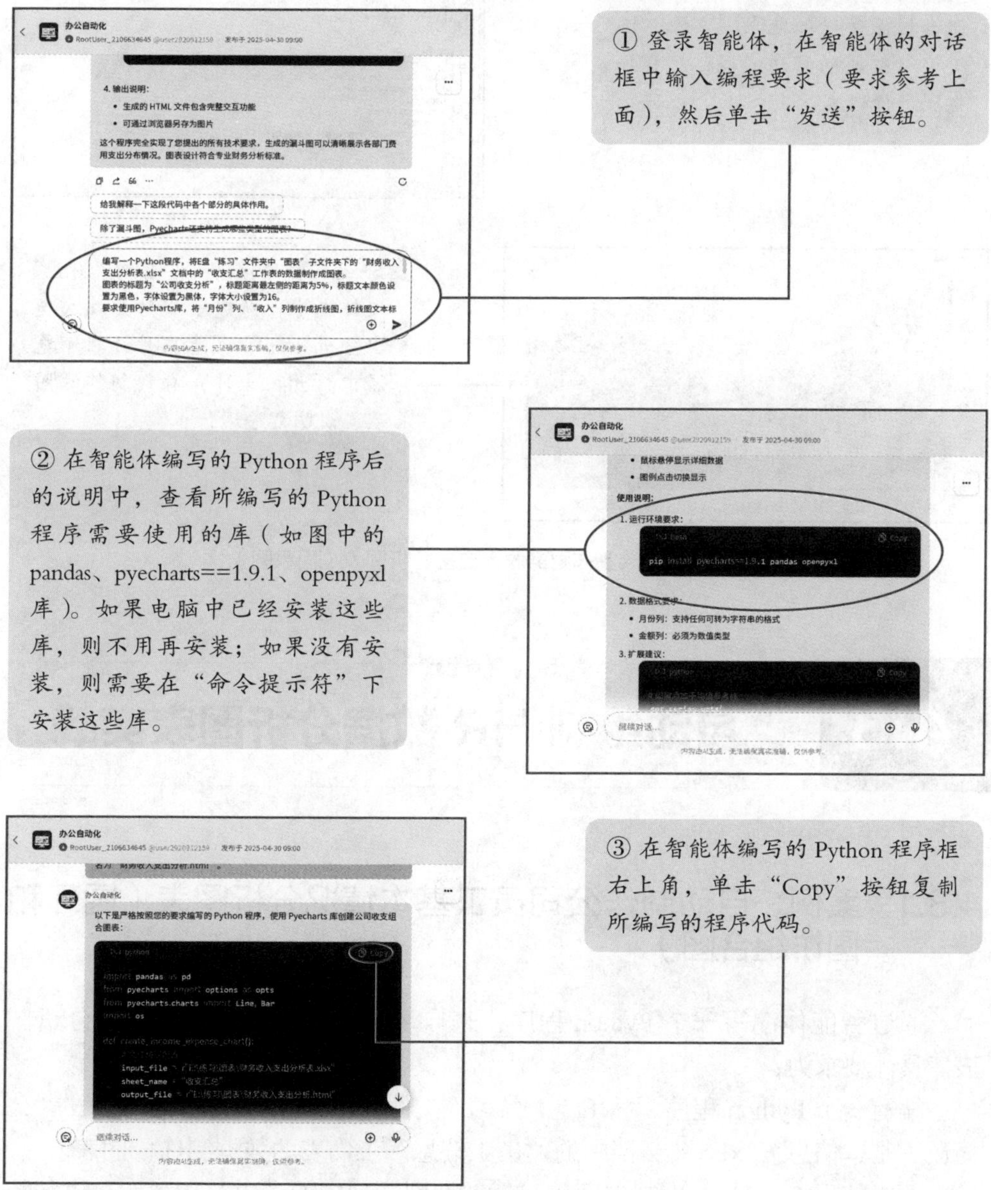

① 登录智能体，在智能体的对话框中输入编程要求（要求参考上面），然后单击“发送”按钮。
② 在智能体编写的 Python 程序后的说明中，查看所编写的 Python 程序需要使用的库（如图中的 pandas、pyecharts==1.9.1、openpyxl 库）。如果电脑中已经安装这些库，则不用再安装；如果没有安装，则需要在“命令提示符”下安装这些库。
③ 在智能体编写的 Python 程序框右上角，单击“Copy”按钮复制所编写的程序代码。

图 4–8

④ 打开“IDLE Shell”程序，新建一个 IDLE 文件，按“Ctrl+V”组合键，将 Python 程序代码粘贴到新建的文件中，并按“Ctrl+S”组合键保存程序文件。接着按 F5 键运行编写的程序代码，对程序代码进行测试。

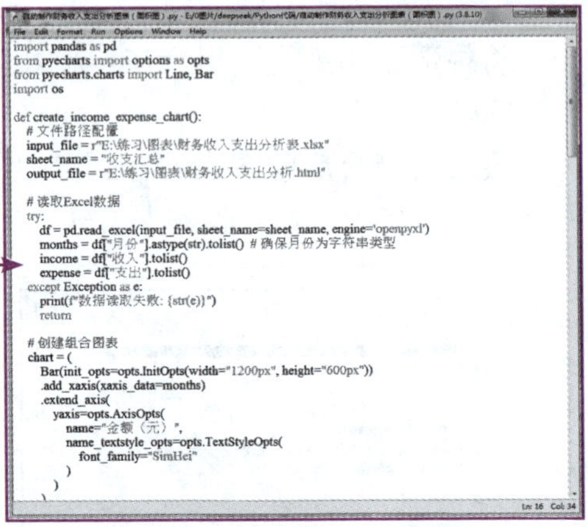

```python
import pandas as pd
from pyecharts import options as opts
from pyecharts.charts import Line, Bar
import os

def create_income_expense_chart():
    # 文件路径配置
    input_file = r"E:\练习\图表\财务收入支出分析表.xlsx"
    sheet_name = "收支汇总"
    output_file = r"E:\练习\图表\财务收入支出分析.html"

    # 读取Excel数据
    try:
        df = pd.read_excel(input_file, sheet_name=sheet_name, engine='openpyxl')
        months = df["月份"].astype(str).tolist()  # 确保月份为字符串类型
        income = df["收入"].tolist()
        expense = df["支出"].tolist()
    except Exception as e:
        print(f"数据读取失败: {str(e)}")
        return

    # 创建组合图表
    chart = (
        Bar(init_opts=opts.InitOpts(width="1200px", height="600px"))
        .add_xaxis(xaxis_data=months)
        .extend_axis(
            yaxis=opts.AxisOpts(
                name="金额（元）",
                name_textstyle_opts=opts.TextStyleOpts(
                    font_family="SimHei"
                )
            )
```

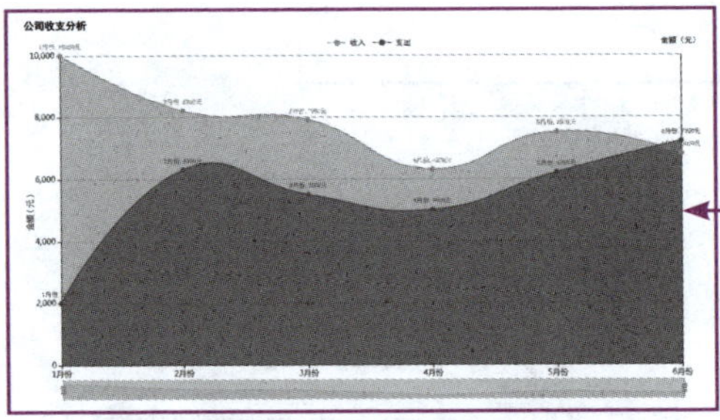

⑤ 运行程序代码后，看到“图表”文件夹中，新建了“财务收入支出分析.html”图表文件，在浏览器中打开该文件，看到制作的图表，说明程序运行正常。

图 4-8　自动制作财务收入支出分析图表（面积图）

4.3　自动绘制 HR 数据分析图表实战

4.3.1　案例：自动制作公司员工基本情况分析图表（圆环和圆饼组合图）

通过智能体编写一个 Python 程序，来自动制作公司员工基本情况分析图表。具体要求为：

编写一个 Python 程序，将 E 盘“练习”文件夹中“图表”子文件夹下的“公司员工基本信息表.xlsx”文档中的“员工信息”工作表的数据制作成图表。

要求使用 Pyecharts 库制作图表，对“性别”列中的“男”和“女”进行统计，并计算占比，然后制作成饼图。设置圆饼半径为 30%，设置圆饼文本标签在圆内。

对“学历”列进行分类汇总，并计算占比，然后制作成圆环图。设置圆环的大小和宽度分别设置为“40%”和“10%”。设置圆环标签位置在外围。

将圆饼图和圆环图组合在一起，共圆心。设置圆饼和圆环的图例垂直排列，距离最左侧距离为 10%，距离顶部 20%。

图表的标题为“员工基本信息分析”，标题距离最左侧的距离为 5%，距离顶部 10%，标题文本颜色设置为黑色，字体设置为黑体，字体大小设置为 16。

最后将组合后的图表保存到 E 盘“练习”文件夹中“图表”子文件夹中，并将图表命名为“公司员工情况分析 .html”。如图 4-9 所示。

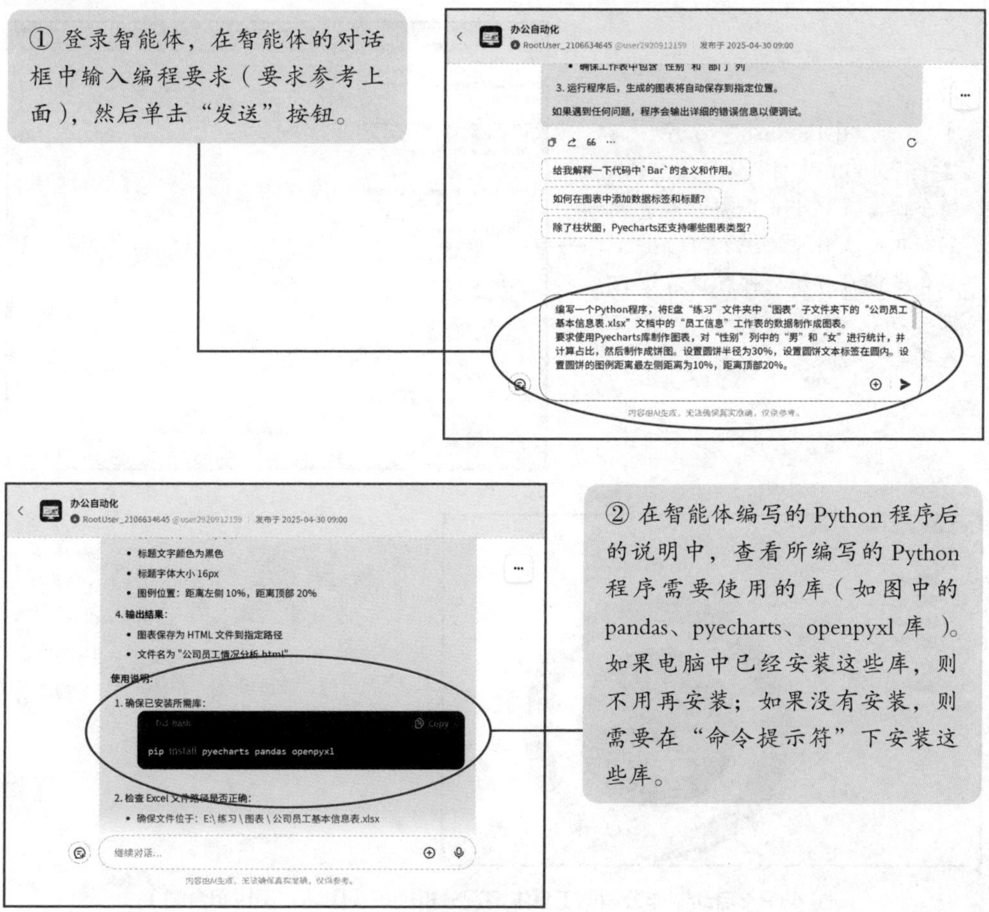
① 登录智能体，在智能体的对话框中输入编程要求（要求参考上面），然后单击“发送”按钮。
办公自动化
3. 运行程序后，生成的图表将自动保存到指定位置。
如果遇到任何问题，程序会输出详细的错误信息以便调试。
给我解释一下代码中`Bar`的含义和作用。
如何在图表中添加数据标签和标题?
除了柱状图，Pyecharts还支持哪些图表类型?
编写一个Python程序，将E盘“练习”文件夹中“图表”子文件夹下的“公司员工基本信息表.xlsx”文档中的“员工信息”工作表的数据制作成图表。
要求使用Pyecharts库制作图表，对“性别”列中的“男”和“女”进行统计，并计算占比，然后制作成饼图。设置圆饼半径为30%，设置圆饼文本标签在圆内。设置圆饼的图例距离最左侧距离为10%，距离顶部20%。
办公自动化
标题文字颜色为黑色
标题字体大小 16px
图例位置：距离左侧 10%，距离顶部 20%
4. 输出结果：
图表保存为 HTML 文件到指定路径
使用说明：
1. 确保已安装所需库：
pip install pyecharts pandas openpyxl
2. 检查 Excel 文件路径是否正确：
确保文件位于：E:\练习\图表\公司员工基本信息表.xlsx
继续对话...
② 在智能体编写的 Python 程序后的说明中，查看所编写的 Python 程序需要使用的库（如图中的 pandas、pyecharts、openpyxl 库）。如果电脑中已经安装这些库，则不用再安装；如果没有安装，则需要在“命令提示符”下安装这些库。

图 4-9

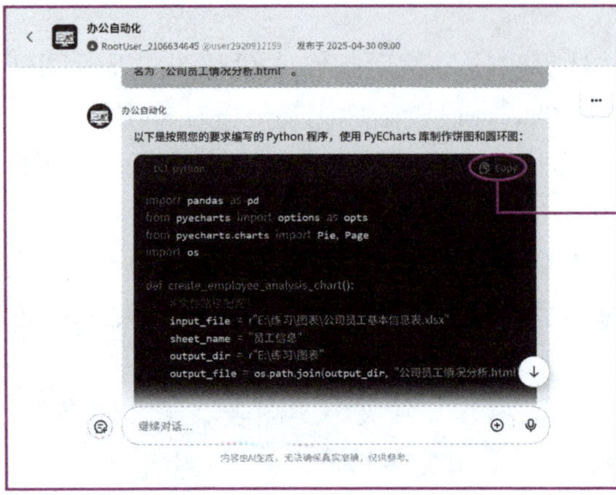

办公自动化
以下是按照您的要求编写的 Python 程序，使用 PyECharts 库制作饼图和圆环图：
import pandas as pd
from pyecharts import options as opts
from pyecharts.charts import Pie, Page
import os
def create_employee_analysis_chart():
继续对话...

③ 在智能体编写的 Python 程序框右上角，单击“Copy”按钮复制所编写的程序代码。

④ 打开“IDLE Shell”程序，新建一个 IDLE 文件，按“Ctrl+V”组合键，将 Python 程序代码粘贴到新建的文件中，并按“Ctrl+S”组合键保存程序文件。接着按 F5 键运行编写的程序代码，对程序代码进行测试。

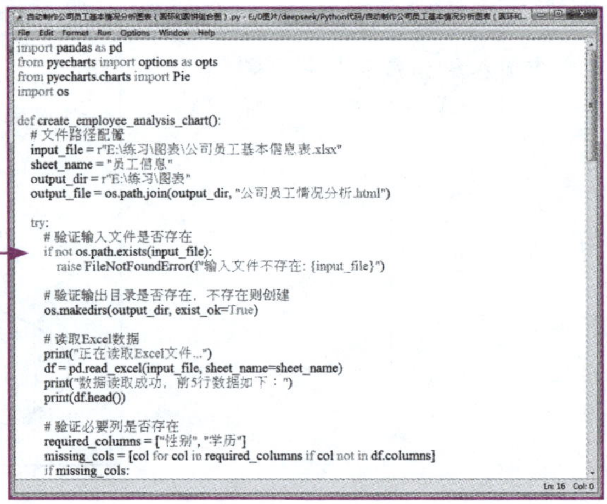

import pandas as pd
from pyecharts import options as opts
from pyecharts.charts import Pie
import os
def create_employee_analysis_chart():
# 文件路径配置
input_file = r"E:\练习\图表\公司员工基本信息表.xlsx"
sheet_name = "员工信息"
output_dir = r"E:\练习\图表"
output_file = os.path.join(output_dir, "公司员工情况分析.html")
try:
# 验证输入文件是否存在
if not os.path.exists(input_file):
raise FileNotFoundError(f"输入文件不存在: {input_file}")
# 验证输出目录是否存在，不存在则创建
os.makedirs(output_dir, exist_ok=True)
# 读取Excel数据
print("正在读取Excel文件...")
df = pd.read_excel(input_file, sheet_name=sheet_name)
print("数据读取成功，前5行数据如下：")
print(df.head())
# 验证必要列是否存在
required_columns = ["性别", "学历"]
missing_cols = [col for col in required_columns if col not in df.columns]
if missing_cols:

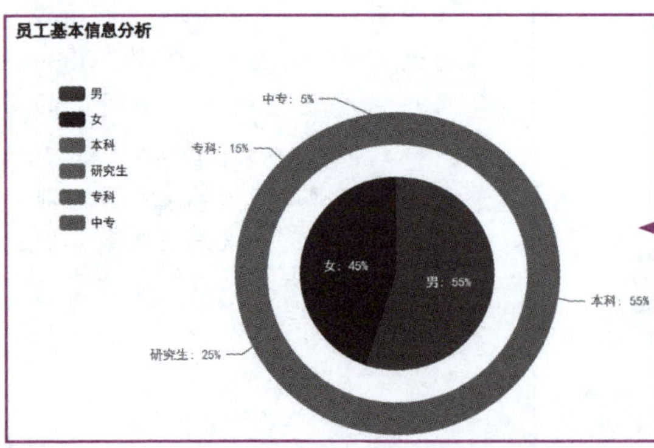

员工基本信息分析
男
女
本科
研究生
专科
中专
中专：5%
专科：15%
女：45%
男：55%
本科：55%
研究生：25%

⑤ 运行程序代码后，看到“图表”文件夹中，新建了“公司员工情况分析 .html”图表文件，在浏览器中打开该文件，看到制作的图表，说明程序运行正常。

图 4-9　自动制作公司员工基本情况分析图表（圆环和圆饼组合图）

4.3.2 案例：自动制作各部门员工情况分析图表（多段柱形图）

通过智能体编写一个 Python 程序，来自动制作各部门员工情况分析图表。具体要求为：

编写一个 Python 程序，将 E 盘“练习”文件夹中“图表”子文件夹下的“公司员工基本信息表 .xlsx”文档中的“员工信息”工作表的数据制作成图表。

要求使用 Pyecharts 库制作图表，先按“性别”“部门”列进行分类汇总，并对其他列进行计数计算。然后将分类汇总后的性别为“男”数据制作成堆积效果的柱状图，柱状图的颜色为青色，柱间间距为 50%，柱状图的图例为“男”；将性别为“女”的数据制作成堆积效果的柱状图，柱状图的颜色为玫红色，柱间间距为 50%，柱状图的图例为“女”。

图表的标题为“部门员工情况分析”，标题距离最左侧的距离为 7%，标题文本颜色设置为黑色，字体设置为黑体，字体大小设置为 16。

最后将组合后的图表保存到 E 盘“练习”文件夹中“图表”子文件夹中，并将图表命名为“部门员工情况分析 .html”。如图 4-10 所示。

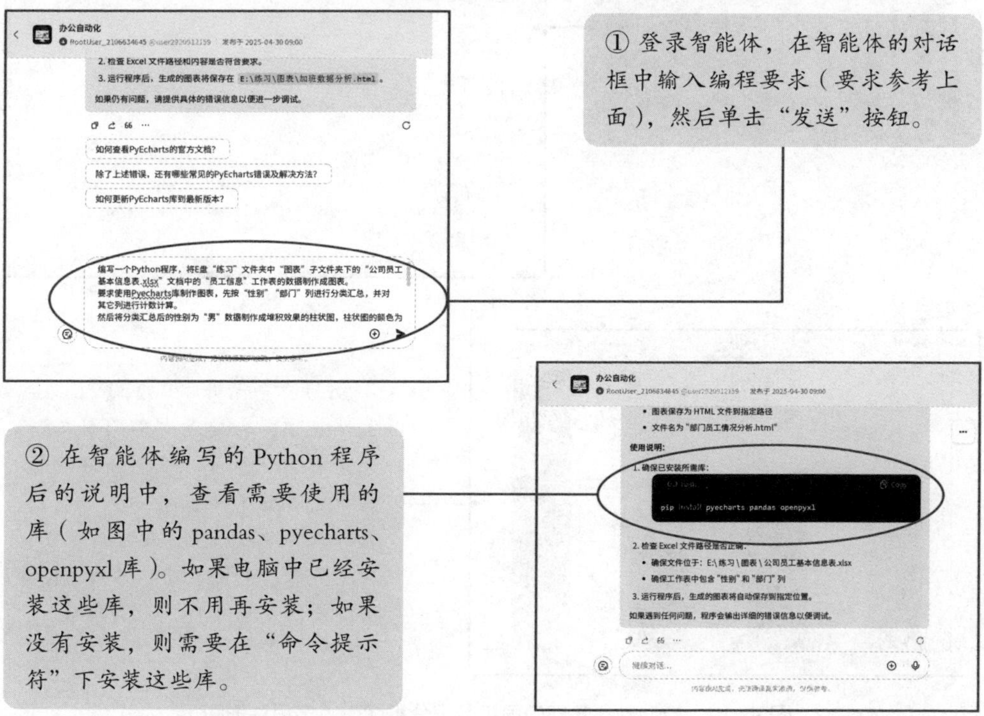
① 登录智能体，在智能体的对话框中输入编程要求（要求参考上面），然后单击“发送”按钮。
② 在智能体编写的 Python 程序后的说明中，查看需要使用的库（如图中的 pandas、pyecharts、openpyxl 库）。如果电脑中已经安装这些库，则不用再安装；如果没有安装，则需要在“命令提示符”下安装这些库。

图 4-10

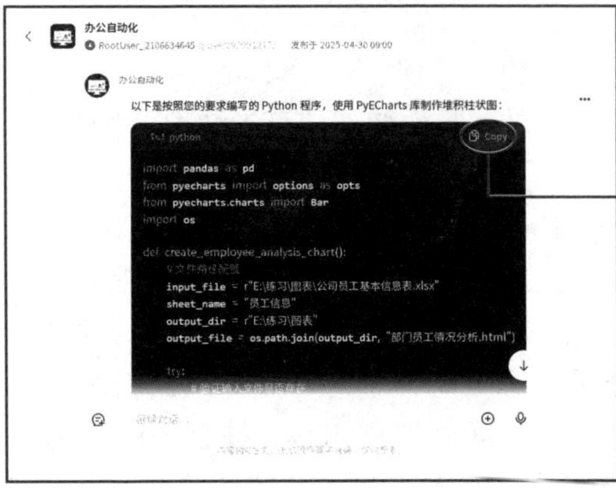
办公自动化
以下是按照您的要求编写的 Python 程序，使用 PyECharts 库制作堆积柱状图：
Copy
import pandas as pd
from pyecharts import options as opts
from pyecharts.charts import Bar
import os
def create_employee_analysis_chart():
input_file = r"E:\练习\图表\公司员工基本信息表.xlsx"
sheet_name = "员工信息"
output_dir = r"E:\练习\图表"
output_file = os.path.join(output_dir, "部门员工情况分析.html")
try:

③ 在智能体编写的 Python 程序框右上角，单击“Copy”按钮复制所编写的程序代码。

④ 打开“IDLE Shell”程序，新建一个 IDLE 文件，按“Ctrl+V”组合键，将 Python 程序代码粘贴到新建的文件中，并按“Ctrl+S”组合键保存程序文件。接着按 F5 键运行编写的程序代码，对程序代码进行测试。

File Edit Format Run Options Window Help
import pandas as pd
from pyecharts import options as opts
from pyecharts.charts import Bar
import os
def create_employee_analysis_chart():
# 文件路径配置
input_file = r"E:\练习\图表\公司员工基本信息表.xlsx"
sheet_name = "员工信息"
output_dir = r"E:\练习\图表"
output_file = os.path.join(output_dir, "部门员工情况分析.html")
try:
# 验证输入文件是否存在
if not os.path.exists(input_file):
raise FileNotFoundError(f"输入文件不存在: {input_file}")
# 验证输出目录是否存在，不存在则创建
os.makedirs(output_dir, exist_ok=True)
# 读取Excel数据
print("正在读取Excel文件...")
df = pd.read_excel(input_file, sheet_name=sheet_name)
print("数据读取成功，前5行数据如下：")
print(df.head())
# 验证必要列是否存在
required_columns = ["性别", "部门"]
missing_cols = [col for col in required_columns if col not in df.columns]
if missing_cols:
raise ValueError(f"工作表中缺少必要的列: {missing_cols}")
# 检查数据是否为空
if df.empty:
Ln: 139 Col: 0

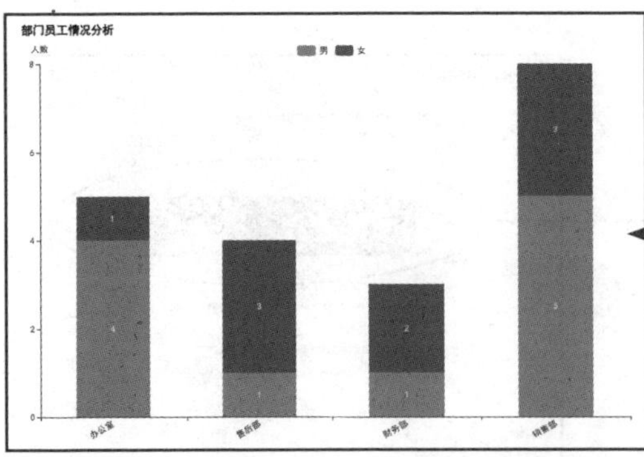
部门员工情况分析
人数
男
女

⑤ 运行程序代码后，看到“图表”文件夹中，新建了“部门员工情况分析.html”图表文件，在浏览器中打开该文件，看到制作的图表，说明程序运行正常。提示：在浏览器打开图表后，可以截图，将图表图片插入 Excel 文档中。

图 4-10　自动制作各部门员工情况分析图表（多段柱形图）

4.4 自动绘制企业运营数据分析图表实战

4.4.1 案例：自动制作公司产品浏览量分析图表（横向柱形图）

通过智能体编写一个 Python 程序，来自动制作公司产品浏览量分析图表。具体要求为：

编写一个 Python 程序，将 E 盘“练习”文件夹中“图表”子文件夹下的“店铺流量统计 .xlsx”文档中的“流量统计”工作表的数据制作成图表。

要求使用 Pyecharts 库，将“来源名称”列、“访客数”列和“浏览量”列制作成横向柱形图，柱形图采用 MACARONS 主题。

图表的标题为“员工基本信息分析”，标题距离最左侧的距离为 5%，标题文本颜色设置为黑色，字体设置为黑体，字体大小设置为 16。

最后将组合后的图表保存到 E 盘“练习”文件夹中“图表”子文件夹中，并将图表命名为“店铺流量统计 .html”。如图 4-11 所示。

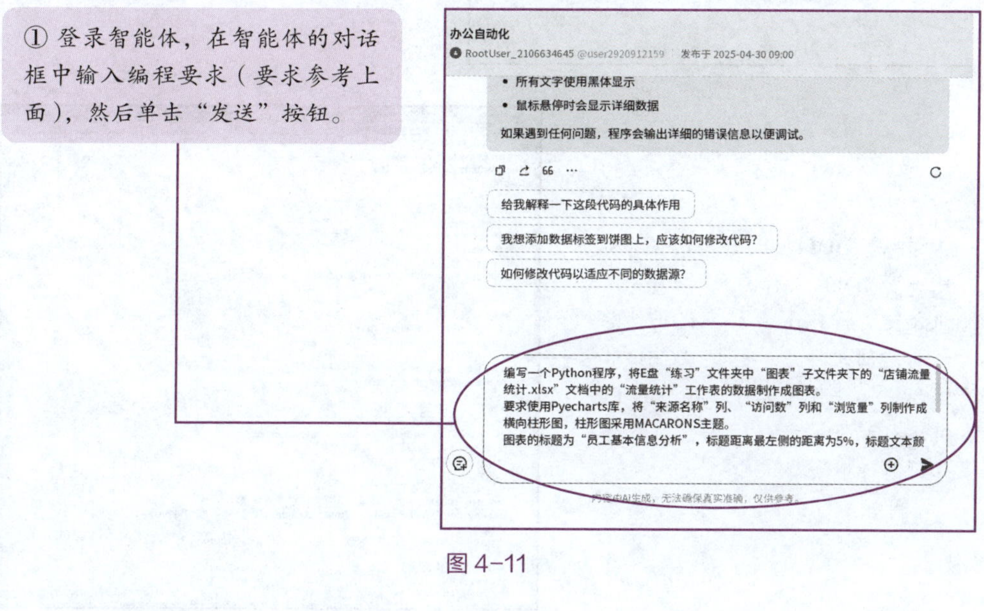
① 登录智能体，在智能体的对话框中输入编程要求（要求参考上面），然后单击“发送”按钮。
办公自动化
RootUser_2106634645 @user2920912159 发布于 2025-04-30 09:00
• 所有文字使用黑体显示
• 鼠标悬停时会显示详细数据
如果遇到任何问题，程序会输出详细的错误信息以便调试。
给我解释一下这段代码的具体作用
我想添加数据标签到饼图上，应该如何修改代码?
如何修改代码以适应不同的数据源?
编写一个Python程序，将E盘“练习”文件夹中“图表”子文件夹下的“店铺流量统计.xlsx”文档中的“流量统计”工作表的数据制作成图表。
要求使用Pyecharts库，将“来源名称”列、“访问数”列和“浏览量”列制作成横向柱形图，柱形图采用MACARONS主题。
图表的标题为“员工基本信息分析”，标题距离最左侧的距离为5%，标题文本颜

图 4-11

② 在智能体编写的 Python 程序后的说明中，查看需要使用的库（如图中的 pandas、pyecharts、openpyxl 库）。如果电脑中已经安装这些库，则不用再安装；如果没有安装，则需要在“命令提示符”下安装这些库。

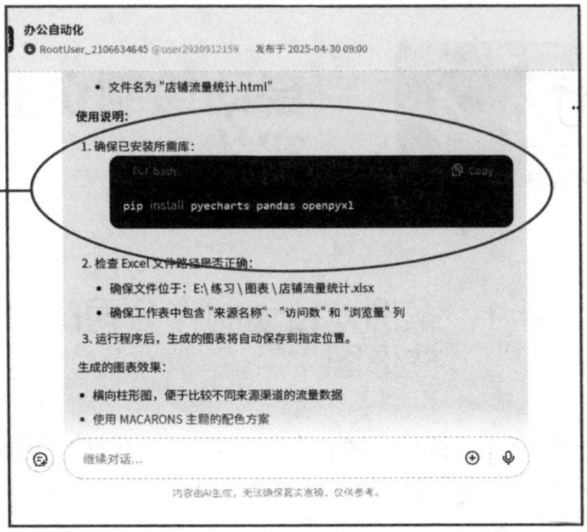

办公自动化
RootUser_2106634645 @user2920912159 发布于 2025-04-30 09:00
• 文件名为 "店铺流量统计.html"
使用说明:
1. 确保已安装所需库:
pip install pyecharts pandas openpyxl
2. 检查 Excel 文件路径是否正确:
• 确保文件位于: E:\练习\图表\店铺流量统计.xlsx
• 确保工作表中包含 "来源名称"、"访问数" 和 "浏览量" 列
3. 运行程序后，生成的图表将自动保存到指定位置。
生成的图表效果:
• 横向柱形图，便于比较不同来源渠道的流量数据
• 使用 MACARONS 主题的配色方案
继续对话...
内容由AI生成，无法确保真实准确，仅供参考。

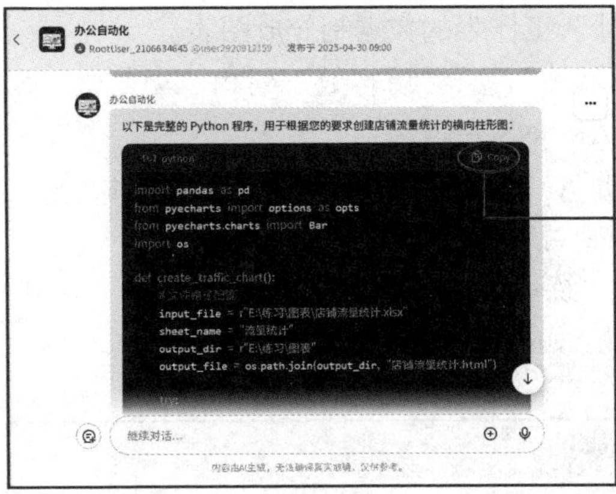

办公自动化
RootUser_2106634645 @user2920912159 发布于 2025-04-30 09:00
以下是完整的 Python 程序，用于根据您的要求创建店铺流量统计的横向柱形图:
import pandas as pd
from pyecharts import options as opts
from pyecharts.charts import Bar
import os
def create_traffic_chart():
input_file = r"E:\练习\图表\店铺流量统计.xlsx"
sheet_name = "流量统计"
output_dir = r"E:\练习\图表"
output_file = os.path.join(output_dir, "店铺流量统计.html")
继续对话...
内容由AI生成，无法确保真实准确，仅供参考。

③ 在智能体编写的 Python 程序框右上角，单击“Copy”按钮复制所编写的程序代码。

④ 打开“IDLE Shell”程序，新建一个 IDLE 文件，按“Ctrl+V”组合键，将 Python 程序代码粘贴到新建的文件中，并按“Ctrl+S”组合键保存程序文件。接着按 F5 键运行编写的程序代码，对程序代码进行测试。

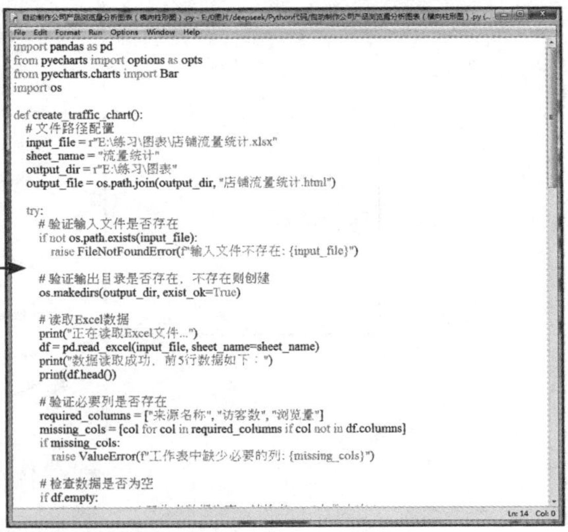

File Edit Format Run Options Window Help
import pandas as pd
from pyecharts import options as opts
from pyecharts.charts import Bar
import os
def create_traffic_chart():
# 文件路径配置
input_file = r"E:\练习\图表\店铺流量统计.xlsx"
sheet_name = "流量统计"
output_dir = r"E:\练习\图表"
output_file = os.path.join(output_dir, "店铺流量统计.html")
try:
# 验证输入文件是否存在
if not os.path.exists(input_file):
raise FileNotFoundError(f"输入文件不存在: {input_file}")
# 验证输出目录是否存在，不存在则创建
os.makedirs(output_dir, exist_ok=True)
# 读取Excel数据
print("正在读取Excel文件...")
df = pd.read_excel(input_file, sheet_name=sheet_name)
print("数据读取成功，前5行数据如下：")
print(df.head())
# 验证必要列是否存在
required_columns = ["来源名称", "访客数", "浏览量"]
missing_cols = [col for col in required_columns if col not in df.columns]
if missing_cols:
raise ValueError(f"工作表中缺少必要的列: {missing_cols}")
# 检查数据是否为空
if df.empty:
Ln: 14 Col: 0

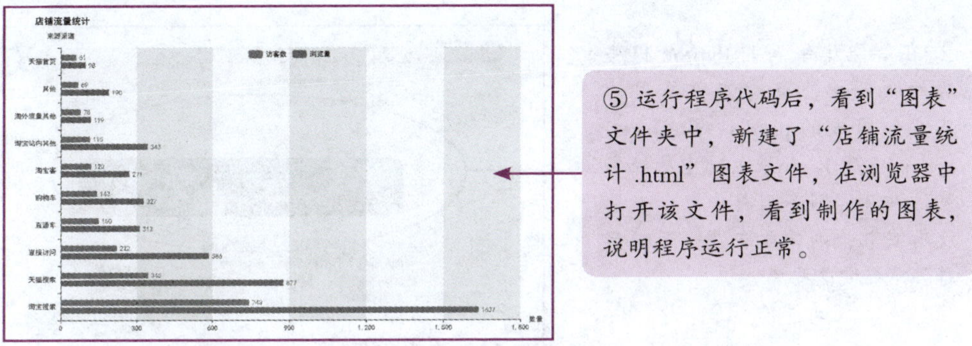
店铺流量统计
访客数
浏览量
⑤ 运行程序代码后，看到“图表”文件夹中，新建了“店铺流量统计 .html”图表文件，在浏览器中打开该文件，看到制作的图表，说明程序运行正常。

图 4-11　自动制作公司产品浏览量分析图表（横向柱形图）

4.4.2　案例：自动制作网店每日访问成交数据分析图表（河流图）

通过智能体编写一个 Python 程序，来自动制作网店每日访问成交数据分析图表。具体要求为：

编写一个 Python 程序，将 E 盘“练习”文件夹中“图表”子文件夹下的“店铺每日核心数据 .xlsx”文档中的“4 月”工作表的数据制作成图表。

要求使用 Pyecharts 库，将“访客数”列、“成交家数”列、“转化率 (%)”列、“支付金额”列、“客单价”列制作河流图。图表使用 INFOGRAPHIC 主题。

最后将组合后的图表保存到 E 盘“练习”文件夹中“图表”子文件夹中，并将图表命名为“访问数据分析 .html”。如图 4-12 所示。

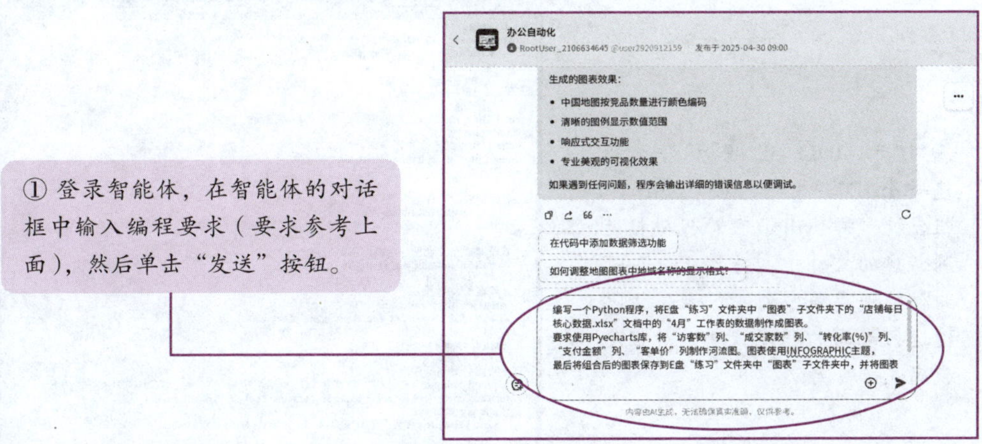
① 登录智能体，在智能体的对话框中输入编程要求（要求参考上面），然后单击“发送”按钮。
办公自动化
生成的图表效果：
中国地图按竞品数量进行颜色编码
清晰的图例显示数值范围
响应式交互功能
专业美观的可视化效果
如果遇到任何问题，程序会输出详细的错误信息以便调试。
在代码中添加数据筛选功能
编写一个Python程序，将E盘“练习”文件夹中“图表”子文件夹下的“店铺每日核心数据.xlsx”文档中的“4月”工作表的数据制作成图表。
要求使用Pyecharts库，将“访客数”列、“成交家数”列、“转化率(%)”列、“支付金额”列、“客单价”列制作河流图。图表使用INFOGRAPHIC主题，
最后将组合后的图表保存到E盘“练习”文件夹中“图表”子文件夹中，并将图表

图 4-12

② 在智能体编写的 Python 程序后的说明中，查看需要使用的库（如图中的 pandas、pyecharts、openpyxl 库）。如果电脑中已经安装这些库，则不用再安装；如果没有安装，则需要在“命令提示符”下安装这些库。

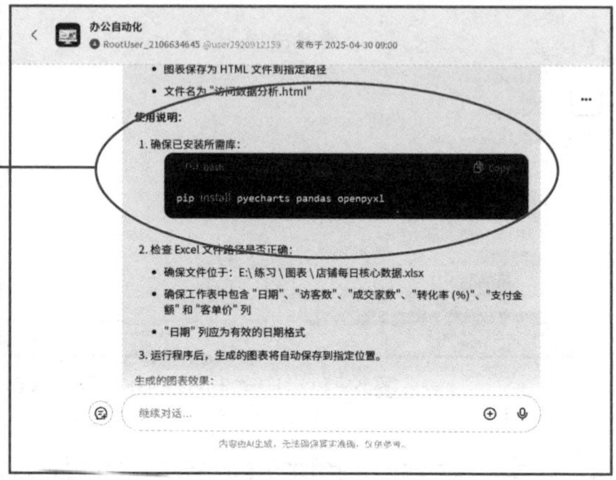

办公自动化
RootUser_2106634645 @user2920912159 发布于 2025-04-30 09:00
• 图表保存为 HTML 文件到指定路径
• 文件名为 "访问数据分析.html"
使用说明:
1. 确保已安装所需库:
pip install pyecharts pandas openpyxl
2. 检查 Excel 文件路径是否正确:
• 确保文件位于: E:\练习\图表\店铺每日核心数据.xlsx
• 确保工作表中包含 "日期"、"访客数"、"成交家数"、"转化率 (%)"、"支付金额" 和 "客单价" 列
• "日期" 列应为有效的日期格式
3. 运行程序后，生成的图表将自动保存到指定位置。
生成的图表效果:
继续对话...

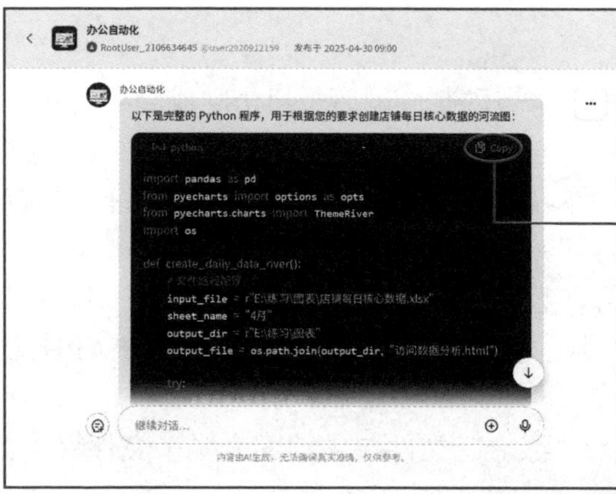

办公自动化
RootUser_2106634645 @user2920912159 发布于 2025-04-30 09:00
以下是完整的 Python 程序，用于根据您的要求创建店铺每日核心数据的河流图:
python
Copy
import pandas as pd
from pyecharts import options as opts
from pyecharts.charts import ThemeRiver
import os
def create_daily_data_river():
input_file = r"E:\练习\图表\店铺每日核心数据.xlsx"
sheet_name = "4月"
output_dir = r"E:\练习\图表"
output_file = os.path.join(output_dir, "访问数据分析.html")
try:
继续对话...

③ 在智能体求编写的 Python 程序框右上角，单击“Copy”按钮复制所编写的程序代码。

④ 打开“IDLE Shell”程序，新建一个 IDLE 文件，按“Ctrl+V”组合键，将 Python 程序代码粘贴到新建的文件中，并按“Ctrl+S”组合键保存程序文件。接着按 F5 键运行编写的程序代码，对程序代码进行测试。

File Edit Format Run Options Window Help
import pandas as pd
from pyecharts import options as opts
from pyecharts.charts import ThemeRiver
import os
def create_daily_data_river():
# 文件路径配置
input_file = r"E:\练习\图表\店铺每日核心数据.xlsx"
sheet_name = "4月"
output_dir = r"E:\练习\图表"
output_file = os.path.join(output_dir, "访问数据分析.html")
try:
# 验证输入文件是否存在
if not os.path.exists(input_file):
raise FileNotFoundError(f"输入文件不存在: {input_file}")
# 验证输出目录是否存在，不存在则创建
os.makedirs(output_dir, exist_ok=True)
# 读取Excel数据
print("正在读取Excel文件...")
df = pd.read_excel(input_file, sheet_name=sheet_name)
print("数据读取成功，前5行数据如下：")
print(df.head())
# 验证必要列是否存在
required_columns = ["日期", "访客数", "成交家数", "转化率(%)", "支付金额", "客单价"]
missing_cols = [col for col in required_columns if col not in df.columns]
if missing_cols:
raise ValueError(f"工作表中缺少必要的列: {missing_cols}")
检查数据是否为空
Ln: 100 Col: 0

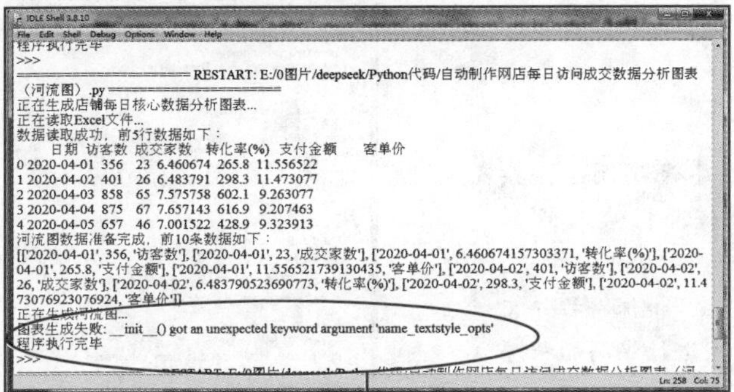

程序执行完毕
>>>
========== RESTART: E:/0图片/deepseek/Python代码/自动制作网店每日访问成交数据分析图表（河流图）.py ==========
正在生成店铺每日核心数据分析图表...
正在读取Excel文件...
数据读取成功，前5行数据如下：
日期 访客数 成交家数 转化率(%) 支付金额 客单价
0 2020-04-01 356 23 6.460674 265.8 11.556522
1 2020-04-02 401 26 6.483791 298.3 11.473077
2 2020-04-03 858 65 7.575758 602.1 9.263077
3 2020-04-04 875 67 7.657143 616.9 9.207463
4 2020-04-05 657 46 7.001522 428.9 9.323913
河流图数据准备完成，前10条数据如下：
[['2020-04-01', 356, '访客数'], ['2020-04-01', 23, '成交家数'], ['2020-04-01', 6.460674157303371, '转化率(%)'], ['2020-04-01', 265.8, '支付金额'], ['2020-04-01', 11.556521739130435, '客单价'], ['2020-04-02', 401, '访客数'], ['2020-04-02', 26, '成交家数'], ['2020-04-02', 6.483790523690773, '转化率(%)'], ['2020-04-02', 298.3, '支付金额'], ['2020-04-02', 11.473076923076924, '客单价']]
正在生成河流图...
图表生成失败: __init__() got an unexpected keyword argument 'name_textstyle_opts'
程序执行完毕
>>>

⑤ 运行程序后，发现出现错误提示："图表生成失败：__init__() got an unexpected keyword argument 'name_textstyle_opts'"。

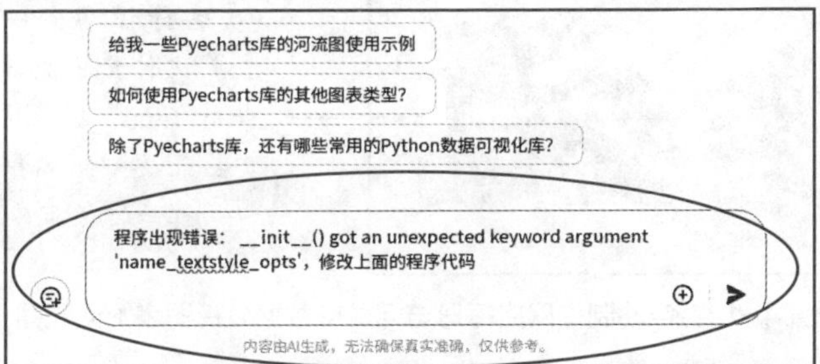

给我一些Pyecharts库的河流图使用示例
如何使用Pyecharts库的其他图表类型?
除了Pyecharts库，还有哪些常用的Python数据可视化库?
程序出现错误：__init__() got an unexpected keyword argument 'name_textstyle_opts'，修改上面的程序代码
内容由AI生成，无法确保真实准确，仅供参考。

⑥ 在智能体的对话框中输入："程序出现错误：__init__() got an unexpected keyword argument 'name_textstyle_opts'，修改上面的程序代码"，然后单击"发送"按钮。

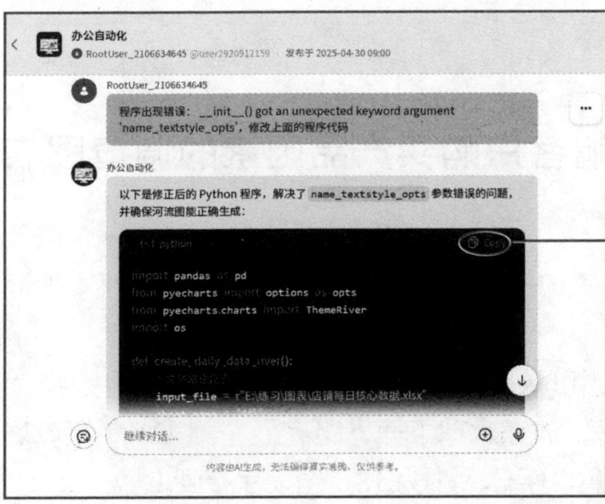

办公自动化
RootUser_2106634645
程序出现错误：__init__() got an unexpected keyword argument 'name_textstyle_opts'，修改上面的程序代码
办公自动化
以下是修正后的 Python 程序，解决了 name_textstyle_opts 参数错误的问题，并确保河流图能正确生成：
import pandas as pd
from pyecharts import options as opts
from pyecharts.charts import ThemeRiver
import os
继续对话...
内容由AI生成，无法确保真实准确，仅供参考。

⑦ 在智能体修改的 Python 程序框右上角，单击"Copy"按钮复制所程序代码。

图 4-12

⑧ 将之前的程序代码删除，按“Ctrl+V”组合键，将修改后的Python程序代码粘贴到文件中，并按“Ctrl+S”组合键保存程序文件。接着按F5键运行编写的程序代码，继续测试程序代码。

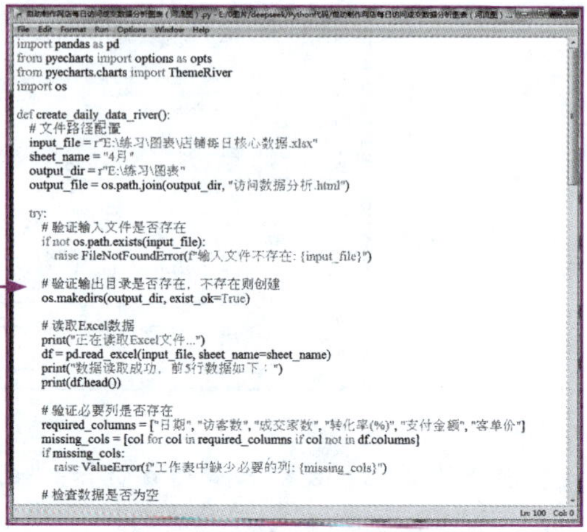

```
import pandas as pd
from pyecharts import options as opts
from pyecharts.charts import ThemeRiver
import os

def create_daily_data_river():
    # 文件路径配置
    input_file = r"E:\练习\图表\店铺每日核心数据.xlsx"
    sheet_name = "4月"
    output_dir = r"E:\练习\图表"
    output_file = os.path.join(output_dir, "访问数据分析.html")

    try:
        # 验证输入文件是否存在
        if not os.path.exists(input_file):
            raise FileNotFoundError(f"输入文件不存在: {input_file}")

        # 验证输出目录是否存在，不存在则创建
        os.makedirs(output_dir, exist_ok=True)

        # 读取Excel数据
        print("正在读取Excel文件...")
        df = pd.read_excel(input_file, sheet_name=sheet_name)
        print("数据读取成功，前5行数据如下：")
        print(df.head())

        # 验证必要列是否存在
        required_columns = ["日期", "访客数", "成交家数", "转化率(%)", "支付金额", "客单价"]
        missing_cols = [col for col in required_columns if col not in df.columns]
        if missing_cols:
            raise ValueError(f"工作表中缺少必要的列: {missing_cols}")

        # 检查数据是否为空
```

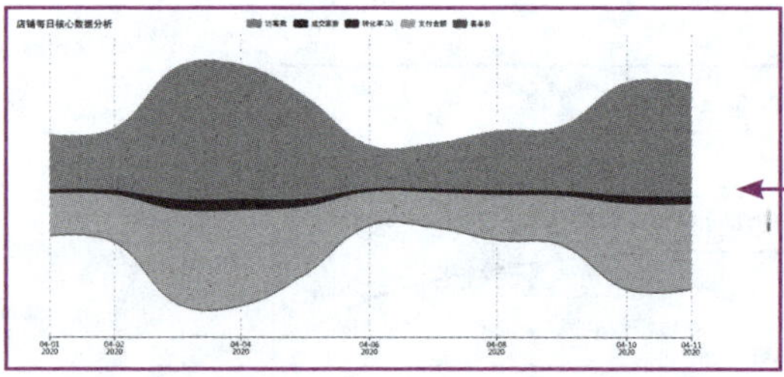

⑨ 运行程序代码后，看到“图表”文件夹中新建了“访问数据分析.html”图表文件，在浏览器中打开该文件，看到制作的图表，说明程序运行正常。

图 4-12　自动制作网店每日访问成交数据分析图表（河流图）

4.5 自动绘制统计调查报告

4.5.1 案例：自动制作影响客户购买产品因素的调查图表（水球图）

通过智能体编写一个Python程序，来自动制作影响客户购买产品因素的调查图表。具体要求为：

编写一个Python程序，要求使用Pyecharts库制作水球图。水球的数据为0.35，水球标题名称为“品牌知名度”，放在水球下面，距离最左侧42%，距离底部15%，字体为黑体，字体颜色为黑色，字体大小为18。图表保存到E盘“练习”文件夹中“图表”子文件夹中，并将图表命名为“调查报告.html”。如图4-13所示。

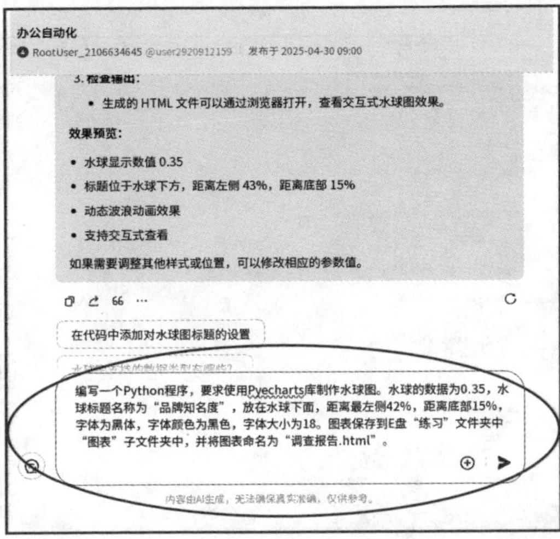

办公自动化
RootUser_2106634645 @user2920912159 发布于 2025-04-30 09:00
3. 检查输出：
• 生成的 HTML 文件可以通过浏览器打开，查看交互式水球图效果。
效果预览：
• 水球显示数值 0.35
• 标题位于水球下方，距离左侧 43%，距离底部 15%
• 动态波浪动画效果
• 支持交互式查看
如果需要调整其他样式或位置，可以修改相应的参数值。
在代码中添加对水球图标题的设置
编写一个Python程序，要求使用Pyecharts库制作水球图。水球的数据为0.35，水球标题名称为“品牌知名度”，放在水球下面，距离最左侧42%，距离底部15%，字体为黑体，字体颜色为黑色，字体大小为18。图表保存到E盘“练习”文件夹中“图表”子文件夹中，并将图表命名为“调查报告.html”。
内容由AI生成，无法确保真实准确，仅供参考。

① 登录智能体，在智能体的对话框中输入编程要求（要求参考上面），然后单击“发送”按钮。

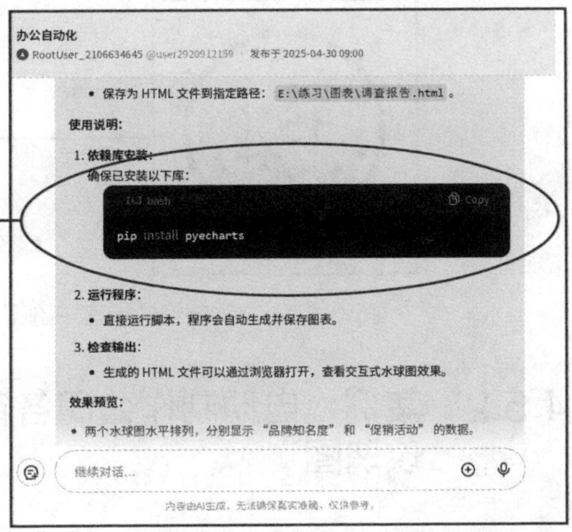

办公自动化
RootUser_2106634645 @user2920912159 发布于 2025-04-30 09:00
• 保存为 HTML 文件到指定路径：E:\练习\图表\调查报告.html 。
使用说明：
1. 依赖库安装：
确保已安装以下库：
bash
Copy
pip install pyecharts
2. 运行程序：
• 直接运行脚本，程序会自动生成并保存图表。
3. 检查输出：
• 生成的 HTML 文件可以通过浏览器打开，查看交互式水球图效果。
效果预览：
• 两个水球图水平排列，分别显示“品牌知名度”和“促销活动”的数据。
继续对话...
内容由AI生成，无法确保真实准确，仅供参考。

② 在智能体编写的 Python 程序后的说明中，查看需要使用的库（如图中的 pyecharts 库）。如果电脑中已经安装此库，则不用再安装；如果没有安装此库，则需要在“命令提示符”下安装此库。

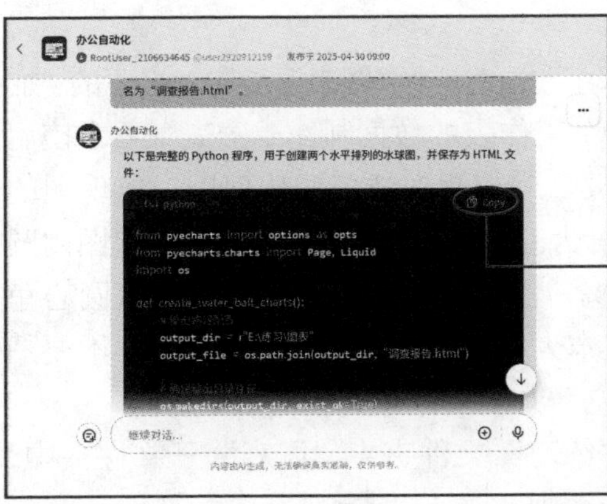

办公自动化
RootUser_2106634645 @user2920912159 发布于 2025-04-30 09:00
名为“调查报告.html”。
办公自动化
以下是完整的 Python 程序，用于创建两个水平排列的水球图，并保存为 HTML 文件：
python
Copy
from pyecharts import options as opts
from pyecharts.charts import Page, Liquid
import os
def create_water_ball_charts():
output_dir = r"E:\练习\图表"
output_file = os.path.join(output_dir, "调查报告.html")
继续对话...
内容由AI生成，无法确保真实准确，仅供参考。

③ 在智能体编写的 Python 程序框右上角，单击“Copy”按钮复制所编写的程序代码。

图 4-13

④ 打开“IDLE Shell”程序，新建一个 IDLE 文件，按“Ctrl+V”组合键，将 Python 程序代码粘贴到文件中，并按“Ctrl+S”组合键保存程序文件。接着按 F5 键运行编写的程序代码，测试程序代码。

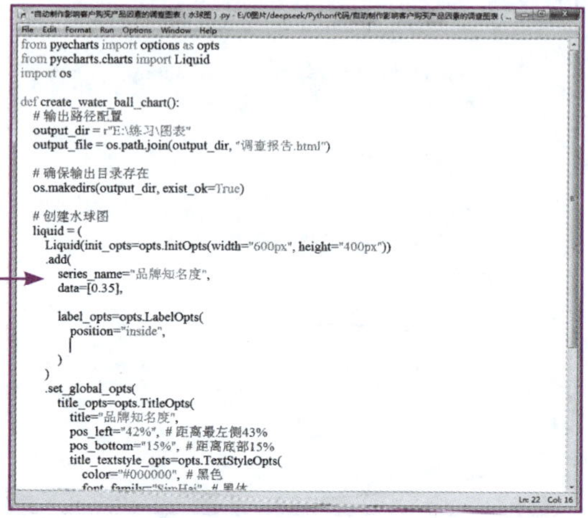
File Edit Format Run Options Window Help
from pyecharts import options as opts
from pyecharts.charts import Liquid
import os
def create_water_ball_chart():
# 输出路径配置
output_dir = r"E:\练习\图表"
output_file = os.path.join(output_dir, "调查报告.html")
# 确保输出目录存在
os.makedirs(output_dir, exist_ok=True)
# 创建水球图
liquid = (
Liquid(init_opts=opts.InitOpts(width="600px", height="400px"))
.add(
series_name="品牌知名度",
data=[0.35],
label_opts=opts.LabelOpts(
position="inside",
)
)
.set_global_opts(
title_opts=opts.TitleOpts(
title="品牌知名度",
pos_left="42%", # 距离最左侧43%
pos_bottom="15%", # 距离底部15%
title_textstyle_opts=opts.TextStyleOpts(
color="#000000", # 黑色
Ln: 22 Col: 16

35%
品牌知名度

⑤ 运行程序代码后，看到“图表”文件夹中新建了“调查报告 .html”图表文件，在浏览器中打开该文件，看到制作的图表，说明程序运行正常。

图 4-13　自动制作影响客户购买产品因素的调查图表（水球图）

4.5.2　案例：自动制作公司各省市加盟店统计图表（多瓣玫瑰图）

通过智能体编写一个 Python 程序，来自动制作公司各省市加盟店统计图表。具体要求为：

编写一个 Python 程序，将 E 盘“练习”文件夹中“图表”子文件夹下的“加盟店数据 .xlsx”文档中的“加盟店统计”工作表的数据制作成图表。要求使用 Pyecharts 库，将“省份”列、“加盟店数量”列制作成多瓣玫瑰图，玫瑰图的颜色用“颜色”列数据，图表的宽度设置为 600，高度设置为 800。玫瑰图内圆半径设置为 15%，外圆半径设置为 120%，南丁格尔图设置为所有扇区圆心角相同，玫瑰图文本标签在内部显示，文本大小为 7，文本颜色为白色。不要图例，不要标题。

最后将组合后的图表保存到 E 盘“练习”文件夹中“图表”子文件夹中，并将图表命名为“加盟店统计分析 .html”。如图 4-14 所示。

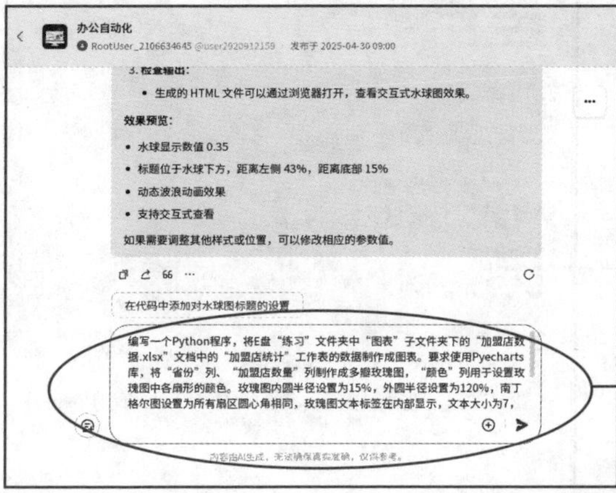
办公自动化
RootUser_2106634645 @user2920912159 发布于 2025-04-30 09:00
生成的 HTML 文件可以通过浏览器打开，查看交互式水球图效果。
效果预览：
水球显示数值 0.35
标题位于水球下方，距离左侧 43%，距离底部 15%
动态波浪动画效果
支持交互式查看
如果需要调整其他样式或位置，可以修改相应的参数值。
在代码中添加对水球图标题的设置
编写一个Python程序，将E盘“练习”文件夹中“图表”子文件夹下的“加盟店数据.xlsx”文档中的“加盟店统计”工作表的数据制作成图表。要求使用Pyecharts库，将“省份”列、“加盟店数量”列制作成多瓣玫瑰图，“颜色”列用于设置玫瑰图中各扇形的颜色。玫瑰图内圆半径设置为15%，外圆半径设置为120%，南丁格尔图设置为所有扇区圆心角相同，玫瑰图文本标签在内部显示，文本大小为7，

① 登录智能体，在智能体的对话框中输入编程要求（要求参考上面），然后单击“发送”按钮。

② 在智能体编写的 Python 程序后的说明中，查看需要使用的库（如图中的 pyecharts、pandas、openpyxl 库）。如果电脑中已经安装这些库，则不用再安装；如果没有安装，则需要在“命令提示符”下安装这些库。

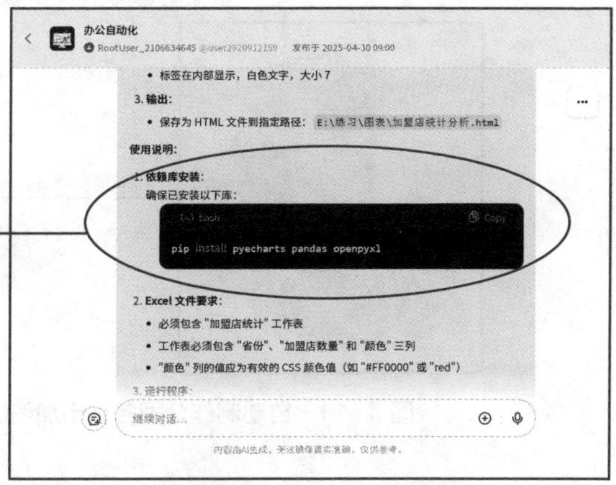
办公自动化
RootUser_2106634645 @user2920912159 发布于 2025-04-30 09:00
标签在内部显示，白色文字，大小 7
3. 输出：
保存为 HTML 文件到指定路径：E:\练习\图表\加盟店统计分析.html
使用说明：
1. 依赖库安装：
确保已安装以下库：
Copy
pip install pyecharts pandas openpyxl
2. Excel 文件要求：
必须包含“加盟店统计”工作表
工作表必须包含“省份”、“加盟店数量”和“颜色”三列
“颜色”列的值应为有效的 CSS 颜色值（如“#FF0000”或“red”）
继续对话...

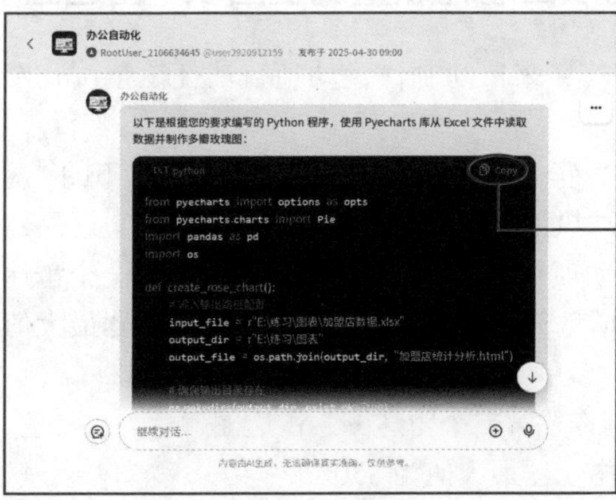
办公自动化
RootUser_2106634645 @user2920912159 发布于 2025-04-30 09:00
以下是根据您的要求编写的 Python 程序，使用 Pyecharts 库从 Excel 文件中读取数据并制作多瓣玫瑰图：
python
Copy
from pyecharts import options as opts
from pyecharts.charts import Pie
import pandas as pd
import os
def create_rose_chart():
input_file = r"E:\练习\图表\加盟店数据.xlsx"
output_dir = r"E:\练习\图表"
output_file = os.path.join(output_dir, "加盟店统计分析.html")
继续对话...

③ 在智能体编写的 Python 程序框右上角，单击“Copy”按钮复制所编写的程序代码。

图 4-14

④ 打开“IDLE Shell”程序，新建一个 IDLE 文件，按“Ctrl+V”组合键，将 Python 程序代码粘贴到文件中，并按“Ctrl+S”组合键保存程序文件。接着按 F5 键运行编写的程序代码，测试程序代码。

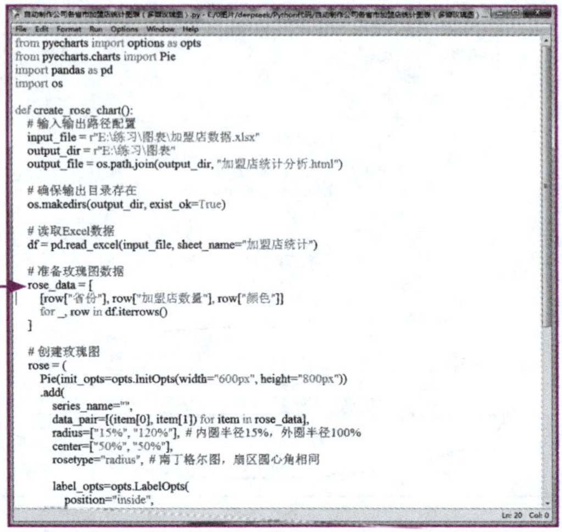

```
from pyecharts import options as opts
from pyecharts.charts import Pie
import pandas as pd
import os

def create_rose_chart():
    # 输入输出路径配置
    input_file = r"E:\练习\图表\加盟店数据.xlsx"
    output_dir = r"E:\练习\图表"
    output_file = os.path.join(output_dir, "加盟店统计分析.html")

    # 确保输出目录存在
    os.makedirs(output_dir, exist_ok=True)

    # 读取Excel数据
    df = pd.read_excel(input_file, sheet_name="加盟店统计")

    # 准备玫瑰图数据
    rose_data = [
        [row["省份"], row["加盟店数量"], row["颜色"]]
        for _, row in df.iterrows()
    ]

    # 创建玫瑰图
    rose = (
        Pie(init_opts=opts.InitOpts(width="600px", height="800px"))
        .add(
            series_name="",
            data_pair=[(item[0], item[1]) for item in rose_data],
            radius=["15%", "120%"], # 内圈半径15%，外圈半径100%
            center=["50%", "50%"],
            rosetype="radius", # 南丁格尔图，扇区圆心角相同

            label_opts=opts.LabelOpts(
                position="inside",
```

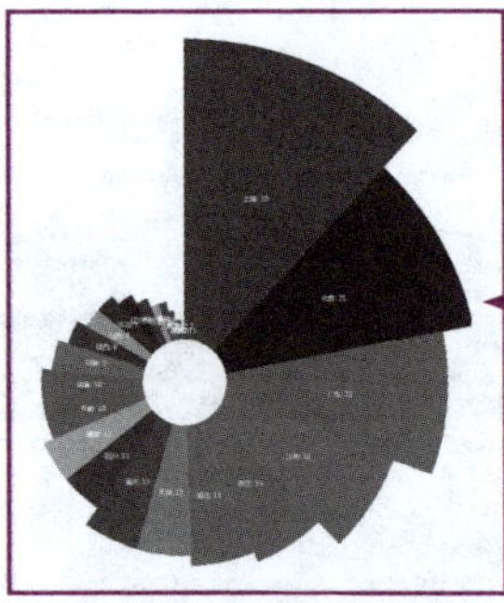

⑤ 运行程序代码后，看到“图表”文件夹中新建了“加盟店统计分析.html”图表文件，在浏览器中打开该文件，看到制作的图表，说明程序运行正常。

图 4-14 自动制作公司各省市加盟店统计图表（多瓣玫瑰图）

4.5.3 案例：自动制作运动项目消耗热量调查图表（雷达图）

通过智能体编写一个 Python 程序，来自动制作运动项目消耗热量调查图表。具体要求为：

编写一个 Python 程序，将 E 盘“练习”文件夹中“图表”子文件夹下的“运动项目消耗热量调查 .xlsx”文档中的“热量消耗分析”工作表的数据制作成图表。

要求使用 Pyecharts 库，将“运动项目”列、“男性”列制作成第一个雷达图，雷达图颜色为天蓝色，设置区域填充透明度为 0.5，雷达图指示器最大值为 350。

将“运动项目”列、“女性”列制作成第二个雷达图，雷达图颜色为玫红色，设置区域填充透明度为 0.5，雷达图指示器最大值为 350。

然后将两个雷达图组合在一起。雷达图标题名称为“运动项目消耗热量调查”，距离最左侧 40%，字体为黑体，字体颜色为黑色，字体大小为 18。

最后将组合后的图表保存到 E 盘“练习”文件夹中“图表”子文件夹中，并将图表命名为“运动项目消耗热量调查 .html”。如图 4-15 所示。

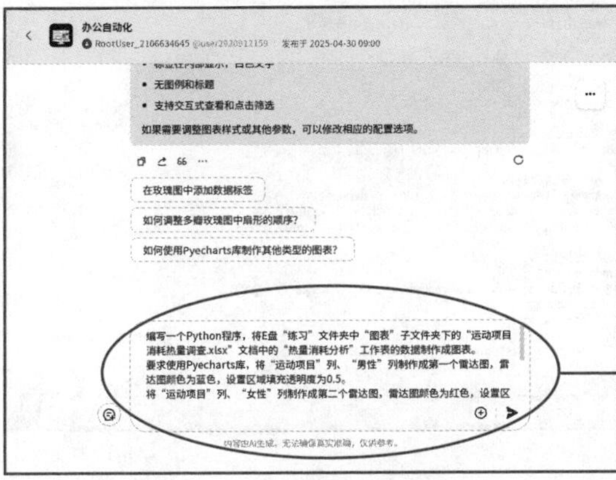
办公自动化
无图例和标题
支持交互式查看和点击筛选
如果需要调整图表样式或其他参数，可以修改相应的配置选项。
在玫瑰图中添加数据标签
如何调整多瓣玫瑰图中扇形的顺序？
如何使用Pyecharts库制作其他类型的图表？
编写一个Python程序，将E盘“练习”文件夹中“图表”子文件夹下的“运动项目消耗热量调查.xlsx”文档中的“热量消耗分析”工作表的数据制作成图表。
要求使用Pyecharts库，将“运动项目”列、“男性”列制作成第一个雷达图，雷达图颜色为蓝色，设置区域填充透明度为0.5。
将“运动项目”列、“女性”列制作成第二个雷达图，雷达图颜色为红色，设置区

① 登录智能体，在智能体的对话框中输入编程要求（要求参考上面），然后单击“发送”按钮。

② 在智能体编写的 Python 程序后的说明中，查看需要使用的库（如图中的 pyecharts、pandas、openpyxl 库）。如果电脑中已经安装这些库，则不用再安装；如果没有安装，则需要在“命令提示符”下安装这些库。

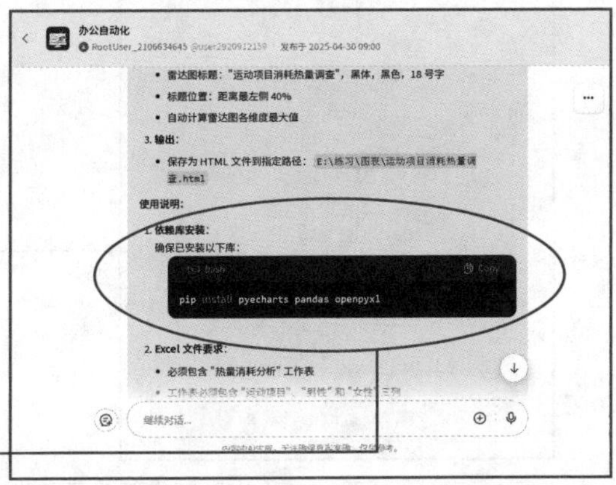
办公自动化
雷达图标题：“运动项目消耗热量调查”，黑体，黑色，18 号字
标题位置：距离最左侧 40%
自动计算雷达图各维度最大值
3. 输出：
保存为 HTML 文件到指定路径：E:\练习\图表\运动项目消耗热量调查.html
使用说明：
1. 依赖库安装：
确保已安装以下库：
pip install pyecharts pandas openpyxl
2. Excel 文件要求：
必须包含“热量消耗分析”工作表
继续对话...

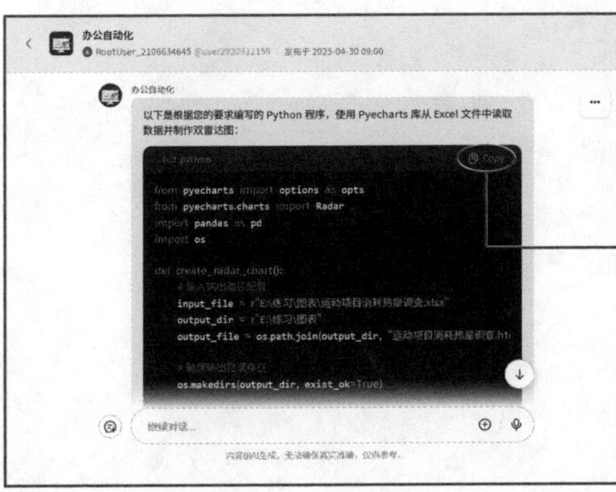
办公自动化
以下是根据您的要求编写的 Python 程序，使用 Pyecharts 库从 Excel 文件中读取数据并制作双雷达图：
Copy
from pyecharts import options as opts
from pyecharts.charts import Radar
import pandas as pd
import os
def create_radar_chart():
input_file = r"E:\练习\图表\运动项目消耗热量调查.xlsx"
output_dir = r"E:\练习\图表"
output_file = os.path.join(output_dir, "运动项目消耗热量调查.htm
os.makedirs(output_dir, exist_ok=True)
继续对话...
内容由AI生成，无法确保真实准确，仅供参考。

③ 在智能体编写的 Python 程序框右上角，单击“Copy”按钮复制所编写的程序代码。

图 4-15

④ 打开“IDLE Shell”程序，新建一个 IDLE 文件，按“Ctrl+V”组合键，将 Python 程序代码粘贴到文件中，并按“Ctrl+S”组合键保存程序文件。接着按 F5 键运行编写的程序代码，测试程序代码。

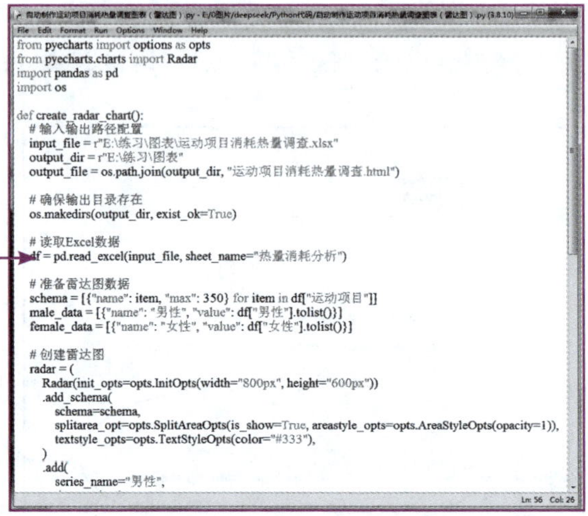

```python
from pyecharts import options as opts
from pyecharts.charts import Radar
import pandas as pd
import os

def create_radar_chart():
    # 输入输出路径配置
    input_file = r"E:\练习\图表\运动项目消耗热量调查.xlsx"
    output_dir = r"E:\练习\图表"
    output_file = os.path.join(output_dir, "运动项目消耗热量调查.html")

    # 确保输出目录存在
    os.makedirs(output_dir, exist_ok=True)

    # 读取Excel数据
    df = pd.read_excel(input_file, sheet_name="热量消耗分析")

    # 准备雷达图数据
    schema = [{"name": item, "max": 350} for item in df["运动项目"]]
    male_data = [{"name": "男性", "value": df["男性"].tolist()}]
    female_data = [{"name": "女性", "value": df["女性"].tolist()}]

    # 创建雷达图
    radar = (
        Radar(init_opts=opts.InitOpts(width="800px", height="600px"))
        .add_schema(
            schema=schema,
            splitarea_opt=opts.SplitAreaOpts(is_show=True, areastyle_opts=opts.AreaStyleOpts(opacity=1)),
            textstyle_opts=opts.TextStyleOpts(color="#333"),
        )
        .add(
            series_name="男性",
```

⑤ 运行程序代码后，看到“图表”文件夹中新建了“运动项目消耗热量调查.html”图表文件，在浏览器中打开该文件，看到制作的图表，说明程序运行正常。

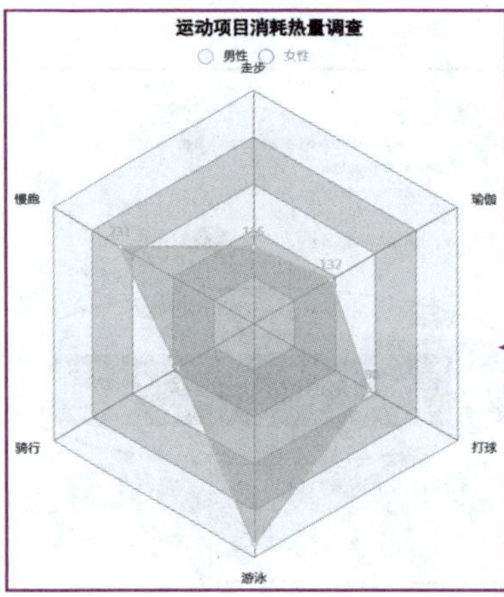

图 4-15　自动制作运动项目消耗热量调查图表（雷达图）

第 5 章

利用 AI 智能体进行数据分析实战

利用 AI 智能体的编写 Python 程序对各种数据进行分析处理，获取关键的数据信息，以此实现数据分析自动化。本章将结合大量实战案例，重点讲解利用 AI 智能体实现自动进行数据分析的方法。

5.1 自动批量对多个工作簿和工作表中的数据汇总

5.1.1 案例：对财务日记账所有工作表中指定列进行去重统计

通过智能体编写一个 Python 程序，来实现自动对 Excel 文档中所有工作表中指定列进行去重统计。具体要求为：

批量提取 E 盘中“练习”文件夹中“财务数据”子文件夹中的“财务日记账 -2020.xlsx” Excel 文档中所有工作表中“用途”列的全部列数据。然后对提取的数据进行去重处理，之后将提取的列数据保存到 E 盘中“练习”文件夹中“财务数据”子文件夹中一个名称为“摘要统计 .xlsx”的新 Excel 文档中，以“摘要统计”命名的新工作表中。如图 5-1 所示。

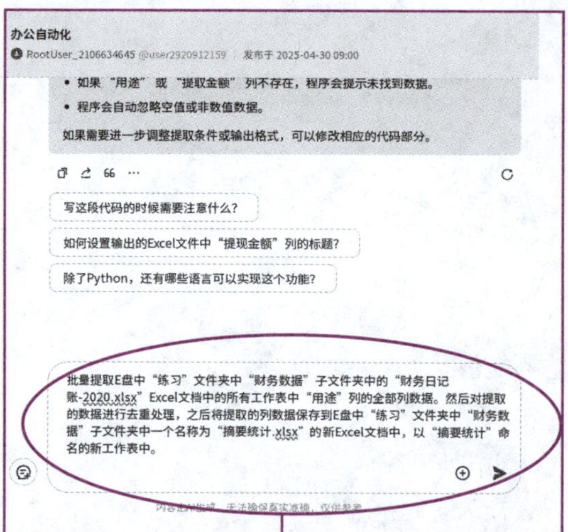
办公自动化
RootUser_2106634645 @user2920912159 发布于 2025-04-30 09:00
• 如果“用途”或“提取金额”列不存在，程序会提示未找到数据。
• 程序会自动忽略空值或非数值数据。
如果需要进一步调整提取条件或输出格式，可以修改相应的代码部分。
写这段代码的时候需要注意什么？
如何设置输出的Excel文件中“提现金额”列的标题？
除了Python，还有哪些语言可以实现这个功能？
批量提取E盘中“练习”文件夹中“财务数据”子文件夹中的“财务日记账-2020.xlsx”Excel文档中的所有工作表中“用途”列的全部列数据。然后对提取的数据进行去重处理，之后将提取的列数据保存到E盘中“练习”文件夹中“财务数据”子文件夹中一个名称为“摘要统计.xlsx”的新Excel文档中，以“摘要统计”命名的新工作表中。

① 登录智能体，在智能体的对话框中输入编程要求（要求参考上面），然后单击“发送”按钮。

② 在智能体编写的 Python 程序后的说明中，查看需要使用的库（如图中的 pandas、openpyxl 库）。如果电脑中已经安装这些库，则不用再安装；如果没有安装，则需要在“命令提示符”下安装这些库。

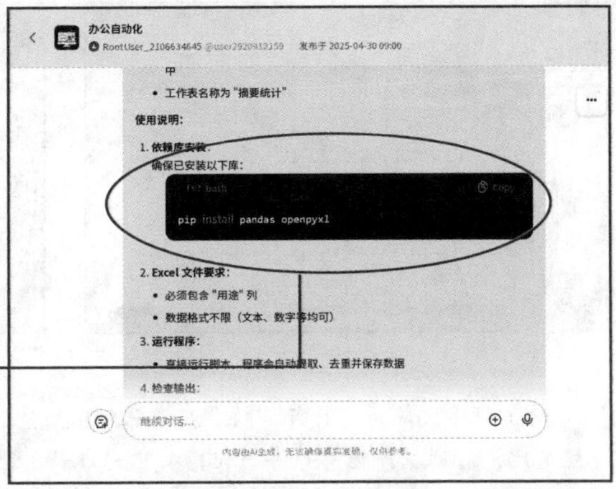
办公自动化
RootUser_2106634645 @user2920912159 发布于 2025-04-30 09:00
工作表名称为"摘要统计"
使用说明:
1. 依赖库安装:
确保已安装以下库:
pip install pandas openpyxl
2. Excel 文件要求:
必须包含"用途"列
数据格式不限（文本、数字等均可）
3. 运行程序:
4. 检查输出:
继续对话...
内容由AI生成，无法确保真实准确，仅供参考。

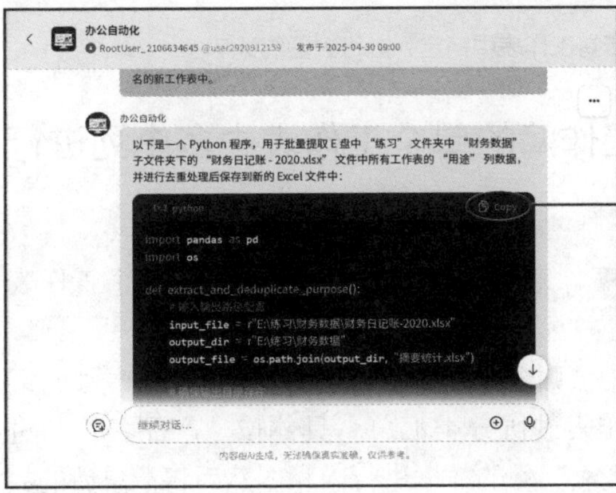
办公自动化
RootUser_2106634645 @user2920912159 发布于 2025-04-30 09:00
名的新工作表中。
办公自动化
以下是一个 Python 程序，用于批量提取 E 盘中 "练习" 文件夹中 "财务数据" 子文件夹下的 "财务日记账-2020.xlsx" 文件中所有工作表的 "用途" 列数据，并进行去重处理后保存到新的 Excel 文件中:
python
Copy
import pandas as pd
import os
def extract_and_deduplicate_purpose():
input_file = r"E:\练习\财务数据\财务日记账-2020.xlsx"
output_dir = r"E:\练习\财务数据"
output_file = os.path.join(output_dir, "摘要统计.xlsx")
继续对话...
内容由AI生成，无法确保真实准确，仅供参考。

③ 在智能体编写的 Python 程序框右上角，单击“Copy”按钮复制所编写的程序代码。

④ 打开“IDLE Shell”程序，新建一个 IDLE 文件，按“Ctrl+V”组合键，将 Python 程序代码粘贴到新建的文件中，并按“Ctrl+S”组合键保存程序文件。接着按 F5 键运行编写的程序代码，对程序代码进行测试。

File Edit Format Run Options Window Help
import pandas as pd
import os
def extract_and_deduplicate_purpose():
# 输入输出路径配置
input_file = r"E:\练习\财务数据\财务日记账-2020.xlsx"
output_dir = r"E:\练习\财务数据"
output_file = os.path.join(output_dir, "摘要统计.xlsx")
# 确保输出目录存在
os.makedirs(output_dir, exist_ok=True)
# 读取Excel文件的所有工作表
xls = pd.ExcelFile(input_file)
sheet_names = xls.sheet_names
# 创建一个空的Series用于存储所有提取的数据
all_purpose_data = pd.Series(dtype='object')
# 遍历所有工作表
for sheet_name in sheet_names:
# 读取当前工作表的数据
df = pd.read_excel(input_file, sheet_name=sheet_name)
# 检查"用途"列是否存在
if "用途" in df.columns:
# 提取"用途"列
purpose_data = df["用途"].dropna() # 去除空值
# 将提取的数据添加到总Series中
all_purpose_data = pd.concat([all_purpose_data, purpose_data], ignore_index=True)
# 去重处理
Ln: 27 Col: 21

图 5-1

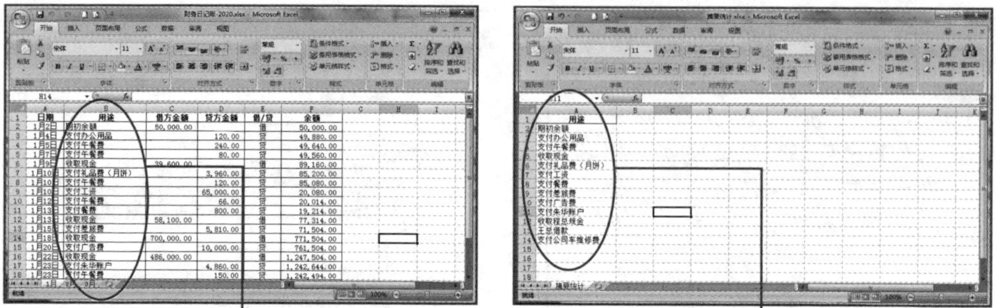

⑤ 运行程序代码后，打开“财务日记账－2020.xlsx”文档和新生成的“摘要统计 .xlsx”文档对比，看到程序把“财务日记账－2020.xlsx”文档的“用途”列提取并去重后，复制到了“摘要统计 .xlsx”文档中，说明程序运行正常。

图 5-1　对财务日记账所有工作表中指定列进行去重统计

5.1.2　案例：对销售收入工作簿的单个工作表中多个列进行分类汇总

通过智能体编写一个 Python 程序，来实现自动对 Excel 文档中单个工作表中多个列进行分类汇总。具体要求为：

批量对 E 盘中“练习”文件夹中“财务数据”子文件夹中的“销售额明细表 .xlsx”Excel 文档中的“1 月”工作表进行分类汇总。具体按“产品名称”进行汇总，并对“销售数量”列、“总金额”列的数据进行求和。然后将汇总后的数据保存到 E 盘中“练习”文件夹中“财务数据”子文件夹中一个名称为“销售额汇总 .xlsx”的新 Excel 文档中，以“产品汇总”命名的新工作表中，如图 5-2 所示。

① 登录智能体，然后在智能体的对话框中输入编程要求（要求参考上面），然后单击“发送”按钮。

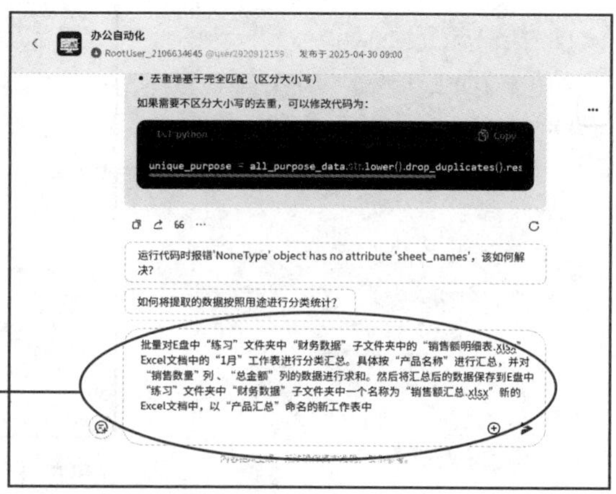
办公自动化
运行代码时报错'NoneType' object has no attribute 'sheet_names'，该如何解决?
如何将提取的数据按照用途进行分类统计?

② 在智能体编写的 Python 程序后的说明中，查看所编写的 Python 程序需要使用的库（如图中的 pandas、openpyxl 库）。如果电脑中已经安装这些库，则不用再安装；如果没有安装这些库，则需要在“命令提示符”下安装。

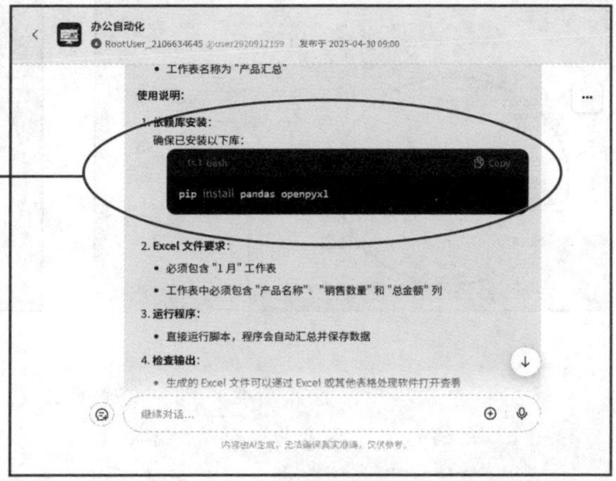

办公自动化
RootUser_2106634645 @user2920912159 发布于 2025-04-30 09:00
• 工作表名称为 "产品汇总"
使用说明：
1. 依赖库安装：
确保已安装以下库：
bash
Copy
pip install pandas openpyxl
2. Excel 文件要求：
• 必须包含 "1月" 工作表
• 工作表中必须包含 "产品名称"、"销售数量" 和 "总金额" 列
3. 运行程序：
• 直接运行脚本，程序会自动汇总并保存数据
4. 检查输出：
• 生成的 Excel 文件可以通过 Excel 或其他表格处理软件打开查看
继续对话...
内容由AI生成，无法确保真实准确，仅供参考。

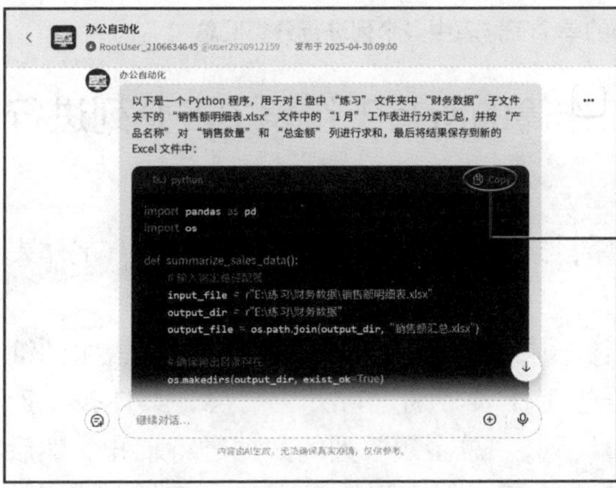

办公自动化
RootUser_2106634645 @user2920912159 发布于 2025-04-30 09:00
办公自动化
以下是一个 Python 程序，用于对 E 盘中 "练习" 文件夹中 "财务数据" 子文件夹下的 "销售额明细表.xlsx" 文件中的 "1月" 工作表进行分类汇总，并按 "产品名称" 对 "销售数量" 和 "总金额" 列进行求和，最后将结果保存到新的 Excel 文件中：
python
Copy
import pandas as pd
import os
def summarize_sales_data():
input_file = r"E:\练习\财务数据\销售额明细表.xlsx"
output_dir = r"E:\练习\财务数据"
output_file = os.path.join(output_dir, "销售额汇总.xlsx")
os.makedirs(output_dir, exist_ok=True)
继续对话...
内容由AI生成，无法确保真实准确，仅供参考。

③ 在智能体编写的 Python 程序框右上角，单击“Copy”按钮复制所编写的程序代码。

④ 打开“IDLE Shell”程序，新建一个 IDLE 文件，按“Ctrl+V”组合键，将 Python 程序代码粘贴到新建的文件中，并按“Ctrl+S”组合键保存程序文件。接着按 F5 键运行编写的程序代码，对程序代码进行测试。

File Edit Format Run Options Window Help
import pandas as pd
import os
def summarize_sales_data():
# 输入输出路径配置
input_file = r"E:\练习\财务数据\销售额明细表.xlsx"
output_dir = r"E:\练习\财务数据"
output_file = os.path.join(output_dir, "销售额汇总.xlsx")
# 确保输出目录存在
os.makedirs(output_dir, exist_ok=True)
try:
# 读取"1月"工作表数据
df = pd.read_excel(input_file, sheet_name="1月")
# 检查所需列是否存在
required_columns = ["产品名称", "销售数量", "总金额"]
if all(col in df.columns for col in required_columns):
# 按产品名称分组并求和
summary_df = df.groupby("产品名称", as_index=False).agg({
"销售数量": "sum",
"总金额": "sum"
})
保存到新的Excel文件
with pd.ExcelWriter(output_file, engine='openpyxl') as writer:
summary_df.to_excel(writer, sheet_name="产品汇总", index=False)
Ln: 41 Col: 19

图 5-2

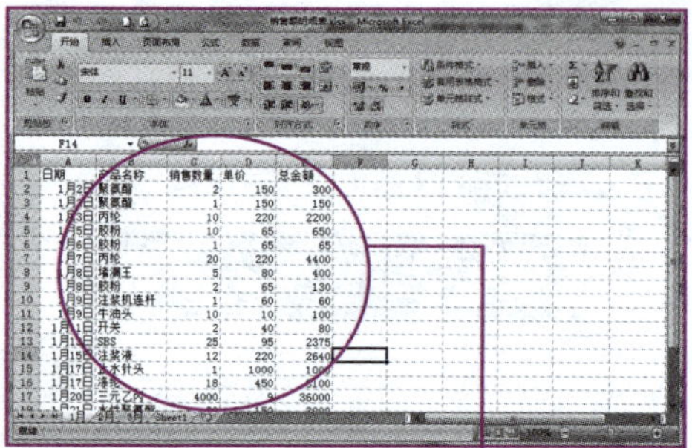

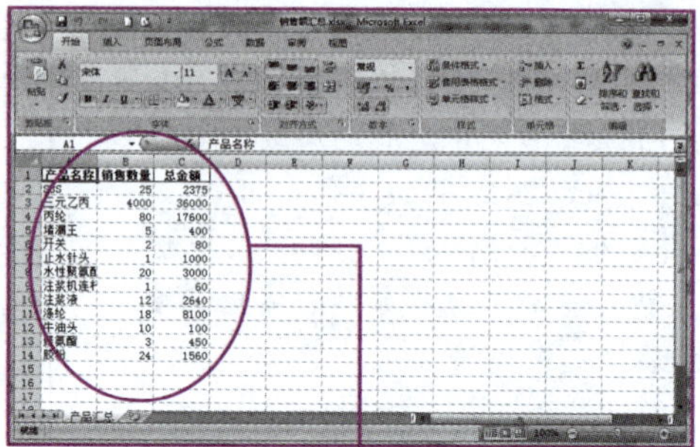

⑤ 运行程序代码后，打开新生成的“销售额汇总 .xlsx”文档，看到程序把“销售额明细表 .xlsx”文档的“产品名称”列、“销售数量”列、“总金额”列汇总数据写入到了新文档中的“产品汇总”工作表中，说明程序运行正常。

图 5-2　对销售收入工作簿的单个工作表中多个列进行分类汇总

5.1.3　案例：对销售收入工作簿的所有工作表中多个列进行分类汇总

通过智能体编写一个 Python 程序，来实现自动对 Excel 文档中所有工作表中多个列进行分类汇总。具体要求为：

批量对 E 盘中“练习”文件夹中“财务数据”子文件夹中的“销售额明细表 .xlsx”Excel 文档中的所有有数据的工作表分别进行分类汇总，具体按“产品名称”进行汇总，并对“销售数量”列、“总金额”列的数据进行求和。然后将各个工作表分类汇总后的数据集合在一起，保存到 E 盘中“练习”文件夹中“财务数据”子文件夹中一个名称为“销售额汇总 - 全部 .xlsx”的新 Excel 文档中，以“产品汇总”命名的新工作表中。如图 5-3 所示。

① 登录智能体，在智能体的对话框中输入编程要求（要求参考上面），然后单击“发送”按钮。

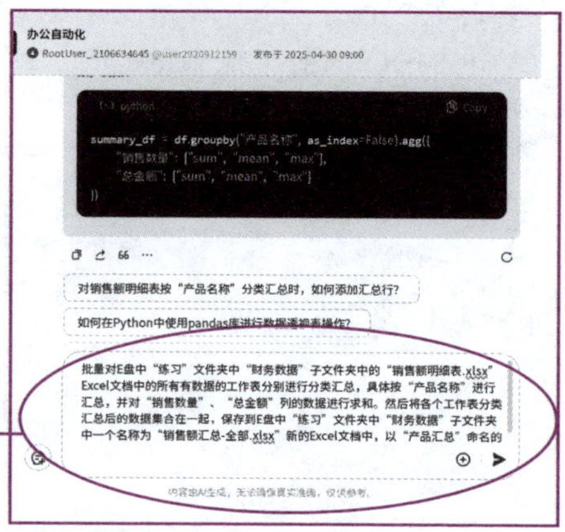
办公自动化
对销售额明细表按“产品名称”分类汇总时，如何添加汇总行?
批量对E盘中“练习”文件夹中“财务数据”子文件夹中的“销售额明细表.xlsx”Excel文档中的所有有数据的工作表分别进行分类汇总，具体按“产品名称”进行汇总，并对“销售数量”、“总金额”列的数据进行求和。然后将各个工作表分类汇总后的数据集合在一起，保存到E盘中“练习”文件夹中“财务数据”子文件夹中一个名称为“销售额汇总-全部.xlsx”新的Excel文档中，以“产品汇总”命名的

② 在智能体编写的 Python 程序后的说明中，查看所编写的 Python 程序需要使用的库（如图中的 pandas、openpyxl 库）。如果电脑中已经安装这些库，则不用再安装；如果没有安装这些库，则需要在“命令提示符”下安装。

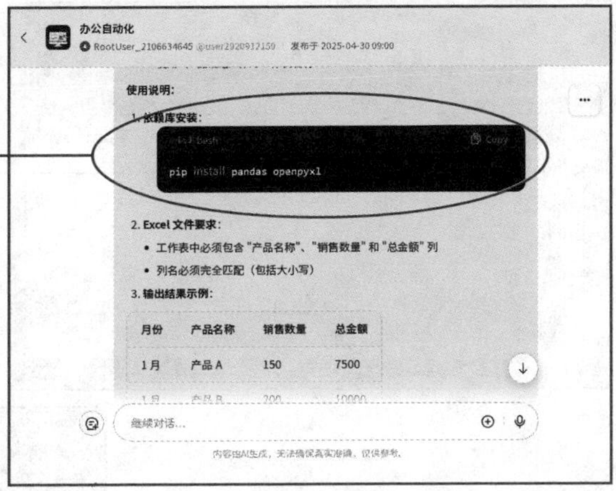

办公自动化
使用说明：
1. 依赖库安装：
pip install pandas openpyxl
2. Excel 文件要求：
• 工作表中必须包含“产品名称”、“销售数量”和“总金额”列
• 列名必须完全匹配（包括大小写）
3. 输出结果示例：
月份 产品名称 销售数量 总金额
1月 产品A 150 7500
继续对话...

③ 在智能体编写的 Python 程序框右上角，单击“Copy”按钮复制所编写的程序代码。

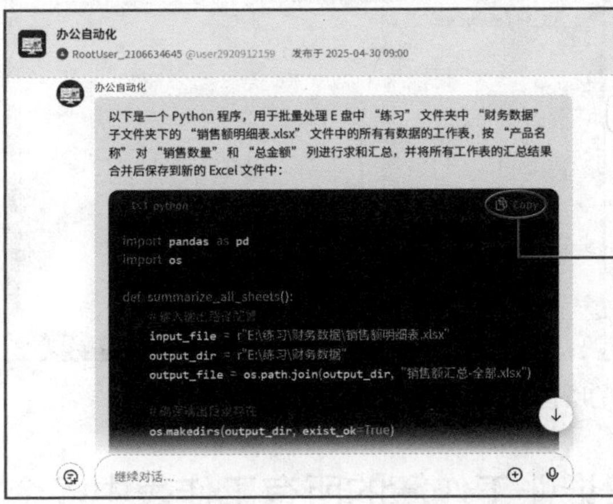

办公自动化
以下是一个 Python 程序，用于批量处理 E 盘中“练习”文件夹中“财务数据”子文件夹下的“销售额明细表.xlsx”文件中的所有有数据的工作表，按“产品名称”对“销售数量”和“总金额”列进行求和汇总，并将所有工作表的汇总结果合并后保存到新的 Excel 文件中：
Copy
import pandas as pd
import os
def summarize_all_sheets():
input_file = r"E:\练习\财务数据\销售额明细表.xlsx"
output_dir = r"E:\练习\财务数据"
output_file = os.path.join(output_dir, "销售额汇总-全部.xlsx")
os.makedirs(output_dir, exist_ok=True)
继续对话...

④ 打开“IDLE Shell”程序，新建一个 IDLE 文件，按“Ctrl+V”组合键，将 Python 程序代码粘贴到新建的文件中，按“Ctrl+S”组合键保存程序文件。接着按 F5 键运行编写的程序代码，对程序代码进行测试。

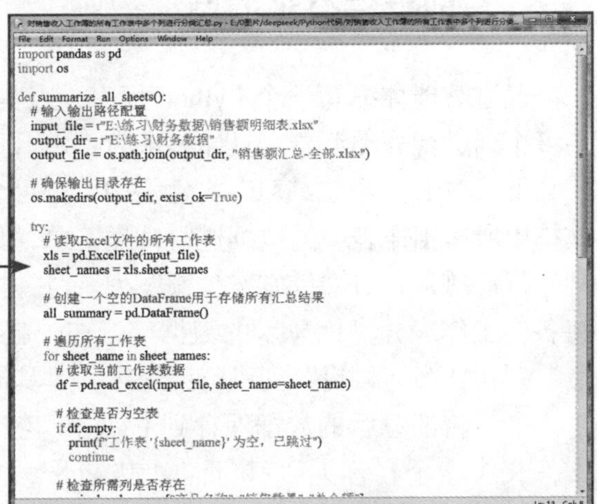

File Edit Format Run Options Window Help
import pandas as pd
import os
def summarize_all_sheets():
# 输入输出路径配置
input_file = r"E:\练习\财务数据\销售额明细表.xlsx"
output_dir = r"E:\练习\财务数据"
output_file = os.path.join(output_dir, "销售额汇总-全部.xlsx")
# 确保输出目录存在
os.makedirs(output_dir, exist_ok=True)
try:
# 读取Excel文件的所有工作表
xls = pd.ExcelFile(input_file)
sheet_names = xls.sheet_names
# 创建一个空的DataFrame用于存储所有汇总结果
all_summary = pd.DataFrame()
# 遍历所有工作表
for sheet_name in sheet_names:
# 读取当前工作表数据
df = pd.read_excel(input_file, sheet_name=sheet_name)
# 检查是否为空表
if df.empty:
print(f"工作表 '{sheet_name}' 为空，已跳过")
continue
检查所需列是否存在

图 5-3

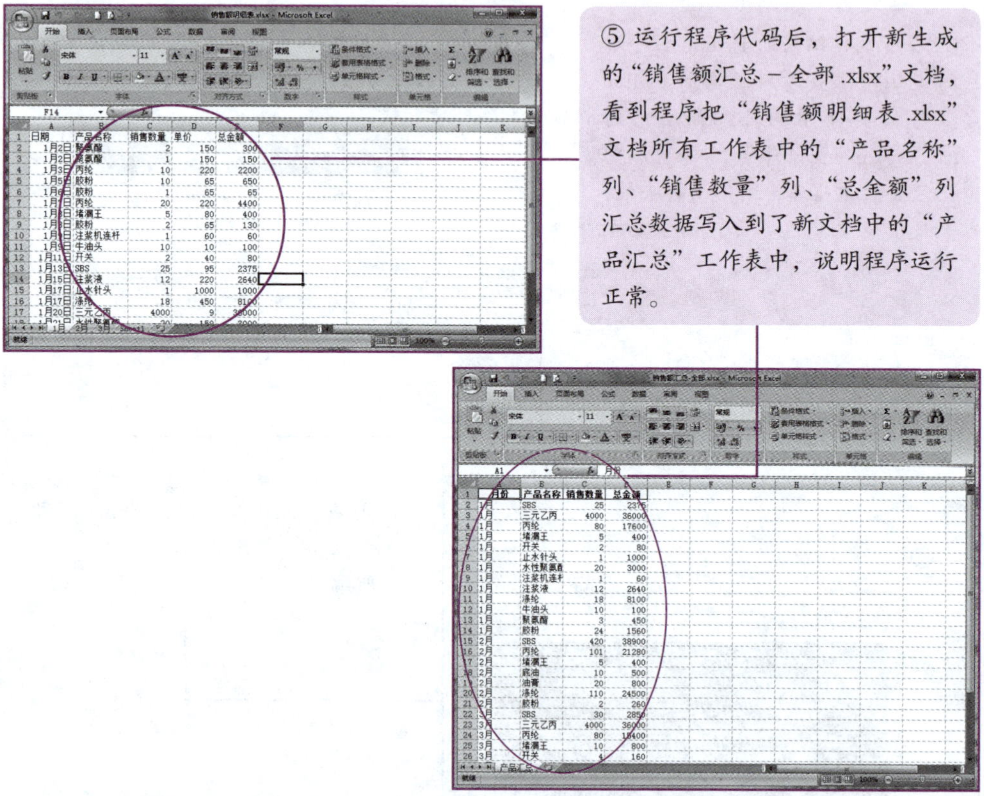
⑤ 运行程序代码后，打开新生成的“销售额汇总 – 全部 .xlsx”文档，看到程序把“销售额明细表 .xlsx”文档所有工作表中的“产品名称”列、“销售数量”列、“总金额”列汇总数据写入到了新文档中的“产品汇总”工作表中，说明程序运行正常。

图 5-3　对销售收入工作簿的所有工作表中多个列进行分类汇总

5.1.4　案例：对多个财务日记账工作簿的所有工作表中多个列进行分类汇总

通过智能体编写一个 Python 程序，来实现自动对 Excel 文档中所有工作表中多个列进行分类汇总。具体要求为：

批量对 E 盘中“练习”文件夹中“科目余额汇总”子文件夹中所有的 Excel 文档中所有工作表中的数据进行分类汇总，具体按“借或贷”列和“会计科目”列进行汇总，并对“借方发生额”列、“贷方发生额”列的数据进行求和。然后将各个工作表分类汇总后的数据集合在一起，之后再对集合后的数据按“借或贷”列和“会计科目”列进行汇总，并对其他列的数据进行求和计算。

最后将汇总后的数据保存到 E 盘中“练习”文件夹中“科目余额汇总”子文件夹中一个名称为“科目汇总表 .xlsx”的新 Excel 文档中，以“科目汇总”命名的新工作表中。如图 5-4 所示。

① 登录智能体，在智能体的对话框中输入编程要求（编程要求参考上面），然后单击“发送”按钮。

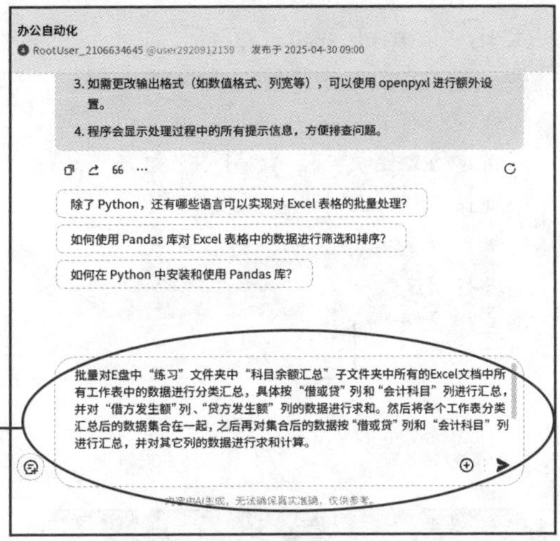
办公自动化
RootUser_2106634645 @user2920912159 发布于 2025-04-30 09:00
3. 如需更改输出格式（如数值格式、列宽等），可以使用 openpyxl 进行额外设置。
4. 程序会显示处理过程中的所有提示信息，方便排查问题。
除了 Python，还有哪些语言可以实现对 Excel 表格的批量处理?
如何使用 Pandas 库对 Excel 表格中的数据进行筛选和排序?
如何在 Python 中安装和使用 Pandas 库?
批量对E盘中“练习”文件夹中“科目余额汇总”子文件夹中所有的Excel文档中所有工作表中的数据进行分类汇总，具体按“借或贷”列和“会计科目”列进行汇总，并对“借方发生额”列、“贷方发生额”列的数据进行求和。然后将各个工作表分类汇总后的数据集合在一起，之后再对集合后的数据按“借或贷”列和“会计科目”列进行汇总，并对其它列的数据进行求和计算。
内容由AI生成，无法确保真实准确，仅供参考。

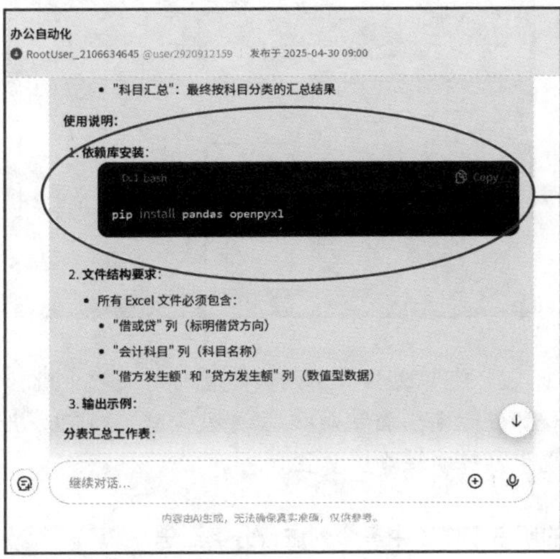
办公自动化
RootUser_2106634645 @user2920912159 发布于 2025-04-30 09:00
• “科目汇总”：最终按科目分类的汇总结果
使用说明：
1. 依赖库安装：
bash
Copy
pip install pandas openpyxl
2. 文件结构要求：
• 所有 Excel 文件必须包含：
• “借或贷”列（标明借贷方向）
• “会计科目”列（科目名称）
• “借方发生额”和“贷方发生额”列（数值型数据）
3. 输出示例：
分表汇总工作表：
继续对话...
内容由AI生成，无法确保真实准确，仅供参考。

② 在智能体编写的 Python 程序后的说明中，查看所编写的 Python 程序需要使用的库（如图中的 pandas、openpyxl 库）。如果电脑中已经安装这些库，则不用再安装；如果没有安装这些库，则需要在“命令提示符”下安装。

③ 在智能体编写的 Python 程序框右上角，单击“Copy”按钮复制所编写的程序代码。

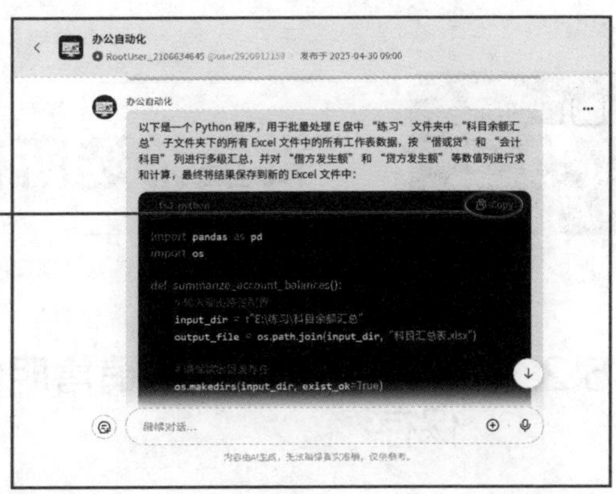
办公自动化
办公自动化
以下是一个 Python 程序，用于批量处理 E 盘中“练习”文件夹中“科目余额汇总”子文件夹下的所有 Excel 文件中的所有工作表数据，按“借或贷”和“会计科目”列进行多级汇总，并对“借方发生额”和“贷方发生额”等数值列进行求和计算，最终将结果保存到新的 Excel 文件中：
python
Copy
import pandas as pd
import os
def summarize_account_balances():
input_dir = r"E:\练习\科目余额汇总"
output_file = os.path.join(input_dir, "科目汇总表.xlsx")
os.makedirs(input_dir, exist_ok=True)
继续对话...

图 5-4

④ 打开“IDLE Shell”程序，新建一个 IDLE 文件，按“Ctrl+V”组合键，将 Python 程序代码粘贴到新建的文件中，按“Ctrl+S”组合键保存程序文件。接着按 F5 键运行编写的程序代码，对程序代码进行测试。

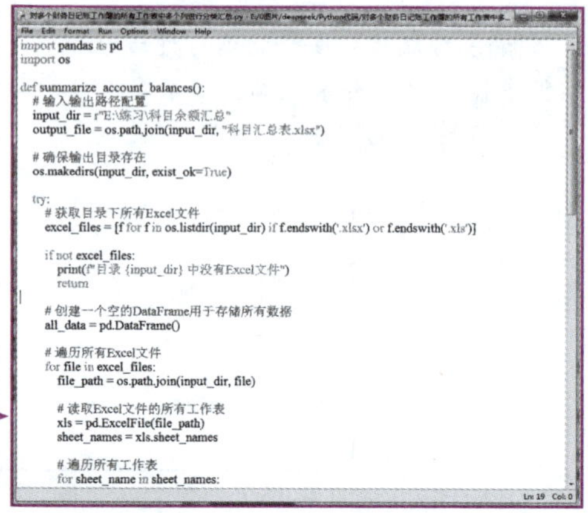

import pandas as pd
import os
def summarize_account_balances():
# 输入输出路径配置
input_dir = r"E:\练习\科目余额汇总"
output_file = os.path.join(input_dir, "科目汇总表.xlsx")
# 确保输出目录存在
os.makedirs(input_dir, exist_ok=True)
try:
# 获取目录下所有Excel文件
excel_files = [f for f in os.listdir(input_dir) if f.endswith('.xlsx') or f.endswith('.xls')]
if not excel_files:
print(f"目录 {input_dir} 中没有Excel文件")
return
# 创建一个空的DataFrame用于存储所有数据
all_data = pd.DataFrame()
# 遍历所有Excel文件
for file in excel_files:
file_path = os.path.join(input_dir, file)
# 读取Excel文件的所有工作表
xls = pd.ExcelFile(file_path)
sheet_names = xls.sheet_names
# 遍历所有工作表
for sheet_name in sheet_names:

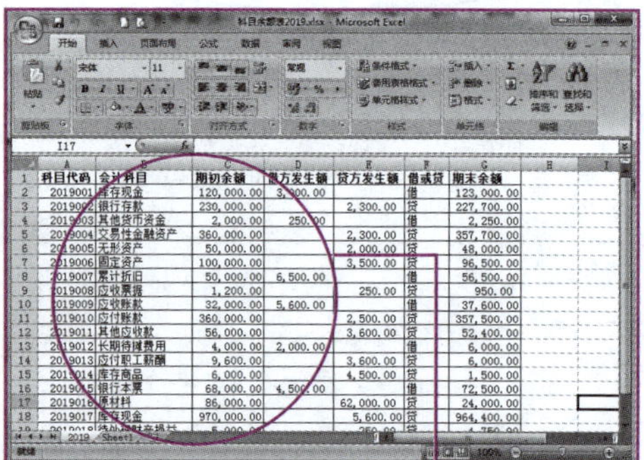

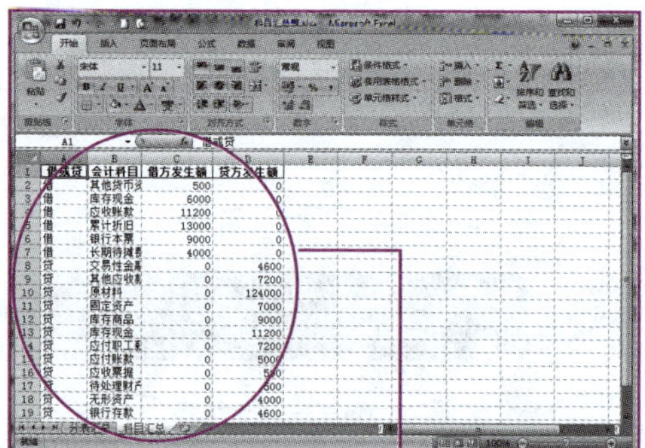

⑤ 运行程序代码后，打开新生成的“科目汇总表.xlsx”文档，看到程序把所有文档中所有工作表中的“借或贷”列、“会计科目”列、“借方发生额”列、“贷方发生额”列汇总数据写入到了新文档中的“科目汇总”工作表中，说明程序运行正常。

图 5-4　对多个财务日记账工作簿的所有工作表中多个列进行分类汇总

5.2 批量筛选所有工作表中的数据

5.2.1 案例：自动筛选销售明细表中所有工作表数据并分类保存

通过智能体编写一个 Python 程序，来实现自动对 Excel 文档中所有工作表数据进行筛选并分类保存。具体要求为：

批量将 E 盘中“练习”文件夹中“店面销售”子文件夹中的“销售明细表 .xlsx”Excel 文档中的所有工作表的数据集合在一起，然后按“店名”列进行分类汇总，再将相同店名的行数据分别保存到 E 盘中“练习”文件夹中“店面销售”子文件夹中一个名称为“分店销售汇总 .xlsx”的新 Excel 文档中，以对应店名命名的新工作表中，比如“1 店”的所有数据全部保存到以“1 店”命名的新工作表中。如图 5-5 所示。

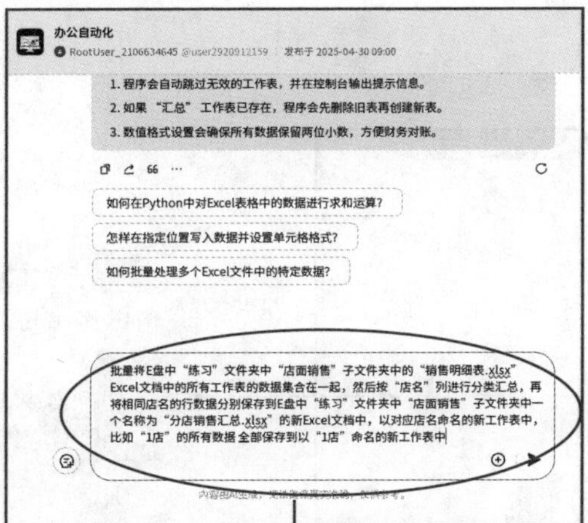
办公自动化
RootUser_2106634645 @user2920912159 发布于 2025-04-30 09:00
1. 程序会自动跳过无效的工作表，并在控制台输出提示信息。
2. 如果“汇总”工作表已存在，程序会先删除旧表再创建新表。
3. 数值格式设置会确保所有数据保留两位小数，方便财务对账。
如何在Python中对Excel表格中的数据进行求和运算?
怎样在指定位置写入数据并设置单元格格式?
如何批量处理多个Excel文件中的特定数据?
批量将E盘中“练习”文件夹中“店面销售”子文件夹中的“销售明细表.xlsx”Excel文档中的所有工作表的数据集合在一起，然后按“店名”列进行分类汇总，再将相同店名的行数据分别保存到E盘中“练习”文件夹中“店面销售”子文件夹中一个名称为“分店销售汇总.xlsx”的新Excel文档中，以对应店名命名的新工作表中，比如“1店”的所有数据全部保存到以“1店”命名的新工作表中

① 登录智能体，在智能体的对话框中输入编程要求（要求参考上面），然后单击“发送”按钮。

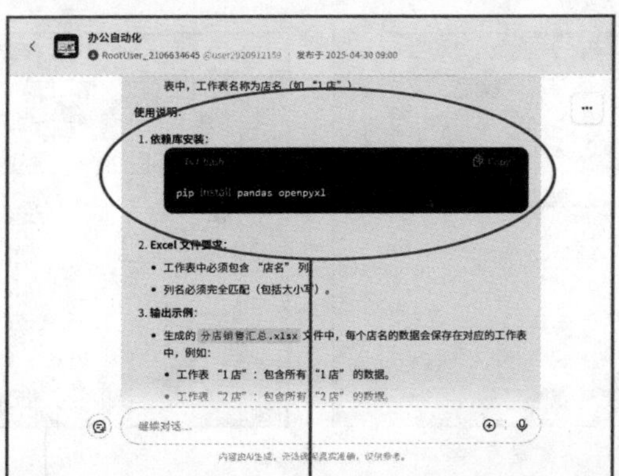
办公自动化
RootUser_2106634645 @user2920912159 发布于 2025-04-30 09:00
表中，工作表名称为店名（如“1店”）。
使用说明:
1. 依赖库安装:
pip install pandas openpyxl
2. Excel 文件要求:
工作表中必须包含“店名”列
列名必须完全匹配（包括大小写）。
3. 输出示例:
生成的 分店销售汇总.xlsx 文件中，每个店名的数据会保存在对应的工作表中，例如:
工作表“1店”：包含所有“1店”的数据。
继续对话...

② 在智能体编写的 Python 程序后的说明中，查看所编写的 Python 程序需要使用的库（如图中的 pandas、openpyxl 库）。如果电脑中已经安装这些库，则不用再安装；如果没有安装这些库，则需要在“命令提示符”下安装。

图 5-5

③ 在智能体编写的 Python 程序框右上角，单击“Copy”按钮复制所编写的程序代码。

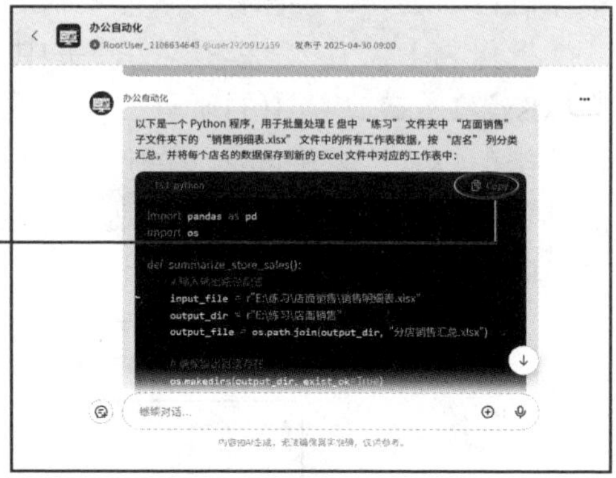

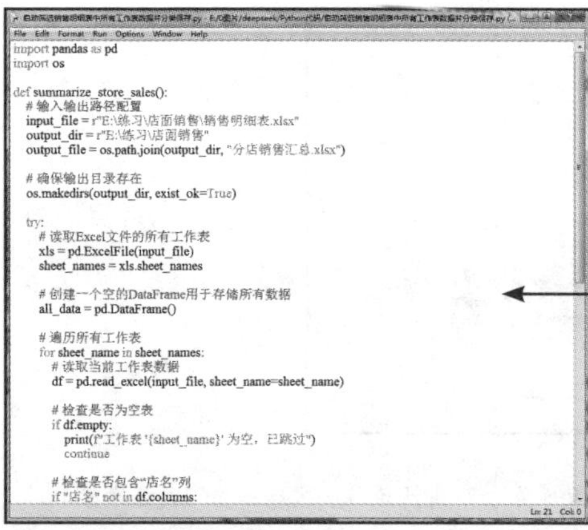

④ 打开“IDLE Shell”程序，新建一个 IDLE 文件，按“Ctrl+V”组合键，将 Python 程序代码粘贴到新建的文件中，并按“Ctrl+S”组合键保存程序文件。接着按 F5 键运行编写的程序代码，对程序代码进行测试。

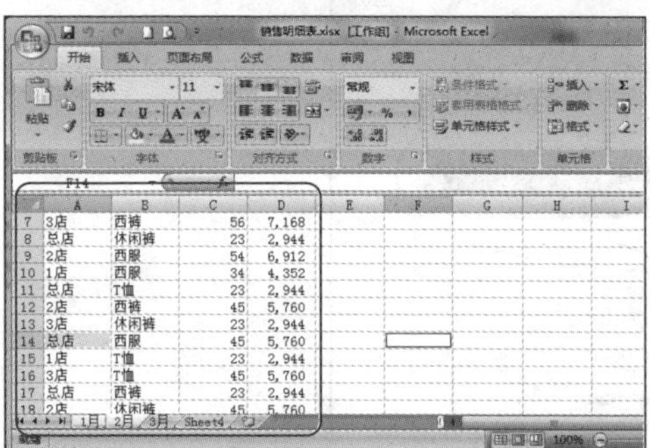

⑤ 运行程序代码后，打开“销售明细表.xlsx”文档和新生成的“分店销售汇总.xlsx”文档对比，看到程序在新文档中按店名新建了 4 个工作表，将每个店的数据分类保存到了各个工作表中，说明程序运行正常。

图 5-5　自动筛选销售明细表中所有工作表数据并分类保存

5.2.2 案例：自动筛选多个销售明细数据文件中所有工作表数据并分类保存

通过智能体编写一个 Python 程序，来实现自动多个对 Excel 文档中所有工作表数据进行筛选并分类保存。具体要求为：

批量将 E 盘中“练习”文件夹中“销售数据”子文件夹中的所有 Excel 文档中的所有工作表的数据集合在一起，然后按“店名”列分别进行分类汇总，再将相同店名的行数据分别保存到 E 盘中“练习”文件夹中“销售数据”子文件夹中一个名称为“分店销售汇总 2020.xlsx”的新 Excel 文档中对应店名命名的新工作表中，比如“1 店”的所有数据全部保存到以“1 店”命名的新工作表中。如图 5-6 所示。

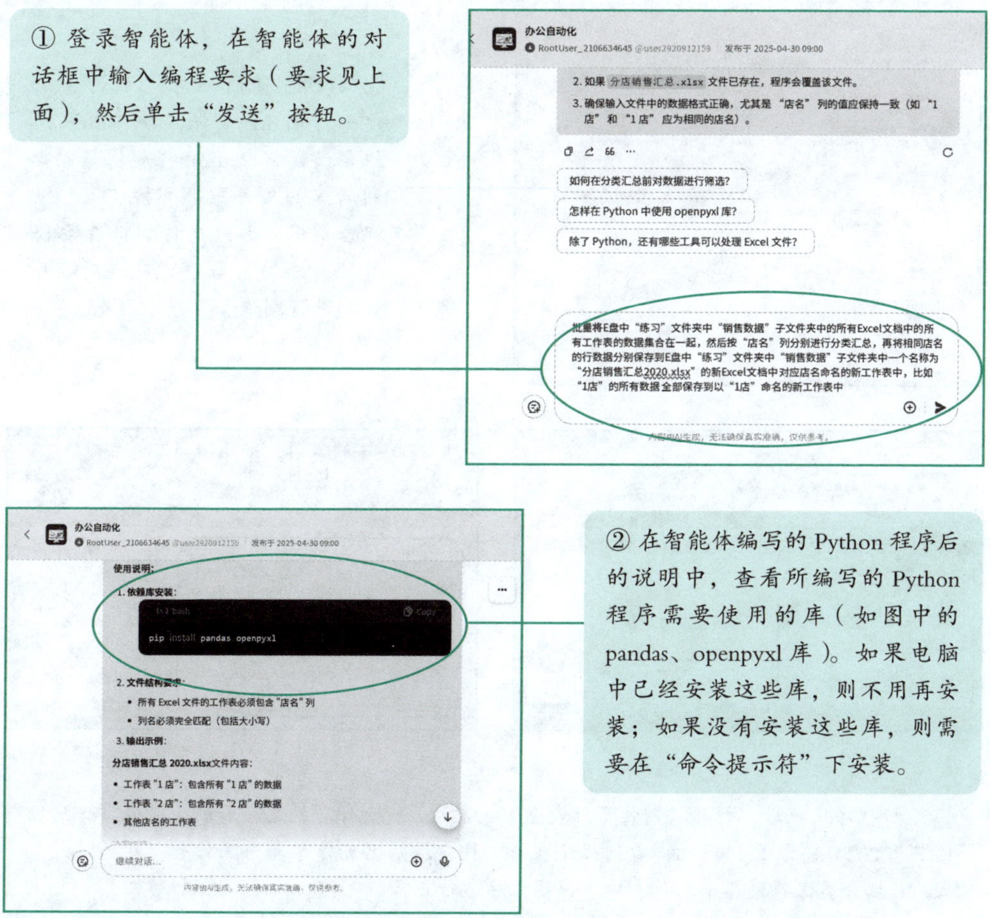

① 登录智能体，在智能体的对话框中输入编程要求（要求见上面），然后单击“发送”按钮。
② 在智能体编写的 Python 程序后的说明中，查看所编写的 Python 程序需要使用的库（如图中的 pandas、openpyxl 库）。如果电脑中已经安装这些库，则不用再安装；如果没有安装这些库，则需要在“命令提示符”下安装。

图 5-6

③ 在智能体编写的 Python 程序框右上角，单击“Copy”按钮复制所编写的程序代码。

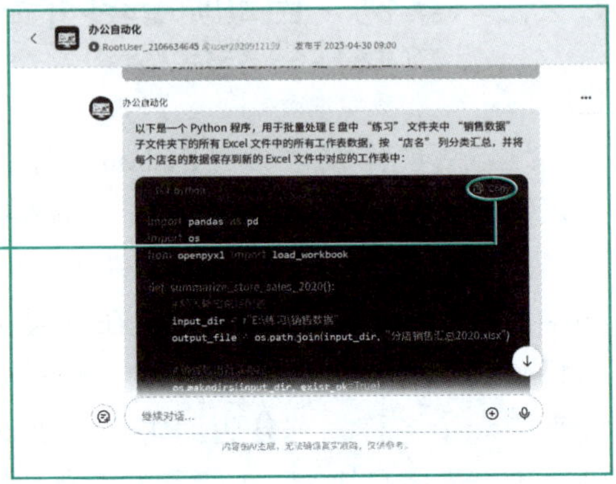

办公自动化
以下是一个 Python 程序，用于批量处理 E 盘中“练习”文件夹中“销售数据”子文件夹下的所有 Excel 文件中的所有工作表数据，按“店名”列分类汇总，并将每个店名的数据保存到新的 Excel 文件中对应的工作表中：
import pandas as pd
import os
from openpyxl import load_workbook
def summarize_store_sales_2020():

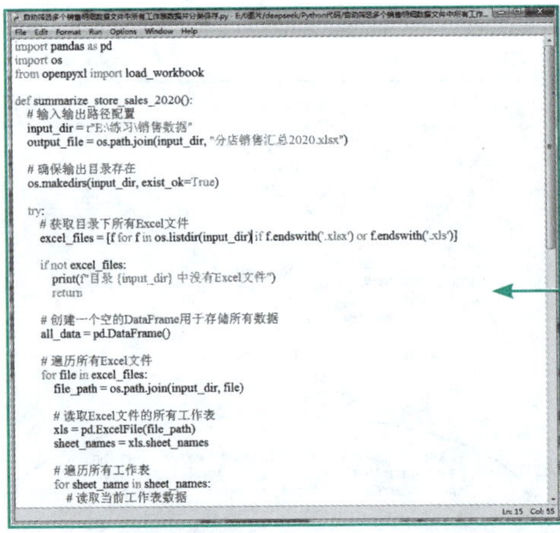

import pandas as pd
import os
from openpyxl import load_workbook
def summarize_store_sales_2020():
# 输入输出路径配置
input_dir = r"E:\练习\销售数据"
output_file = os.path.join(input_dir, "分店销售汇总2020.xlsx")
# 确保输出目录存在
os.makedirs(input_dir, exist_ok=True)
try:
# 获取目录下所有Excel文件
excel_files = [f for f in os.listdir(input_dir) if f.endswith('.xlsx') or f.endswith('.xls')]
if not excel_files:
print(f"目录 {input_dir} 中没有Excel文件")
return
# 创建一个空的DataFrame用于存储所有数据
all_data = pd.DataFrame()
# 遍历所有Excel文件
for file in excel_files:
file_path = os.path.join(input_dir, file)
# 读取Excel文件的所有工作表
xls = pd.ExcelFile(file_path)
sheet_names = xls.sheet_names
# 遍历所有工作表
for sheet_name in sheet_names:
# 读取当前工作表数据

④ 打开“IDLE Shell”程序，新建一个 IDLE 文件，按“Ctrl+V”组合键，将 Python 程序代码粘贴到新建的文件中，并按“Ctrl+S”组合键保存程序文件。接着按 F5 键运行编写的程序代码，对程序代码进行测试。

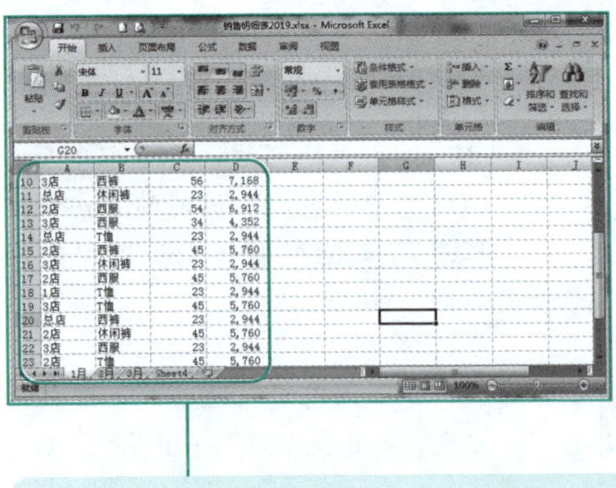

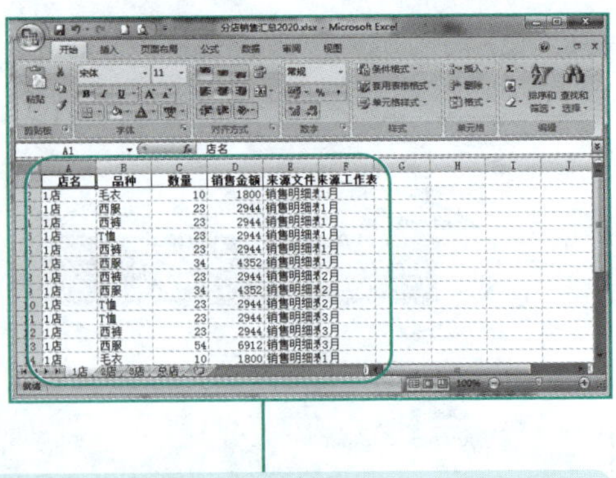

⑤ 运行程序代码后，打开“销售明细表 2019.xlsx”等所有处理的文档和新生成的“分店销售汇总 2020.xlsx”文档对比，看到程序在新文档中按店名新建了 4 个工作表，然后将每个店的数据分类保存到各个工作表中，说明程序运行正常。

图 5-6　自动筛选多个销售明细数据文件中所有工作表数据并分类保存

5.2.3 案例：自动筛选销售明细表的所有工作表中的“西服”数据

通过智能体编写一个 Python 程序，来实现自动对 Excel 文档中所有工作表中的“西服”数据进行筛选。具体要求为：

批量将 E 盘中“练习”文件夹中“店面销售”子文件夹中的“销售明细表 .xlsx”Excel 文档中的所有工作表的数据集合在一起，然后提取“品种”列名称为“西服”的全部行数据，并保存到 E 盘中“练习”文件夹中“店面销售”子文件夹中一个名称为“西服汇总 .xlsx”的新 Excel 文档中以“西服”命名的新工作表中。如图 5-7 所示。

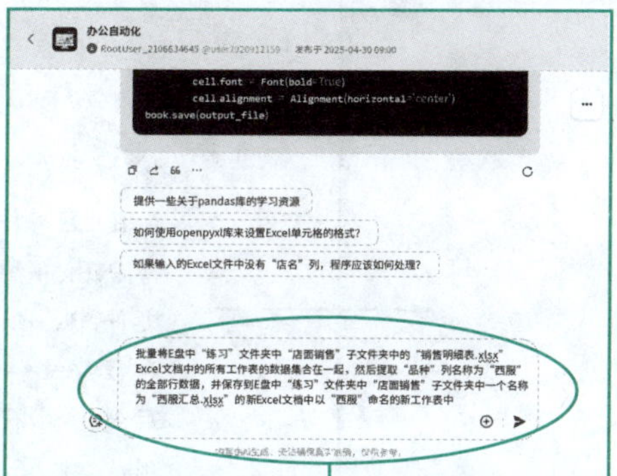
办公自动化
cell.font = Font(bold=True)
cell.alignment = Alignment(horizontal='center')
book.save(output_file)
提供一些关于pandas库的学习资源
如何使用openpyxl库来设置Excel单元格的格式?
如果输入的Excel文件中没有“店名”列，程序应该如何处理?

① 登录智能体，在智能体的对话框中输入编程要求（见上面），然后单击“发送”按钮。

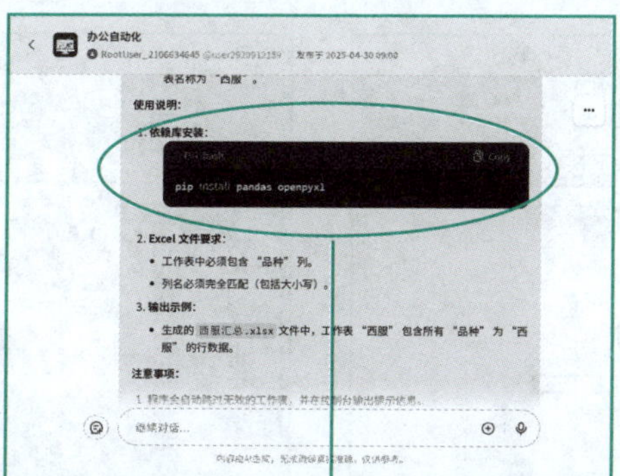
办公自动化
表名称为“西服”。
使用说明:
1. 依赖库安装:
pip install pandas openpyxl
2. Excel 文件要求:
工作表中必须包含“品种”列。
列名必须完全匹配（包括大小写）。
3. 输出示例:
生成的 西服汇总.xlsx 文件中，工作表“西服”包含所有“品种”为“西服”的行数据。
注意事项:

② 在智能体编写的 Python 程序后的说明中，查看所编写的 Python 程序需要使用的库（如图中的 pandas、openpyxl 库）。如果电脑中已经安装这些库，则不用再安装；如果没有安装这些库，则需要在“命令提示符”下安装。

图 5-7

③ 在智能体编写的 Python 程序框右上角，单击“Copy”按钮复制所编写的程序代码。

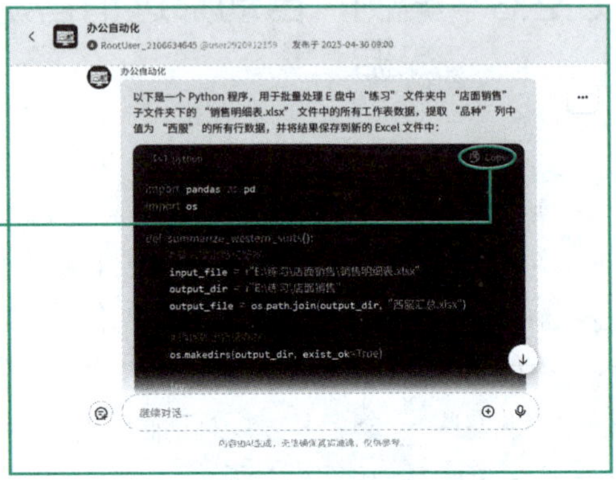

办公自动化
以下是一个 Python 程序，用于批量处理 E 盘中“练习”文件夹中“店面销售”子文件夹下的“销售明细表.xlsx”文件中的所有工作表数据，提取“品种”列中值为“西服”的所有行数据，并将结果保存到新的 Excel 文件中：
Copy
import pandas as pd
import os
def summarize_western_suits():
input_file = r"E:\练习\店面销售\销售明细表.xlsx"
output_dir = r"E:\练习\店面销售"
output_file = os.path.join(output_dir, "西服汇总.xlsx")
os.makedirs(output_dir, exist_ok=True)

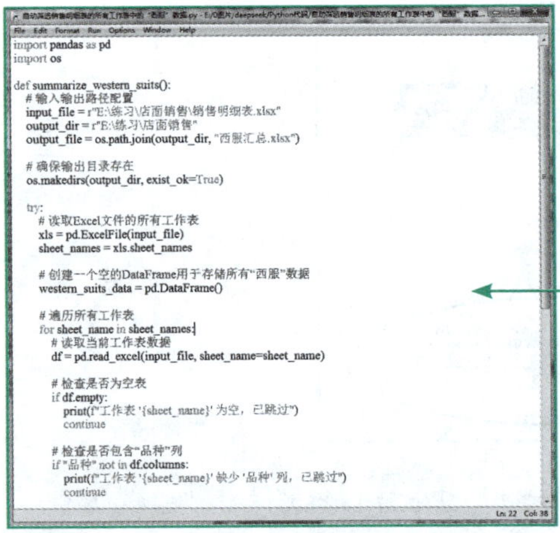

import pandas as pd
import os
def summarize_western_suits():
# 输入输出路径配置
input_file = r"E:\练习\店面销售\销售明细表.xlsx"
output_dir = r"E:\练习\店面销售"
output_file = os.path.join(output_dir, "西服汇总.xlsx")
# 确保输出目录存在
os.makedirs(output_dir, exist_ok=True)
try:
# 读取Excel文件的所有工作表
xls = pd.ExcelFile(input_file)
sheet_names = xls.sheet_names
# 创建一个空的DataFrame用于存储所有"西服"数据
western_suits_data = pd.DataFrame()
# 遍历所有工作表
for sheet_name in sheet_names:
# 读取当前工作表数据
df = pd.read_excel(input_file, sheet_name=sheet_name)
# 检查是否为空表
if df.empty:
print(f"工作表 '{sheet_name}' 为空，已跳过")
continue
# 检查是否包含"品种"列
if "品种" not in df.columns:
print(f"工作表 '{sheet_name}' 缺少 '品种' 列，已跳过")
continue

④ 打开“IDLE Shell”程序，新建一个 IDLE 文件，按“Ctrl+V”组合键，将 Python 程序代码粘贴到新建的文件中，并按“Ctrl+S”组合键保存程序文件。接着按 F5 键运行编写的程序代码，对程序代码进行测试。

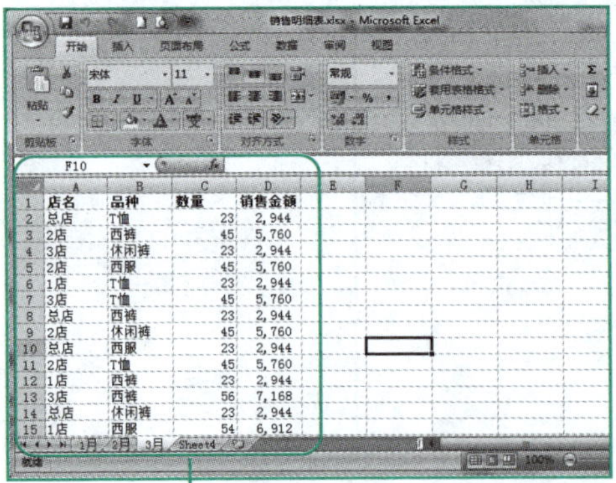

销售明细表.xlsx - Microsoft Excel
店名 品种 数量 销售金额
总店 T恤 23 2,944
2店 西裤 45 5,760
3店 休闲裤 23 2,944
2店 西服 45 5,760
1店 T恤 23 2,944
3店 T恤 45 5,760
总店 西裤 23 2,944
2店 休闲裤 45 5,760
总店 西服 23 2,944
2店 T恤 45 5,760
1店 西裤 23 2,944
3店 西裤 56 7,168
总店 休闲裤 23 2,944
1店 西服 54 6,912
1月 2月 3月 Sheet4

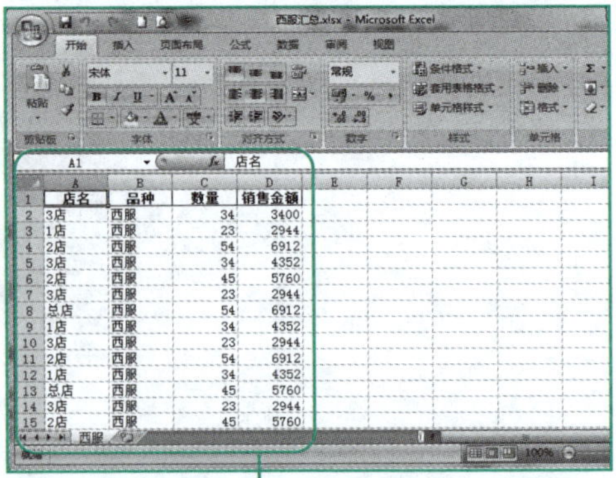

西服汇总.xlsx - Microsoft Excel
店名 品种 数量 销售金额
3店 西服 34 3400
1店 西服 23 2944
2店 西服 54 6912
3店 西服 34 4352
2店 西服 45 5760
3店 西服 23 2944
总店 西服 54 6912
1店 西服 34 4352
3店 西服 23 2944
2店 西服 54 6912
1店 西服 34 4352
总店 西服 45 5760
3店 西服 23 2944
2店 西服 45 5760
西服

⑤ 运行程序代码后，打开“销售明细表.xlsx”文档和新生成的“西服汇总.xlsx”文档对比，看到程序在新文档中的“西服”工作表中筛选出了所有“西服”的数据，说明程序运行正常。

图 5-7　自动筛选销售明细表的所有工作表中的“西服”数据

5.2.4 案例：自动筛选多个销售明细数据文件的所有工作表中的“西服”数据

通过智能体编写一个 Python 程序，来实现自动对多个 Excel 文档中所有工作表中的“西服”数据进行筛选。具体要求为：

批量将 E 盘中“练习”文件夹中“销售数据”子文件夹中的所有 Excel 文档中的所有工作表的数据集合在一起，然后提取“品种”列名称为“西服”的全部行数据，并保存到 E 盘中“练习”文件夹中“销售数据”子文件夹中一个名称为“西服汇总 2020.xlsx”的新 Excel 文档中以“西服”命名的新工作表中。如图 5-8 所示。

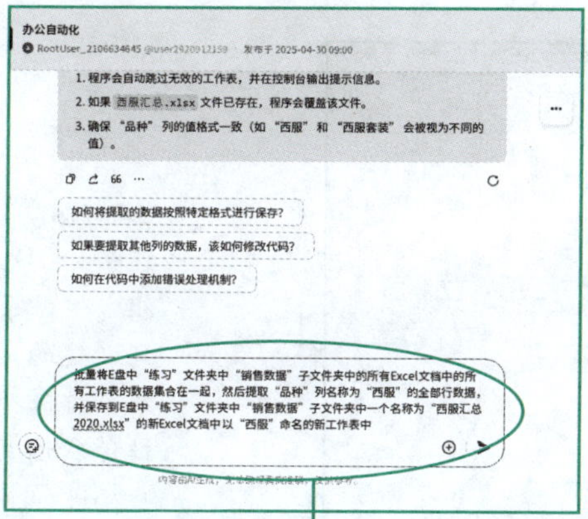

① 登录智能体，在智能体的对话框中输入编程要求（见上面），然后单击“发送”按钮。

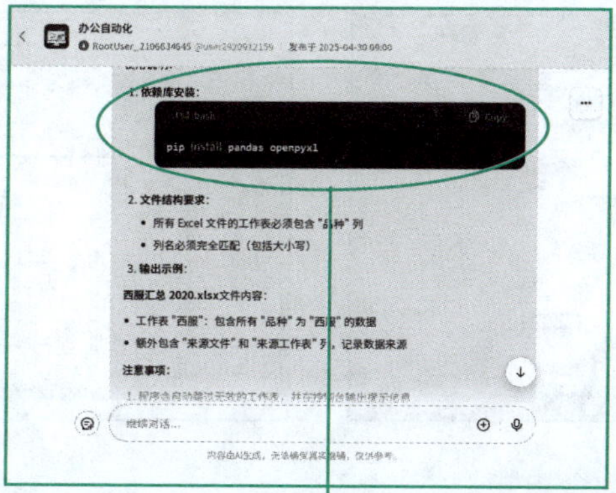

② 在智能体编写的 Python 程序后的说明中，查看所编写的 Python 程序需要使用的库（如图中的 pandas、openpyxl 库）。如果电脑中已经安装这些库，则不用再安装；如果没有安装这些库，则需要在“命令提示符”下安装。

图 5-8

③ 在智能体编写的 Python 程序框右上角，单击“Copy”按钮复制所编写的程序代码。

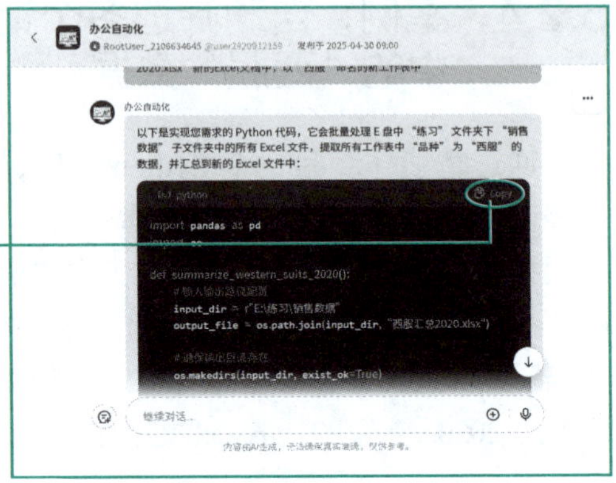
办公自动化
以下是实现您需求的 Python 代码，它会批量处理 E 盘中“练习”文件夹下“销售数据”子文件夹中的所有 Excel 文件，提取所有工作表中“品种”为“西服”的数据，并汇总到新的 Excel 文件中：
Copy
import pandas as pd
def summarize_western_suits_2020():
input_dir = r"E:\练习\销售数据"
output_file = os.path.join(input_dir, "西服汇总2020.xlsx")
os.makedirs(input_dir, exist_ok=True)

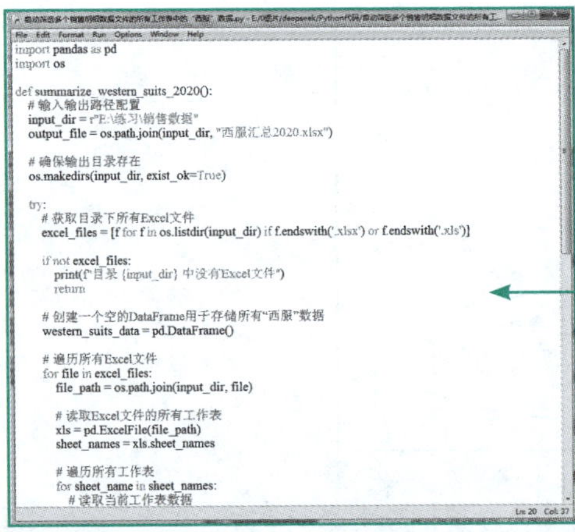
import pandas as pd
import os

def summarize_western_suits_2020():
    # 输入输出路径配置
    input_dir = r"E:\练习\销售数据"
    output_file = os.path.join(input_dir, "西服汇总2020.xlsx")

    # 确保输出目录存在
    os.makedirs(input_dir, exist_ok=True)

    try:
        # 获取目录下所有Excel文件
        excel_files = [f for f in os.listdir(input_dir) if f.endswith('.xlsx') or f.endswith('.xls')]

        if not excel_files:
            print(f"目录 {input_dir} 中没有Excel文件")
            return

        # 创建一个空的DataFrame用于存储所有"西服"数据
        western_suits_data = pd.DataFrame()

        # 遍历所有Excel文件
        for file in excel_files:
            file_path = os.path.join(input_dir, file)

            # 读取Excel文件的所有工作表
            xls = pd.ExcelFile(file_path)
            sheet_names = xls.sheet_names

            # 遍历所有工作表
            for sheet_name in sheet_names:
                # 读取当前工作表数据

④ 打开“IDLE Shell”程序，新建一个 IDLE 文件，按“Ctrl+V”组合键，将 Python 程序代码粘贴到新建的文件中，并按“Ctrl+S”组合键保存程序文件。接着按 F5 键运行编写的程序代码，对程序代码进行测试。

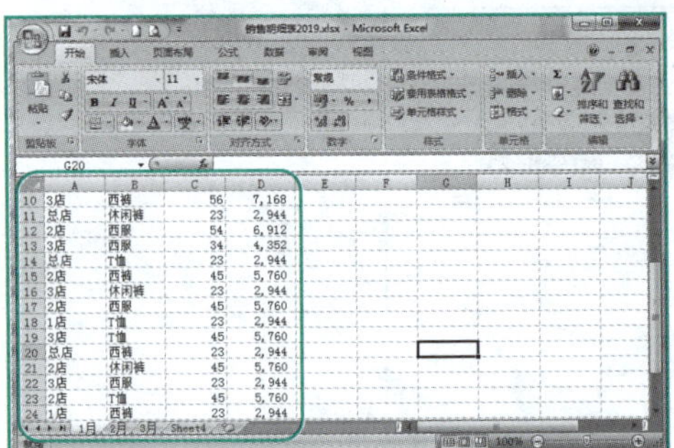

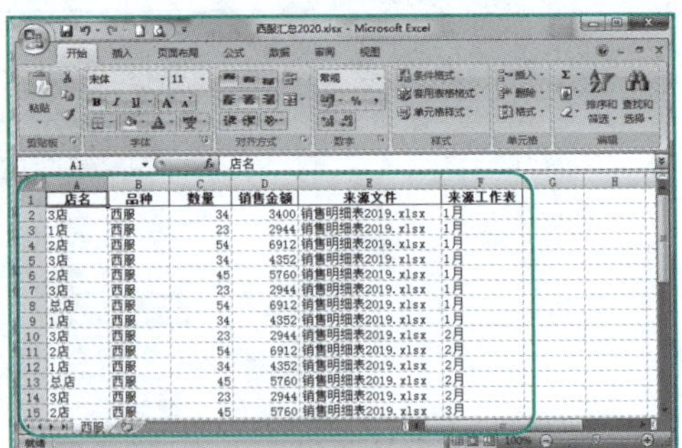

⑤ 运行程序代码后，打开“销售明细表 2019.xlsx”等所有文档和新生成的“西服汇总 2020.xlsx”文档对比，看到程序在新文档中的“西服”工作表中筛选出了所有“西服”的数据，说明程序运行正常。

图 5-8 自动筛选多个销售明细数据文件的所有工作表中的“西服”数据

5.3 批量统计所有工作表中的数据

5.3.1 案例：自动从销售明细表的所有工作表的数据中统计出复购次数最高的客户

通过智能体编写一个 Python 程序，来实现自动对 Excel 文档中所有工作表的数据中统计出复购次数最高的客户。具体要求为：

批量将 E 盘中“练习”文件夹中“运营”子文件夹中的“产品销售明细 2020.xlsx”Excel 文档中的所有工作表的数据集合在一起，然后统计“客户名称”列中出现次数最多的客户，并对出现次数最多的客户的行数据中的“明细金额”列进行求和计算。之后在“产品销售明细 2020.xlsx”Excel 文档中新建一个工作表，命名为“客户统计”，并在“客户统计”工作表的 A1：C1 单元格分别写入“最佳客户名称”“购买总次数”“消费总额”；在 A2 单元格写入出现次数最多的客户的名称，在 B2 单元格写入出现次数最多的客户的出现次数，在 C2 单元格写入对出现次数最多的客户的“明细金额”列求和计算的结果。如图 5-9 所示。

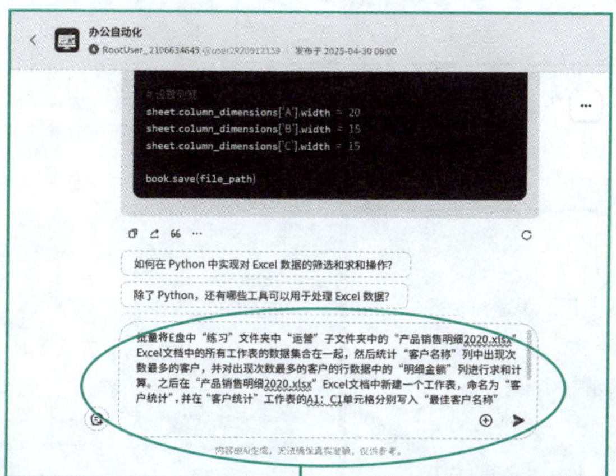
办公自动化
sheet.column_dimensions['A'].width = 20
sheet.column_dimensions['B'].width = 15
sheet.column_dimensions['C'].width = 15
book.save(file_path)
如何在 Python 中实现对 Excel 数据的筛选和求和操作?
除了 Python，还有哪些工具可以用于处理 Excel 数据?
批量将E盘中“练习”文件夹中“运营”子文件夹中的“产品销售明细2020.xlsx”Excel文档中的所有工作表的数据集合在一起，然后统计“客户名称”列中出现次数最多的客户，并对出现次数最多的客户的行数据中的“明细金额”列进行求和计算。之后在“产品销售明细2020.xlsx”Excel文档中新建一个工作表，命名为“客户统计”，并在“客户统计”工作表的A1：C1单元格分别写入“最佳客户名称”

① 登录智能体，在智能体的对话框中输入编程要求（编程要求参考上面），然后单击“发送”按钮。

图 5-9

② 在智能体编写的 Python 程序后的说明中，先查看所编写的 Python 程序需要使用的库（如图中的 pandas、openpyxl 库）。如果电脑中已经安装这些库，则不用再安装；如果没有安装这些库，则需要在“命令提示符”下安装。

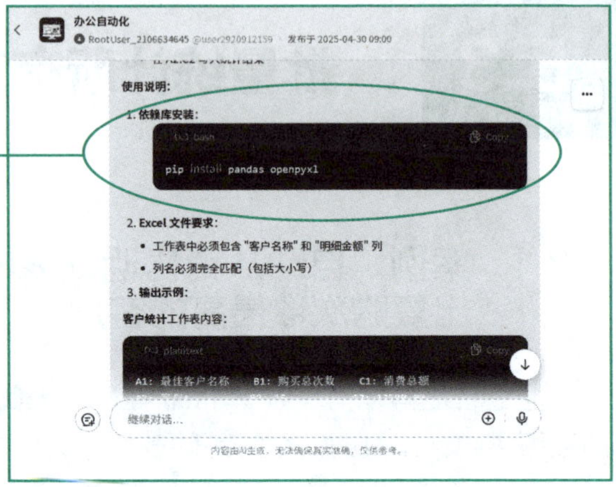

办公自动化
使用说明:
1. 依赖库安装:
pip install pandas openpyxl
2. Excel 文件要求:
工作表中必须包含 "客户名称" 和 "明细金额" 列
列名必须完全匹配（包括大小写）
3. 输出示例:
客户统计工作表内容:
继续对话...

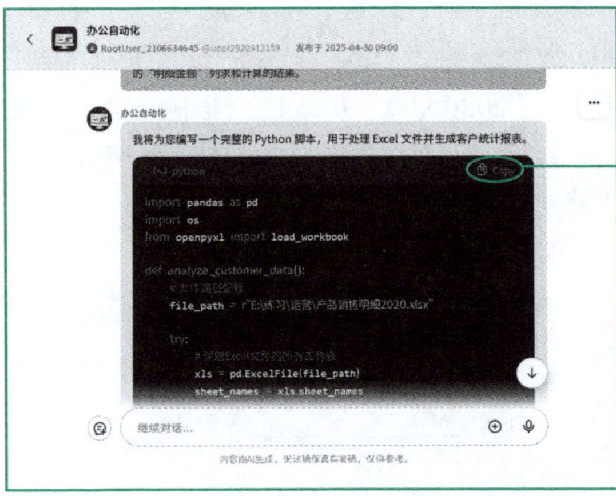

办公自动化
我将为您编写一个完整的 Python 脚本，用于处理 Excel 文件并生成客户统计报表。
python
Copy
import pandas as pd
import os
from openpyxl import load_workbook
def analyze_customer_data():
file_path = r"E:\练习\运营\产品销售明细2020.xlsx"
try:
xls = pd.ExcelFile(file_path)
sheet_names = xls.sheet_names
继续对话...

③ 在智能体编写的 Python 程序框右上角，单击“Copy”按钮复制所编写的程序代码。

④ 打开“IDLE Shell”程序，新建一个 IDLE 文件，按“Ctrl+V”组合键，将 Python 程序代码粘贴到新建的文件中，并按“Ctrl+S”组合键保存程序文件。接着按 F5 键运行编写的程序代码，对程序代码进行测试。

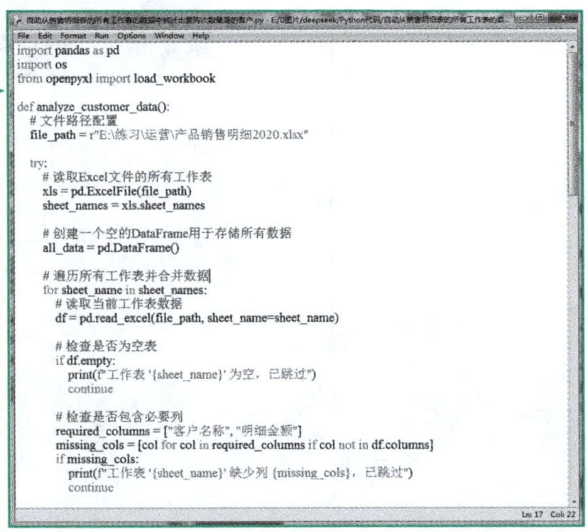

File Edit Format Run Options Window Help
import pandas as pd
import os
from openpyxl import load_workbook
def analyze_customer_data():
# 文件路径配置
file_path = r"E:\练习\运营\产品销售明细2020.xlsx"
try:
# 读取Excel文件的所有工作表
xls = pd.ExcelFile(file_path)
sheet_names = xls.sheet_names
# 创建一个空的DataFrame用于存储所有数据
all_data = pd.DataFrame()
# 遍历所有工作表并合并数据
for sheet_name in sheet_names:
# 读取当前工作表数据
df = pd.read_excel(file_path, sheet_name=sheet_name)
# 检查是否为空表
if df.empty:
print(f"工作表 '{sheet_name}' 为空，已跳过")
continue
# 检查是否包含必要列
required_columns = ["客户名称", "明细金额"]
missing_cols = [col for col in required_columns if col not in df.columns]
if missing_cols:
print(f"工作表 '{sheet_name}' 缺少列 {missing_cols}，已跳过")
continue
Ln: 17 Col: 22

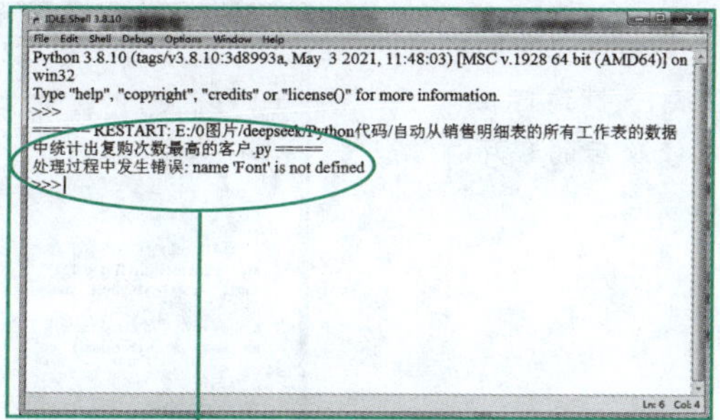
Python 3.8.10 (tags/v3.8.10:3d8993a, May 3 2021, 11:48:03) [MSC v.1928 64 bit (AMD64)] on win32
Type "help", "copyright", "credits" or "license()" for more information.
>>>
===== RESTART: E:/0图片/deepseek/Python代码/自动从销售明细表的所有工作表的数据中统计出复购次数最高的客户.py =====
处理过程中发生错误: name 'Font' is not defined
>>>

⑤ 运行程序后，出现错误提示。

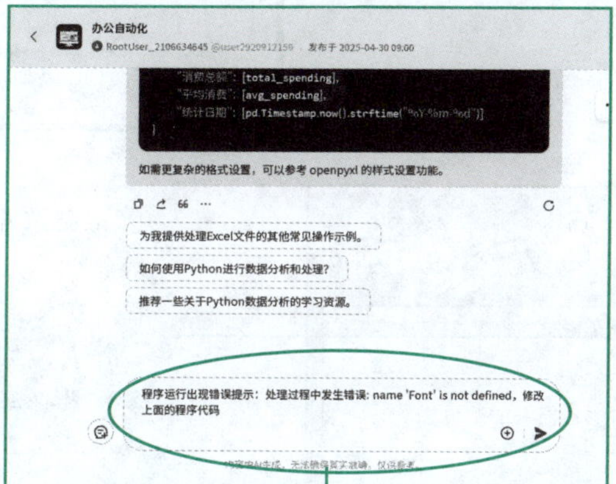
办公自动化
如需更复杂的格式设置，可以参考 openpyxl 的样式设置功能。
为我提供处理Excel文件的其他常见操作示例。
如何使用Python进行数据分析和处理?
推荐一些关于Python数据分析的学习资源。
程序运行出现错误提示：处理过程中发生错误: name 'Font' is not defined，修改上面的程序代码

⑥ 在智能体中输入“程序运行出现错误提示：处理过程中发生错误：name'Font'is not defined，修改上面的程序代码”，然后单击“发送”按钮。

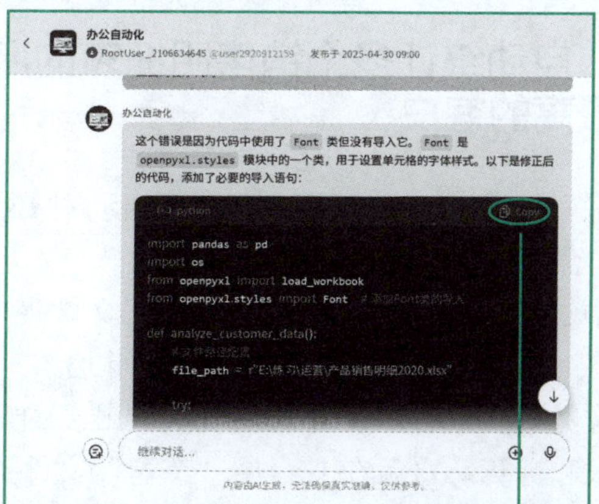
办公自动化
这个错误是因为代码中使用了 Font 类但没有导入它。Font 是 openpyxl.styles 模块中的一个类，用于设置单元格的字体样式。以下是修正后的代码，添加了必要的导入语句：
import pandas as pd
import os
from openpyxl import load_workbook
from openpyxl.styles import Font
def analyze_customer_data():
file_path
try:

⑦ 在智能体修改的 Python 程序框右上角，单击“Copy”按钮复制所修改编写的程序代码。

图 5-9

⑧ 将修改后的程序复制到之前的程序文件中，然后按 F5 键运行编写的程序代码，对修改后的程序代码进行测试。

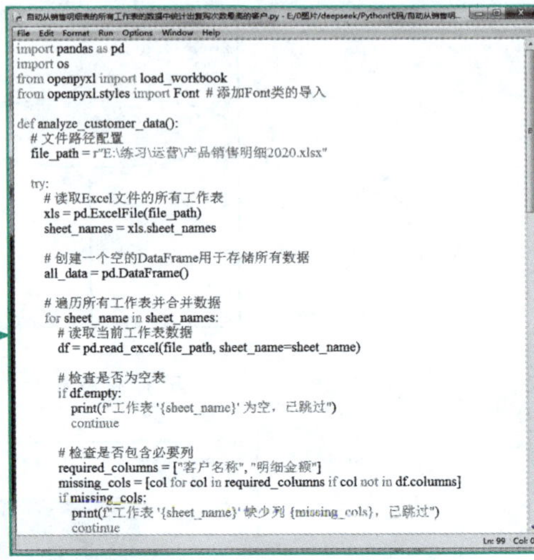
File Edit Format Run Options Window Help
import pandas as pd
import os
from openpyxl import load_workbook
from openpyxl.styles import Font # 添加Font类的导入
def analyze_customer_data():
# 文件路径配置
file_path = r"E:\练习\运营\产品销售明细2020.xlsx"
try:
# 读取Excel文件的所有工作表
xls = pd.ExcelFile(file_path)
sheet_names = xls.sheet_names
# 创建一个空的DataFrame用于存储所有数据
all_data = pd.DataFrame()
# 遍历所有工作表并合并数据
for sheet_name in sheet_names:
# 读取当前工作表数据
df = pd.read_excel(file_path, sheet_name=sheet_name)
# 检查是否为空表
if df.empty:
print(f"工作表 '{sheet_name}' 为空，已跳过")
continue
# 检查是否包含必要列
required_columns = ["客户名称", "明细金额"]
missing_cols = [col for col in required_columns if col not in df.columns]
if missing_cols:
print(f"工作表 '{sheet_name}' 缺少列 {missing_cols}，已跳过")
continue
Ln: 99 Col: 0

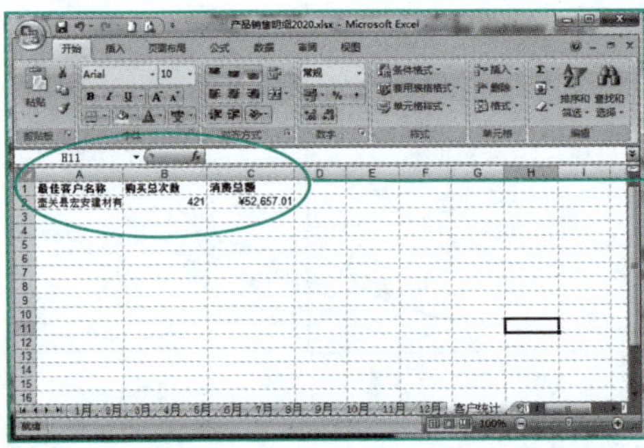
产品销售明细2020.xlsx - Microsoft Excel
最佳客户名称
购买总次数
消费总额
421
¥52,657.01
客户统计

⑨ 运行程序代码后，打开“产品销售明细 2020.xlsx”文档，看到程序在文档中新建了“客户统计”工作表，然后将复购次数最多的客户数据写入到工作表中，说明程序运行正常。

图 5-9　自动从销售明细表的所有工作表的数据中统计出复购次数最高的客户

5.3.2　案例：自动统计多个销售明细表的所有工作表中复购次数最高的客户

通过智能体编写一个 Python 程序，来实现自动对 Excel 文档中所有工作表中复购次数最高的客户进行统计。具体要求为：

批量将 E 盘中“练习”文件夹中“运营”子文件夹中“销售明细 1”子文件夹下的所有 Excel 文档中的所有工作表的数据集合在一起，然后统计“客户名称”列中出现次数最多的客户，并对出现次数最多的客户的行数据中的“明细金额”列进行求和计算。之后在 E 盘中“练习”文件夹中“运营”子文件夹中“销售明细 1”子文件夹下新建一个名称为“客户统计表 .xlsx”的新 Excel 文档，再新建一个以“客户统计”命名的新工作表。然后在“客户统计”工作表的 A1：C1 单元格分别写入“最佳客户名称”“购买总次数”“消费总额”；在

A2 单元格写入出现次数最多的客户的名称，在 B2 单元格写入出现次数最多的客户的次数，在 C2 单元格写入对出现次数最多的客户的明细金额求和计算的结果。如图 5-10 所示。

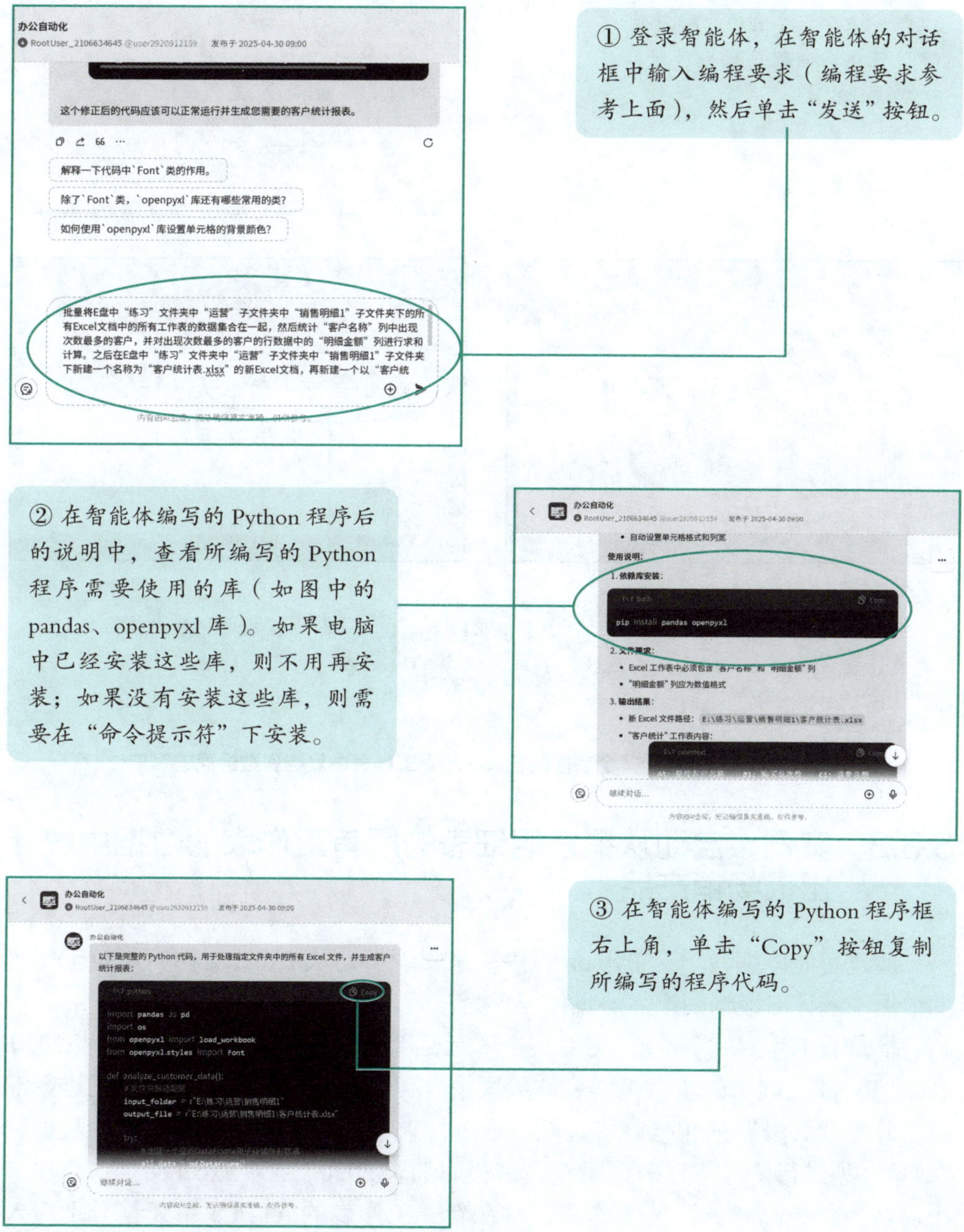

① 登录智能体，在智能体的对话框中输入编程要求（编程要求参考上面），然后单击“发送”按钮。
② 在智能体编写的 Python 程序后的说明中，查看所编写的 Python 程序需要使用的库（如图中的 pandas、openpyxl 库）。如果电脑中已经安装这些库，则不用再安装；如果没有安装这些库，则需要在“命令提示符”下安装。
③ 在智能体编写的 Python 程序框右上角，单击“Copy”按钮复制所编写的程序代码。

图 5-10

④ 打开“IDLE Shell”程序，新建一个IDLE文件，按“Ctrl+V”组合键，将Python程序代码粘贴到新建的文件中，并按“Ctrl+S”组合键保存程序文件。接着按F5键运行编写的程序代码，对程序代码进行测试。

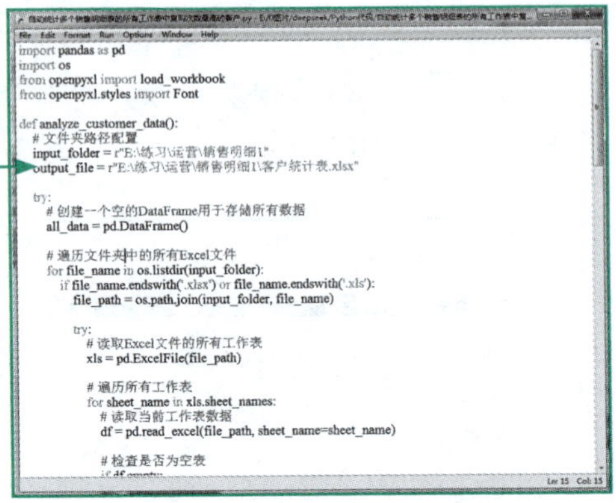

import pandas as pd
import os
from openpyxl import load_workbook
from openpyxl.styles import Font
def analyze_customer_data():
# 文件夹路径配置
input_folder = r"E:\练习\运营\销售明细1\"
output_file = r"E:\练习\运营\销售明细1\客户统计表.xlsx"
try:
# 创建一个空的DataFrame用于存储所有数据
all_data = pd.DataFrame()
# 遍历文件夹中的所有Excel文件
for file_name in os.listdir(input_folder):
if file_name.endswith('.xlsx') or file_name.endswith('.xls'):
file_path = os.path.join(input_folder, file_name)
try:
# 读取Excel文件的所有工作表
xls = pd.ExcelFile(file_path)
# 遍历所有工作表
for sheet_name in xls.sheet_names:
# 读取当前工作表数据
df = pd.read_excel(file_path, sheet_name=sheet_name)
# 检查是否为空表

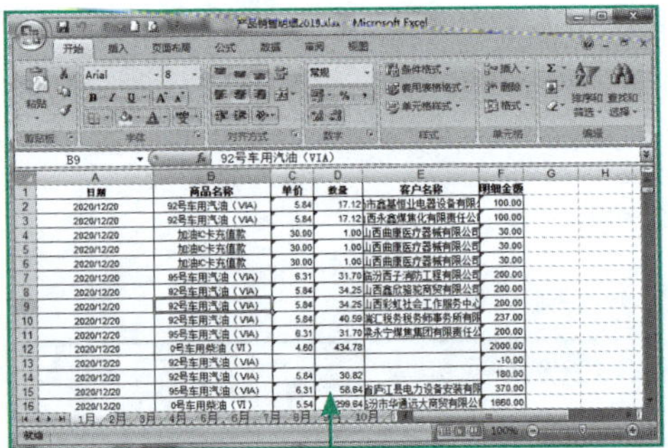

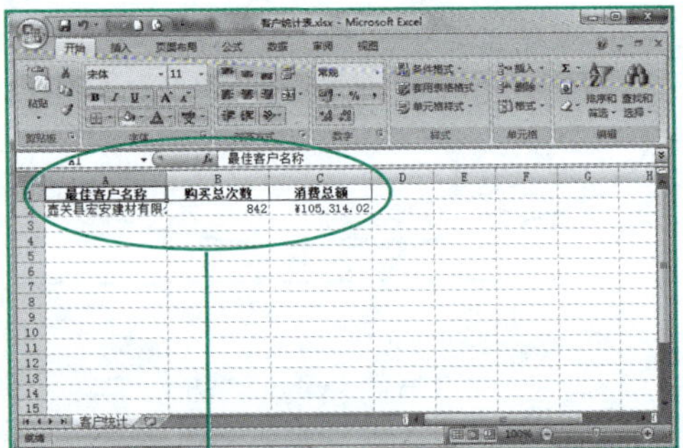

⑤ 运行程序代码后，打开“产品销售明细2019.xlsx”等所有处理的文档和新生成的“客户统计表.xlsx”文档对比，看到程序把统计的复购次数最高的客户的数据，写入到“客户统计”工作表中，说明程序运行正常。

图5-10　自动统计多个销售明细表的所有工作表中复购次数最高的客户

5.3.3　案例：自动从销售明细表的所有工作表的数据中统计出最畅销产品

通过智能体编写一个Python程序，来实现自动从Excel文档中所有工作表的数据中统计出最畅销产品。具体要求为：

批量将E盘中“练习”文件夹中“运营”子文件夹中“销售明细表2020.xlsx”Excel文档中的所有工作表的数据集合在一起，然后按“品种”列进行汇总，并对“数量”列和“销售金额”列进行求和计算，之后将汇总后的数据按“数量”列进行降序排序。最后在“销售明细表2020.xlsx”Excel文档中新建一个命名为“产品统计”的工作表，并在新建工作表的A1：C1单元格分别写入“最畅销商品”“总销量”“总销售额”；在A2单元格写入排列第一的产品“品种”

列的数据，在B2单元格写入排第一的产品“数量”列的汇总数据，在C2单元格写入排列第一的产品“销售金额”列的汇总数据。如图5-11所示。

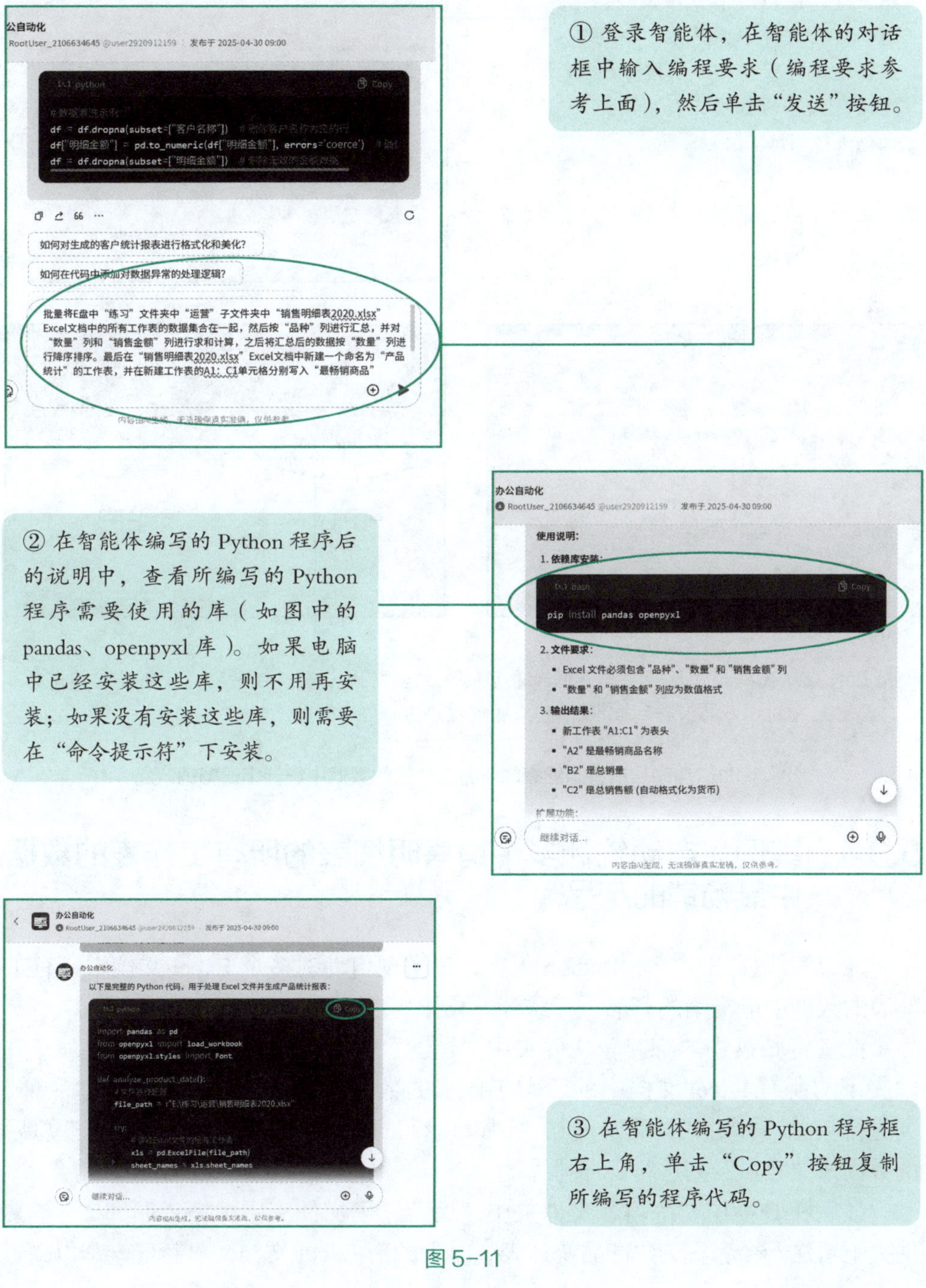
①登录智能体，在智能体的对话框中输入编程要求（编程要求参考上面），然后单击“发送”按钮。
②在智能体编写的Python程序后的说明中，查看所编写的Python程序需要使用的库（如图中的pandas、openpyxl库）。如果电脑中已经安装这些库，则不用再安装；如果没有安装这些库，则需要在“命令提示符”下安装。
③在智能体编写的Python程序框右上角，单击“Copy”按钮复制所编写的程序代码。

图5-11

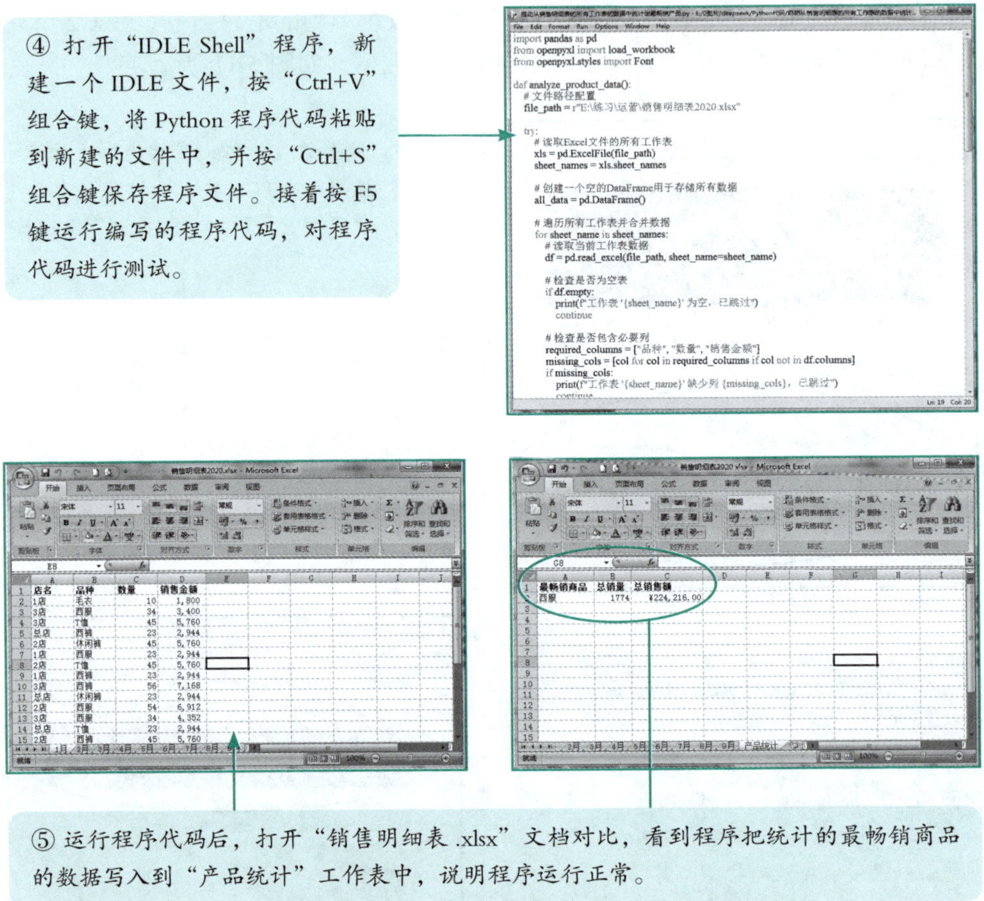
④ 打开“IDLE Shell”程序，新建一个 IDLE 文件，按“Ctrl+V”组合键，将 Python 程序代码粘贴到新建的文件中，并按“Ctrl+S”组合键保存程序文件。接着按 F5 键运行编写的程序代码，对程序代码进行测试。
import pandas as pd
from openpyxl import load_workbook
from openpyxl.styles import Font
def analyze_product_data():
# 文件路径配置
file_path = r"E:\练习\运营\销售明细表2020.xlsx"
try:
# 读取Excel文件的所有工作表
xls = pd.ExcelFile(file_path)
sheet_names = xls.sheet_names
# 创建一个空的DataFrame用于存储所有数据
all_data = pd.DataFrame()
# 遍历所有工作表并合并数据
for sheet_name in sheet_names:
# 读取当前工作表数据
df = pd.read_excel(file_path, sheet_name=sheet_name)
# 检查是否为空表
if df.empty:
print(f"工作表 '{sheet_name}' 为空，已跳过")
continue
# 检查是否包含必要列
required_columns = ["品种", "数量", "销售金额"]
missing_cols = [col for col in required_columns if col not in df.columns]
if missing_cols:
print(f"工作表 '{sheet_name}' 缺少列 {missing_cols}，已跳过")
最畅销商品
总销量
总销售额
西服
1774
¥224,216.00
⑤ 运行程序代码后，打开“销售明细表.xlsx”文档对比，看到程序把统计的最畅销商品的数据写入到“产品统计”工作表中，说明程序运行正常。

图 5-11 自动从销售明细表的所有工作表的数据中统计出最畅销产品

5.3.4 案例：自动统计多个销售明细表的所有工作表的数据中最畅销的产品

通过智能体编写一个 Python 程序，来实现自动对多个 Excel 文档中所有工作表的数据中最畅销的产品进行统计。具体要求为：

批量将 E 盘中“练习”文件夹中“运营”子文件夹中“销售明细 2”子文件夹下的所有 Excel 文档中的所有工作表的数据集合在一起，然后按“品种”列进行汇总，并对“数量”列和“销售金额”列进行求和计算，之后将汇总后的数据按“数量”列进行降序排序。

最后在 E 盘中“练习”文件夹中“运营”子文件夹中“销售明细 2”子文件夹下新建一个名称为“产品统计表.xlsx”的新 Excel 文档，再新建一个以“产品统计”命名的新工作表。并在新建工作表的 A1: C1 单元格分别写入“最畅销商品”“总销量”、“总销售额”；在 A2 单元格写入排列第一的产品“品种”列的数据，在 B2 单元格写入排第一的产品“数量”列的汇总数据，在 C2 单元格写入排列第一的产品“销售金额”列的汇总数据。如图 5-12 所示。

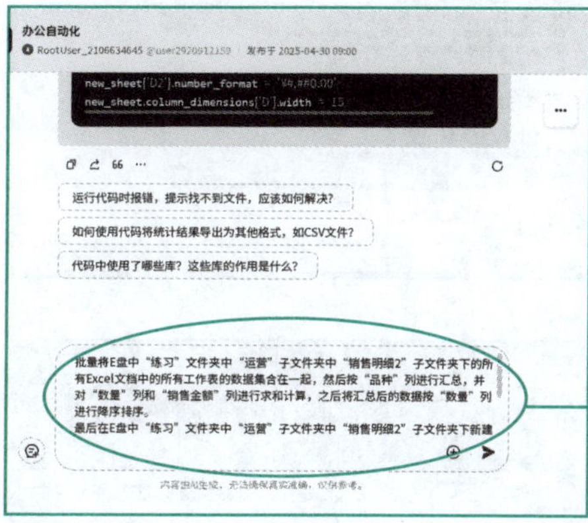
办公自动化
运行代码时报错，提示找不到文件，应该如何解决?
如何使用代码将统计结果导出为其他格式，如CSV文件?
代码中使用了哪些库? 这些库的作用是什么?
批量将E盘中“练习”文件夹中“运营”子文件夹中“销售明细2”子文件夹下的所有Excel文档中的所有工作表的数据集合在一起，然后按“品种”列进行汇总，并对“数量”列和“销售金额”列进行求和计算，之后将汇总后的数据按“数量”列进行降序排序。
最后在E盘中“练习”文件夹中“运营”子文件夹中“销售明细2”子文件夹下新建

① 登录智能体，在智能体的对话框中输入编程要求（编程要求参考上面），然后单击“发送”按钮。

② 在智能体编写的 Python 程序后的说明中，查看所编写的 Python 程序需要使用的库（如图中的 pandas、openpyxl 库）。如果电脑中已经安装这些库，则不用再安装；如果没有安装这些库，则需要在“命令提示符”下安装。

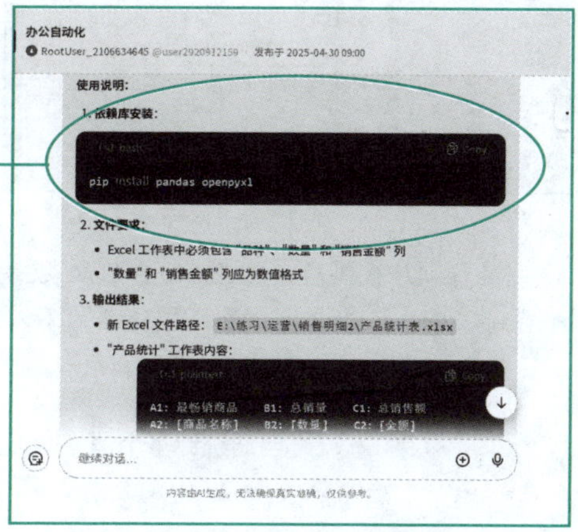
办公自动化
使用说明:
1. 依赖库安装:
pip install pandas openpyxl
2. 文件要求:
"数量"和"销售金额"列应为数值格式
3. 输出结果:
新 Excel 文件路径: E:\练习\运营\销售明细2\产品统计表.xlsx
"产品统计"工作表内容:
继续对话...

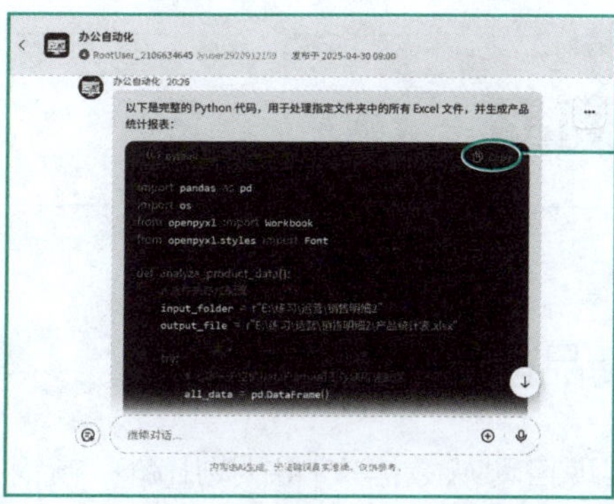
办公自动化
以下是完整的 Python 代码，用于处理指定文件夹中的所有 Excel 文件，并生成产品统计报表:
import pandas as pd
import os
from openpyxl import Workbook
from openpyxl.styles import Font
all_data = pd.DataFrame()

③ 在智能体编写的 Python 程序框右上角，单击“Copy”按钮复制所编写的程序代码。

图 5-12

④ 打开“IDLE Shell”程序，新建一个 IDLE 文件，按“Ctrl+V”组合键，将 Python 程序代码粘贴到新建的文件中，并按“Ctrl+S”组合键保存程序文件。接着按 F5 键运行编写的程序代码，对程序代码进行测试。

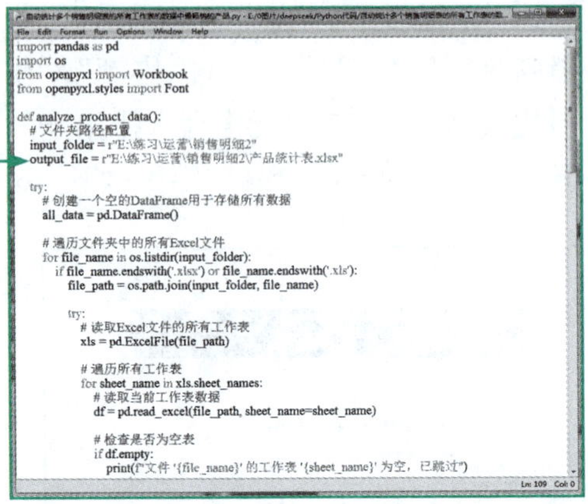
import pandas as pd
import os
from openpyxl import Workbook
from openpyxl.styles import Font
def analyze_product_data():
# 文件夹路径配置
input_folder = r"E:\练习\运营\销售明细2"
output_file = r"E:\练习\运营\销售明细2\产品统计表.xlsx"
try:
# 创建一个空的DataFrame用于存储所有数据
all_data = pd.DataFrame()
# 遍历文件夹中的所有Excel文件
for file_name in os.listdir(input_folder):
if file_name.endswith('.xlsx') or file_name.endswith('.xls'):
file_path = os.path.join(input_folder, file_name)
try:
# 读取Excel文件的所有工作表
xls = pd.ExcelFile(file_path)
# 遍历所有工作表
for sheet_name in xls.sheet_names:
# 读取当前工作表数据
df = pd.read_excel(file_path, sheet_name=sheet_name)
# 检查是否为空表
if df.empty:
print(f"文件 '{file_name}' 的工作表 '{sheet_name}' 为空，已跳过")

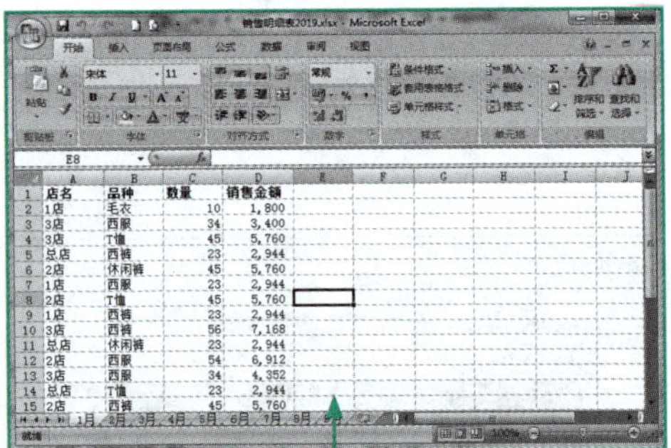
销售明细表2019.xlsx - Microsoft Excel
店名
品种
数量
销售金额

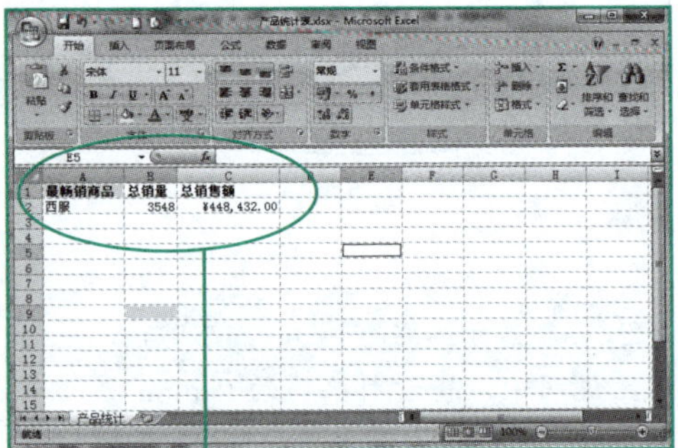
产品统计表.xlsx - Microsoft Excel
最畅销商品
总销量
总销售额
西服
3548
¥448,432.00
产品统计

⑤ 运行程序代码后，打开“销售明细表2019.xlsx”文档和“产品统计表.xlsx”新文档对比，看到程序把统计出的“最畅销商品”写入到新文档的“产品统计”工作表中，说明程序运行正常。

图 5-12　自动统计多个销售明细表的所有工作表的数据中最畅销的产品

5.4 自动分析超市商品

5.4.1 案例：自动找出超市畅销商品前 10 名

通过智能体编写一个 Python 程序，来实现自动从数据文档中找出超市畅销商品前 10 名。具体要求为：

批量对 E 盘中“练习”文件夹中“超市数据”子文件夹中的“超市销售数据 2020-9.xlsx”Excel 文档中的“销售数据”工作表中的数据，按“商品码”“商品名称”进行汇总，并对“数量”列进行求和计算。然后将汇总后的数据，按“数量”列进行降序排序。并提取排序数据中前 10 名的“商品码”列、“商品名称”列、“数量”列的数据，然后将提取的数据保存到“超市销售数据 2020-9.xlsx”Excel 文档中，以“商品分析”命名的新工作表中 A1：C11 单元格。如图 5-13 所示。

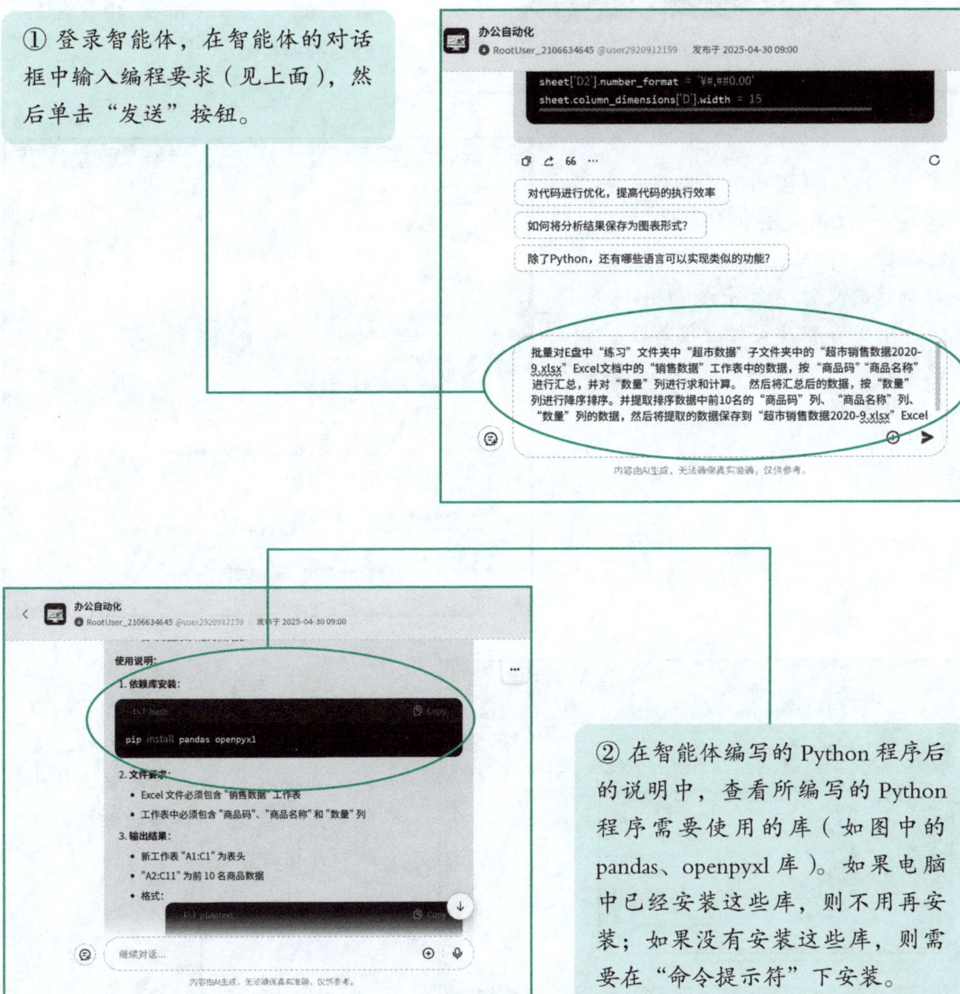
① 登录智能体，在智能体的对话框中输入编程要求（见上面），然后单击“发送”按钮。
办公自动化
sheet['D2'].number_format = '¥#,##0.00'
sheet.column_dimensions['D'].width = 15
对代码进行优化，提高代码的执行效率
如何将分析结果保存为图表形式?
除了Python，还有哪些语言可以实现类似的功能?
批量对E盘中“练习”文件夹中“超市数据”子文件夹中的“超市销售数据2020-9.xlsx”Excel文档中的“销售数据”工作表中的数据，按“商品码”“商品名称”进行汇总，并对“数量”列进行求和计算。然后将汇总后的数据，按“数量”列进行降序排序。并提取排序数据中前10名的“商品码”列、“商品名称”列、“数量”列的数据，然后将提取的数据保存到“超市销售数据2020-9.xlsx”Excel
使用说明：
1. 依赖库安装：
pip install pandas openpyxl
2. 文件要求：
Excel 文件必须包含“销售数据”工作表
工作表中必须包含“商品码”、“商品名称”和“数量”列
3. 输出结果：
新工作表“A1:C1”为表头
“A2:C11”为前 10 名商品数据
格式：
② 在智能体编写的 Python 程序后的说明中，查看所编写的 Python 程序需要使用的库（如图中的 pandas、openpyxl 库）。如果电脑中已经安装这些库，则不用再安装；如果没有安装这些库，则需要在“命令提示符”下安装。

图 5-13

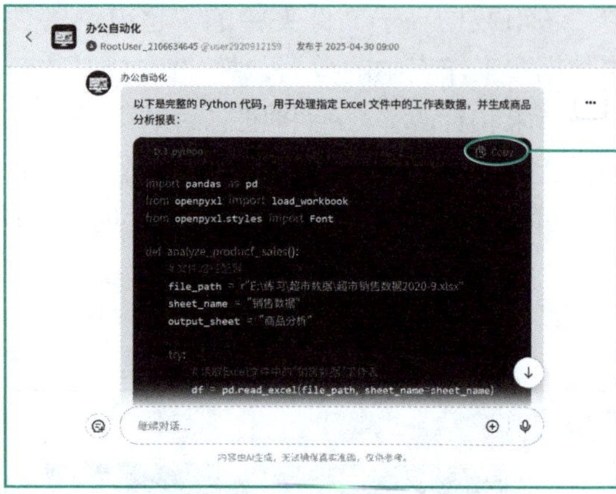

办公自动化
RootUser_2106634645 @user2920912159 发布于 2025-04-30 09:00
办公自动化
以下是完整的 Python 代码，用于处理指定 Excel 文件中的工作表数据，并生成商品分析报表：
Copy
import pandas as pd
from openpyxl import load_workbook
from openpyxl.styles import Font
def analyze_product_sales():
file_path = r"E:\练习\超市数据\超市销售数据2020-9.xlsx"
sheet_name = "销售数据"
output_sheet = "商品分析"
try:
df = pd.read_excel(file_path, sheet_name=sheet_name)
继续对话...

③ 在智能体编写的 Python 程序框右上角，单击“Copy”按钮复制所编写的程序代码。

④ 打开“IDLE Shell”程序，新建一个 IDLE 文件，按“Ctrl+V”组合键，将 Python 程序代码粘贴到新建的文件中，并按“Ctrl+S”组合键保存程序文件。接着按 F5 键运行编写的程序代码，对程序代码进行测试。

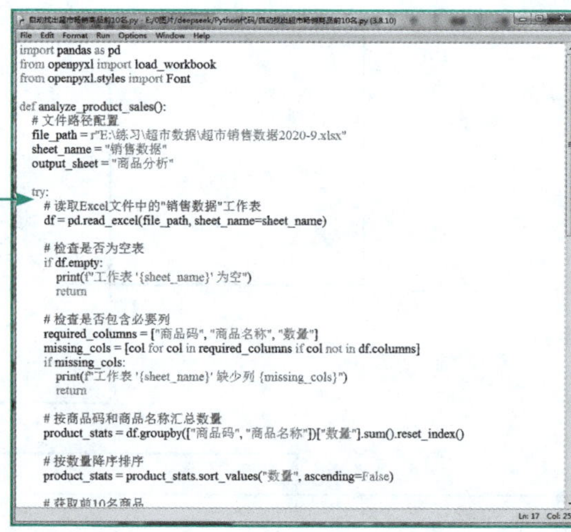

File Edit Format Run Options Window Help
import pandas as pd
from openpyxl import load_workbook
from openpyxl.styles import Font
def analyze_product_sales():
# 文件路径配置
file_path = r"E:\练习\超市数据\超市销售数据2020-9.xlsx"
sheet_name = "销售数据"
output_sheet = "商品分析"
try:
# 读取Excel文件中的"销售数据"工作表
df = pd.read_excel(file_path, sheet_name=sheet_name)
# 检查是否为空表
if df.empty:
print(f"工作表 '{sheet_name}' 为空")
return
# 检查是否包含必要列
required_columns = ["商品码", "商品名称", "数量"]
missing_cols = [col for col in required_columns if col not in df.columns]
if missing_cols:
print(f"工作表 '{sheet_name}' 缺少列 {missing_cols}")
return
# 按商品码和商品名称汇总数量
product_stats = df.groupby(["商品码", "商品名称"])["数量"].sum().reset_index()
# 按数量降序排序
product_stats = product_stats.sort_values("数量", ascending=False)
# 获取前10名商品
Ln: 17 Col: 25

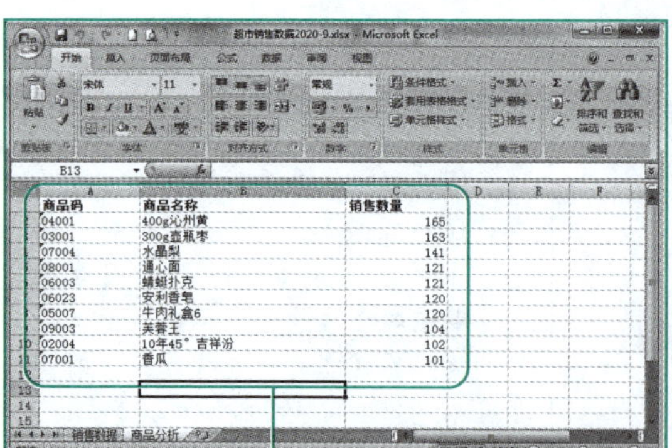

超市销售数据2020-9.xlsx - Microsoft Excel
商品码 商品名称 销售数量
04001 400g沁州黄 165
03001 300g壶瓶枣 163
07004 水晶梨 141
08001 通心面 121
06003 蜻蜓扑克 121
06023 安利香皂 120
05007 牛肉礼盒6 120
09003 芙蓉王 104
02004 10年45°吉祥汾 102
07001 香瓜 101
销售数据 商品分析

⑤ 运行程序代码后，打开“超市销售数据 2020-9.xlsx”文档，看到“商品分析”工作表中统计出超市畅销前 10 的商品的数据，说明程序运行正常。

图 5-13 自动找出超市畅销商品前 10 名

5.4.2 案例：从多个数据文件中自动找出超市畅销商品前 10 名

通过智能体编写一个 Python 程序，来实现自动从多个数据文件中自动找出超市畅销商品前 10 名。具体要求为：

批量将 E 盘中“练习”文件夹中“超市数据”子文件夹中“商品分析”子文件夹下的所有 Excel 文档中的“销售数据”工作表中的数据集合在一起，然后按“商品码”“商品名称”进行汇总，并对“数量”列进行求和计算。之后将汇总后的数据，按“数量”列进行降序排序。并提取排序前 10 名的“商品码”列、“商品名称”列、“数量”列的数据，然后将提取的数据保存到 E 盘中“练习”文件夹中“超市数据”子文件夹中“商品分析”子文件夹下一个名称为“商品分析 .xlsx”的新 Excel 文档中，以“商品分析”命名的新工作表中的 A1：C11 单元格。如图 5-14 所示。

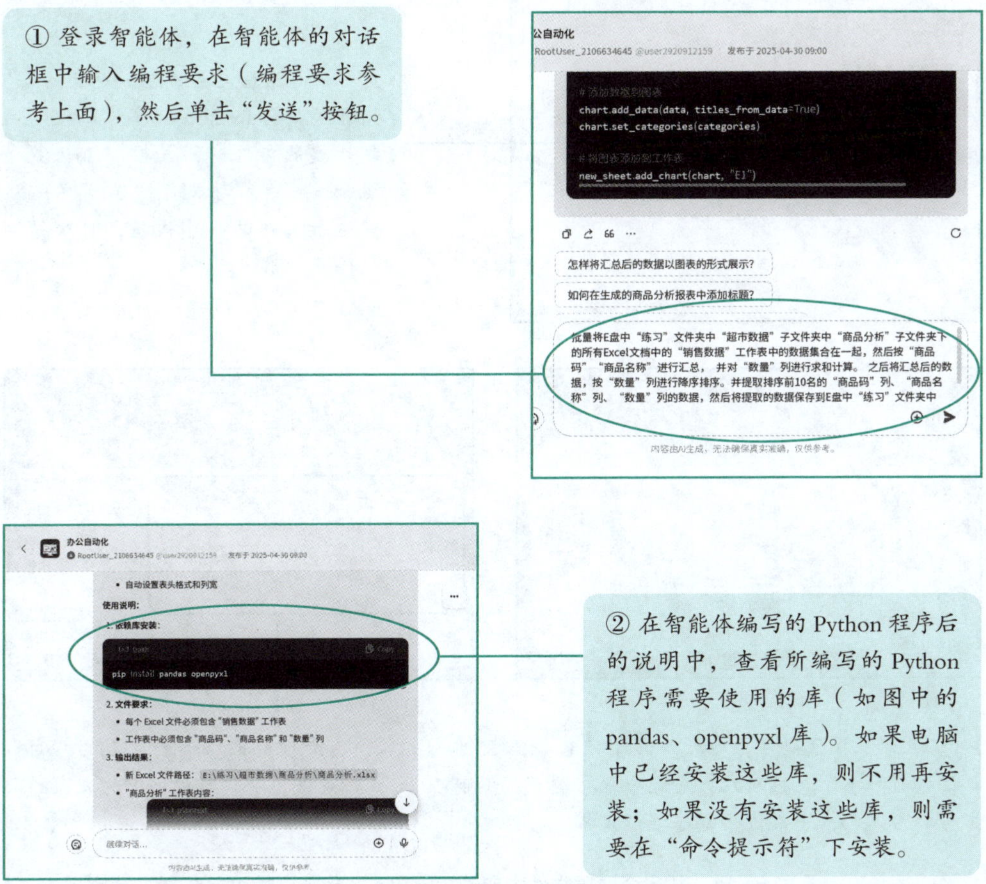

① 登录智能体，在智能体的对话框中输入编程要求（编程要求参考上面），然后单击“发送”按钮。
② 在智能体编写的 Python 程序后的说明中，查看所编写的 Python 程序需要使用的库（如图中的 pandas、openpyxl 库）。如果电脑中已经安装这些库，则不用再安装；如果没有安装这些库，则需要在“命令提示符”下安装。

图 5-14

③ 在智能体编写的 Python 程序框右上角，单击“Copy”按钮复制所编写的程序代码。

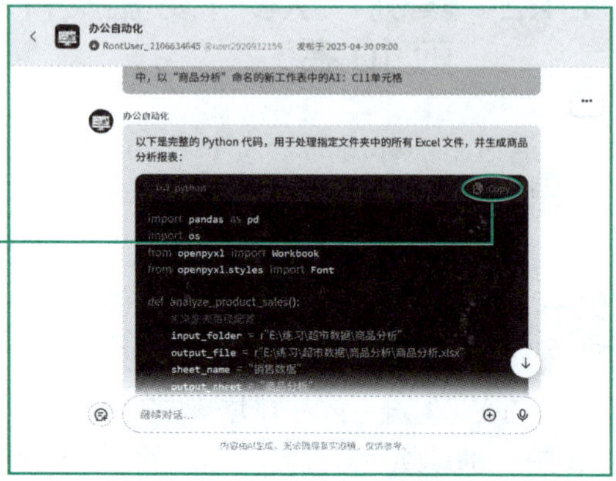
办公自动化
中，以“商品分析”命名的新工作表中的A1：C11单元格
办公自动化
以下是完整的 Python 代码，用于处理指定文件夹中的所有 Excel 文件，并生成商品分析报表：
Copy
import pandas as pd
import os
from openpyxl import Workbook
from openpyxl.styles import Font
def analyze_product_sales():
input_folder = r"E:\练习\超市数据\商品分析"
output_file = r"E:\练习\超市数据\商品分析\商品分析.xlsx"
sheet_name = "销售数据"
继续对话...

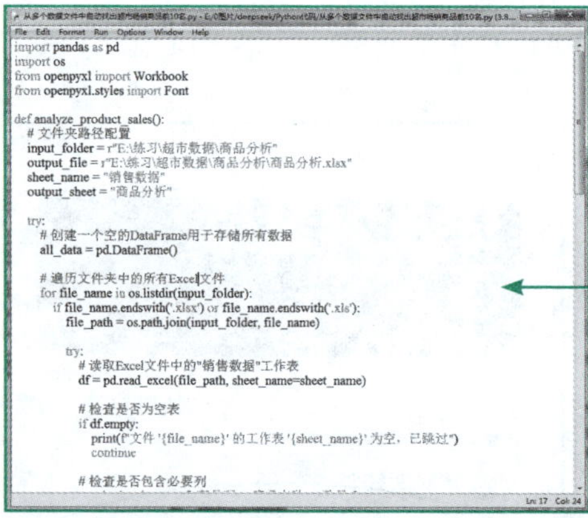
import pandas as pd
import os
from openpyxl import Workbook
from openpyxl.styles import Font
def analyze_product_sales():
# 文件夹路径配置
input_folder = r"E:\练习\超市数据\商品分析"
output_file = r"E:\练习\超市数据\商品分析\商品分析.xlsx"
sheet_name = "销售数据"
output_sheet = "商品分析"
try:
# 创建一个空的DataFrame用于存储所有数据
all_data = pd.DataFrame()
# 遍历文件夹中的所有Excel文件
for file_name in os.listdir(input_folder):
if file_name.endswith('.xlsx') or file_name.endswith('.xls'):
file_path = os.path.join(input_folder, file_name)
try:
# 读取Excel文件中的"销售数据"工作表
df = pd.read_excel(file_path, sheet_name=sheet_name)
# 检查是否为空表
if df.empty:
print(f"文件 '{file_name}' 的工作表 '{sheet_name}' 为空，已跳过")
continue
检查是否包含必要列
Ln: 17 Col: 24

④ 打开“IDLE Shell”程序，新建一个 IDLE 文件，按“Ctrl+V”组合键，将 Python 程序代码粘贴到新建的文件中，并按“Ctrl+S”组合键保存程序文件。接着按 F5 键运行编写的程序代码，对程序代码进行测试。

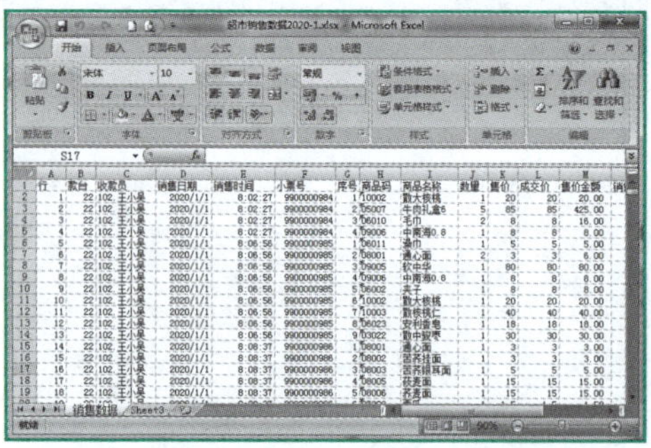
超市销售数据2020-1.xlsx - Microsoft Excel

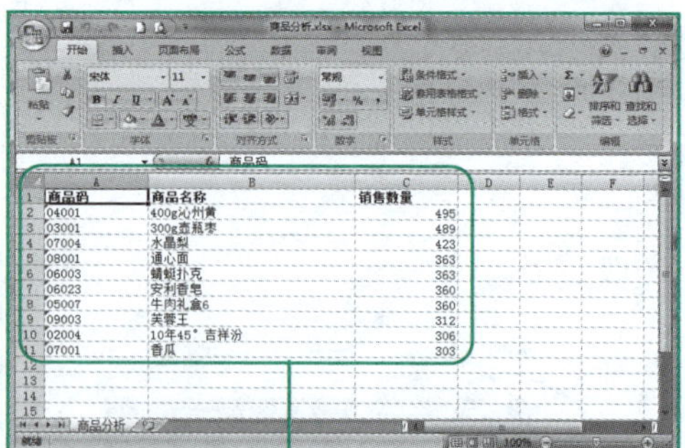
商品分析.xlsx - Microsoft Excel
商品码
商品名称
销售数量
04001
400g沁州黄
495
03001
300g燕麦
489
07004
水晶梨
423
08001
通心面
363
06003
蜻蜓扑克
363
06023
安利香皂
360
05007
牛肉礼盒6
360
09003
美蒂王
312
02004
10年45°吉祥汾
306
07001
香瓜
303
商品分析

⑤ 运行程序代码后，打开“超市销售数据 2020-1”等所有处理的文档和新生成的“商品分析.xlsx”文档对比，看到程序把超市畅销前 10 商品的数据复制到新文档中的“商品分析”工作表中，说明程序运行正常。

图 5-14　从多个数据文件中自动找出超市畅销商品前 10 名

5.5 自动分析超市客流

5.5.1 案例：自动分析每天超市客流高峰时段

通过智能体编写一个 Python 程序，来实现自动分析每天超市客流高峰时段。具体要求为：

批量对 E 盘中“练习”文件夹中“超市数据”子文件夹中的“超市销售数据 2020-9.xlsx”Excel 文档中的“销售数据”工作表中的数据进行分析。具体为：先选择“销售日期”列为“2020/9/2”的行数据，然后将所选择的数据中的“销售时间”时间格式转换为小时。之后对“销售时间”列和“小票号”列进行去重复操作，然后按“销售时间”进行分类汇总，并对“小票号”进行计数运算。然后提取“销售时间”和“小票号”计数数据，保存到 E 盘中“练习”文件夹中“超市数据”子文件夹中一个名称为“客流分析 - 日 .xlsx”的新 Excel 文档中，以“客流分析”命名的新工作表中。如图 5-15 所示。

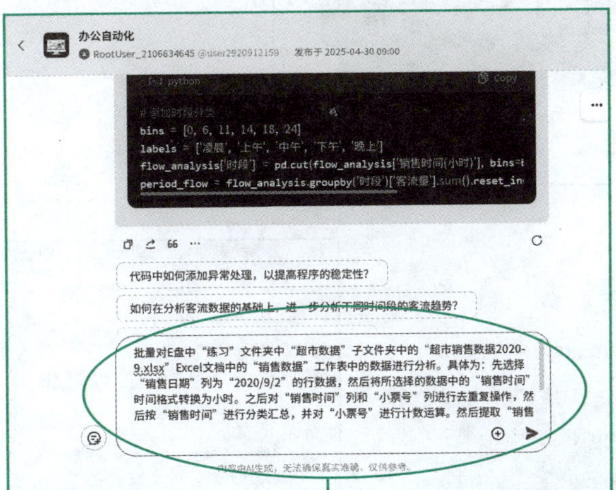
办公自动化
RootUser_2106634645 @user2920912159 发布于 2025-04-30 09:00
python
Copy
bins = [0, 6, 11, 14, 18, 24]
flow_analysis['时段'] = pd.cut(flow_analysis['销售时间(小时)'], bins=
period_flow = flow_analysis.groupby('时段')['客流量'].sum().reset_in
66
代码中如何添加异常处理，以提高程序的稳定性?
如何在分析客流数据的基础上，进一步分析不同时间段的客流趋势?
批量对E盘中“练习”文件夹中“超市数据”子文件夹中的“超市销售数据2020-9.xlsx”Excel文档中的“销售数据”工作表中的数据进行分析。具体为：先选择“销售日期”列为“2020/9/2”的行数据，然后将所选择的数据中的“销售时间”时间格式转换为小时。之后对“销售时间”列和“小票号”列进行去重复操作，然后按“销售时间”进行分类汇总，并对“小票号”进行计数运算。然后提取“销售

①登录智能体，在智能体的对话框中输入编程要求（编程要求参考上面），然后单击“发送”按钮。

图 5-15

② 在智能体编写的 Python 程序后的说明中，查看所编写的 Python 程序需要使用的库（如图中的 pandas、openpyxl 库）。如果电脑中已经安装这些库，则不用再安装；如果没有安装这些库，则需要在“命令提示符”下安装。

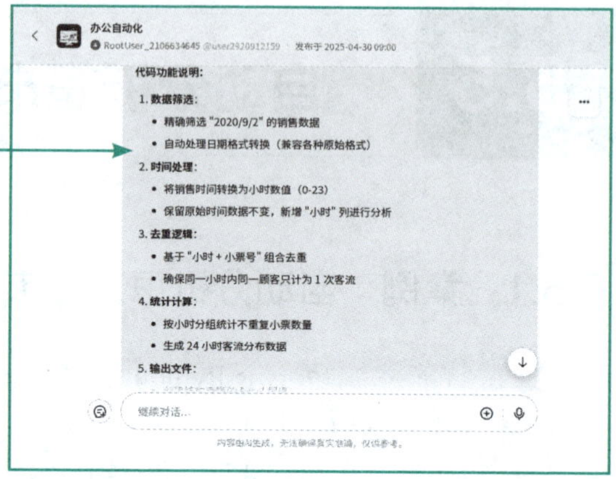
办公自动化
RootUser_2106634645 @user2920912159 发布于 2025-04-30 09:00
代码功能说明：
1. 数据筛选：
• 精确筛选 "2020/9/2" 的销售数据
• 自动处理日期格式转换（兼容各种原始格式）
2. 时间处理：
• 将销售时间转换为小时数值（0-23）
• 保留原始时间数据不变，新增 "小时" 列进行分析
3. 去重逻辑：
• 基于 "小时 + 小票号" 组合去重
• 确保同一小时内同一顾客只计为 1 次客流
4. 统计计算：
• 按小时分组统计不重复小票数量
• 生成 24 小时客流分布数据
5. 输出文件：
继续对话...

③ 在智能体编写的 Python 程序框右上角，单击“Copy”按钮复制所编写的程序代码。

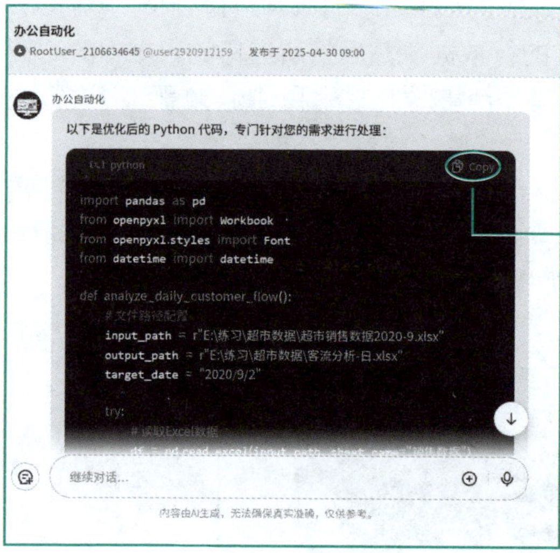
办公自动化
RootUser_2106634645 @user2920912159 发布于 2025-04-30 09:00
办公自动化
以下是优化后的 Python 代码，专门针对您的需求进行处理：
python
Copy
import pandas as pd
from openpyxl import Workbook
from openpyxl.styles import Font
from datetime import datetime
def analyze_daily_customer_flow():
# 文件路径配置
input_path = r"E:\练习\超市数据\超市销售数据2020-9.xlsx"
output_path = r"E:\练习\超市数据\客流分析-日.xlsx"
target_date = "2020/9/2"
try:
# 读取Excel数据
继续对话...
内容由AI生成，无法确保真实准确，仅供参考。

④ 打开“IDLE Shell”程序，新建一个 IDLE 文件，按“Ctrl+V”组合键，将 Python 程序代码粘贴到新建的文件中，并按“Ctrl+S”组合键保存程序文件。接着按 F5 键运行编写的程序代码，对程序代码进行测试。

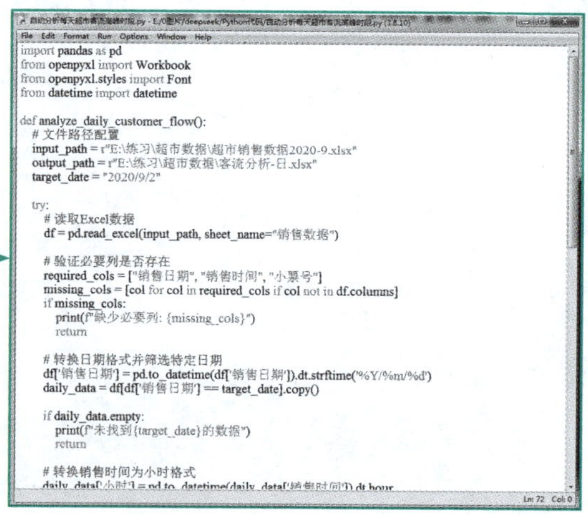
File Edit Format Run Options Window Help
import pandas as pd
from openpyxl import Workbook
from openpyxl.styles import Font
from datetime import datetime
def analyze_daily_customer_flow():
# 文件路径配置
input_path = r"E:\练习\超市数据\超市销售数据2020-9.xlsx"
output_path = r"E:\练习\超市数据\客流分析-日.xlsx"
target_date = "2020/9/2"
try:
# 读取Excel数据
df = pd.read_excel(input_path, sheet_name="销售数据")
# 验证必要列是否存在
required_cols = ["销售日期", "销售时间", "小票号"]
missing_cols = [col for col in required_cols if col not in df.columns]
if missing_cols:
print(f"缺少必要列: {missing_cols}")
return
转换日期格式并筛选特定日期
df['销售日期'] = pd.to_datetime(df['销售日期']).dt.strftime('%Y/%m/%d')
daily_data = df[df['销售日期'] == target_date].copy()
if daily_data.empty:
print(f"未找到{target_date}的数据")
return
转换销售时间为小时格式
Ln: 72 Col: 0

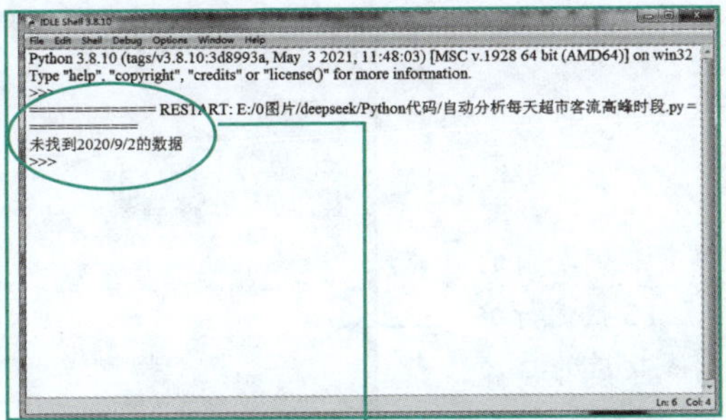
Python 3.8.10 (tags/v3.8.10:3d8993a, May 3 2021, 11:48:03) [MSC v.1928 64 bit (AMD64)] on win32
Type "help", "copyright", "credits" or "license()" for more information.
>>>
============== RESTART: E:/0图片/deepseek/Python代码/自动分析每天超市客流高峰时段.py =
未找到2020/9/2的数据
>>>

⑤ 运行程序后，出现错误提示。

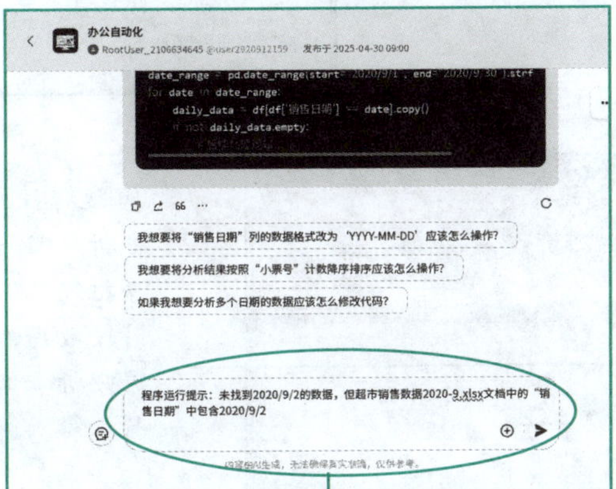
办公自动化
我想要将“销售日期”列的数据格式改为‘YYYY-MM-DD’应该怎么操作?
我想要将分析结果按照“小票号”计数降序排序应该怎么操作?
如果我想要分析多个日期的数据应该怎么修改代码?
程序运行提示：未找到2020/9/2的数据，但超市销售数据2020-9.xlsx文档中的“销售日期”中包含2020/9/2

⑥ 在智能体中输入“程序运行提示：未找到 2020/9/2 的数据，但超市销售数据 2020-9.×ls× 文档中的“销售日期”中包含 2020/9/2”，然后单击“发送”按钮。

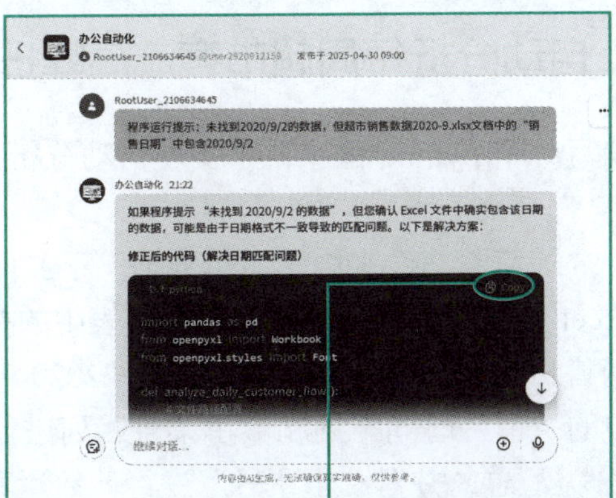
办公自动化
程序运行提示：未找到2020/9/2的数据，但超市销售数据2020-9.xlsx文档中的“销售日期”中包含2020/9/2
如果程序提示“未找到 2020/9/2 的数据”，但您确认 Excel 文件中确实包含该日期的数据，可能是由于日期格式不一致导致的匹配问题。以下是解决方案：
修正后的代码（解决日期匹配问题）
Copy
import pandas as pd
from openpyxl import Workbook
from openpyxl.styles import Font

⑦ 在智能体修改的 Python 程序框右上角，单击“Copy”按钮复制所修改编写的程序代码。

图 5-15

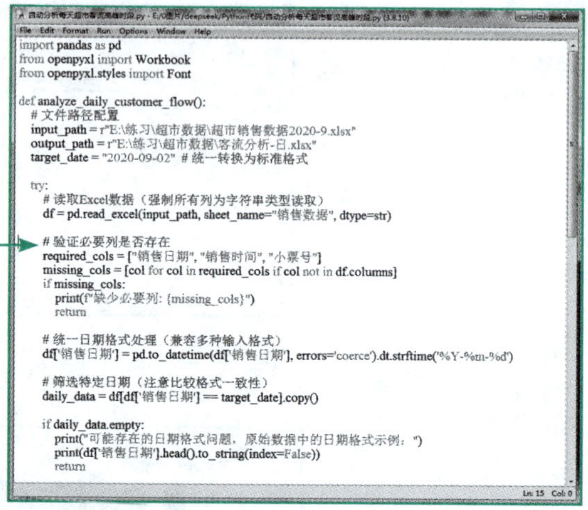

import pandas as pd
from openpyxl import Workbook
from openpyxl.styles import Font
def analyze_daily_customer_flow():
# 文件路径配置
input_path = r"E:\练习\超市数据\超市销售数据2020-9.xlsx"
output_path = r"E:\练习\超市数据\客流分析-日.xlsx"
target_date = "2020-09-02" # 统一转换为标准格式
try:
# 读取Excel数据（强制所有列为字符串类型读取）
df = pd.read_excel(input_path, sheet_name="销售数据", dtype=str)
# 验证必要列是否存在
required_cols = ["销售日期", "销售时间", "小票号"]
missing_cols = [col for col in required_cols if col not in df.columns]
if missing_cols:
print(f"缺少必要列: {missing_cols}")
return
统一日期格式处理（兼容多种输入格式）
df['销售日期'] = pd.to_datetime(df['销售日期'], errors='coerce').dt.strftime('%Y-%m-%d')
# 筛选特定日期（注意比较格式一致性）
daily_data = df[df['销售日期'] == target_date].copy()
if daily_data.empty:
print("可能存在的日期格式问题，原始数据中的日期格式示例：")
print(df['销售日期'].head().to_string(index=False))
return

⑧ 将修改后的程序复制到之前的程序文件中，然后按 F5 键运行编写的程序代码，对修改后的程序代码进行测试。

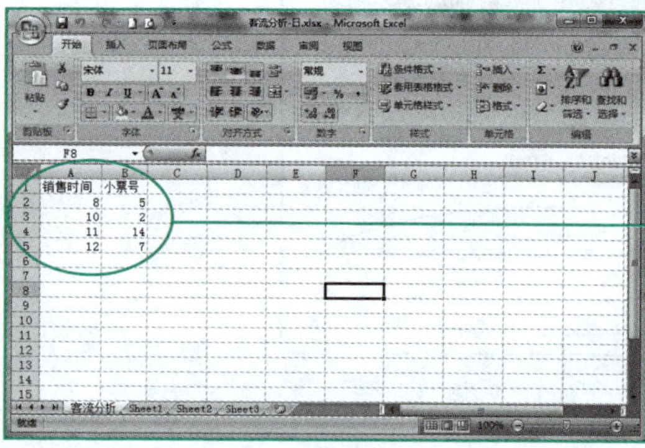

客流分析-日.xlsx - Microsoft Excel
销售时间
小票号
8
5
10
2
11
14
12
7
客流分析
Sheet1
Sheet2
Sheet3

⑨ 运行程序代码后，打开“客流分析 - 日 .xlsx”新文档，看到程序把统计出的每天超市客流高峰时段数据，写入到新文档的“客流分析”工作表中，说明程序运行正常。

图 5-15　自动分析每天超市客流高峰时段

5.5.2　案例：自动分析每周超市客流高峰日

通过智能体编写一个 Python 程序，来实现自动分析每周超市客流高峰日。具体要求为：

批量对 E 盘中“练习”文件夹中“超市数据”子文件夹中的“超市销售数据 2020-9.xlsx”Excel 文档中的“销售数据”工作表中的指定数据进行分析。具体为：先选择“销售日期”列中“2020-9-7”至“2020-9-13”的行数据，然后将所选择的数据中的“销售时间”列和“小票号”列进行去重复操作，然后按“销售日期”进行分类汇总，并对“小票号”进行计数运算。然后提取分类汇总后的“销售时间”和“小票号”计数数据，保存到 E 盘中“练习”文件夹中“超市数据”子文件夹中一个名称为“客流分析 - 周 .xlsx”的新 Excel 文档中，以“客流分析”命名的新工作表中的 A1:B8 单元格，并在 C1:C8 单元格分别写入“星期”“一”、“二”“三”“四”“五”“六”“日”。如图 5-16 所示。

① 登录智能体，在智能体的对话框中输入编程要求（编程要求参考上面），然后单击“发送”按钮。

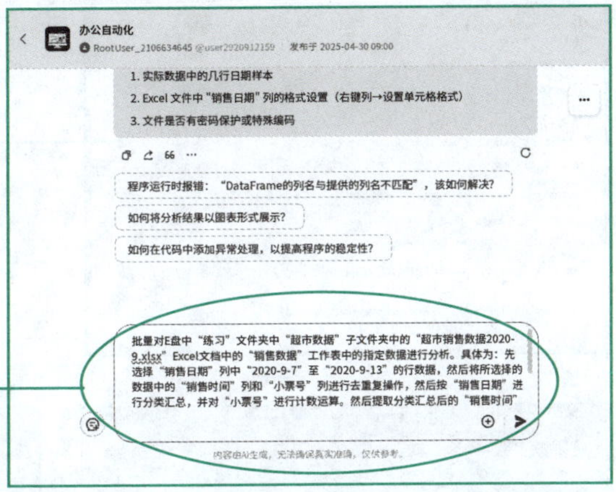

办公自动化
1. 实际数据中的几行日期样本
2. Excel 文件中“销售日期”列的格式设置（右键列→设置单元格格式）
3. 文件是否有密码保护或特殊编码
程序运行时报错：“DataFrame的列名与提供的列名不匹配”，该如何解决？
如何将分析结果以图表形式展示？
如何在代码中添加异常处理，以提高程序的稳定性？

② 在智能体编写的 Python 程序后的说明中，查看所编写的 Python 程序需要使用的库（如图中的 pandas、openpyxl 库）。如果电脑中已经安装这些库，则不用再安装；如果没有安装这些库，则需要在“命令提示符”下安装。

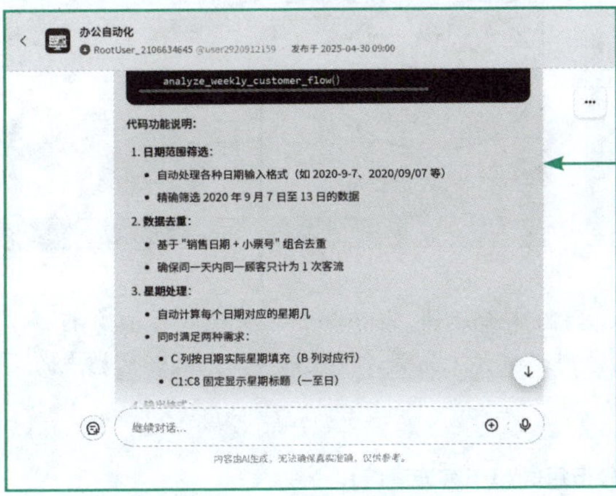

办公自动化
analyze_weekly_customer_flow()
代码功能说明：
1. 日期范围筛选：
自动处理各种日期输入格式（如 2020-9-7、2020/09/07 等）
精确筛选 2020 年 9 月 7 日至 13 日的数据
2. 数据去重：
基于“销售日期 + 小票号”组合去重
确保同一天内同一顾客只计为 1 次客流
3. 星期处理：
自动计算每个日期对应的星期几
同时满足两种需求：
C 列按日期实际星期填充（B 列对应行）
C1:C8 固定显示星期标题（一至日）
继续对话...

③ 在智能体编写的 Python 程序框右上角，单击“Copy”按钮复制所编写的程序代码。

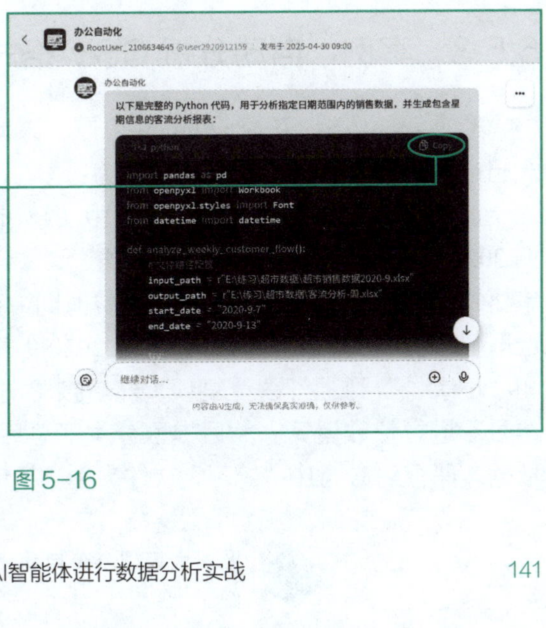

办公自动化
以下是完整的 Python 代码，用于分析指定日期范围内的销售数据，并生成包含星期信息的客流分析报表：
Copy
import pandas as pd
from openpyxl import Workbook
from openpyxl.styles import Font
from datetime import datetime
def analyze_weekly_customer_flow():
input_path = r"E:\练习\超市数据\超市销售数据2020-9.xlsx"
output_path = r"E:\练习\超市数据\客流分析-周.xlsx"
start_date = "2020-9-7"
end_date = "2020-9-13"
继续对话...

图 5-16

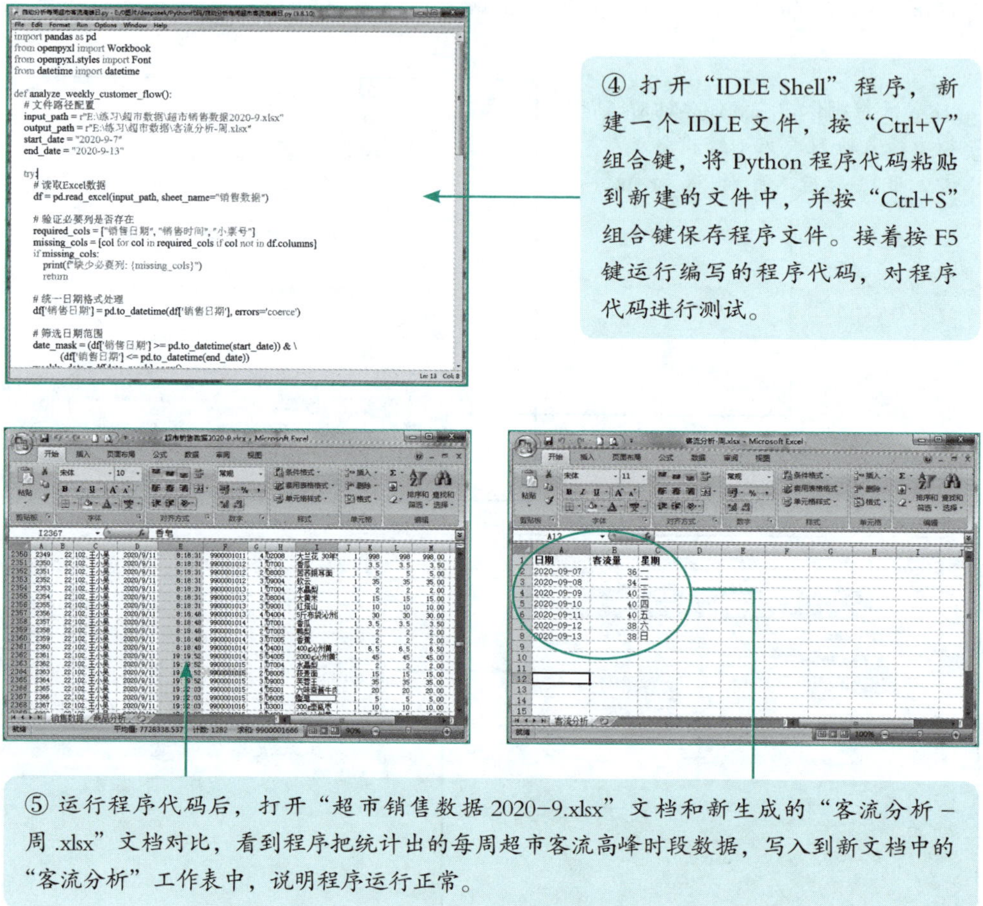
④ 打开“IDLE Shell”程序，新建一个 IDLE 文件，按“Ctrl+V”组合键，将 Python 程序代码粘贴到新建的文件中，并按“Ctrl+S”组合键保存程序文件。接着按 F5 键运行编写的程序代码，对程序代码进行测试。
⑤ 运行程序代码后，打开“超市销售数据 2020-9.xlsx”文档和新生成的“客流分析－周 .xlsx”文档对比，看到程序把统计出的每周超市客流高峰时段数据，写入到新文档中的“客流分析”工作表中，说明程序运行正常。

图 5-16　自动分析每周超市客流高峰日

5.5.3　案例：自动分析 CSV 格式超市数据

通过智能体编写一个 Python 程序，来实现对日期和时间在一列的 CSV 格式超市数据的处理分析。具体要求为：

批量对 E 盘中“练习”文件夹中“超市数据”子文件夹中的“超市销售数据 2020-6.csv”文档中的数据进行分析。具体为：先将“消费时间”列由字符串格式转换为时间格式，再将“消费时间”列中的日期时间格式设为日期格式，选取“消费时间”列在 2020-9-1 ～ 2020-9-30 之间的数据。接着对“消费时间”和“小票号”列进行去重复项，然后按“消费时间”进行分类汇总，并对“小票号”进行计数运算。然后提取分类汇总后的“消费时间”和“小票号”计数数据，保存到 E 盘中“练习”文件夹中“超市数据”子文件夹中一个名称为“客

流分析 - 分段 .xlsx”的新 Excel 文档中，以“客流分析”命名的新工作表中。如图 5-17 所示。

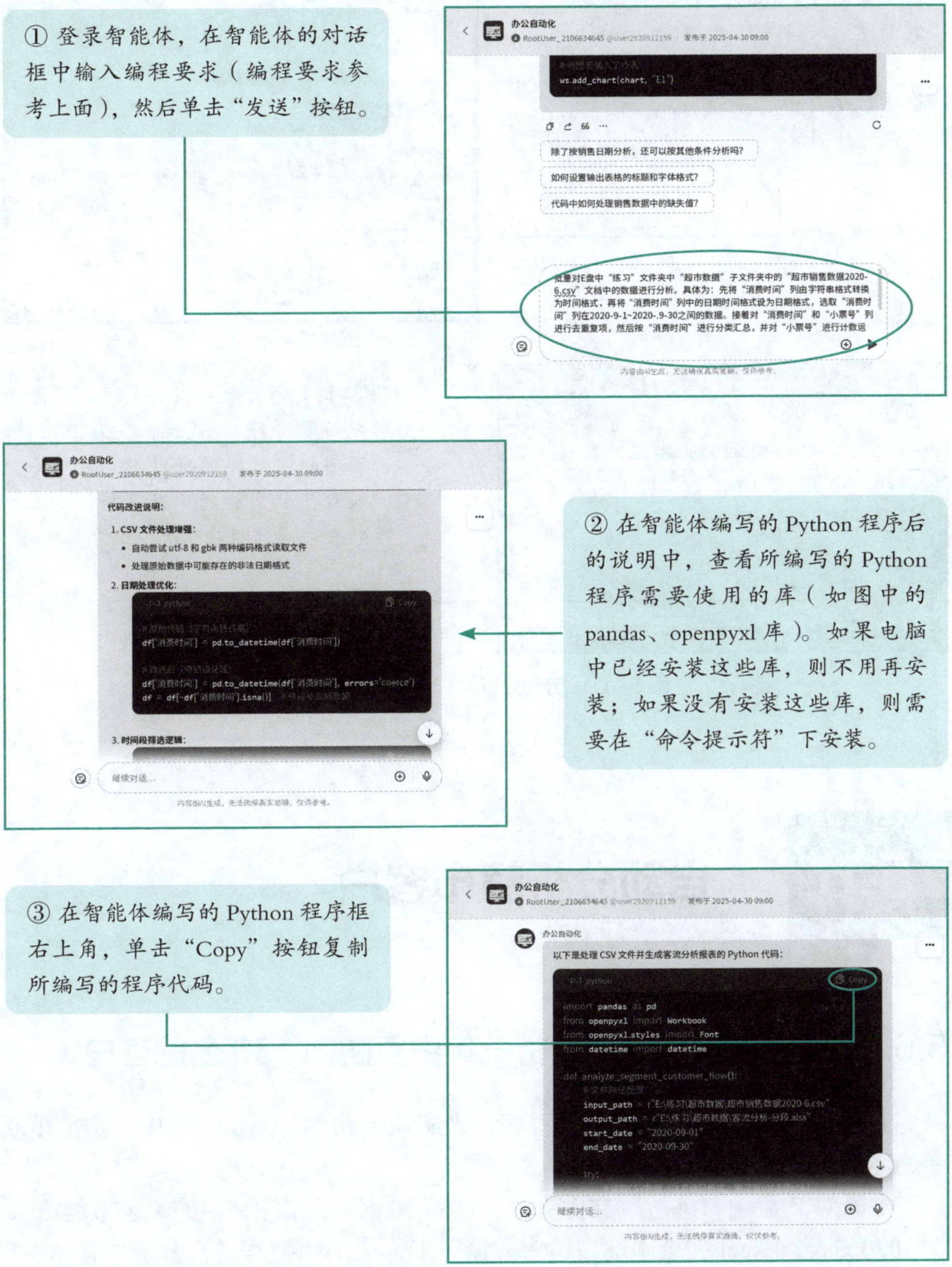
① 登录智能体，在智能体的对话框中输入编程要求（编程要求参考上面），然后单击“发送”按钮。
办公自动化
除了按销售日期分析，还可以按其他条件分析吗?
如何设置输出表格的标题和字体格式?
代码中如何处理销售数据中的缺失值?
② 在智能体编写的 Python 程序后的说明中，查看所编写的 Python 程序需要使用的库（如图中的 pandas、openpyxl 库）。如果电脑中已经安装这些库，则不用再安装；如果没有安装这些库，则需要在“命令提示符”下安装。
代码改进说明:
1. CSV 文件处理增强:
自动尝试 utf-8 和 gbk 两种编码格式读取文件
处理原始数据中可能存在的非法日期格式
2. 日期处理优化:
3. 时间段筛选逻辑:
③ 在智能体编写的 Python 程序框右上角，单击“Copy”按钮复制所编写的程序代码。
以下是处理 CSV 文件并生成客流分析报表的 Python 代码:

图 5-17

④ 打开“IDLE Shell”程序，新建一个IDLE文件，按“Ctrl+V”组合键，将Python程序代码粘贴到新建的文件中，并按“Ctrl+S”组合键保存程序文件。接着按F5键运行编写的程序代码，对程序代码进行测试。

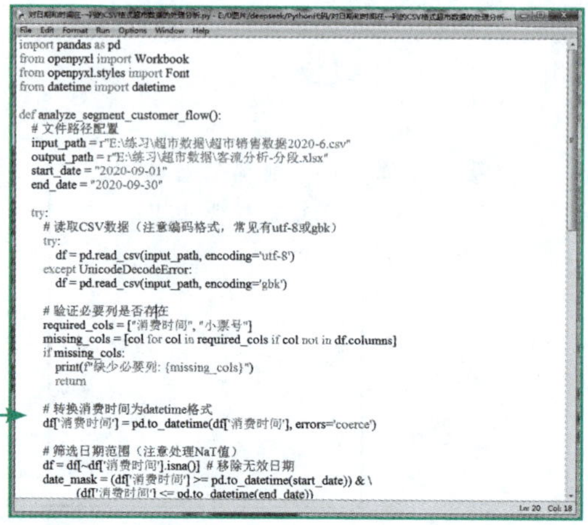

import pandas as pd
from openpyxl import Workbook
from openpyxl.styles import Font
from datetime import datetime
def analyze_segment_customer_flow():
# 文件路径配置
input_path = r"E:\练习\超市数据\超市销售数据2020-6.csv"
output_path = r"E:\练习\超市数据\客流分析-分段.xlsx"
start_date = "2020-09-01"
end_date = "2020-09-30"
try:
# 读取CSV数据（注意编码格式，常见有utf-8或gbk）
try:
df = pd.read_csv(input_path, encoding='utf-8')
except UnicodeDecodeError:
df = pd.read_csv(input_path, encoding='gbk')
# 验证必要列是否存在
required_cols = ["消费时间", "小票号"]
missing_cols = [col for col in required_cols if col not in df.columns]
if missing_cols:
print(f"缺少必要列: {missing_cols}")
return
转换消费时间为datetime格式
df['消费时间'] = pd.to_datetime(df['消费时间'], errors='coerce')
# 筛选日期范围（注意处理NaT值）
df = df[~df['消费时间'].isna()] # 移除无效日期
date_mask = (df['消费时间'] >= pd.to_datetime(start_date)) & \

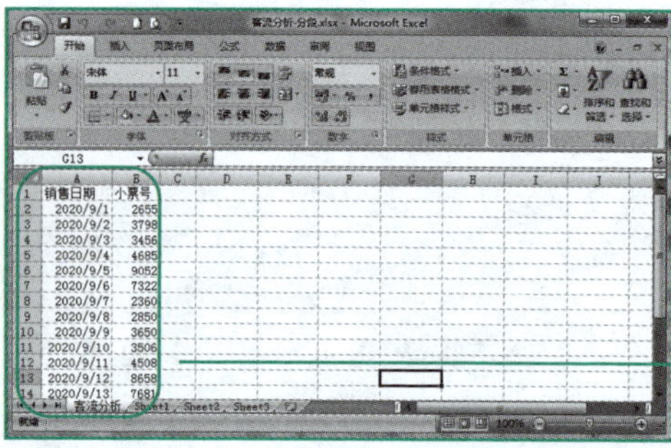

客流分析-分段.xlsx - Microsoft Excel
销售日期
小票号
2020/9/1 2655
2020/9/2 3798
2020/9/3 3456
2020/9/4 4685
2020/9/5 9052
2020/9/6 7322
2020/9/7 2360
2020/9/8 2850
2020/9/9 3650
2020/9/10 3506
2020/9/11 4508
2020/9/12 8658
2020/9/13 7681
客流分析

⑤ 运行程序代码后，打开“客流分析－分段.xlsx”新文档，看到程序把统计出的每日汇总数据写入到了新文档的“客流分析”工作表中，说明程序运行正常。

图5-17 自动分析CSV格式超市数据

5.6 自动分析超市客户

5.6.1 案例：自动统计分析一年中复购前100名的客户

通过智能体编写一个Python程序，来实现自动统计分析一年中复购前100名的客户。具体要求为：

批量对E盘中“练习”文件夹中“超市数据”子文件夹中的“超市销售数据2020.xlsx”Excel文档中的“销售数据”工作表的中数据进行分析。具体为：先对“销售时间”列、“小票号”列、“会员卡号”列进行去重复操作，然后按

"会员卡号"进行分类汇总，并对"小票号"进行计数运算。之后将分组后的数据在按"小票号"列进行降序排序，并取前100行。

然后提取排序数据中"会员卡号"和"小票号"列数据保存到E盘中"练习"文件夹中"超市数据"子文件夹中一个名称为"复购分析.xlsx"的新Excel文档中，以"复购分析"命名的新工作表中。如图5-18所示。

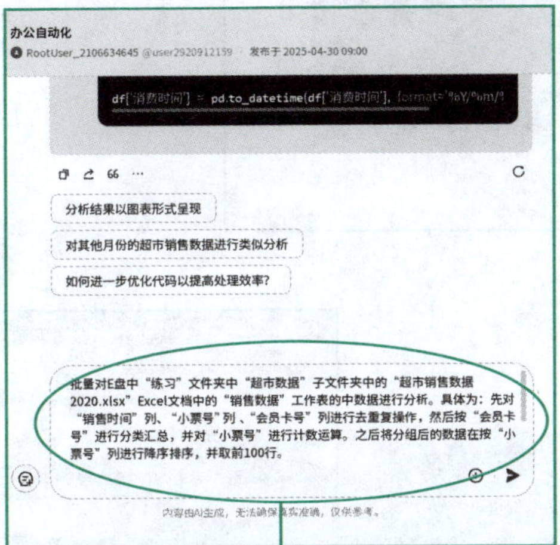
办公自动化
分析结果以图表形式呈现
对其他月份的超市销售数据进行类似分析
如何进一步优化代码以提高处理效率?
批量对E盘中"练习"文件夹中"超市数据"子文件夹中的"超市销售数据2020.xlsx"Excel文档中的"销售数据"工作表的中数据进行分析。具体为：先对"销售时间"列、"小票号"列、"会员卡号"列进行去重复操作，然后按"会员卡号"进行分类汇总，并对"小票号"进行计数运算。之后将分组后的数据在按"小票号"列进行降序排序，并取前100行。

① 登录智能体，在智能体的对话框中输入编程要求（编程要求参考上面），然后单击"发送"按钮。

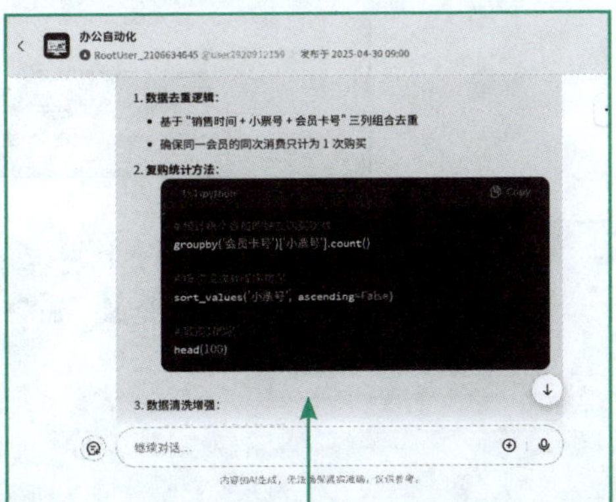
办公自动化
1. 数据去重逻辑:
基于"销售时间＋小票号＋会员卡号"三列组合去重
确保同一会员的同次消费只计为1次购买
2. 复购统计方法:
groupby('会员卡号')['小票号'].count()
sort_values('小票号', ascending=False)
head(100)
3. 数据清洗增强:

② 在智能体编写的Python程序后的说明中，查看所编写的Python程序需要使用的库（如图中的pandas、openpyxl库）。如果电脑中已经安装这些库，则不用再安装；如果没有安装这些库，则需要在"命令提示符"下安装。

图5-18

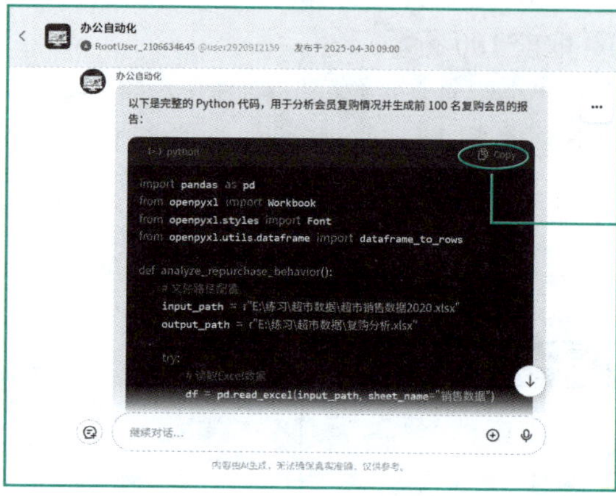
办公自动化
以下是完整的 Python 代码，用于分析会员复购情况并生成前 100 名复购会员的报告：
import pandas as pd
from openpyxl import Workbook
from openpyxl.styles import Font
from openpyxl.utils.dataframe import dataframe_to_rows
def analyze_repurchase_behavior():
input_path = r"E:\练习\超市数据\超市销售数据2020.xlsx"
output_path = r"E:\练习\超市数据\复购分析.xlsx"
try:
df = pd.read_excel(input_path, sheet_name="销售数据")

③ 在智能体编写的 Python 程序框右上角，单击“Copy”按钮复制所编写的程序代码。

④ 打开“IDLE Shell”程序，新建一个 IDLE 文件，按“Ctrl+V”组合键，将 Python 程序代码粘贴到新建的文件中，并按“Ctrl+S”组合键保存程序文件。接着按 F5 键运行编写的程序代码，对程序代码进行测试。

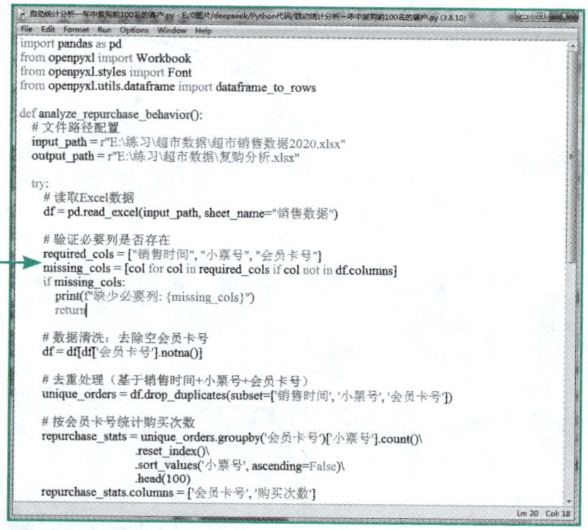
import pandas as pd
from openpyxl import Workbook
from openpyxl.styles import Font
from openpyxl.utils.dataframe import dataframe_to_rows
def analyze_repurchase_behavior():
# 文件路径配置
input_path = r"E:\练习\超市数据\超市销售数据2020.xlsx"
output_path = r"E:\练习\超市数据\复购分析.xlsx"
try:
# 读取Excel数据
df = pd.read_excel(input_path, sheet_name="销售数据")
# 验证必要列是否存在
required_cols = ["销售时间", "小票号", "会员卡号"]
missing_cols = [col for col in required_cols if col not in df.columns]
if missing_cols:
print(f"缺少必要列: {missing_cols}")
return
# 数据清洗：去除空会员卡号
df = df[df['会员卡号'].notna()]
# 去重处理（基于销售时间+小票号+会员卡号）
unique_orders = df.drop_duplicates(subset=['销售时间', '小票号', '会员卡号'])
# 按会员卡号统计购买次数
repurchase_stats = unique_orders.groupby('会员卡号')['小票号'].count()\
.reset_index()\
.sort_values('小票号', ascending=False)\
.head(100)
repurchase_stats.columns = ['会员卡号', '购买次数']
Ln: 20 Col: 18

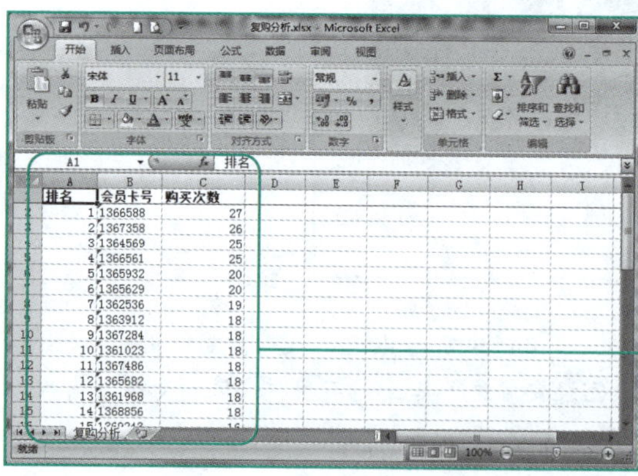
复购分析.xlsx - Microsoft Excel
排名
会员卡号
购买次数
复购分析

⑤ 运行程序代码后，打开“复购分析 .xlsx”新文档，看到程序把复购前 100 名的客户数据，提取到了新文档中的“复购分析”工作表中，说明程序运行正常。

图 5-18　自动统计分析一年中复购前 100 名的客户

5.6.2 案例：自动统计分析超市客单价和客单量

通过智能体编写一个 Python 程序，来实现自动统计分析超市客单价和客单量。具体要求为：

批量对 E 盘中“练习”文件夹中“超市数据”子文件夹中的“超市销售数据 2020.xlsx”Excel 文档中的“销售数据”工作表中的数据进行分析。具体为：先对数据中的“销售金额”列、“数量”列分别进行求和计算，然后对“会员卡号”和“小票号”列进行去重复操作，再对去重后的数据中的“会员卡号”列进行计数运算。之后在 E 盘中“练习”文件夹中“超市数据”子文件夹中新建一个名称为“营销分析 .xlsx”的新 Excel 文档，并在新文档中新建“营销分析”新工作表。接着在“营销分析”工作表的 A1 和 A2 单元格分别写入“客单价”和“客单量”，在 B1 单元格写入“销售金额”列求和值除以“会员卡号”列的计数值得到的计算值，在 B2 单元格写入“数量”列求和值除以“会员卡号”列的计数值得到的计算值。如图 5-19 所示。

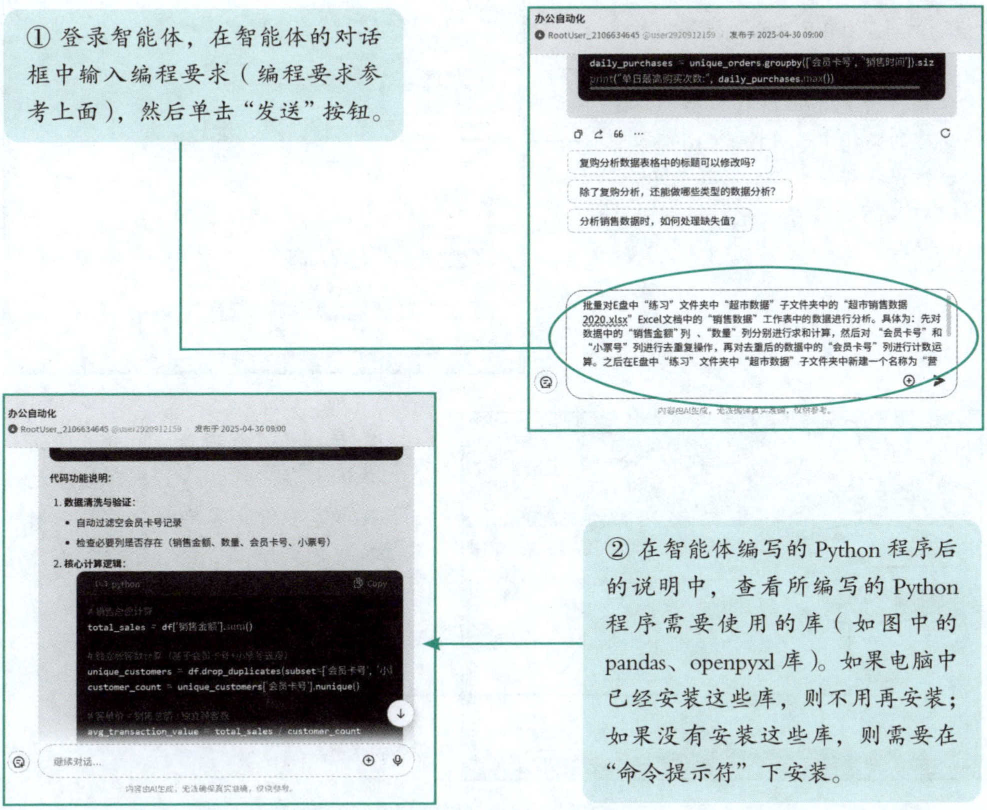
① 登录智能体，在智能体的对话框中输入编程要求（编程要求参考上面），然后单击“发送”按钮。
② 在智能体编写的 Python 程序后的说明中，查看所编写的 Python 程序需要使用的库（如图中的 pandas、openpyxl 库）。如果电脑中已经安装这些库，则不用再安装；如果没有安装这些库，则需要在“命令提示符”下安装。

图 5-19

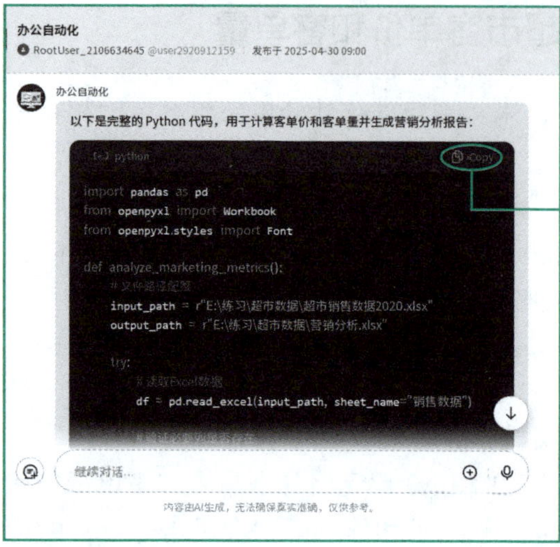
办公自动化
RootUser_2106634645 @user2920912159 发布于 2025-04-30 09:00
办公自动化
以下是完整的 Python 代码，用于计算客单价和客单量并生成营销分析报告：
python
Copy
import pandas as pd
from openpyxl import Workbook
from openpyxl.styles import Font
def analyze_marketing_metrics():
input_path = r"E:\练习\超市数据\超市销售数据2020.xlsx"
output_path = r"E:\练习\超市数据\营销分析.xlsx"
try:
df = pd.read_excel(input_path, sheet_name="销售数据")
继续对话...
内容由AI生成，无法确保真实准确，仅供参考。

③ 在智能体编写的 Python 程序框右上角，单击“Copy”按钮复制所编写的程序代码。

④ 打开“IDLE Shell”程序，新建一个 IDLE 文件，按“Ctrl+V”组合键，将 Python 程序代码粘贴到新建的文件中，并按“Ctrl+S”组合键保存程序文件。接着按 F5 键运行编写的程序代码，对程序代码进行测试。

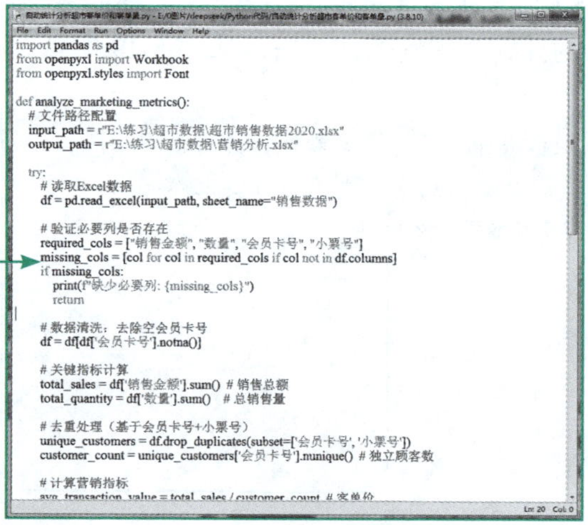
File Edit Format Run Options Window Help
import pandas as pd
from openpyxl import Workbook
from openpyxl.styles import Font
def analyze_marketing_metrics():
# 文件路径配置
input_path = r"E:\练习\超市数据\超市销售数据2020.xlsx"
output_path = r"E:\练习\超市数据\营销分析.xlsx"
try:
# 读取Excel数据
df = pd.read_excel(input_path, sheet_name="销售数据")
# 验证必要列是否存在
required_cols = ["销售金额", "数量", "会员卡号", "小票号"]
missing_cols = [col for col in required_cols if col not in df.columns]
if missing_cols:
print(f"缺少必要列: {missing_cols}")
return
# 数据清洗：去除空会员卡号
df = df[df['会员卡号'].notna()]
# 关键指标计算
total_sales = df['销售金额'].sum() # 销售总额
total_quantity = df['数量'].sum() # 总销售量
# 去重处理（基于会员卡号+小票号）
unique_customers = df.drop_duplicates(subset=['会员卡号', '小票号'])
customer_count = unique_customers['会员卡号'].nunique() # 独立顾客数
# 计算营销指标
Ln: 20 Col: 0

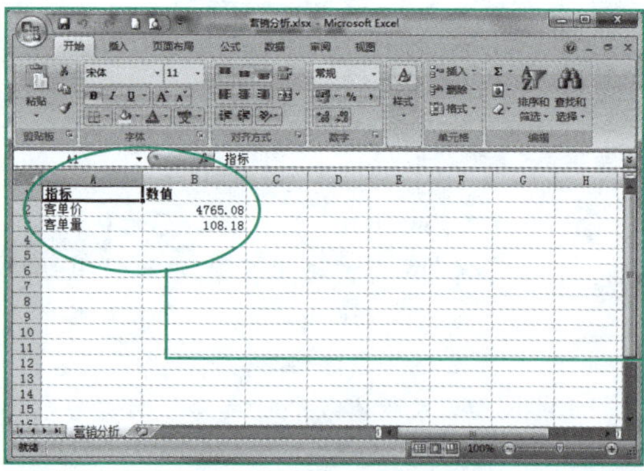
营销分析.xlsx - Microsoft Excel
开始 插入 页面布局 公式 数据 审阅 视图
宋体 11 常规
粘贴 剪贴板 字体 对齐方式 数字 样式 单元格 编辑
排序和筛选 查找和选择
A1 指标
指标 数值
客单价 4765.08
客单量 108.18
营销分析
就绪 100%

⑤ 运行程序代码后，打开“营销分析 .xlsx”新文档，看到程序把超市客单价和客单量分析数据写入到新文档中“营销分析”工作表中，说明程序运行正常。

图 5-19 自动统计分析超市客单价和客单量

第 6 章

利用 AI 智能体实现 Word 自动化实战

利用 AI 智能体编写 Python 程序对各种 Word 文档进行批量处理，以此实现 Word 办公自动化。本章将结合大量实战案例，重点讲解利用 AI 智能体实现自动批量处理 Word 办公文档的方法。

6.1 Word 文档自动化操作实战

6.1.1 案例：自动批量新建 Word 新文档

通过智能体编写一个 Python 程序，来实现自动批量新建 Word 新文档。具体要求为：

批量在 E 盘中“练习”文件夹中“成绩单”子文件夹中新建 Word 文档，新建的 Word 文档名称以 E 盘“练习”文件夹中“成绩单”子文件夹中的“学生姓名 .xlsx” Excel 文档中“高二 3 班”工作表中“姓名”列的名称来命名，“姓名”列中每一个姓名都新建一个 Word 文档。如图 6-1 所示。

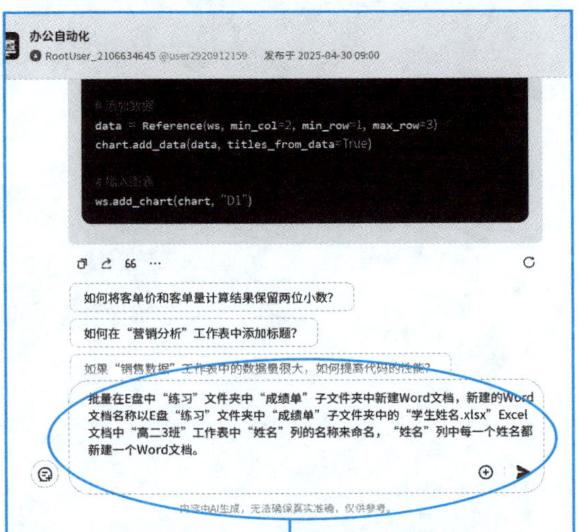
办公自动化
RootUser_2106634645 @user2920912159 发布于 2025-04-30 09:00
data = Reference(ws, min_col=2, min_row=1, max_row=3)
chart.add_data(data, titles_from_data=True)
ws.add_chart(chart, "D1")
如何将客单价和客单量计算结果保留两位小数?
如何在“营销分析”工作表中添加标题?
批量在E盘中“练习”文件夹中“成绩单”子文件夹中新建Word文档，新建的Word文档名称以E盘“练习”文件夹中“成绩单”子文件夹中的“学生姓名.xlsx”Excel文档中“高二3班”工作表中“姓名”列的名称来命名，“姓名”列中每一个姓名都新建一个Word文档。

① 登录智能体，在智能体的对话框中输入编程要求（见上面），然后单击“发送”按钮。

② 在智能体编写的 Python 程序后的说明中，查看所编写的 Python 程序需要使用的库（如图中的 pandas、python-docx、openpyxl 库）。如果电脑中已经安装这些库，则不用再安装；如果没有安装这些库，则需要在“命令提示符”下安装。

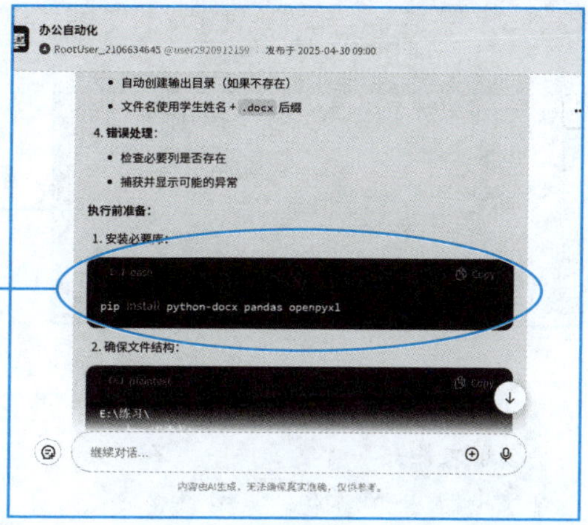
办公自动化
RootUser_2106634645 @user2920912159 发布于 2025-04-30 09:00
• 自动创建输出目录（如果不存在）
• 文件名使用学生姓名 + .docx 后缀
4. 错误处理：
• 检查必要列是否存在
• 捕获并显示可能的异常
执行前准备：
1. 安装必要库：
pip install python-docx pandas openpyxl
2. 确保文件结构：
E:\练习\
继续对话...
内容由AI生成，无法确保真实准确，仅供参考。

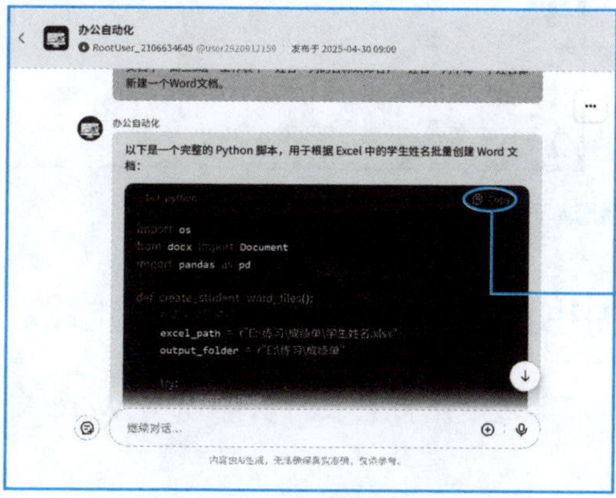
办公自动化
RootUser_2106634645 @user2920912159 发布于 2025-04-30 09:00
新建一个Word文档。
办公自动化
以下是一个完整的 Python 脚本，用于根据 Excel 中的学生姓名批量创建 Word 文档：
import os
from docx import Document
import pandas as pd
def create_student_word_files():
excel_path = r"E:\练习\成绩单\学生姓名.xlsx"
output_folder = r"E:\练习\成绩单"
try:
继续对话...

③ 在智能体编写的 Python 程序框右上角，单击“Copy”按钮复制所编写的程序代码。

④ 打开“IDLE Shell”程序，新建一个 IDLE 文件，按“Ctrl+V”组合键，将 Python 程序代码粘贴到新建的文件中，并按“Ctrl+S”组合键保存程序文件。接着按 F5 键运行编写的程序代码，对程序代码进行测试。

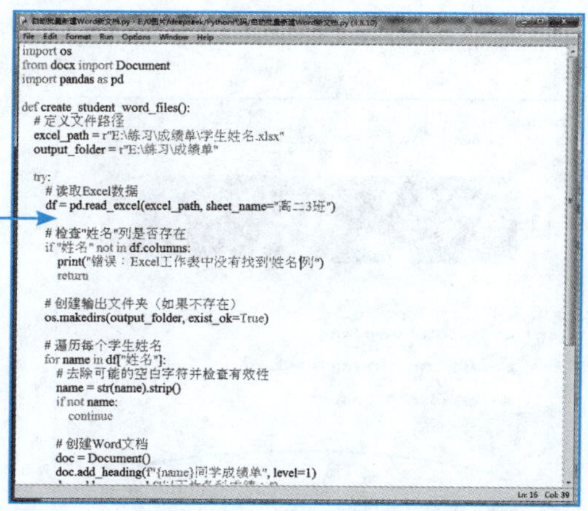
File Edit Format Run Options Window Help
import os
from docx import Document
import pandas as pd
def create_student_word_files():
# 定义文件路径
excel_path = r"E:\练习\成绩单\学生姓名.xlsx"
output_folder = r"E:\练习\成绩单"
try:
# 读取Excel数据
df = pd.read_excel(excel_path, sheet_name="高二3班")
# 检查"姓名"列是否存在
if "姓名" not in df.columns:
print("错误：Excel工作表中没有找到'姓名'列")
return
# 创建输出文件夹（如果不存在）
os.makedirs(output_folder, exist_ok=True)
# 遍历每个学生姓名
for name in df["姓名"]:
# 去除可能的空白字符并检查有效性
name = str(name).strip()
if not name:
continue
# 创建Word文档
doc = Document()
doc.add_heading(f"{name}同学成绩单", level=1)
Ln: 16 Col: 39

图 6-1

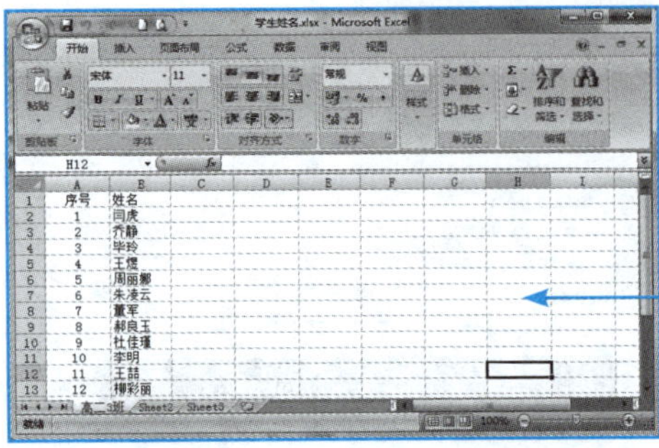

“学生姓名.xlsx” Excel 文档中“高二 3 班”工作表中学生的信息数据。

⑤ 运行程序代码后，看到“成绩单”子文件夹下新建了按学生名称命名的 Word 文档，说明程序运行正常。

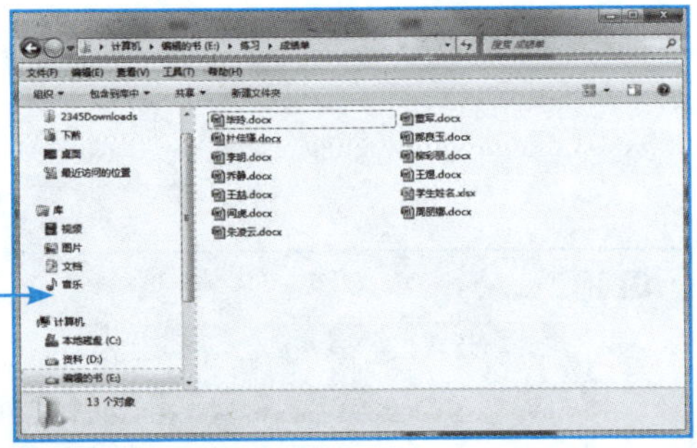

图 6-1　自动批量新建 Word 新文档

6.1.2　案例：批量打开文件夹中所有 Word 文档并自动修改

通过智能体编写一个 Python 程序，来实现批量打开文件夹中所有 Word 文档并自动修改。具体要求为：

批量打开 E 盘中“练习”文件夹中“成绩单”子文件夹中所有 Word 文档，并删除每个 Word 文档中的“以下为各科成绩:”文本，然后保存退出。如图 6-2 所示。

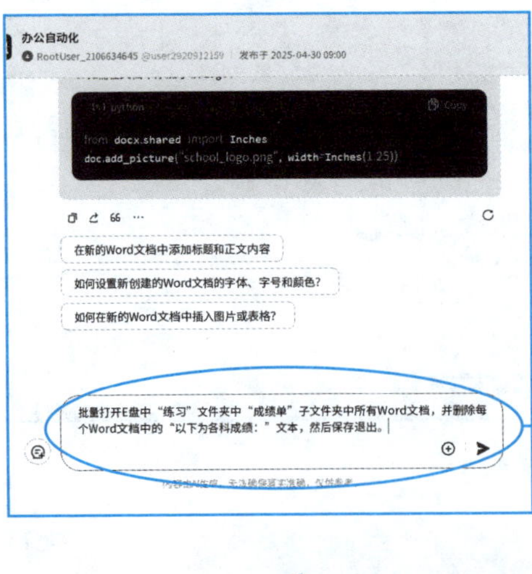
办公自动化
from docx.shared import Inches
doc.add_picture("school_logo.png", width=Inches(1.25))
在新的Word文档中添加标题和正文内容
如何设置新创建的Word文档的字体、字号和颜色？
如何在新的Word文档中插入图片或表格？
批量打开E盘中“练习”文件夹中“成绩单”子文件夹中所有Word文档，并删除每个Word文档中的“以下为各科成绩：”文本，然后保存退出。

① 登录智能体，在智能体的对话框中输入编程要求（见上面），然后单击“发送”按钮。

② 在智能体编写的 Python 程序后的说明中，查看所编写的 Python 程序需要使用的库（如图中的 python-docx 库）。如果电脑中已经安装此库，则不用再安装；如果没有安装此库，则需要在“命令提示符”下安装此库。

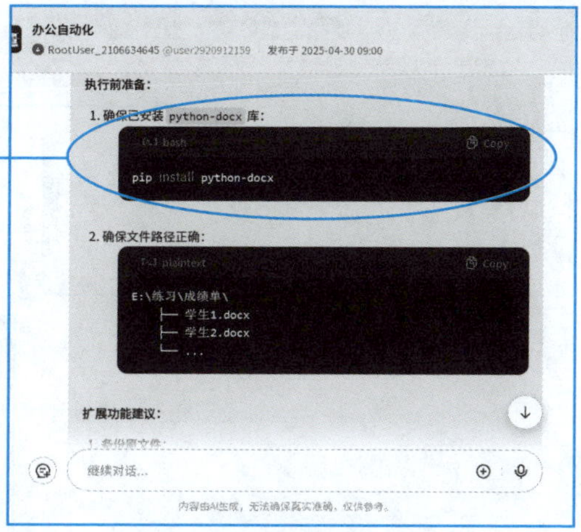

办公自动化
RootUser_2106634645 @user2920912159 发布于 2025-04-30 09:00
执行前准备：
1. 确保已安装 python-docx 库：
bash
Copy
pip install python-docx
2. 确保文件路径正确：
plaintext
Copy
E:\练习\成绩单\
├─ 学生1.docx
├─ 学生2.docx
└─ ...
扩展功能建议：
继续对话...
内容由AI生成，无法确保真实准确，仅供参考。

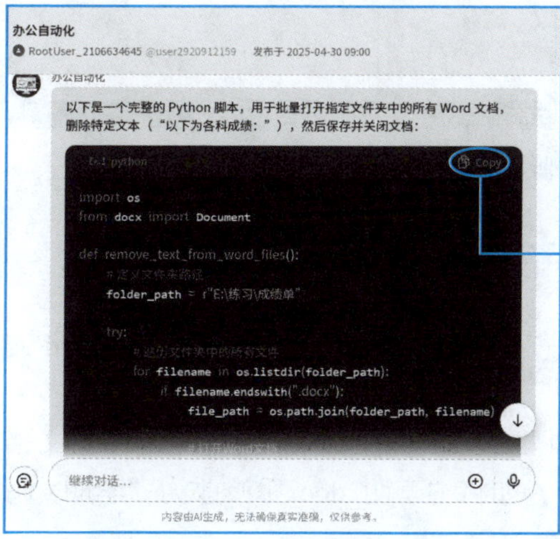

办公自动化
RootUser_2106634645 @user2920912159 发布于 2025-04-30 09:00
以下是一个完整的 Python 脚本，用于批量打开指定文件夹中的所有 Word 文档，删除特定文本（“以下为各科成绩：”），然后保存并关闭文档：
python
Copy
import os
from docx import Document
def remove_text_from_word_files():
folder_path = r"E:\练习\成绩单"
try:
for filename in os.listdir(folder_path):
if filename.endswith(".docx"):
file_path = os.path.join(folder_path, filename)
继续对话...
内容由AI生成，无法确保真实准确，仅供参考。

③ 在智能体编写的 Python 程序框右上角，单击“Copy”按钮复制所编写的程序代码。

④ 打开“IDLE Shell”程序，新建一个 IDLE 文件，按“Ctrl+V”组合键，将 Python 程序代码粘贴到新建的文件中，并按“Ctrl+S”组合键保存程序文件。接着按 F5 键运行编写的程序代码，对程序代码进行测试。

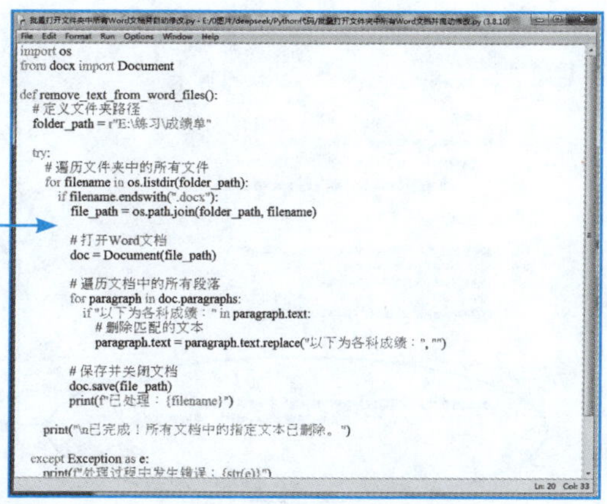

File Edit Format Run Options Window Help
import os
from docx import Document
def remove_text_from_word_files():
# 定义文件夹路径
folder_path = r"E:\练习\成绩单"
try:
# 遍历文件夹中的所有文件
for filename in os.listdir(folder_path):
if filename.endswith(".docx"):
file_path = os.path.join(folder_path, filename)
# 打开Word文档
doc = Document(file_path)
# 遍历文档中的所有段落
for paragraph in doc.paragraphs:
if "以下为各科成绩：" in paragraph.text:
# 删除匹配的文本
paragraph.text = paragraph.text.replace("以下为各科成绩：", "")
# 保存并关闭文档
doc.save(file_path)
print(f"已处理：{filename}")
print("\n已完成！所有文档中的指定文本已删除。")
except Exception as e:
Ln: 20 Col: 33

图 6-2

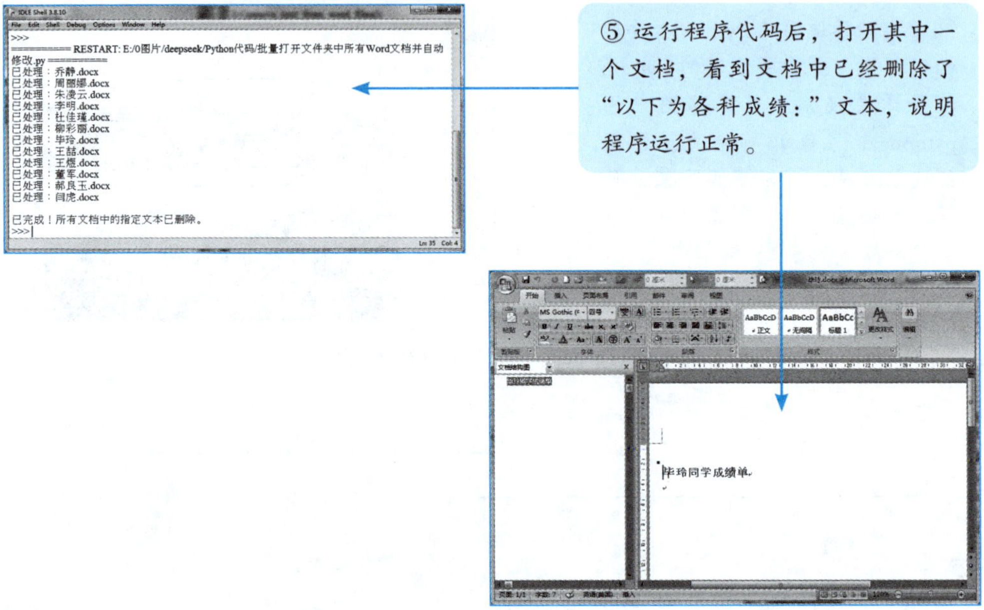
⑤ 运行程序代码后，打开其中一个文档，看到文档中已经删除了“以下为各科成绩：”文本，说明程序运行正常。
已完成！所有文档中的指定文本已删除。
毕玲同学成绩单

图 6-2　批量打开文件夹中所有 Word 文档并自动修改

6.1.3　案例：自动修改文件夹下所有 Word 文档的名称

通过智能体编写一个 Python 程序，来实现自动修改文件夹下所有 Word 文档的名称。具体要求为：

批量修改 E 盘中“练习”文件夹中“成绩单”子文件夹中所有 Word 文档的名称，将文件名中加入“- 高二 3 班”，如将“李明 .docx”修改为“李明 - 高二 3 班 .docx”。如图 6-3 所示。

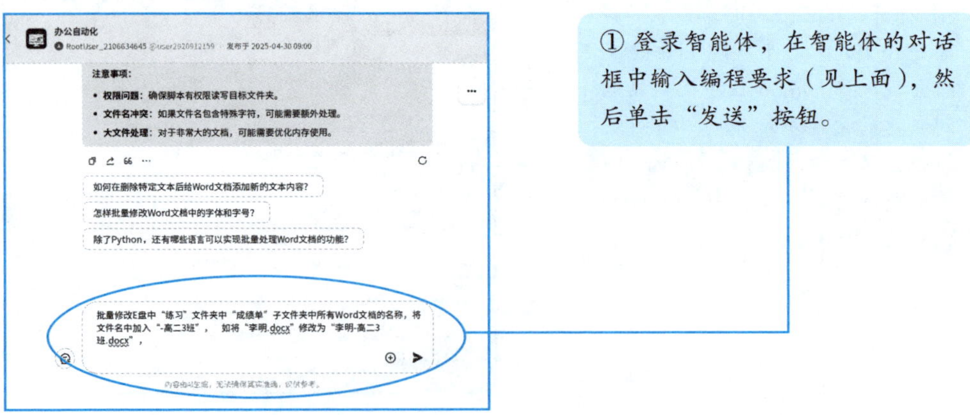
① 登录智能体，在智能体的对话框中输入编程要求（见上面），然后单击“发送”按钮。
办公自动化
注意事项：
权限问题：确保脚本有权限读写目标文件夹。
文件名冲突：如果文件名包含特殊字符，可能需要额外处理。
大文件处理：对于非常大的文档，可能需要优化内存使用。
如何在删除特定文本后给Word文档添加新的文本内容？
怎样批量修改Word文档中的字体和字号？
除了Python，还有哪些语言可以实现批量处理Word文档的功能？
批量修改E盘中“练习”文件夹中“成绩单”子文件夹中所有Word文档的名称，将文件名中加入“-高二3班”，如将“李明.docx”修改为“李明-高二3班.docx”，

② 在智能体编写的 Python 程序后的说明中，查看所编写的 Python 程序需要使用的库。如果电脑中已经安装此库，则不用再安装；如果没有安装此库，则需要在“命令提示符”下安装此库。

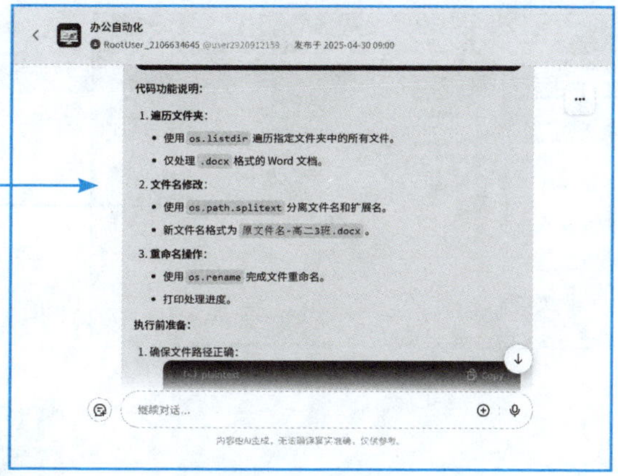
办公自动化
代码功能说明：
1. 遍历文件夹：
• 使用 os.listdir 遍历指定文件夹中的所有文件。
• 仅处理 .docx 格式的 Word 文档。
2. 文件名修改：
• 使用 os.path.splitext 分离文件名和扩展名。
• 新文件名格式为 原文件名-高二3班.docx 。
3. 重命名操作：
• 使用 os.rename 完成文件重命名。
• 打印处理进度。
执行前准备：
1. 确保文件路径正确：

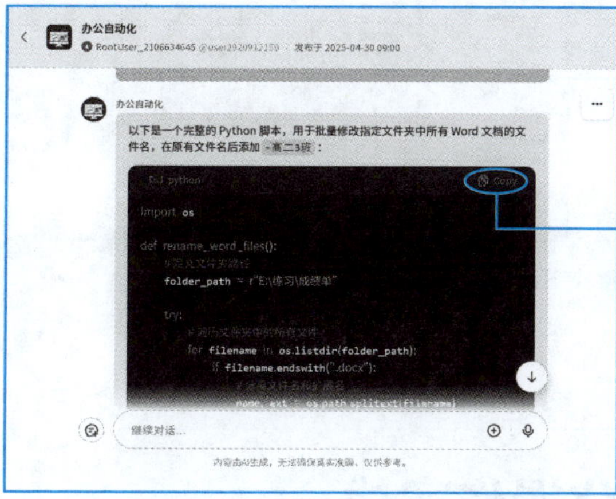
办公自动化
以下是一个完整的 Python 脚本，用于批量修改指定文件夹中所有 Word 文档的文件名，在原有文件名后添加 -高二3班 ：
Copy
import os
def rename_word_files():
folder_path = r"E:\练习\成绩单"
try:
for filename in os.listdir(folder_path):
if filename.endswith(".docx"):

③ 在智能体编写的 Python 程序框右上角，单击“Copy”按钮复制所编写的程序代码。

④ 打开“IDLE Shell”程序，新建一个 IDLE 文件，按“Ctrl+V”组合键，将 Python 程序代码粘贴到新建的文件中，并按“Ctrl+S”组合键保存程序文件。接着按 F5 键运行编写的程序代码，对程序代码进行测试。

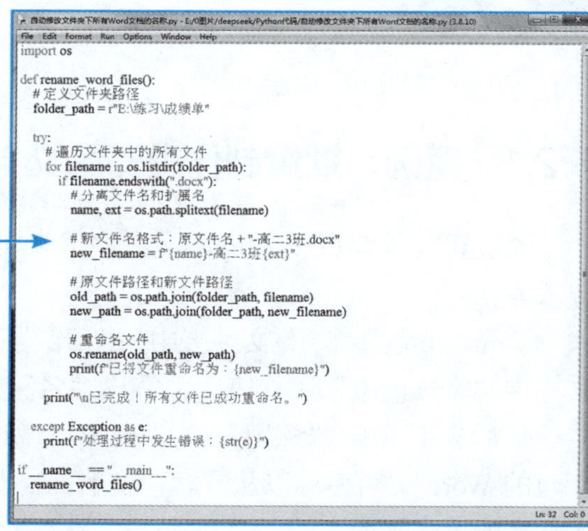
import os
def rename_word_files():
# 定义文件夹路径
folder_path = r"E:\练习\成绩单"
try:
# 遍历文件夹中的所有文件
for filename in os.listdir(folder_path):
if filename.endswith(".docx"):
# 分离文件名和扩展名
name, ext = os.path.splitext(filename)
# 新文件名格式：原文件名 + "-高二3班.docx"
new_filename = f"{name}-高二3班{ext}"
# 原文件路径和新文件路径
old_path = os.path.join(folder_path, filename)
new_path = os.path.join(folder_path, new_filename)
# 重命名文件
os.rename(old_path, new_path)
print(f"已将文件重命名为：{new_filename}")
print("\n已完成！所有文件已成功重命名。")
except Exception as e:
print(f"处理过程中发生错误：{str(e)}")
if __name__ == "__main__":
rename_word_files()

图 6-3

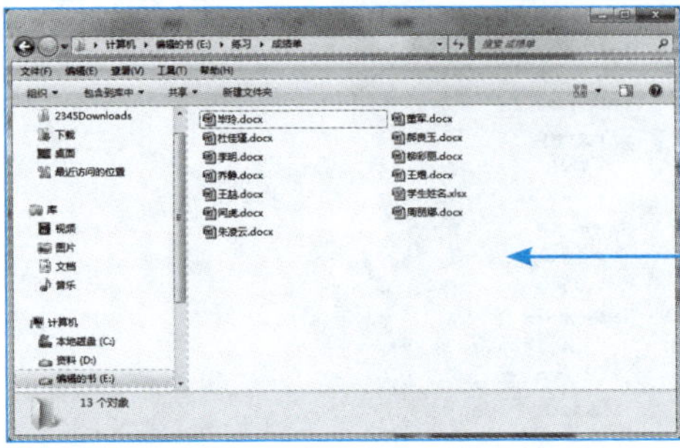

"成绩单"文件夹中待修改名称的文档。

⑤ 运行程序代码后，看到"成绩单"文件夹中所有的文档名称都被按要求修改好，说明程序运行正常。

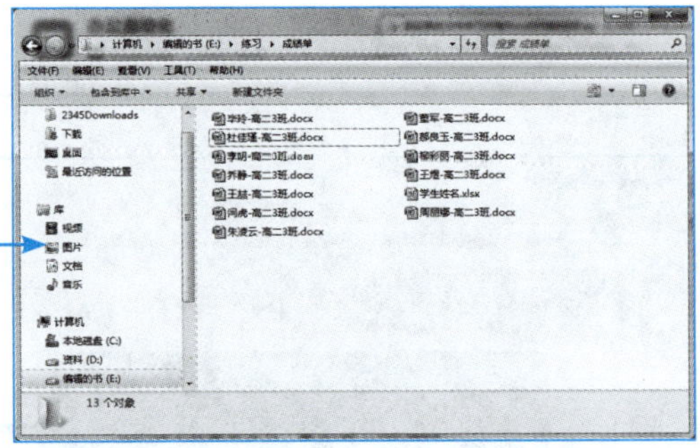

图 6-3　自动修改文件夹下所有 Word 文档的名称

6.2　办公自动化操作实战

6.2.1　案例：批量制作邀请函文档

通过智能体编写一个 Python 程序，来实现批量自动制作邀请函文档。具体要求为：

首先从 E 盘"练习"文件夹中"邀请函"子文件夹中的"客户资料 .xlsx"Excel 文档中"客户信息"工作表中"客户姓名"列中依次选择一个姓名。

然后在 E 盘中"练习"文件夹中"邀请函"子文件夹中新建 Word 文档，新建的 Word 文档名称以从"客户资料 .xlsx" Excel 文档中"客户信息"工作表中选择的姓名来命名。

接着在新建的 Word 文档中，写入下面内容：在第 1 段写入"邀请函"，格式为居中，字体为黑体，字体大小为 20，段前段后间距设置为 1 行。

在第 2 段写入“尊敬的 XXX 先生：”，格式为左对齐，首行缩进，字体为宋体，字体大小为 12。然后用从“客户姓名 .xlsx” Excel 文档中取的姓名来替换“XXX”。如“尊敬的梁祝先生：”。

在第 3 段写入“您好，我公司定于 2025 年 10 月 15 日举行十周年庆祝活动，特邀您参加即将举行的盛大活动，地址为公司大礼堂，希望您能与我们一同参与此次盛会。”格式为左对齐，首行缩进，字体为宋体，字体大小为 12。在第 4 段写入“2025 年 05 月 20 日”，格式为右对齐，字体为宋体，字体大小为 12。在第 5 段写入“大地公司”，格式为右对齐，字体为宋体，字体大小为 12。如图 6-4 所示。

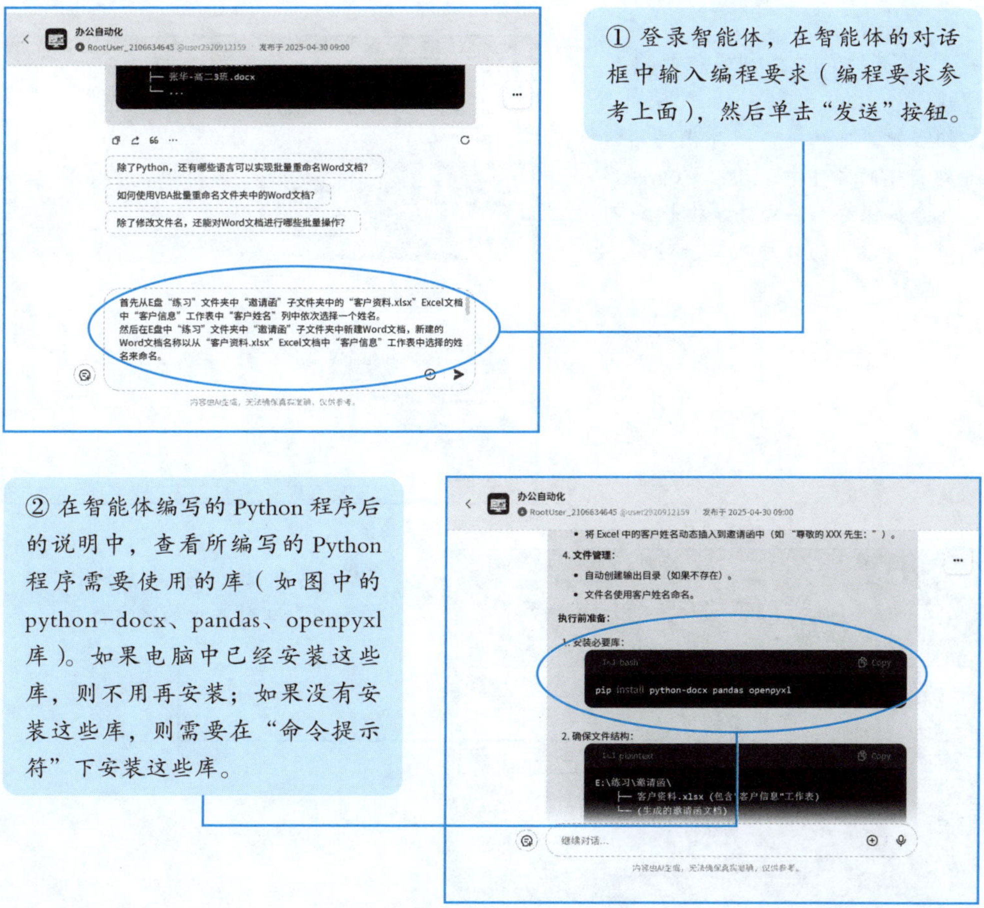

办公自动化
除了Python，还有哪些语言可以实现批量重命名Word文档?
如何使用VBA批量重命名文件夹中的Word文档?
除了修改文件名，还能对Word文档进行哪些批量操作?
首先从E盘“练习”文件夹中“邀请函”子文件夹中的“客户资料.xlsx” Excel文档中“客户信息”工作表中“客户姓名”列中依次选择一个姓名。
然后在E盘中“练习”文件夹中“邀请函”子文件夹中新建Word文档，新建的Word文档名称以从“客户资料.xlsx” Excel文档中“客户信息”工作表中选择的姓名来命名。
① 登录智能体，在智能体的对话框中输入编程要求（编程要求参考上面），然后单击“发送”按钮。
② 在智能体编写的 Python 程序后的说明中，查看所编写的 Python 程序需要使用的库（如图中的 python-docx、pandas、openpyxl 库）。如果电脑中已经安装这些库，则不用再安装；如果没有安装这些库，则需要在“命令提示符”下安装这些库。
办公自动化
将 Excel 中的客户姓名动态插入到邀请函中（如“尊敬的 XXX 先生：”）。
4. 文件管理：
自动创建输出目录（如果不存在）。
文件名使用客户姓名命名。
执行前准备：
1. 安装必要库：
pip install python-docx pandas openpyxl
2. 确保文件结构：
E:\练习\邀请函\
├── 客户资料.xlsx (包含"客户信息"工作表)
└── (生成的邀请函文档)
继续对话...

图 6-4

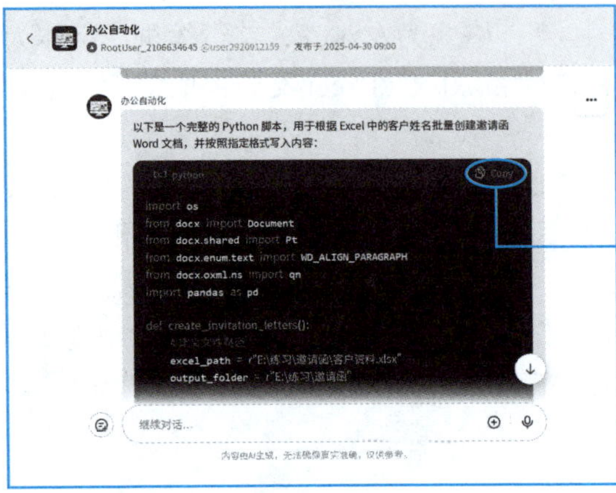
办公自动化
以下是一个完整的 Python 脚本，用于根据 Excel 中的客户姓名批量创建邀请函 Word 文档，并按照指定格式写入内容：
Copy
import os
from docx import Document
from docx.shared import Pt
from docx.enum.text import WD_ALIGN_PARAGRAPH
from docx.oxml.ns import qn
import pandas as pd
def create_invitation_letters():
excel_path = r"E:\练习\邀请函\客户资料.xlsx"
output_folder = r"E:\练习\邀请函"
继续对话...

③ 在智能体编写的 Python 程序框右上角，单击“Copy”按钮复制所编写的程序代码。

④ 打开“IDLE Shell”程序，新建一个 IDLE 文件，按“Ctrl+V”组合键，将 Python 程序代码粘贴到新建的文件中，并按“Ctrl+S”组合键保存程序文件。接着按 F5 键运行编写的程序代码，对程序代码进行测试。

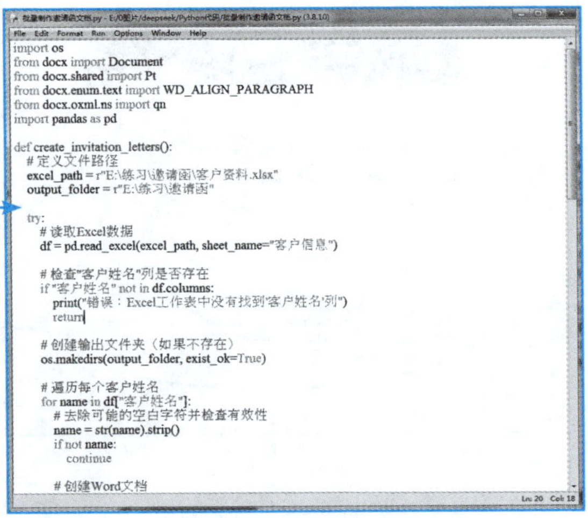
File Edit Format Run Options Window Help
import os
from docx import Document
from docx.shared import Pt
from docx.enum.text import WD_ALIGN_PARAGRAPH
from docx.oxml.ns import qn
import pandas as pd
def create_invitation_letters():
# 定义文件路径
excel_path = r"E:\练习\邀请函\客户资料.xlsx"
output_folder = r"E:\练习\邀请函"
try:
# 读取Excel数据
df = pd.read_excel(excel_path, sheet_name="客户信息")
# 检查"客户姓名"列是否存在
if "客户姓名" not in df.columns:
print("错误：Excel工作表中没有找到'客户姓名'列")
return
# 创建输出文件夹（如果不存在）
os.makedirs(output_folder, exist_ok=True)
# 遍历每个客户姓名
for name in df["客户姓名"]:
# 去除可能的空白字符并检查有效性
name = str(name).strip()
if not name:
continue
创建Word文档
Ln: 20 Col: 18

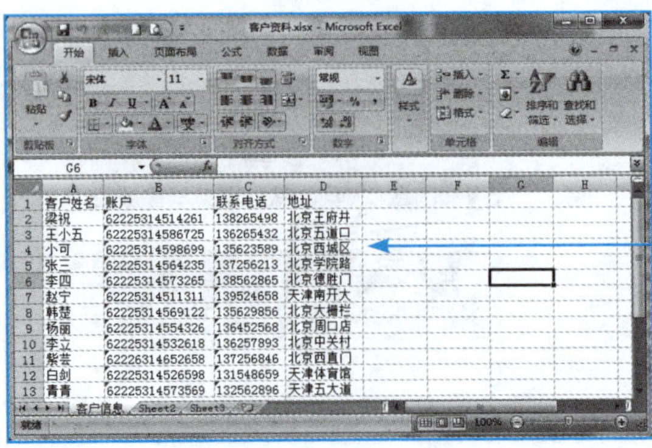
客户资料.xlsx - Microsoft Excel
G6
客户姓名 账户 联系电话 地址
梁祝 62225314514261 138265498 北京王府井
王小五 62225314586725 136265432 北京五道口
小可 62225314598699 135623589 北京西城区
张三 62225314564235 137256213 北京学院路
李四 62225314573265 138562865 北京德胜门
赵宁 62225314511311 139524658 天津南开大
韩楚 62225314569122 135629856 北京大栅栏
杨丽 62225314554326 136452568 北京周口店
李立 62225314532618 136257893 北京中关村
紫芸 62226314652658 137256846 北京西直门
白剑 62225314526598 131548659 天津体育馆
青青 62225314573569 132562896 天津五大道
客户信息 Sheet2 Sheet3

“客户资料.xlsx”Excel 文档中“客户信息”工作表中的客户信息。

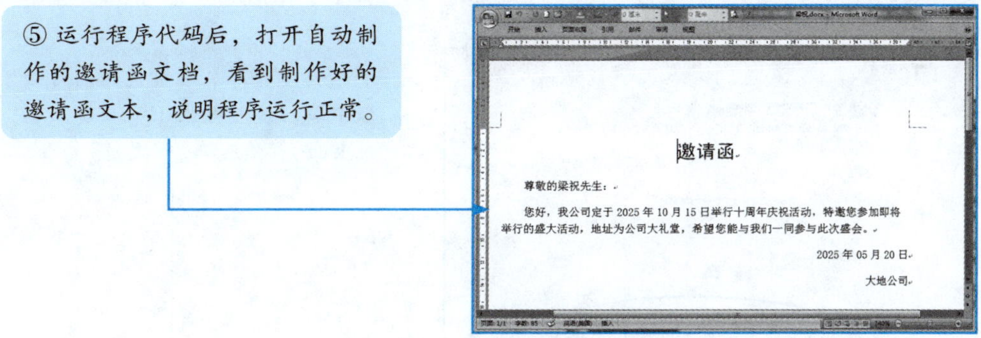
⑤ 运行程序代码后，打开自动制作的邀请函文档，看到制作好的邀请函文本，说明程序运行正常。
邀请函
尊敬的梁祝先生：
您好，我公司定于 2025 年 10 月 15 日举行十周年庆祝活动，特邀您参加即将举行的盛大活动，地址为公司大礼堂，希望您能与我们一同参与此次盛会。
2025 年 05 月 20 日
大地公司

图 6-4　批量制作邀请函文档

6.2.2　案例：批量制作所有学生的成绩单

通过智能体编写一个 Python 程序，来实现批量制作所有学生的成绩单。具体要求为：

首先从 E 盘“练习”文件夹中“成绩单 2”子文件夹中的“所有学生成绩 .xlsx”Excel 文档中“所有科成绩”工作表中“姓名”列中依次取一个姓名。

然后在 E 盘中“练习”文件夹中“成绩单 2”子文件夹中新建 Word 文档，新建的 Word 文档名称以从“所有学生成绩 .xlsx”Excel 文档中取的姓名来命名。

接着在新建的 Word 文档中，写入下面内容：

在第 1 段写入“学生成绩通知单”，格式为居中，字体为微软雅黑，字体大小为 18，段前段后间距设置为 1 行。

在第 2 段写入“XXX 同学家长:”，格式为左对齐，首行缩进，字体为宋体，字体大小为 14。然后用从“所有学生成绩 .xlsx”Excel 文档中取的姓名来替换“XXX”。如“王晓阳同学家长：”。

在第 3 段写入“您好！本学期已经结束，您孩子本学期的学习成绩如下：”格式为左对齐，首行缩进，字体为宋体，字体大小为 14。

在第 4 段创建一个 7 列 ×2 行的表格，然后在第一行的表格中分别写入：“姓名”“语文”“数学”“英语”“物理”“化学”“政治”，并将第一行表格中的文本格式设置为上下居中对齐，文本字体格式为宋体，文本加粗，字体大小为 14。在表格的第二行中分别写入“所有学生成绩 .xlsx”Excel 文档中“所有科成绩”工作表中从第 2 行开始的每一行的行数据，如“王晓阳”“89”“90”“78”“90”“88”“95”。

第 5 段写入“班主任：王老师”，格式为右对齐，字体为宋体，字体大小为 14。如图 6-5 所示。

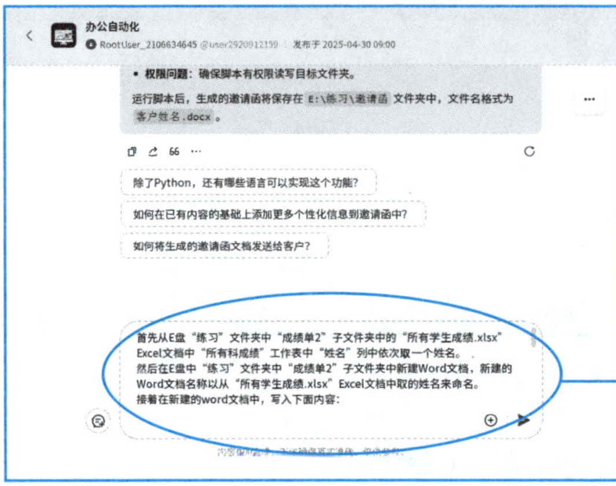
办公自动化
RootUser_2106634645 @user2920912159 发布于 2025-04-30 09:00
• 权限问题：确保脚本有权限读写目标文件夹。
运行脚本后，生成的邀请函将保存在 E:\练习\邀请函 文件夹中，文件名格式为 客户姓名.docx 。
除了Python，还有哪些语言可以实现这个功能？
如何在已有内容的基础上添加更多个性化信息到邀请函中？
如何将生成的邀请函文档发送给客户？
首先从E盘“练习”文件夹中“成绩单2”子文件夹中的“所有学生成绩.xlsx”Excel文档中“所有科成绩”工作表中“姓名”列中依次取一个姓名。
然后在E盘中“练习”文件夹中“成绩单2”子文件夹中新建Word文档，新建的Word文档名称以从“所有学生成绩.xlsx”Excel文档中取的姓名来命名。
接着在新建的word文档中，写入下面内容：

① 登录智能体，在智能体的对话框中输入编程要求（编程要求参考上面），然后单击“发送”按钮。

② 在智能体编写的 Python 程序后的说明中，查看所编写的 Python 程序需要使用的库（如图中的 pandas、python-docx、openpyxl 库）。如果电脑中已经安装这些库，则不用再安装；如果没有安装这些库，则需要在“命令提示符”下安装这些库。

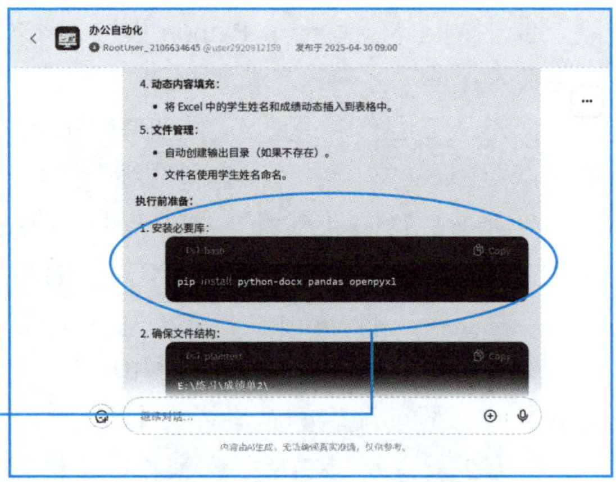
办公自动化
RootUser_2106634645 @user2920912159 发布于 2025-04-30 09:00
4. 动态内容填充：
• 将 Excel 中的学生姓名和成绩动态插入到表格中。
5. 文件管理：
• 自动创建输出目录（如果不存在）。
• 文件名使用学生姓名命名。
执行前准备：
1. 安装必要库：
pip install python-docx pandas openpyxl
2. 确保文件结构：
E:\练习\成绩单2\
内容由AI生成，无法确保真实准确，仅供参考。

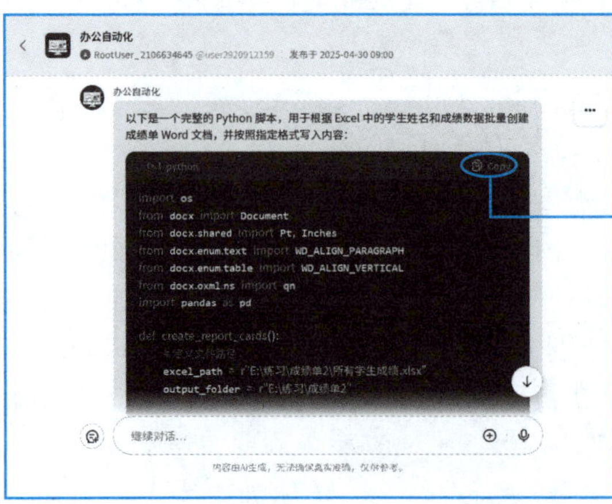
办公自动化
RootUser_2106634645 @user2920912159 发布于 2025-04-30 09:00
以下是一个完整的 Python 脚本，用于根据 Excel 中的学生姓名和成绩数据批量创建成绩单 Word 文档，并按照指定格式写入内容：
import os
from docx import Document
from docx.shared import Pt, Inches
from docx.enum.text import WD_ALIGN_PARAGRAPH
from docx.enum.table import WD_ALIGN_VERTICAL
from docx.oxml.ns import qn
import pandas as pd
def create_report_cards():
excel_path = r"E:\练习\成绩单2\所有学生成绩.xlsx"
output_folder = r"E:\练习\成绩单2"
继续对话...
内容由AI生成，无法确保真实准确，仅供参考。

③ 在智能体编写的 Python 程序框右上角，单击“Copy”按钮复制所编写的程序代码。

④ 打开“IDLE Shell”程序，新建一个 IDLE 文件，按“Ctrl+V”组合键，将 Python 程序代码粘贴到新建的文件中，并按“Ctrl+S”组合键保存程序文件。接着按 F5 键运行编写的程序代码，对程序代码进行测试。

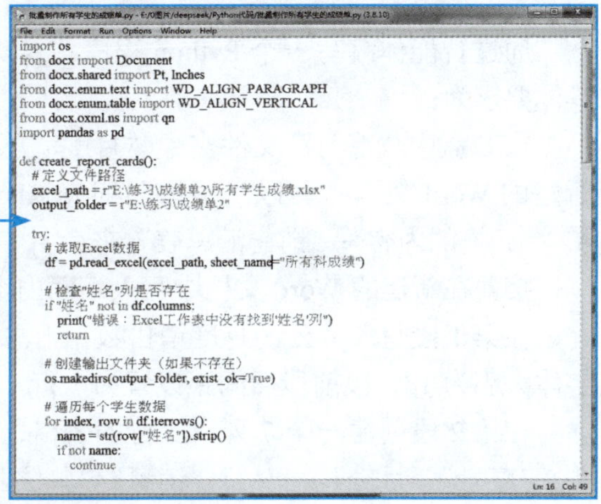

import os
from docx import Document
from docx.shared import Pt, Inches
from docx.enum.text import WD_ALIGN_PARAGRAPH
from docx.enum.table import WD_ALIGN_VERTICAL
from docx.oxml.ns import qn
import pandas as pd
def create_report_cards():
# 定义文件路径
excel_path = r"E:\练习\成绩单2\所有学生成绩.xlsx"
output_folder = r"E:\练习\成绩单2"
try:
# 读取Excel数据
df = pd.read_excel(excel_path, sheet_name="所有科成绩")
# 检查"姓名"列是否存在
if "姓名" not in df.columns:
print("错误：Excel工作表中没有找到'姓名'列")
return
# 创建输出文件夹（如果不存在）
os.makedirs(output_folder, exist_ok=True)
# 遍历每个学生数据
for index, row in df.iterrows():
name = str(row["姓名"]).strip()
if not name:
continue

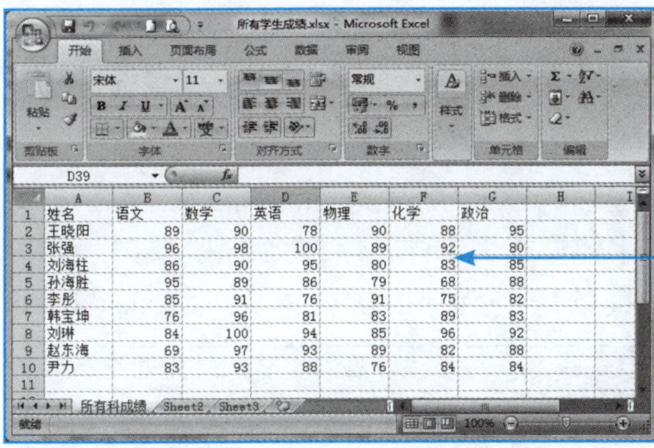

所有学生成绩.xlsx - Microsoft Excel
姓名 语文 数学 英语 物理 化学 政治
王晓阳 89 90 78 90 88 95
张强 96 98 100 89 92 80
刘海柱 86 90 95 80 83 85
孙海胜 95 89 86 79 68 88
李彤 85 91 76 91 75 82
韩宝坤 76 96 81 83 89 83
刘琳 84 100 94 85 96 92
赵东海 69 97 93 89 82 88
尹力 83 93 88 76 84 84
所有科成绩 Sheet2 Sheet3

“所有学生成绩.xlsx”Excel 文档中“所有科成绩”工作表中学生的成绩数据。

⑤ 运行程序代码后，打开自动制作的“学生成绩通知单”文档，看到制作好的学生成绩通知单，说明程序运行正常。

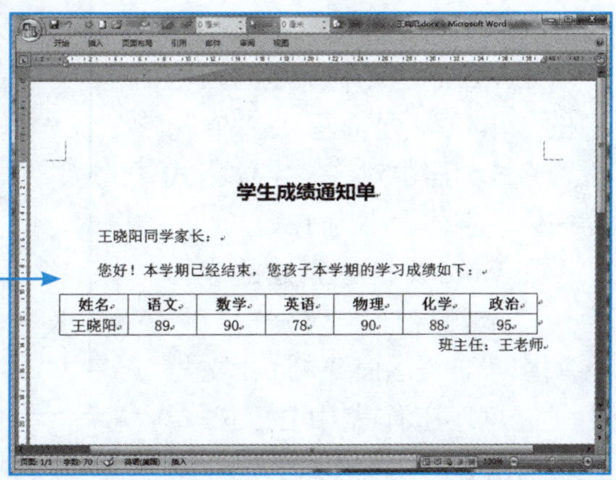

学生成绩通知单
王晓阳同学家长：
您好！本学期已经结束，您孩子本学期的学习成绩如下：
姓名 语文 数学 英语 物理 化学 政治
王晓阳 89 90 78 90 88 95
班主任：王老师

图 6-5　批量制作所有学生的成绩单

6.2.3 案例：自动生成公司每月销售汇总表

通过智能体编写一个 Python 程序，来实现自动生成公司每月销售汇总表。具体要求为：

在 E 盘中“练习”文件夹中“月度汇总”子文件夹中新建一个 Word 文档，新建的 Word 文档名称以“销售明细表 .xlsx”Excel 文档中“汇总”工作表中 A2 单元格的内容 + “销售汇总表”来命名。

接着在新建的 Word 文档中写入下面内容：

在第 1 段写入“公司月度销售数据汇总”，格式为居中，字体为微软雅黑，字体大小为 18，段前段后间距设置为 1 行。

在第 2 段创建一个 7 列 ×5 行的表格，然后在表格的第一行中分别写入表头：“序号”“月份”“产品”“销量”“单位”“金额合计”“备注”，并将第一行表格中的文本格式设置为上下居中对齐，文本字体格式为宋体，文本加粗，字体大小为 14。

在 Word 文档中新建的表格中的“序号”列分别写入“1”“2”“3”“4”，设置格式为居中对齐，字体格式为宋体，字体大小为 12。

在 Word 文档中新建的表格中的“产品”列分别写入“显示器”“键盘”“硬盘”“内存”，设置格式为居中对齐，字体格式为宋体，字体大小为 12。

在 Word 文档中新建的表格中的“销量”列分别写入“销售明细表 .xlsx”Excel 文档中“汇总”工作表中 C2：C5 单元格的内容，设置格式为居中对齐，字体格式为宋体，字体大小为 12。

在 Word 文档中新建的表格中的“单位”列都写入“个”，设置格式为居中对齐，字体格式为宋体，字体大小为 12。

在 Word 文档中新建的表格中的“金额合计”列分别写入“销售明细表 .xlsx”Excel 文档中“汇总”工作表中 E2：E5 单元格的内容，设置格式为居中对齐，字体格式为宋体，字体大小为 12。如图 6-6 所示。

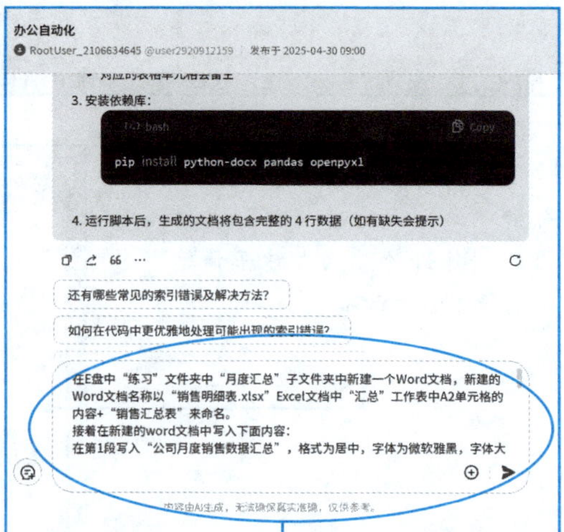
办公自动化
RootUser_2106634645 @user2920912159 发布于 2025-04-30 09:00
3. 安装依赖库：
pip install python-docx pandas openpyxl
4. 运行脚本后，生成的文档将包含完整的 4 行数据（如有缺失会提示）
还有哪些常见的索引错误及解决方法?
在E盘中“练习”文件夹中“月度汇总”子文件夹中新建一个Word文档，新建的Word文档名称以“销售明细表.xlsx”Excel文档中“汇总”工作表中A2单元格的内容+“销售汇总表”来命名。
接着在新建的word文档中写入下面内容：
在第1段写入“公司月度销售数据汇总”，格式为居中，字体为微软雅黑，字体大

① 登录智能体，在智能体的对话框中输入编程要求（编程要求参考上面），然后单击“发送”按钮。

② 在智能体编写的 Python 程序后的说明中，查看所编写的 Python 程序需要使用的库（如图中的 pandas、python-docx、openpyxl 库）。如果电脑中已经安装这些库，则不用再安装；如果没有安装这些库，则需要在“命令提示符”下安装这些库。

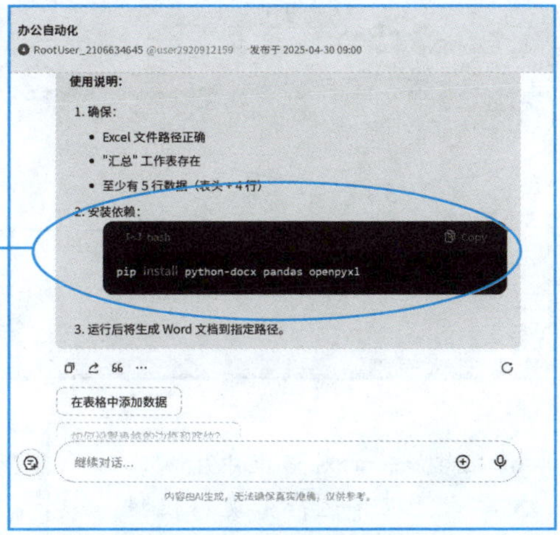

办公自动化
RootUser_2106634645 @user2920912159 发布于 2025-04-30 09:00
使用说明:
1. 确保:
Excel 文件路径正确
"汇总" 工作表存在
至少有 5 行数据（表头 + 4 行）
2. 安装依赖:
bash
Copy
pip install python-docx pandas openpyxl
3. 运行后将生成 Word 文档到指定路径。
在表格中添加数据
继续对话...
内容由AI生成，无法确保真实准确，仅供参考。

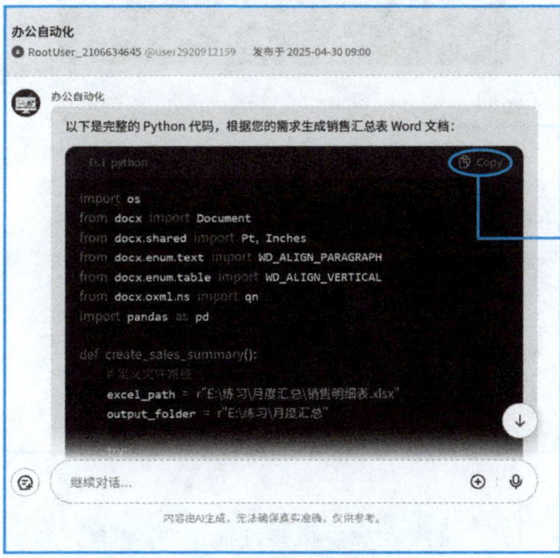

办公自动化
RootUser_2106634645 @user2920912159 发布于 2025-04-30 09:00
办公自动化
以下是完整的 Python 代码，根据您的需求生成销售汇总表 Word 文档:
python
Copy
import os
from docx import Document
from docx.shared import Pt, Inches
from docx.enum.text import WD_ALIGN_PARAGRAPH
from docx.enum.table import WD_ALIGN_VERTICAL
from docx.oxml.ns import qn
import pandas as pd
def create_sales_summary():
# 定义文件路径
excel_path = r"E:\练习\月度汇总\销售明细表.xlsx"
output_folder = r"E:\练习\月度汇总"
继续对话...
内容由AI生成，无法确保真实准确，仅供参考。

③ 在智能体编写的 Python 程序框右上角，单击“Copy”按钮复制所编写的程序代码。

④ 打开“IDLE Shell”程序，新建一个 IDLE 文件，按“Ctrl+V”组合键，将 Python 程序代码粘贴到新建的文件中，并按“Ctrl+S”组合键保存程序文件。接着按 F5 键运行编写的程序代码，对程序代码进行测试。

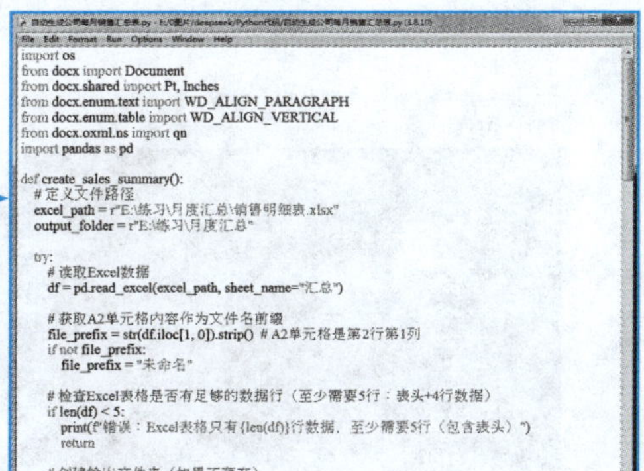

File Edit Format Run Options Window Help
import os
from docx import Document
from docx.shared import Pt, Inches
from docx.enum.text import WD_ALIGN_PARAGRAPH
from docx.enum.table import WD_ALIGN_VERTICAL
from docx.oxml.ns import qn
import pandas as pd
def create_sales_summary():
# 定义文件路径
excel_path = r"E:\练习\月度汇总\销售明细表.xlsx"
output_folder = r"E:\练习\月度汇总"
try:
# 读取Excel数据
df = pd.read_excel(excel_path, sheet_name="汇总")
# 获取A2单元格内容作为文件名前缀
file_prefix = str(df.iloc[1, 0]).strip() # A2单元格是第2行第1列
if not file_prefix:
file_prefix = "未命名"
# 检查Excel表格是否有足够的数据行（至少需要5行：表头+4行数据）
if len(df) < 5:
print(f"错误：Excel表格只有{len(df)}行数据，至少需要5行（包含表头）")
return
# 创建输出文件夹（如果不存在）
os.makedirs(output_folder, exist_ok=True)
# 创建Word文档
doc = Document()

图 6-6

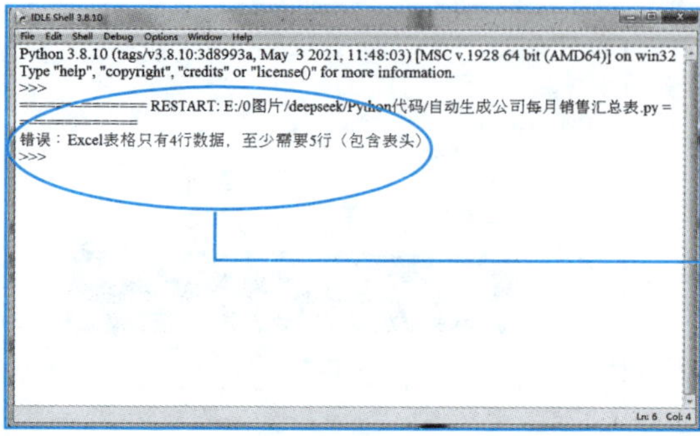
IDLE Shell 3.8.10
File Edit Shell Debug Options Window Help
Python 3.8.10 (tags/v3.8.10:3d8993a, May 3 2021, 11:48:03) [MSC v.1928 64 bit (AMD64)] on win32
Type "help", "copyright", "credits" or "license()" for more information.
>>>
============ RESTART: E:/0图片/deepseek/Python代码/自动生成公司每月销售汇总表.py ============
错误：Excel表格只有4行数据，至少需要5行（包含表头）
>>>
Ln: 6 Col: 4

⑤ 运行程序后，出现错误提示。

⑥ 在智能体的对话框中输入修改要求：程序运行出现错误提示：“错误：Excel 表格只有 4 行数据，至少需要 5 行”，创建的 Word 表格中共 5 行，第 1 行为表头，后面 4 行为数据，而“销售明细表.xlsx”文档中“汇总”工作表中共有 5 行内容，第 1 行为标题行，其余 4 行为数据行，所以 Excel 表格中有 4 行数据就够用。修改上面的程序代码，然后单击“发送”按钮。

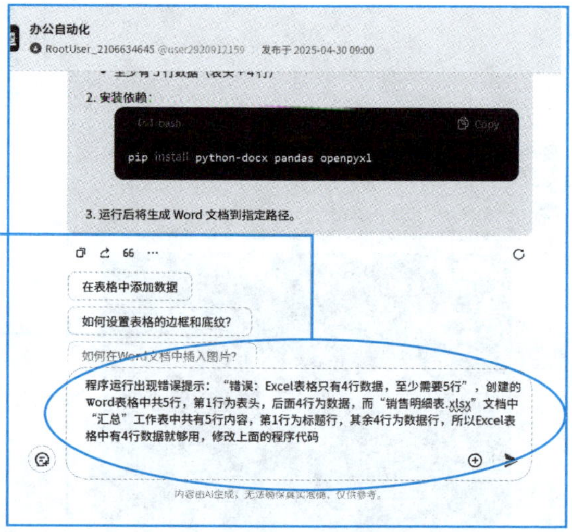
办公自动化
RootUser_2106634645 @user2920912159 发布于 2025-04-30 09:00
2. 安装依赖：
bash
Copy
pip install python-docx pandas openpyxl
3. 运行后将生成 Word 文档到指定路径。
66
在表格中添加数据
如何设置表格的边框和底纹？
如何在Word文档中插入图片？
程序运行出现错误提示：“错误：Excel表格只有4行数据，至少需要5行”，创建的Word表格中共5行，第1行为表头，后面4行为数据，而“销售明细表.xlsx”文档中“汇总”工作表中共有5行内容，第1行为标题行，其余4行为数据行，所以Excel表格中有4行数据就够用，修改上面的程序代码

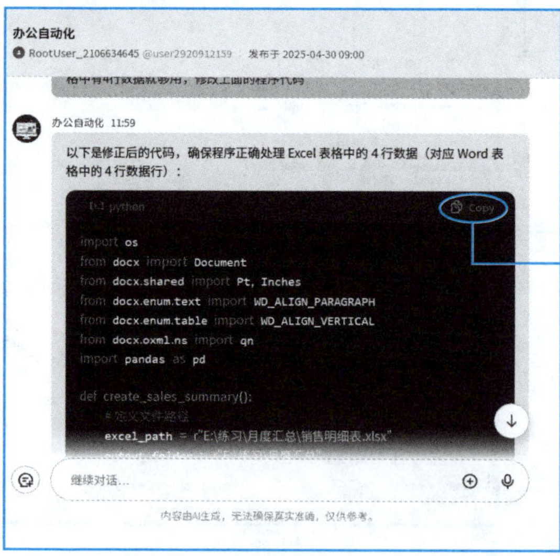
办公自动化
RootUser_2106634645 @user2920912159 发布于 2025-04-30 09:00
办公自动化 11:59
以下是修正后的代码，确保程序正确处理 Excel 表格中的 4 行数据（对应 Word 表格中的 4 行数据行）：
python
Copy
import os
from docx import Document
from docx.shared import Pt, Inches
from docx.enum.text import WD_ALIGN_PARAGRAPH
from docx.enum.table import WD_ALIGN_VERTICAL
from docx.oxml.ns import qn
import pandas as pd
def create_sales_summary():
# 定义文件路径
excel_path = r"E:\练习\月度汇总\销售明细表.xlsx"
继续对话...
内容由AI生成，无法确保真实准确，仅供参考。

⑦ 在智能体修改的 Python 程序框右上角，单击“Copy”按钮复制所修改的程序代码。

⑧ 将修改后的程序复制到之前的程序文件中，然后按 F5 键运行编写的程序代码，对修改后的程序代码进行测试。

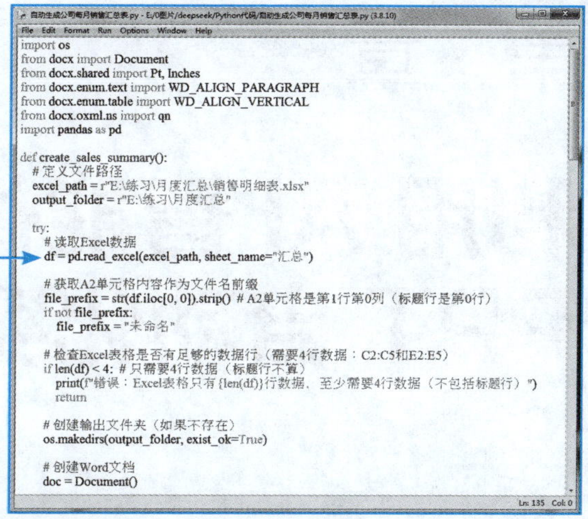

import os
from docx import Document
from docx.shared import Pt, Inches
from docx.enum.text import WD_ALIGN_PARAGRAPH
from docx.enum.table import WD_ALIGN_VERTICAL
from docx.oxml.ns import qn
import pandas as pd
def create_sales_summary():
# 定义文件路径
excel_path = r"E:\练习\月度汇总\销售明细表.xlsx"
output_folder = r"E:\练习\月度汇总"
try:
# 读取Excel数据
df = pd.read_excel(excel_path, sheet_name="汇总")
# 获取A2单元格内容作为文件名前缀
file_prefix = str(df.iloc[0, 0]).strip() # A2单元格是第1行第0列（标题行是第0行）
if not file_prefix:
file_prefix = "未命名"
# 检查Excel表格是否有足够的数据行（需要4行数据：C2:C5和E2:E5）
if len(df) < 4: # 只需要4行数据（标题行不算）
print(f"错误：Excel表格只有{len(df)}行数据，至少需要4行数据（不包括标题行）")
return
# 创建输出文件夹（如果不存在）
os.makedirs(output_folder, exist_ok=True)
# 创建Word文档
doc = Document()

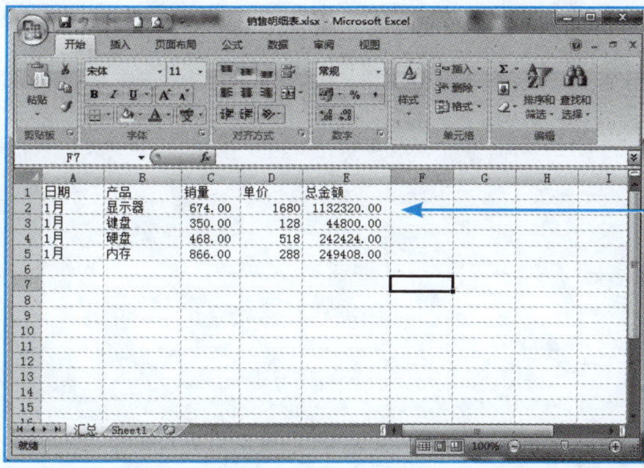

销售明细表.xlsx - Microsoft Excel
日期 产品 销量 单价 总金额
1月 显示器 674.00 1680 1132320.00
1月 键盘 350.00 128 44800.00
1月 硬盘 468.00 518 242424.00
1月 内存 866.00 288 249408.00
汇总 Sheet1

“销售明细表.xlsx”Excel 文档中“汇总”工作表中的销售数据。

⑨ 运行程序代码后，打开“1 月销售汇总表.docx”新文档，看到程序自动制作的汇总表，说明程序运行正常。

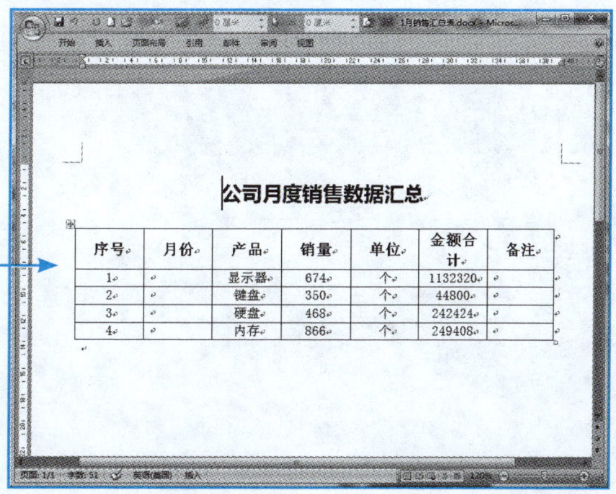

公司月度销售数据汇总
序号 月份 产品 销量 单位 金额合计 备注
1 显示器 674 个 1132320
2 键盘 350 个 44800
3 硬盘 468 个 242424
4 内存 866 个 249408

图 6-6　自动生成公司每月销售汇总表

第 7 章

利用 AI 智能体实现 PPT 自动化实战

利用 AI 智能体编写 Python 程序自动制作各种 PPT 文档，以此实现 PPT 办公自动化。本章将结合大量实战案例，重点讲解利用 AI 智能体实现自动批量制作 PPT 办公文档的方法。

7.1 PPT 文档自动化操作

7.1.1 案例：自动提取 PPT 课件中的所有内容

通过智能体编写一个Python程序，来实现自动提取PPT课件中的所有内容。具体要求为：

提取 E 盘中“练习”文件夹中“幻灯片”子文件夹中“策略与方法 .pptx”文档中的所有幻灯片中的内容，但不提取幻灯片标题内容，将提取的幻灯片内容保存到 E 盘中“练习”文件夹中“幻灯片”子文件夹中一个新建的 Word 文档中，并将新建 Word 文档命名为“策略与方法 .docx”。如图 7-1 所示。

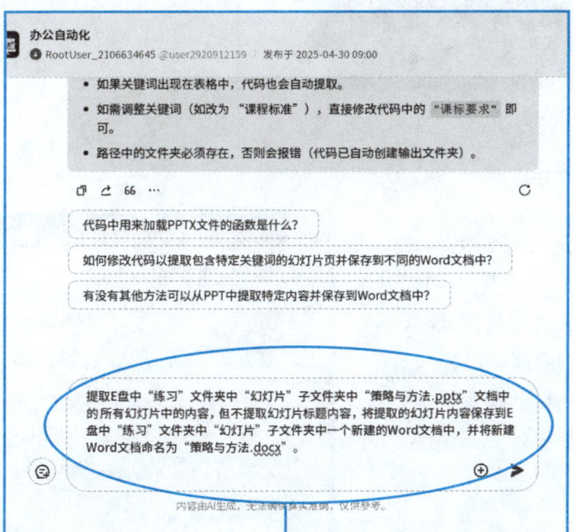

办公自动化
RootUser_2106634645 @user2920912159 发布于 2025-04-30 09:00
如果关键词出现在表格中，代码也会自动提取。
如需调整关键词（如改为“课程标准”），直接修改代码中的 "课标要求" 即可。
路径中的文件夹必须存在，否则会报错（代码已自动创建输出文件夹）。
代码中用来加载PPTX文件的函数是什么？
如何修改代码以提取包含特定关键词的幻灯片页并保存到不同的Word文档中？
有没有其他方法可以从PPT中提取特定内容并保存到Word文档中？
提取E盘中“练习”文件夹中“幻灯片”子文件夹中“策略与方法.pptx”文档中的所有幻灯片中的内容，但不提取幻灯片标题内容，将提取的幻灯片内容保存到E盘中“练习”文件夹中“幻灯片”子文件夹中一个新建的Word文档中，并将新建Word文档命名为“策略与方法.docx”。

① 登录智能体，在智能体的对话框中输入编程要求（见上面），然后单击“发送”按钮。

图 7-1

② 在智能体编写的 Python 程序后的说明中，查看所编写的 Python 程序需要使用的库（如图中的 python-pptx、python-docx 库）。如果电脑中已经安装这些库，则不用再安装；如果没有安装这些库，则需要在“命令提示符”下安装这些库。

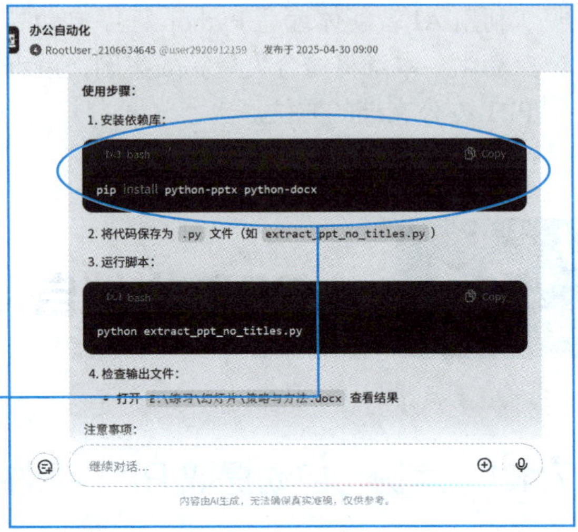
办公自动化
RootUser_2106634645 @user2920912159 发布于 2025-04-30 09:00
使用步骤：
1. 安装依赖库：
pip install python-pptx python-docx
2. 将代码保存为 .py 文件（如 extract_ppt_no_titles.py）
3. 运行脚本：
python extract_ppt_no_titles.py
4. 检查输出文件：
打开 E:\练习\幻灯片\策略与方法.docx 查看结果
注意事项：
继续对话...
内容由AI生成，无法确保真实准确，仅供参考。

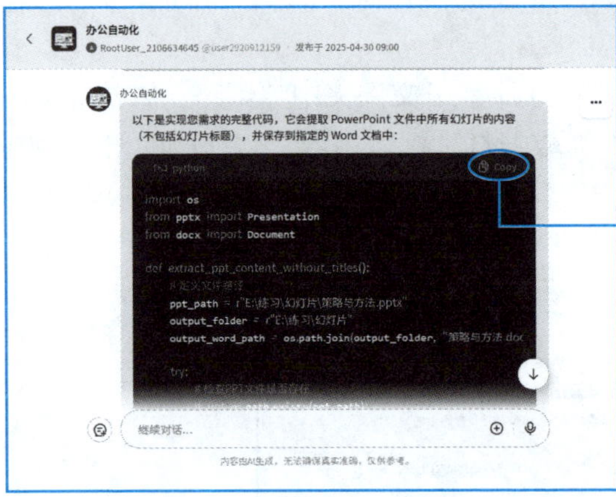
办公自动化
RootUser_2106634645 @user2920912159 发布于 2025-04-30 09:00
以下是实现您需求的完整代码，它会提取 PowerPoint 文件中所有幻灯片的内容（不包括幻灯片标题），并保存到指定的 Word 文档中：
Copy
import os
from pptx import Presentation
from docx import Document
def extract_ppt_content_without_titles():
ppt_path = r"E:\练习\幻灯片\策略与方法.pptx"
output_folder = r"E:\练习\幻灯片"
try:
继续对话...
内容由AI生成，无法确保真实准确，仅供参考。

③ 在智能体编写的 Python 程序框右上角，单击“Copy”按钮复制所编写的程序代码。

④ 打开“IDLE Shell”程序，新建一个 IDLE 文件，按“Ctrl+V”组合键，将 Python 程序代码粘贴到新建的文件中，并按“Ctrl+S”组合键保存程序文件。接着按 F5 键运行编写的程序代码，对程序代码进行测试。

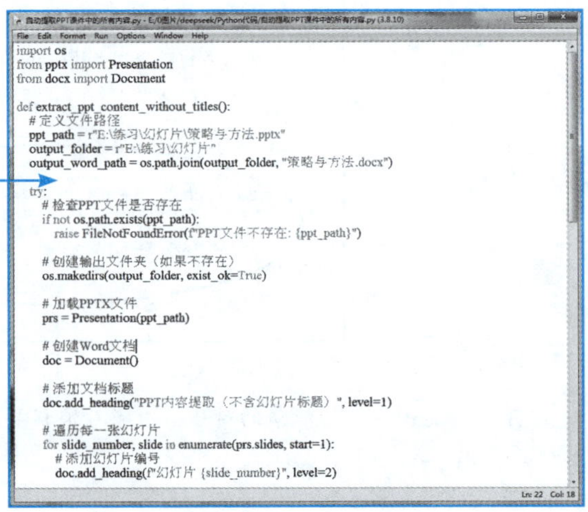
File Edit Format Run Options Window Help
import os
from pptx import Presentation
from docx import Document
def extract_ppt_content_without_titles():
# 定义文件路径
ppt_path = r"E:\练习\幻灯片\策略与方法.pptx"
output_folder = r"E:\练习\幻灯片"
output_word_path = os.path.join(output_folder, "策略与方法.docx")
try:
# 检查PPT文件是否存在
if not os.path.exists(ppt_path):
raise FileNotFoundError(f"PPT文件不存在: {ppt_path}")
# 创建输出文件夹（如果不存在）
os.makedirs(output_folder, exist_ok=True)
# 加载PPTX文件
prs = Presentation(ppt_path)
# 创建Word文档
doc = Document()
# 添加文档标题
doc.add_heading("PPT内容提取（不含幻灯片标题）", level=1)
# 遍历每一张幻灯片
for slide_number, slide in enumerate(prs.slides, start=1):
# 添加幻灯片编号
doc.add_heading(f"幻灯片 {slide_number}", level=2)
Ln: 22 Col: 18

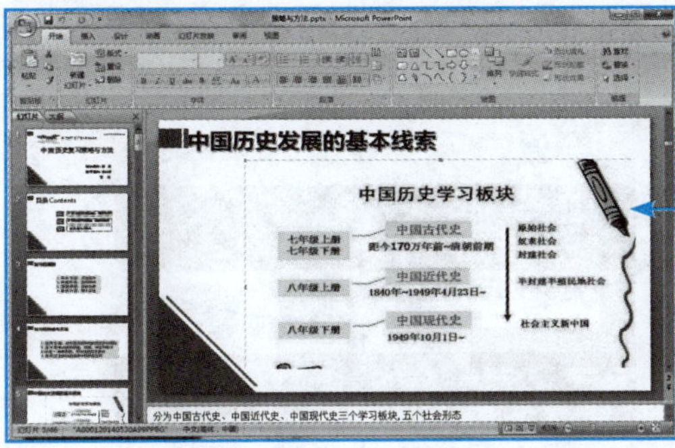
中国历史发展的基本线索
中国历史学习板块
中国古代史
中国近代史
中国现代史
分为中国古代史、中国近代史、中国现代史三个学习板块，五个社会形态

“策略与方法 .pptx” PPT 文档中的幻灯片。

⑤ 运行程序代码后，看到“幻灯片”子文件夹下新建了“策略与方法 .docx” Word 文档，并将幻灯片中的内容提取到了 Word 文档中，说明程序运行正常。

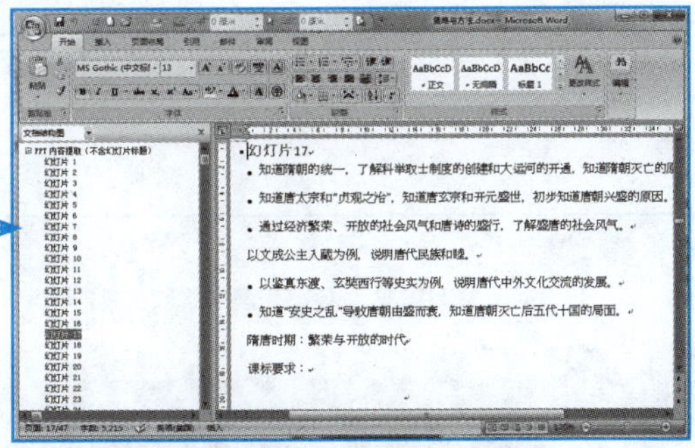
幻灯片 17
以文成公主入藏为例，说明唐代民族和睦。
以鉴真东渡、玄奘西行等史实为例，说明唐代中外文化交流的发展。
隋唐时期：繁荣与开放的时代
课标要求：

图 7-1　自动提取 PPT 课件中的所有内容

7.1.2　案例：自动批量读取 PPT 文档并提取指定内容

通过智能体编写一个 Python 程序，来实现自动批量读取 PPT 文档并提取指定内容。具体要求为：

自动读取 E 盘中“练习”文件夹中“幻灯片”子文件夹中“策略与方法 .pptx”幻灯片文档中所有幻灯片的内容，但不提取幻灯片标题内容，将包含“课标要求”文本的幻灯片的内容全部提取出来，保存到 E 盘中“练习”文件夹中“幻灯片”子文件夹中一个新建的 Word 文档中，并将新建 Word 文档命名为“策略与方法 - 课标要求 .docx”。如图 7-2 所示。

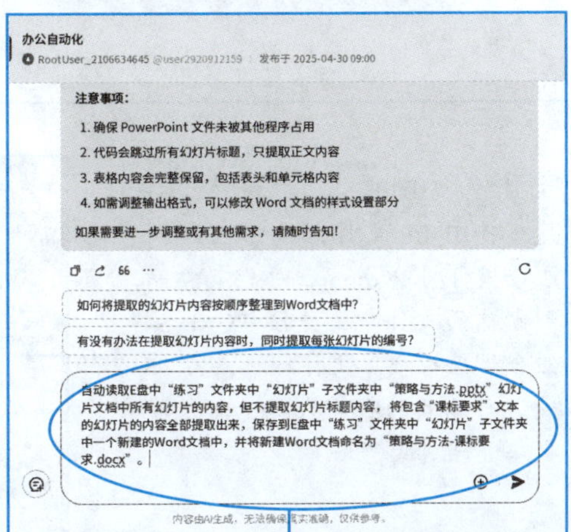
办公自动化
注意事项：
1. 确保 PowerPoint 文件未被其他程序占用
2. 代码会跳过所有幻灯片标题，只提取正文内容
3. 表格内容会完整保留，包括表头和单元格内容
4. 如需调整输出格式，可以修改 Word 文档的样式设置部分
如果需要进一步调整或有其他需求，请随时告知！
如何将提取的幻灯片内容按顺序整理到Word文档中？
有没有办法在提取幻灯片内容时，同时提取每张幻灯片的编号？
自动读取E盘中“练习”文件夹中“幻灯片”子文件夹中“策略与方法.pptx”幻灯片文档中所有幻灯片的内容，但不提取幻灯片标题内容，将包含“课标要求”文本的幻灯片的内容全部提取出来，保存到E盘中“练习”文件夹中“幻灯片”子文件夹中一个新建的Word文档中，并将新建Word文档命名为“策略与方法-课标要求.docx”。

① 登录智能体，在智能体的对话框中输入编程要求（见上面），然后单击“发送”按钮。

图 7-2

② 在智能体编写的 Python 程序后的说明中，查看所编写的 Python 程序需要使用的库（如图中的 python-pptx、python-docx 库）。如果电脑中已经安装这些库，则不用再安装；如果没有安装这些库，则需要在“命令提示符”下安装这些库。

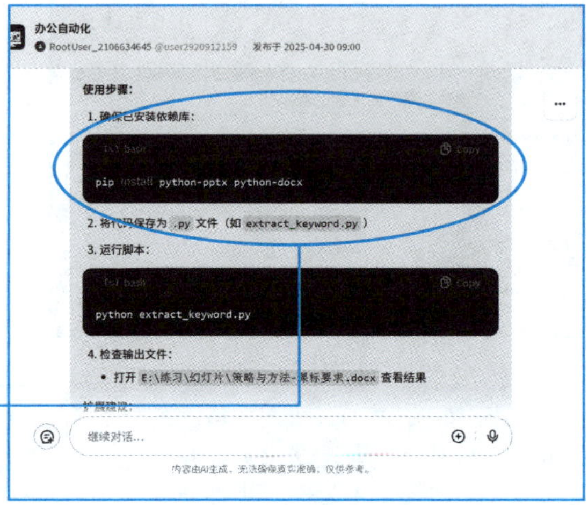

办公自动化
RootUser_2106634645 @user2920912159 发布于 2025-04-30 09:00
使用步骤:
1. 确保已安装依赖库:
bash Copy
pip install python-pptx python-docx
2. 将代码保存为 .py 文件（如 extract_keyword.py）
3. 运行脚本:
bash Copy
python extract_keyword.py
4. 检查输出文件:
打开 E:\练习\幻灯片\策略与方法-课标要求.docx 查看结果
扩展建议:
继续对话...
内容由AI生成，无法确保真实准确，仅供参考。

③ 在智能体编写的 Python 程序框右上角，单击“Copy”按钮复制所编写的程序代码。

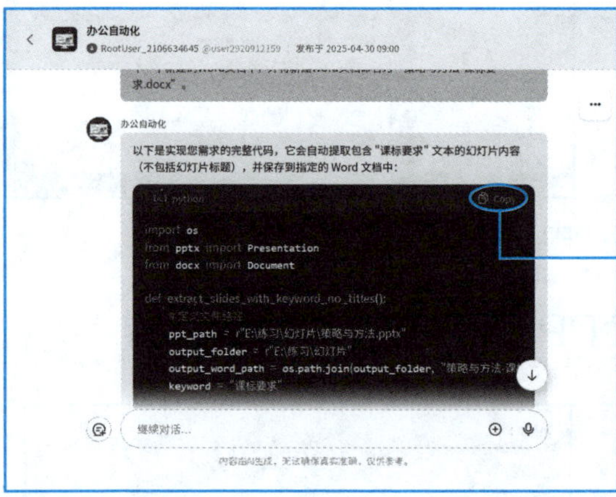

办公自动化
RootUser_2106634645 @user2920912159 发布于 2025-04-30 09:00
求.docx"。
办公自动化
以下是实现您需求的完整代码，它会自动提取包含“课标要求”文本的幻灯片内容（不包括幻灯片标题），并保存到指定的 Word 文档中:
python Copy
import os
from pptx import Presentation
from docx import Document
def extract_slides_with_keyword_no_titles():
ppt_path = r"E:\练习\幻灯片\策略与方法.pptx"
output_folder = r"E:\练习\幻灯片"
keyword = "课标要求"
继续对话...
内容由AI生成，无法确保真实准确，仅供参考。

④ 打开“IDLE Shell”程序，新建一个 IDLE 文件，按“Ctrl+V”组合键，将 Python 程序代码粘贴到新建的文件中，并按“Ctrl+S”组合键保存程序文件。接着按 F5 键运行编写的程序代码，对程序代码进行测试。

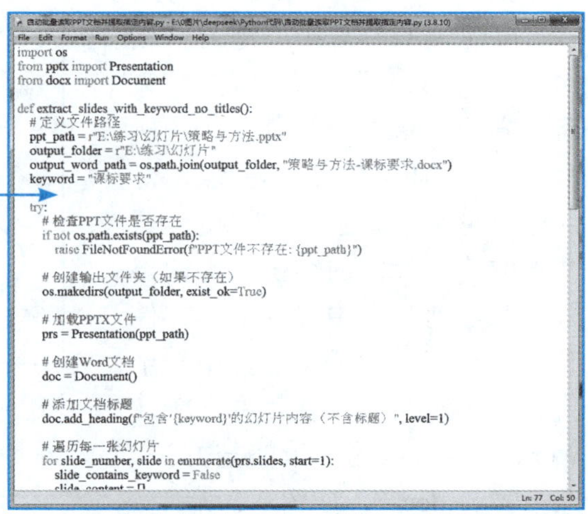

File Edit Format Run Options Window Help
import os
from pptx import Presentation
from docx import Document
def extract_slides_with_keyword_no_titles():
# 定义文件路径
ppt_path = r"E:\练习\幻灯片\策略与方法.pptx"
output_folder = r"E:\练习\幻灯片"
output_word_path = os.path.join(output_folder, "策略与方法-课标要求.docx")
keyword = "课标要求"
try:
# 检查PPT文件是否存在
if not os.path.exists(ppt_path):
raise FileNotFoundError(f"PPT文件不存在: {ppt_path}")
# 创建输出文件夹（如果不存在）
os.makedirs(output_folder, exist_ok=True)
# 加载PPTX文件
prs = Presentation(ppt_path)
# 创建Word文档
doc = Document()
# 添加文档标题
doc.add_heading(f"包含'{keyword}'的幻灯片内容（不含标题）", level=1)
# 遍历每一张幻灯片
for slide_number, slide in enumerate(prs.slides, start=1):
slide_contains_keyword = False
Ln: 77 Col: 50

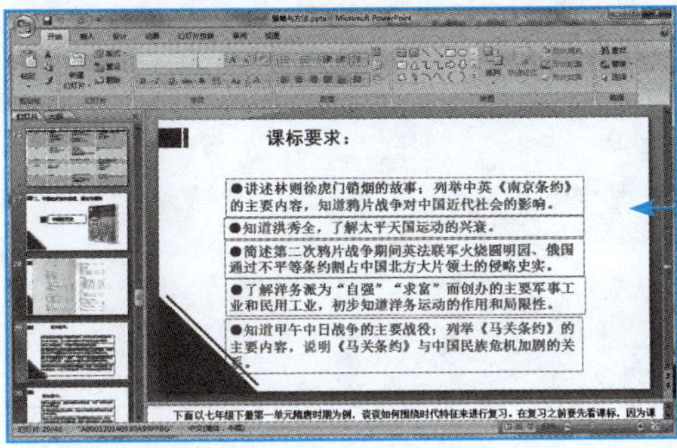
课标要求：
●讲述林则徐虎门销烟的故事；列举中英《南京条约》的主要内容，知道鸦片战争对中国近代社会的影响。
●知道洪秀全，了解太平天国运动的兴衰。
●简述第二次鸦片战争期间英法联军火烧圆明园、俄国通过不平等条约割占中国北方大片领土的侵略史实。
●了解洋务派为"自强""求富"而创办的主要军事工业和民用工业，初步知道洋务运动的作用和局限性。
●知道甲午中日战争的主要战役；列举《马关条约》的主要内容，说明《马关条约》与中国民族危机加剧的关

“策略与方法.pptx”PPT文档中含有“课标要求”的幻灯片。

⑤运行程序代码后，看到“幻灯片”子文件夹下新建了“策略与方法－课标要求.docx”Word文档，并将含有“课标要求”的幻灯片的内容提取到了Word文档中，说明程序运行正常。

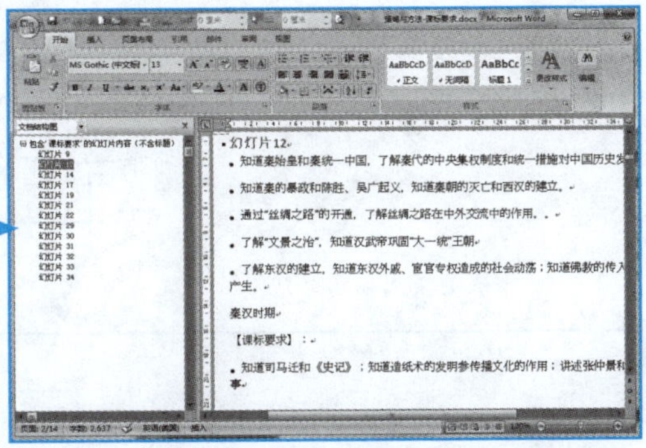
幻灯片12
知道秦的暴政和陈胜、吴广起义，知道秦朝的灭亡和西汉的建立。
通过"丝绸之路"的开通，了解丝绸之路在中外交流中的作用。
了解"文景之治"，知道汉武帝巩固"大一统"王朝。
秦汉时期
【课标要求】：

图 7-2　自动批量读取 PPT 文档并提取指定内容

7.2　自动制作 PPT 文档

7.2.1　案例：自动制作培训课件 PPT

通过大模型来实现自动制作培训课件 PPT。具体要求为：

读取 E 盘中“练习”文件夹中“幻灯片”子文件夹中“销售人员培训.docx”Word 文档中的内容，然后将 Word 文档中的内容转换成 PPT 文案。之后将 PPT 文案制作成一个培训 PPT 文档，并将制作的 PPT 文档命名为“销售培训.pptx”，保存到 E 盘中“练习”文件夹中“幻灯片”子文件夹中。如图 7-3 所示（以 Kimi 大模型为例讲解）。

① 在浏览器的地址栏输入 Kimi 大模型的网址，打开 Kimi 大模型的页面。单击左侧的“Kimi+”选项按钮。

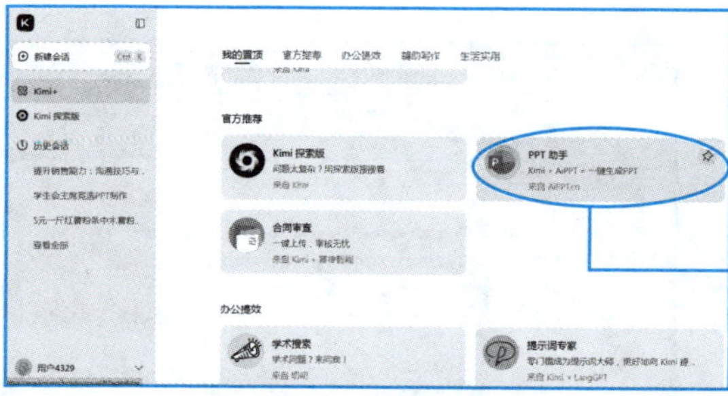

② 在打开的页面中，单击“PPT 助手”选项按钮。

③ 单击输入文本框右侧的上传文件按钮。

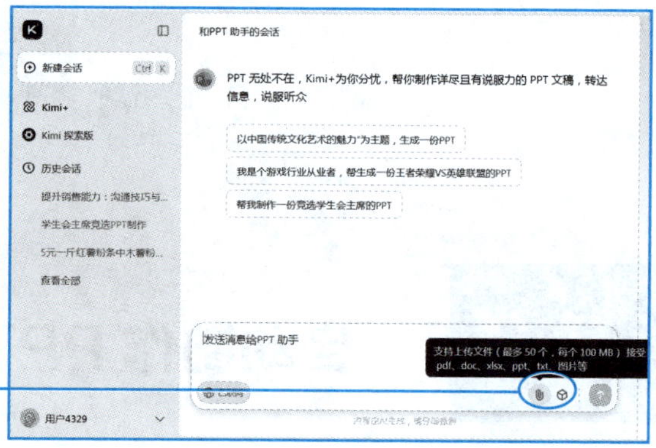

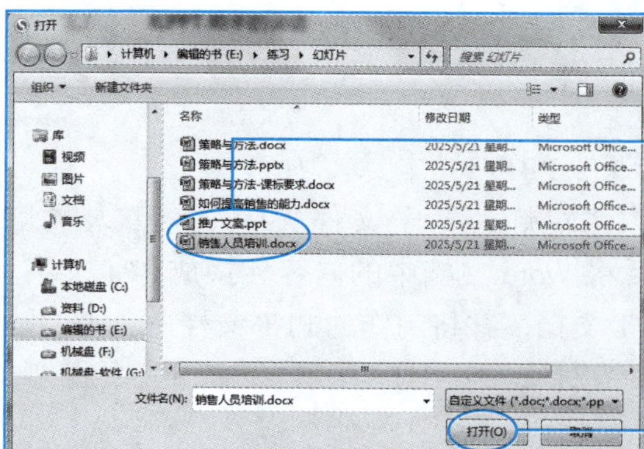

④ 在打开的“打开”对话框中选择制作 PPT 的“销售人员培训.docx”Word 文档，然后单击“打开”按钮。

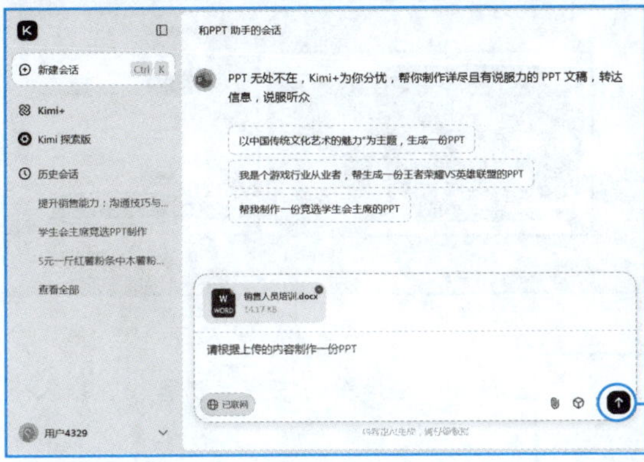

⑤ 上传完“销售人员培训 .docx”文档后，在对话框中输入“请根据上传的内容制作一份 PPT”，然后单击“发送”按钮。

⑥ 大模型会先将上传的文档转换为 PPT 文案，完成之后单击“一键生成 PPT”按钮。

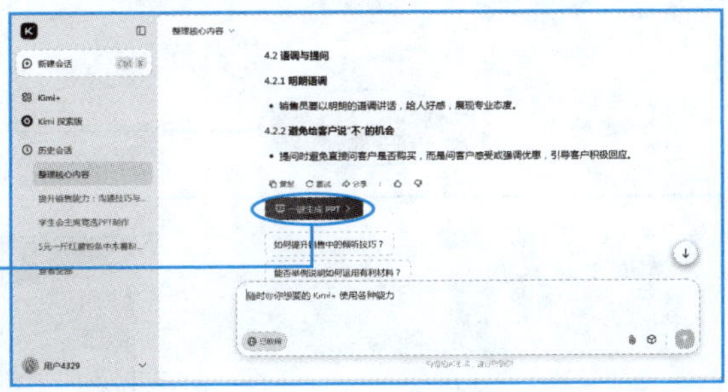

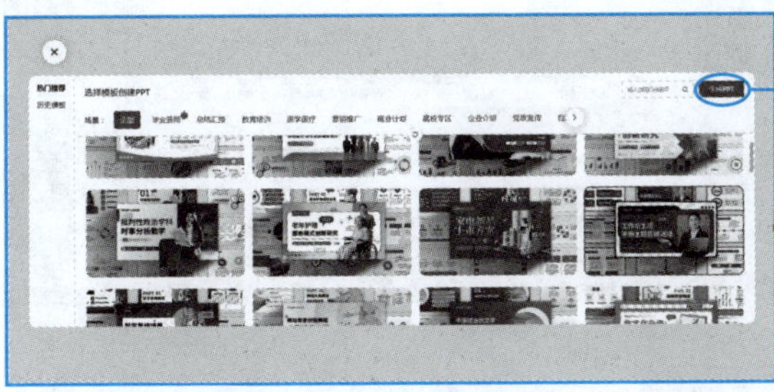

⑦ 打开“选择模板制作 PPT”的页面，然后从模板中单击选择一个模板，之后单击“生成 PPT”按钮。

⑧ 开始制作 PPT，之后单击“下载”按钮准备下载制作好的 PPT 文档。

图 7-3

⑧ 开始制作 PPT，之后单击“下载”按钮准备下载制作好的 PPT 文档。

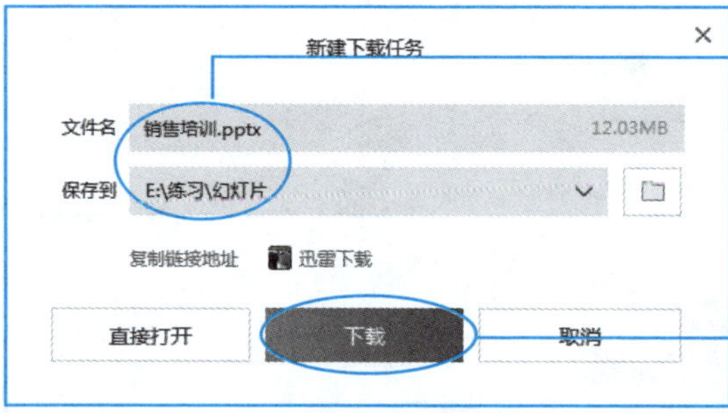

⑨ 在弹出的下载对话框中，输入文件名称，设置保存位置，然后单击“下载”按钮。

“销售人员培训 .docx” Word 文档中的内容。

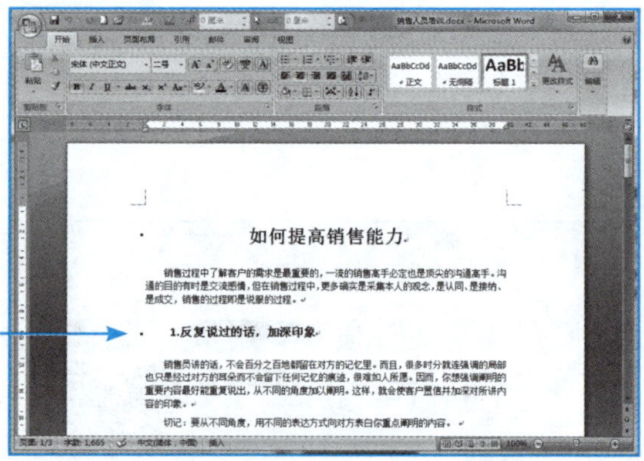

⑩ 在“幻灯片”文件夹中打开“销售培训 .pptx”，看到根据“销售人员培训 .docx” Word 文档内容制作的 PPT 幻灯片。

图 7-3　自动制作培训课件 PPT

7.2.2 案例：自动制作产品市场推广 PPT

通过大模型来实现自动制作产品市场推广 PPT。具体要求为：

我是一名工作十年的家电市场分析师，现在需要写一份关于小家电市场推广的 PPT 文案，然后将文案制作成 PPT 文档，并命名为“小家电市场推广策略 .pptx”，之后将制作的 PPT 文档保存到 E 盘中“练习”文件夹中“幻灯片”子文件夹中。如图 7-4 所示。。

① 在浏览器的地址栏输入 Kimi 大模型的网址，打开 Kimi 大模型的页面。单击左侧的“Kimi+”选项按钮。

② 在打开的页面中，单击“PPT 助手”选项按钮。

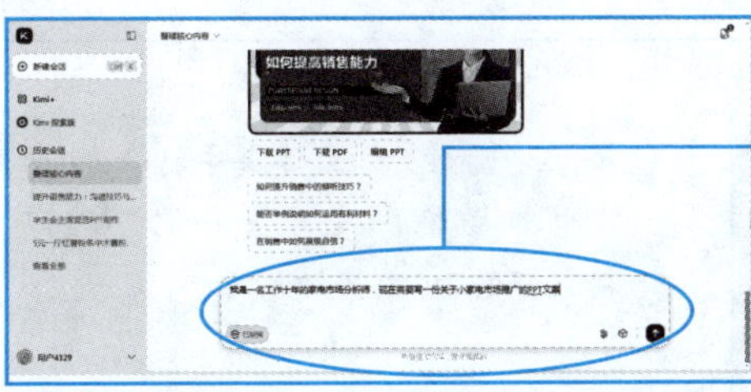

③ 在对话框中输入“我是一名工作十年的家电市场分析师，现在需要写一份关于小家电市场推广的 PPT 文案”，然后单击“发送”按钮。

④ 大模型会生成 PPT 文案，完成之后单击“一键生成 PPT”按钮。

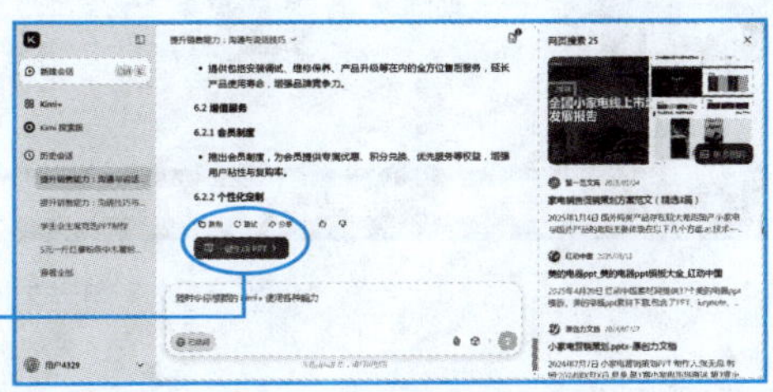

图 7-4

⑤ 打开“选择模板制作 PPT”的页面，然后从模板中，单击选择一个模板，之后单击“生成 PPT”按钮。

⑥ 开始制作 PPT，之后单击“下载”按钮准备下载制作好的 PPT 文档。

⑦ 在弹出的下载对话框中输入文件名称，设置保存位置，然后单击“下载”按钮。

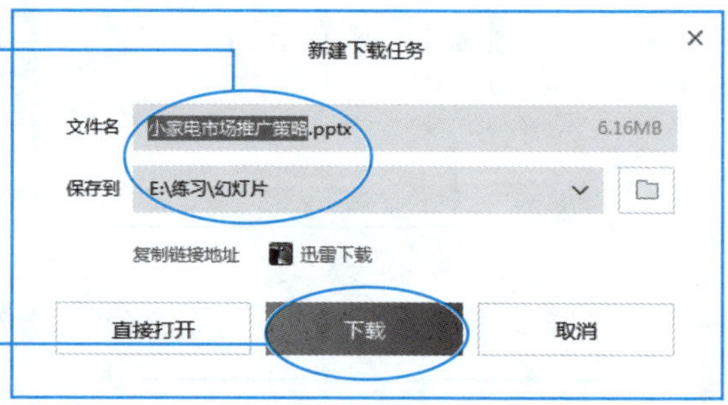

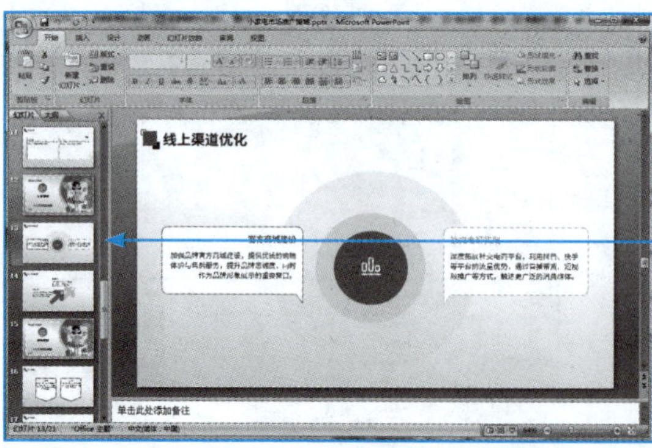

⑧ 在“幻灯片”文件夹中打开“小家电市场推广策略.pptx”，看到制作好的 PPT 幻灯片。

图 7-4　自动制作产品市场推广 PPT

第 8 章

利用 AI 智能体实现 PDF 文档自动化实战

利用 AI 智能体编写 Python 程序自动提取、拆分、合并、加密处理各种 PDF 文档，以此实现 PDF 文档办公自动化。本章将结合大量实战案例，重点讲解利用 AI 智能体实现自动批量处理 PDF 办公文档的方法。

8.1 自动提取 PDF 文档中内容

8.1.1 案例：自动提取 PDF 文档中指定页面的文本内容

通过智能体编写一个 Python 程序，来实现自动提取 PDF 文档中指定页面的内容。具体要求为：

编写一个 Python 程序，自动提取 E 盘中“练习”文件夹中“PDF 处理”子文件夹中“碳中和 .pdf”文档中的第 14 页的文本内容，然后将提取的内容保存到 E 盘中“练习”文件夹中“PDF 处理”子文件夹中一个新建的 Word 文档中，并将新建 Word 文档命名为“碳中和 14.docx”。如图 8-1 所示。

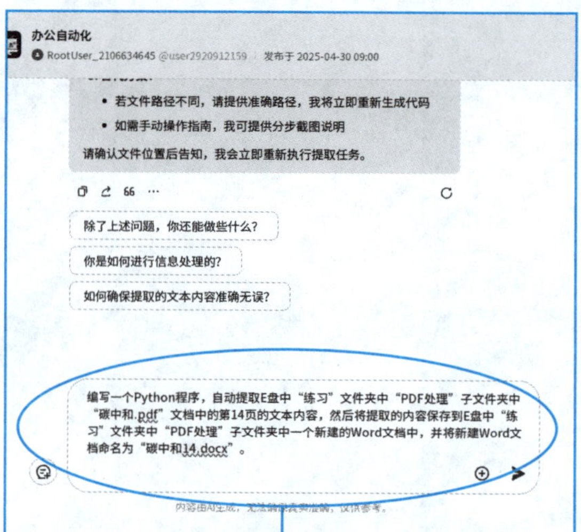
办公自动化
RootUser_2106634645 @user2920912159 发布于 2025-04-30 09:00
若文件路径不同，请提供准确路径，我将立即重新生成代码
如需手动操作指南，我可提供分步截图说明
请确认文件位置后告知，我会立即重新执行提取任务。
除了上述问题，你还能做些什么？
你是如何进行信息处理的？
如何确保提取的文本内容准确无误？
编写一个Python程序，自动提取E盘中“练习”文件夹中“PDF处理”子文件夹中“碳中和.pdf”文档中的第14页的文本内容，然后将提取的内容保存到E盘中“练习”文件夹中“PDF处理”子文件夹中一个新建的Word文档中，并将新建Word文档命名为“碳中和14.docx”。

① 登录智能体，在智能体的对话框中输入编程要求（见上面），然后单击“发送”按钮。

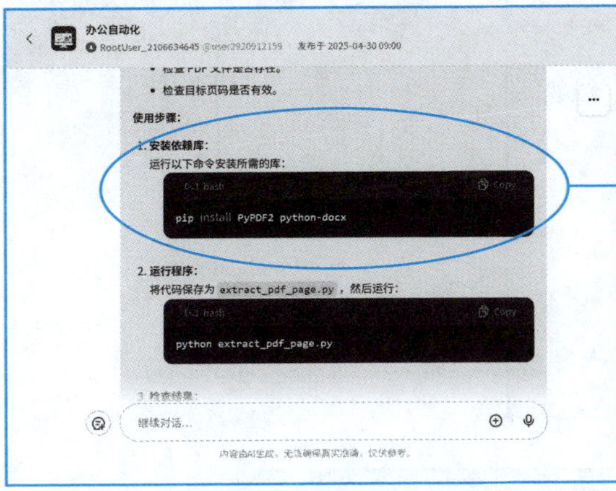
办公自动化
RootUser_2106634645 @user2920912159 发布于 2025-04-30 09:00
• 检查目标页码是否有效。
使用步骤:
1. 安装依赖库:
运行以下命令安装所需的库:
pip install PyPDF2 python-docx
2. 运行程序:
将代码保存为 extract_pdf_page.py ，然后运行:
python extract_pdf_page.py
继续对话...

② 在智能体编写的 Python 程序后的说明中，查看所编写的 Python 程序需要使用的库（如图中的 PyPDF2、python-docx 库）。如果电脑中已经安装这些库，则不用再安装；如果没有安装这些库，则需要在“命令提示符”下安装这些库。

③ 在智能体编写的 Python 程序框右上角，单击“Copy”按钮复制所编写的程序代码。

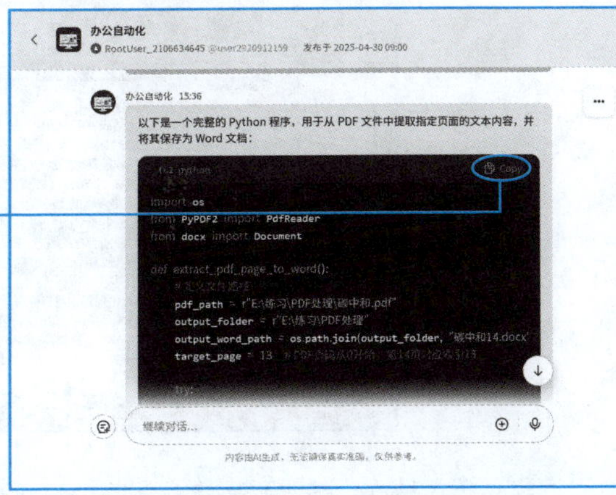
办公自动化
RootUser_2106634645 @user2920912159 发布于 2025-04-30 09:00
办公自动化 13:36
以下是一个完整的 Python 程序，用于从 PDF 文件中提取指定页面的文本内容，并将其保存为 Word 文档:
Copy
import os
from PyPDF2 import PdfReader
from docx import Document
def extract_pdf_page_to_word():
继续对话...

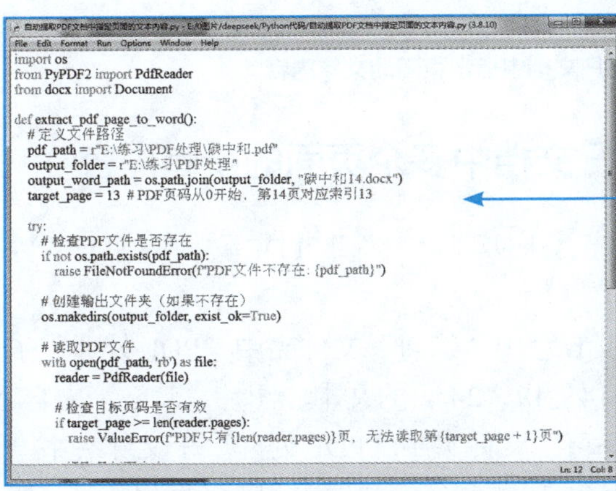
File Edit Format Run Options Window Help
import os
from PyPDF2 import PdfReader
from docx import Document
def extract_pdf_page_to_word():
# 定义文件路径
pdf_path = r"E:\练习\PDF处理\碳中和.pdf"
output_folder = r"E:\练习\PDF处理"
output_word_path = os.path.join(output_folder, "碳中和14.docx")
target_page = 13 # PDF页码从0开始，第14页对应索引13
try:
# 检查PDF文件是否存在
if not os.path.exists(pdf_path):
raise FileNotFoundError(f"PDF文件不存在: {pdf_path}")
# 创建输出文件夹（如果不存在）
os.makedirs(output_folder, exist_ok=True)
# 读取PDF文件
with open(pdf_path, 'rb') as file:
reader = PdfReader(file)
# 检查目标页码是否有效
if target_page >= len(reader.pages):
raise ValueError(f"PDF只有{len(reader.pages)}页，无法读取第{target_page + 1}页")

④ 打开“IDLE Shell”程序，新建一个 IDLE 文件，按“Ctrl+V”组合键，将 Python 程序代码粘贴到新建的文件中，并按“Ctrl+S”组合键保存程序文件。接着按 F5 键运行编写的程序代码，对程序代码进行测试。

图 8-1

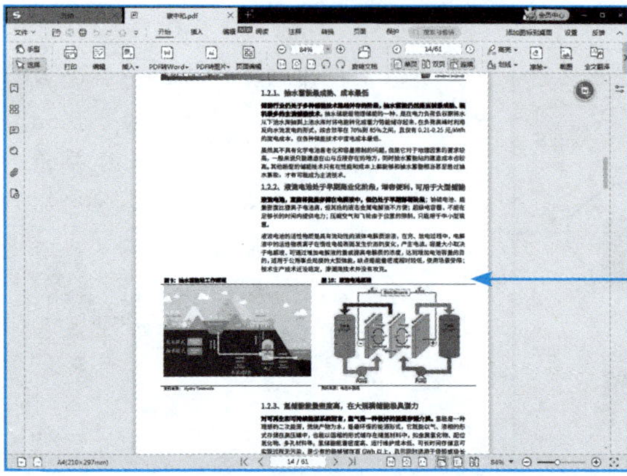

要提取的“碳中和 .pdf”文档。

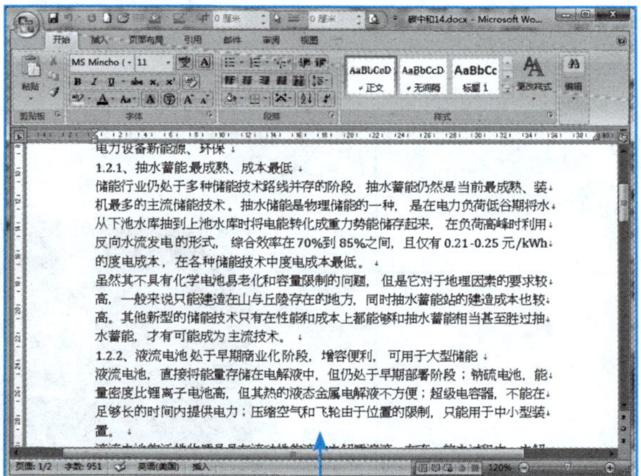
碳中和14.docx - Microsoft Wo...
电力设备新能源、环保
1.2.1、抽水蓄能最成熟、成本最低
储能行业仍处于多种储能技术路线并存的阶段，抽水蓄能仍然是当前最成熟、装
机最多的主流储能技术。抽水储能是物理储能的一种，是在电力负荷低谷期将水
从下池水库抽到上池水库时将电能转化成重力势能储存起来，在负荷高峰时利用
反向水流发电的形式，综合效率在70%到85%之间，且仅有0.21-0.25元/kWh
的度电成本，在各种储能技术中度电成本最低。
虽然其不具有化学电池易老化和容量限制的问题，但是它对于地理因素的要求较
高，一般来说只能建造在山与丘陵存在的地方，同时抽水蓄能站的建造成本也较
高。其他新型的储能技术只有在性能和成本上都能够和抽水蓄能相当甚至胜过抽
水蓄能，才有可能成为主流技术。
1.2.2、液流电池处于早期商业化阶段，增容便利，可用于大型储能
液流电池，直接将能量存储在电解液中，但仍处于早期部署阶段；钠硫电池，能
量密度比锂离子电池高，但其热的液态金属电解液不方便；超级电容器，不能在
足够长的时间内提供电力；压缩空气和飞轮由于位置的限制，只能用于中小型装
置。

⑤ 运行程序代码后，打开新建的“碳中和 14.docx”Word 文档，看到成功提取了 PDF 文档中的文本内容，说明程序运行正常。

图 8-1 自动提取 PDF 文档中指定页面的文本内容

8.1.2 案例：批量提取 PDF 文档中多个页面的所有内容

通过智能体编写一个 Python 程序，来实现批量提取 PDF 文档中需要的内容。具体要求为：

编写一个 Python 程序，自动提取 E 盘中“练习”文件夹中“PDF 处理”子文件夹中“碳中和 .pdf”文档中的第 14、19、24 页的文本、图片、表格等内容，然后将提取的内容保存到 E 盘中“练习”文件夹中“PDF 处理”子文件夹中一个新建的 Word 文档中，并将新建 Word 文档命名为“碳中和 - 多页 .docx”。如图 8-2 所示。

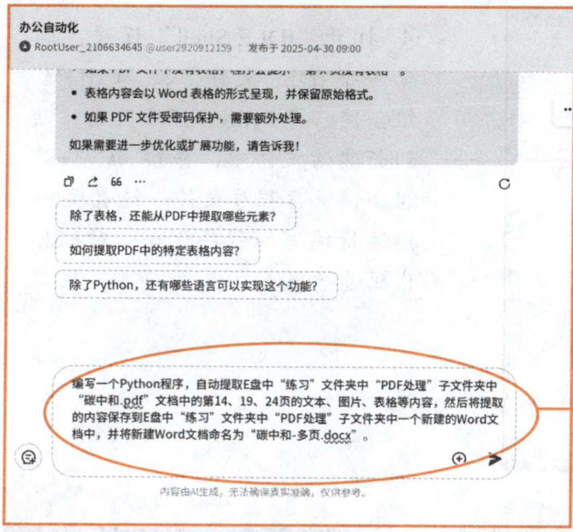
办公自动化
RootUser_2106634645 @user2920912159 发布于 2025-04-30 09:00
表格内容会以 Word 表格的形式呈现，并保留原始格式。
如果 PDF 文件受密码保护，需要额外处理。
如果需要进一步优化或扩展功能，请告诉我！
除了表格，还能从PDF中提取哪些元素？
如何提取PDF中的特定表格内容？
除了Python，还有哪些语言可以实现这个功能？
编写一个Python程序，自动提取E盘中“练习”文件夹中“PDF处理”子文件夹中“碳中和.pdf”文档中的第14、19、24页的文本、图片、表格等内容，然后将提取的内容保存到E盘中“练习”文件夹中“PDF处理”子文件夹中一个新建的Word文档中，并将新建Word文档命名为“碳中和-多页.docx”。
内容由AI生成，无法确保真实准确，仅供参考。

① 登录智能体，在智能体的对话框中输入编程要求（见上面），然后单击“发送”按钮。

② 在智能体编写的 Python 程序后的说明中，查看所编写的 Python 程序需要使用的库（如图中的 PyPDF2、pdfplumber、python-docx 库）。如果电脑中已经安装这些库，则不用再安装；如果没有安装这些库，则需要在“命令提示符”下安装这些库。

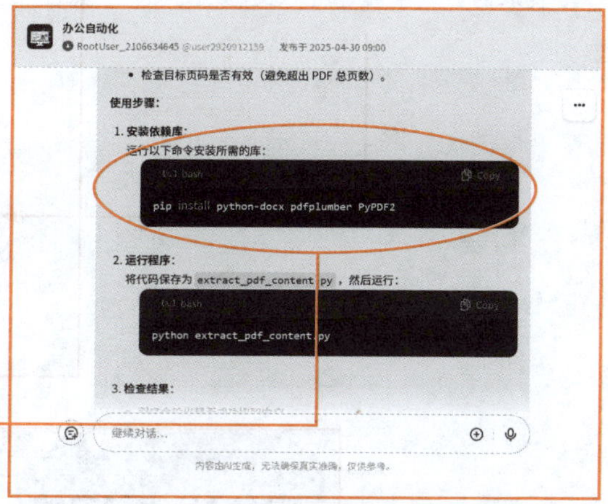
办公自动化
RootUser_2106634645 @user2920912159 发布于 2025-04-30 09:00
检查目标页码是否有效（避免超出 PDF 总页数）。
使用步骤：
1. 安装依赖库：
运行以下命令安装所需的库：
pip install python-docx pdfplumber PyPDF2
2. 运行程序：
将代码保存为 extract_pdf_content.py，然后运行：
python extract_pdf_content.py
3. 检查结果：
继续对话...
内容由AI生成，无法确保真实准确，仅供参考。

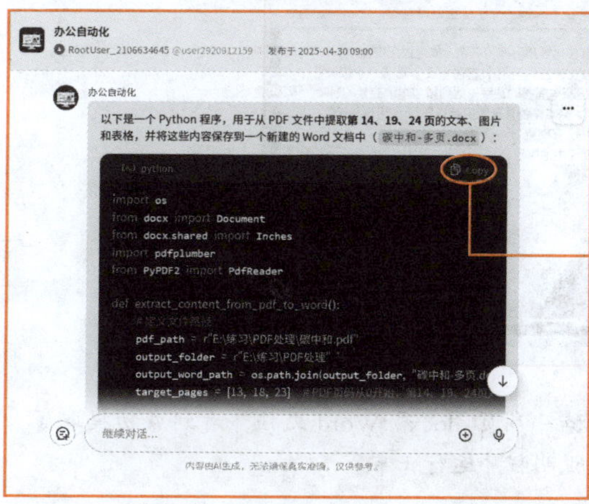
办公自动化
RootUser_2106634645 @user2920912159 发布于 2025-04-30 09:00
以下是一个 Python 程序，用于从 PDF 文件中提取第 14、19、24 页的文本、图片和表格，并将这些内容保存到一个新建的 Word 文档中（碳中和-多页.docx）：
python
Copy
import os
from docx import Document
from docx.shared import Inches
import pdfplumber
from PyPDF2 import PdfReader
def extract_content_from_pdf_to_word():
pdf_path = r"E:\练习\PDF处理\碳中和.pdf"
output_folder = r"E:\练习\PDF处理"
target_pages = [13, 18, 23]
继续对话...
内容由AI生成，无法确保真实准确，仅供参考。

③ 在智能体编写的 Python 程序框右上角，单击“Copy”按钮复制所编写的程序代码。

图 8-2

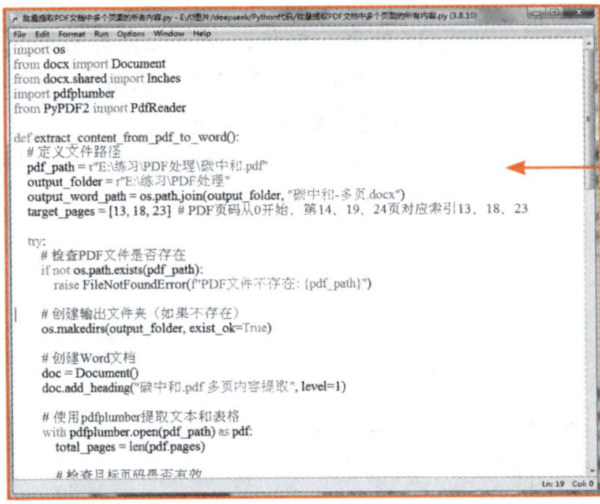

```
import os
from docx import Document
from docx.shared import Inches
import pdfplumber
from PyPDF2 import PdfReader

def extract_content_from_pdf_to_word():
    # 定义文件路径
    pdf_path = r"E:\练习\PDF处理\碳中和.pdf"
    output_folder = r"E:\练习\PDF处理"
    output_word_path = os.path.join(output_folder, "碳中和-多页.docx")
    target_pages = [13, 18, 23]  # PDF页码从0开始，第14、19、24页对应索引13、18、23

    try:
        # 检查PDF文件是否存在
        if not os.path.exists(pdf_path):
            raise FileNotFoundError(f"PDF文件不存在: {pdf_path}")

        # 创建输出文件夹（如果不存在）
        os.makedirs(output_folder, exist_ok=True)

        # 创建Word文档
        doc = Document()
        doc.add_heading("碳中和.pdf多页内容提取", level=1)

        # 使用pdfplumber提取文本和表格
        with pdfplumber.open(pdf_path) as pdf:
            total_pages = len(pdf.pages)

            # 检查目标页码是否有效
```

④ 打开“IDLE Shell”程序，新建一个IDLE文件，按“Ctrl+V”组合键，将Python程序代码粘贴到新建的文件中，并按“Ctrl+S”组合键保存程序文件。接着按F5键运行编写的程序代码，对程序代码进行测试。

要提取的“碳中和.pdf”文档。

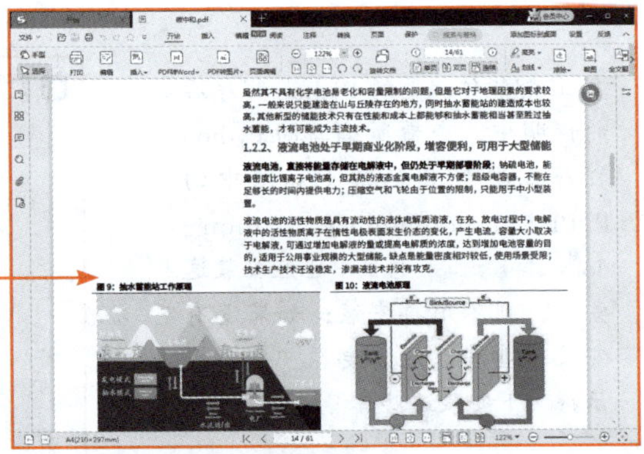

1.2.2、液流电池处于早期商业化阶段，增容便利，可用于大型储能
图 9：抽水蓄能站工作原理
图 10：液流电池原理

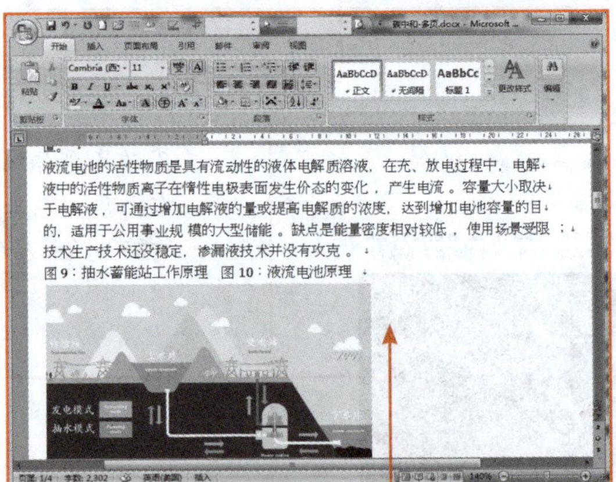

液流电池的活性物质是具有流动性的液体电解质溶液，在充、放电过程中，电解液中的活性物质离子在惰性电极表面发生价态的变化，产生电流。容量大小取决于电解液，可通过增加电解液的量或提高电解质的浓度，达到增加电池容量的目的，适用于公用事业规 模的大型储能。缺点是能量密度相对较低，使用场景受限；技术生产技术还没稳定，渗漏液技术并没有攻克。
图 9：抽水蓄能站工作原理　图 10：液流电池原理

⑤ 运行程序代码后，打开新建的“碳中和－多页.docx”Word文档，看到成功提取了PDF文档中的文本、图片、表格等内容，说明程序运行正常。

图 8-2　批量提取 PDF 文档中多个页面的所有内容

8.1.3 案例：批量提取 PDF 文档中所有页面的文本和图片

通过智能体编写一个 Python 程序，来实现批量提取 PDF 文档中所有页面的内容。具体要求为：

编写一个 Python 程序，自动提取 E 盘中“练习”文件夹中“PDF 处理”子文件夹中“主题策略 .pdf”文档中所有页的文本、图片等内容，然后将提取的内容保存到 E 盘中“练习”文件夹中“PDF 处理”子文件夹中一个新建的 Word 文档中，并将新建 Word 文档命名为“主题策略 .docx”。如图 8-3 所示。

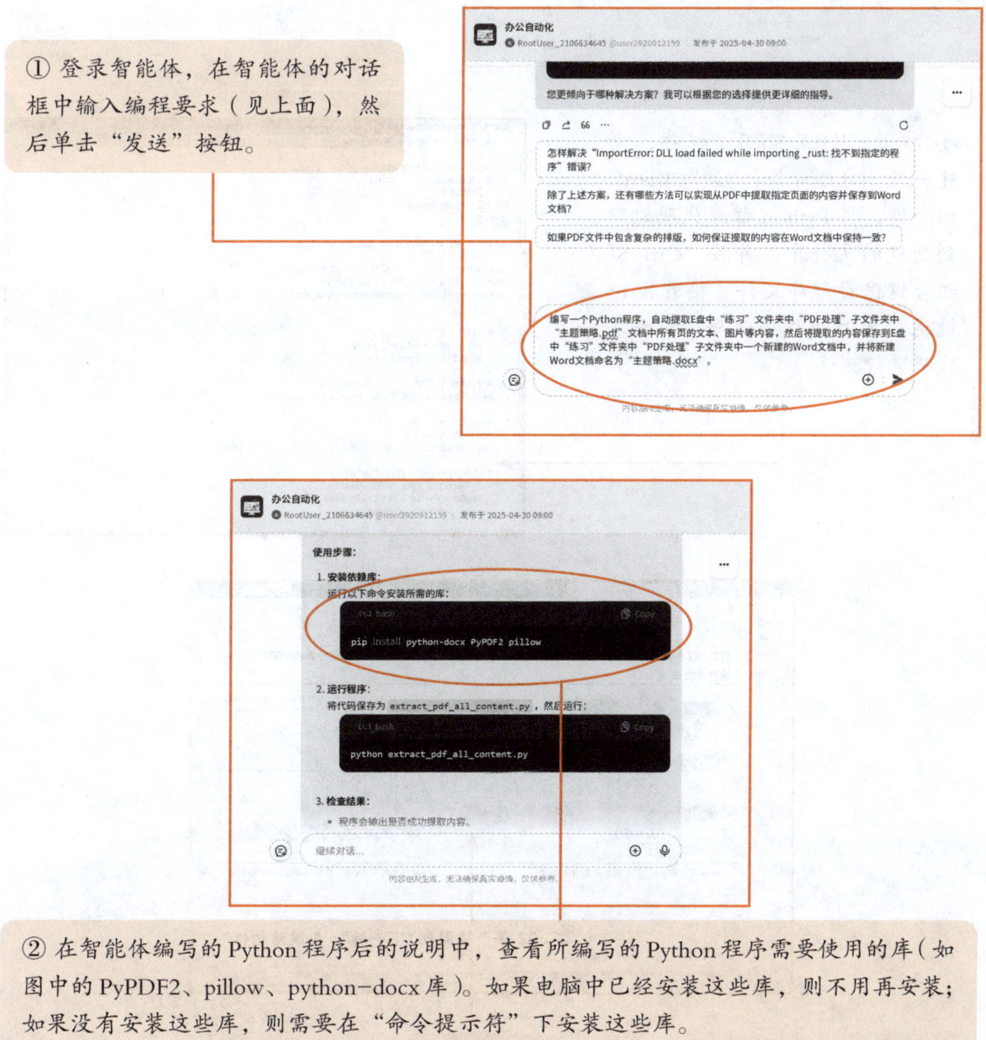

① 登录智能体，在智能体的对话框中输入编程要求（见上面），然后单击“发送”按钮。
办公自动化
编写一个Python程序，自动提取E盘中“练习”文件夹中“PDF处理”子文件夹中“主题策略.pdf”文档中所有页的文本、图片等内容，然后将提取的内容保存到E盘中“练习”文件夹中“PDF处理”子文件夹中一个新建的Word文档中，并将新建Word文档命名为“主题策略.docx”。
使用步骤：
1. 安装依赖库：
pip install python-docx PyPDF2 pillow
2. 运行程序：
python extract_pdf_all_content.py
3. 检查结果：
② 在智能体编写的 Python 程序后的说明中，查看所编写的 Python 程序需要使用的库（如图中的 PyPDF2、pillow、python-docx 库）。如果电脑中已经安装这些库，则不用再安装；如果没有安装这些库，则需要在“命令提示符”下安装这些库。

图 8-3

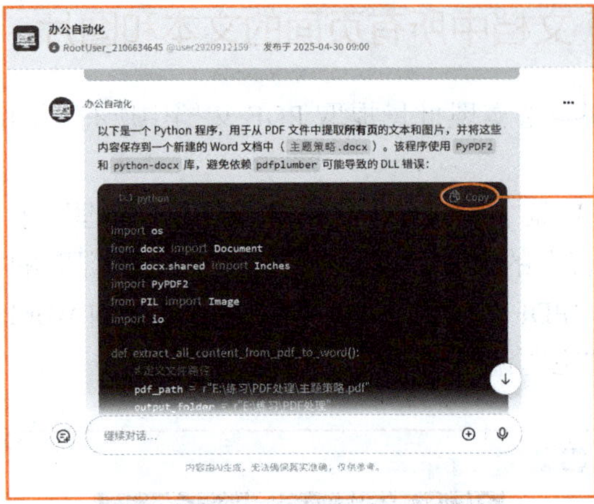
办公自动化
以下是一个 Python 程序，用于从 PDF 文件中提取所有页的文本和图片，并将这些内容保存到一个新建的 Word 文档中（主题策略.docx）。该程序使用 PyPDF2 和 python-docx 库，避免依赖 pdfplumber 可能导致的 DLL 错误：
Copy
import os
from docx import Document
from docx.shared import Inches
import PyPDF2
from PIL import Image
import io
def extract_all_content_from_pdf_to_word():
继续对话...

③ 在智能体编写的 Python 程序框右上角，单击“Copy”按钮复制所编写的程序代码。

④ 打开“IDLE Shell”程序，新建一个 IDLE 文件，按“Ctrl+V”组合键，将 Python 程序代码粘贴到新建的文件中，并按“Ctrl+S”组合键保存程序文件。接着按 F5 键运行编写的程序代码，对程序代码进行测试。

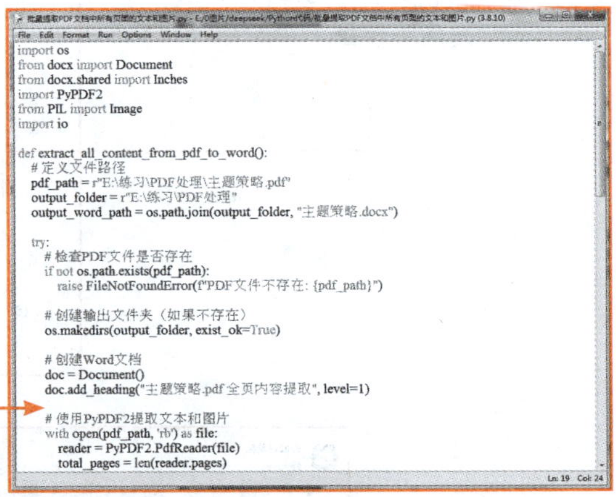

```
import os
from docx import Document
from docx.shared import Inches
import PyPDF2
from PIL import Image
import io

def extract_all_content_from_pdf_to_word():
    # 定义文件路径
    pdf_path = r"E:\练习\PDF处理\主题策略.pdf"
    output_folder = r"E:\练习\PDF处理"
    output_word_path = os.path.join(output_folder, "主题策略.docx")

    try:
        # 检查PDF文件是否存在
        if not os.path.exists(pdf_path):
            raise FileNotFoundError(f"PDF文件不存在: {pdf_path}")

        # 创建输出文件夹（如果不存在）
        os.makedirs(output_folder, exist_ok=True)

        # 创建Word文档
        doc = Document()
        doc.add_heading("主题策略.pdf全页内容提取", level=1)

        # 使用PyPDF2提取文本和图片
        with open(pdf_path, 'rb') as file:
            reader = PyPDF2.PdfReader(file)
            total_pages = len(reader.pages)
```

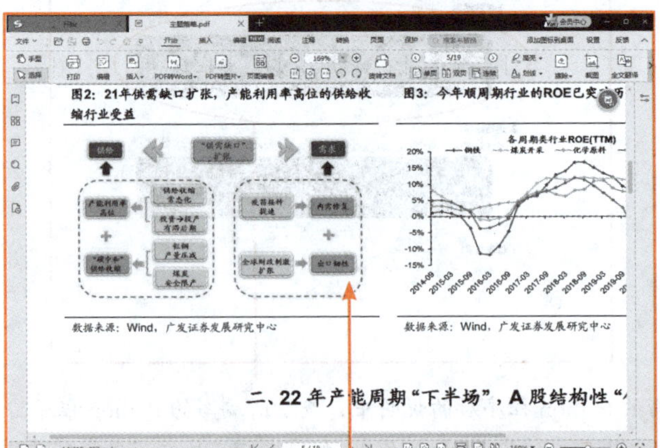
图2：21年供需缺口扩张，产能利用率高位的供给收缩行业受益
图3：今年顺周期行业的ROE已突破
数据来源：Wind，广发证券发展研究中心
数据来源：Wind，广发证券发展研究中心
二、22 年产能周期“下半场”，A 股结构性“

要提取的“主题策略.pdf”文档。

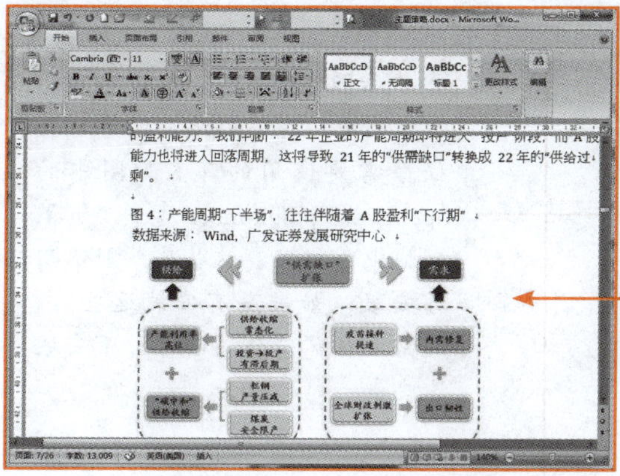

⑤ 运行程序代码后，打开新建的“主题策略 .docx”Word 文档，看到成功提取了 PDF 文档中的文本和图片等内容，说明程序运行正常。

图 8-3　批量提取 PDF 文档中所有页面的内容

8.1.4　案例：批量提取 PDF 文档指定页面表格中的文本

通过智能体编写一个 Python 程序，来实现批量提取 PDF 文档指定页面中表格。具体要求为：

编写一个 Python 程序，自动提取 E 盘中“练习”文件夹中“PDF 处理”子文件夹中“信用报告 .pdf”文档中第 1 页的所有表格中的文本内容，然后将提取文本内容保存到 E 盘中“练习”文件夹中“PDF 处理”子文件夹中一个新建的 Excel 文档中“PDF 表格”工作表中，并将新建的 Excel 文档命名为“信用报告 - 表格 .xslx”。如图 8-4 所示。

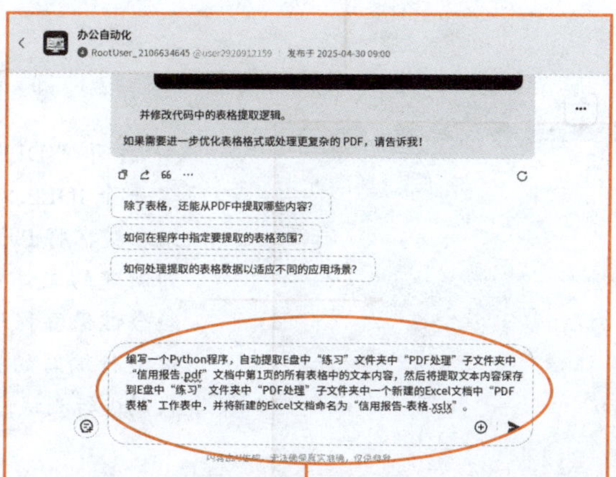

办公自动化
并修改代码中的表格提取逻辑。
如果需要进一步优化表格格式或处理更复杂的PDF，请告诉我！
除了表格，还能从PDF中提取哪些内容?
如何在程序中指定要提取的表格范围?
如何处理提取的表格数据以适应不同的应用场景?
编写一个Python程序，自动提取E盘中“练习”文件夹中“PDF处理”子文件夹中“信用报告.pdf”文档中第1页的所有表格中的文本内容，然后将提取文本内容保存到E盘中“练习”文件夹中“PDF处理”子文件夹中一个新建的Excel文档中“PDF表格”工作表中，并将新建的Excel文档命名为“信用报告-表格.xslx”。

① 登录智能体，在智能体的对话框中输入编程要求（见上面），然后单击“发送”按钮。

图 8-4

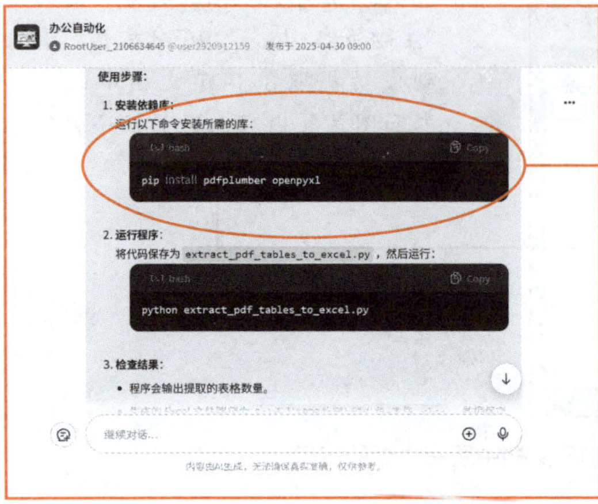
办公自动化
RootUser_2106634645 @user2920912159 发布于 2025-04-30 09:00
使用步骤：
1. 安装依赖库：
运行以下命令安装所需的库：
bash
Copy
pip install pdfplumber openpyxl
2. 运行程序：
将代码保存为 extract_pdf_tables_to_excel.py ，然后运行：
bash
Copy
python extract_pdf_tables_to_excel.py
3. 检查结果：
• 程序会输出提取的表格数量。
继续对话...
内容由AI生成，无法确保真实准确，仅供参考。

② 在智能体编写的 Python 程序后的说明中，查看所编写的 Python 程序需要使用的库（如图中的 openpyxl、pdfplumber 库）。如果电脑中已经安装这些库，则不用再安装；如果没有安装这些库，则需要在“命令提示符”下安装这些库。

③ 在智能体编写的 Python 程序框右上角，单击“Copy”按钮复制所编写的程序代码。

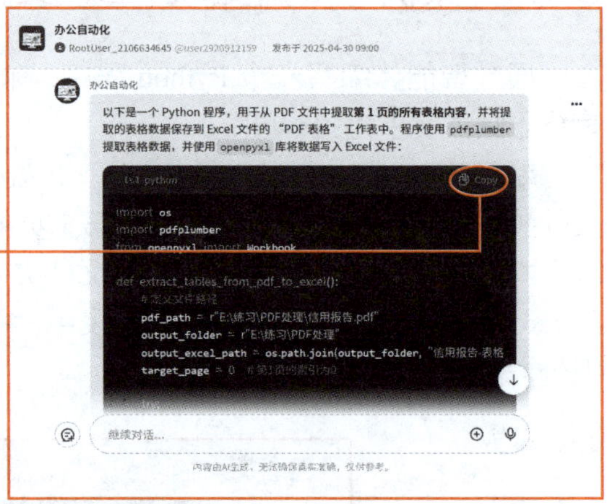
办公自动化
RootUser_2106634645 @user2920912159 发布于 2025-04-30 09:00
办公自动化
以下是一个 Python 程序，用于从 PDF 文件中提取第 1 页的所有表格内容，并将提取的表格数据保存到 Excel 文件的“PDF 表格”工作表中。程序使用 pdfplumber 提取表格数据，并使用 openpyxl 库将数据写入 Excel 文件：
python
Copy
import os
import pdfplumber
from openpyxl import Workbook
def extract_tables_from_pdf_to_excel():
# 定义文件路径
pdf_path = r"E:\练习\PDF处理\信用报告.pdf"
output_folder = r"E:\练习\PDF处理"
target_page = 0
继续对话...
内容由AI生成，无法确保真实准确，仅供参考。

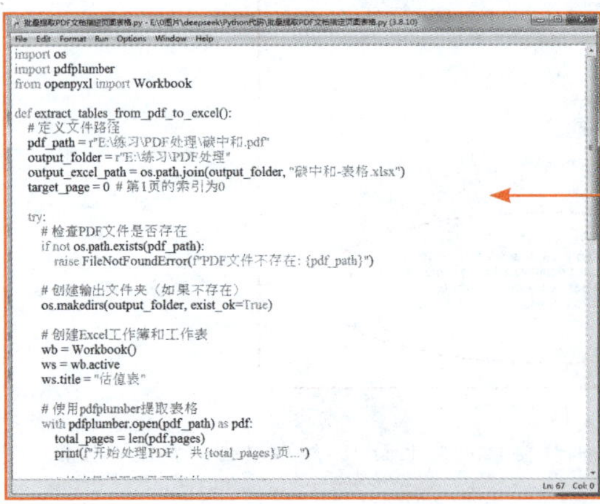
File Edit Format Run Options Window Help
import os
import pdfplumber
from openpyxl import Workbook
def extract_tables_from_pdf_to_excel():
# 定义文件路径
pdf_path = r"E:\练习\PDF处理\破中和.pdf"
output_folder = r"E:\练习\PDF处理"
output_excel_path = os.path.join(output_folder, "破中和-表格.xlsx")
target_page = 0 # 第1页的索引为0
try:
# 检查PDF文件是否存在
if not os.path.exists(pdf_path):
raise FileNotFoundError(f"PDF文件不存在: {pdf_path}")
# 创建输出文件夹（如果不存在）
os.makedirs(output_folder, exist_ok=True)
# 创建Excel工作簿和工作表
wb = Workbook()
ws = wb.active
ws.title = "估值表"
# 使用pdfplumber提取表格
with pdfplumber.open(pdf_path) as pdf:
total_pages = len(pdf.pages)
print(f"开始处理PDF，共{total_pages}页...")
Ln: 67 Col: 0

④ 打开“IDLE Shell”程序，新建一个 IDLE 文件，按“Ctrl+V”组合键，将 Python 程序代码粘贴到新建的文件中，并按“Ctrl+S”组合键保存程序文件。接着按 F5 键运行编写的程序代码，对程序代码进行测试。

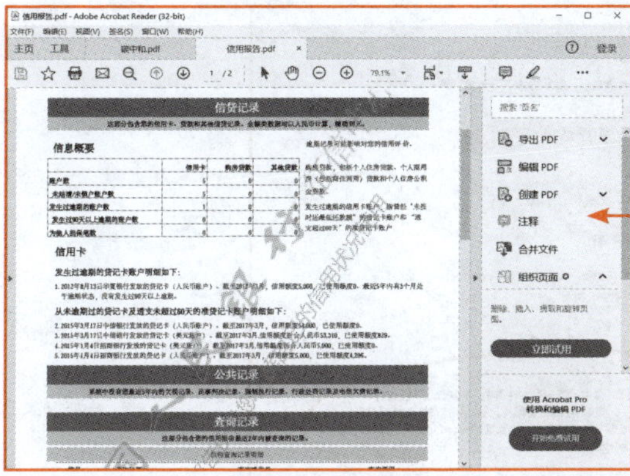

要提取的“信用报告.pdf”文档。

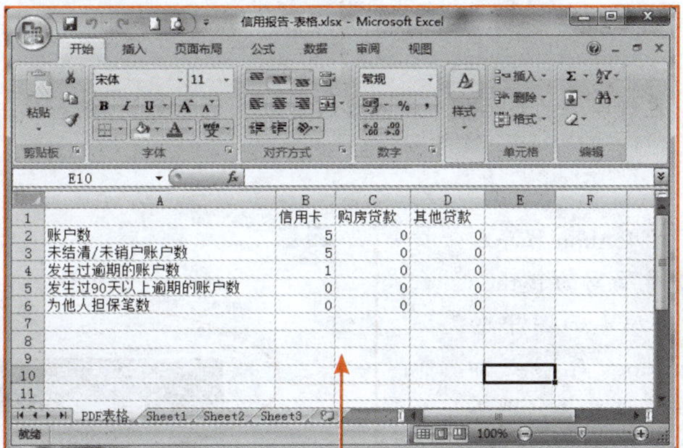

⑤ 运行程序代码后，打开新建的“信用报告－表格.xlsx” Excel 文档，看到成功提取了 PDF 文档中的表格内容，说明程序运行正常。

图 8-4　批量提取 PDF 文档指定页面表格中的文字

8.1.5　案例：批量提取 PDF 文档指定的页面的图片

通过智能体编写一个 Python 程序，来实现批量提取 PDF 文档指定的多个页面的表格中的文字。具体要求为：

编写一个 Python 程序，自动提取 E 盘中“练习”文件夹中“PDF 处理”子文件夹中“碳中和.pdf”文档中第 16、18、24 页中的所有图片，然后将提取的图片保存到 E 盘中“练习”文件夹中“PDF 处理”子文件夹中一个新建的 Word 文档中，并将新建 Word 文档命名为“碳中和 - 图片.docx”。如图 8-5 所示。

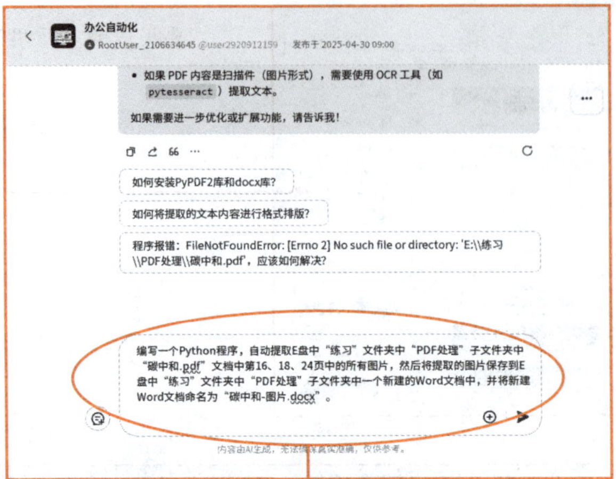
办公自动化
RootUser_2106634645 @user2920912159 发布于 2025-04-30 09:00
• 如果 PDF 内容是扫描件（图片形式），需要使用 OCR 工具（如 pytesseract ）提取文本。
如果需要进一步优化或扩展功能，请告诉我！
如何安装PyPDF2库和docx库?
如何将提取的文本内容进行格式排版?
程序报错：FileNotFoundError: [Errno 2] No such file or directory: 'E:\\练习\\PDF处理\\碳中和.pdf'，应该如何解决?
编写一个Python程序，自动提取E盘中“练习”文件夹中“PDF处理”子文件夹中“碳中和.pdf”文档中第16、18、24页中的所有图片，然后将提取的图片保存到E盘中“练习”文件夹中“PDF处理”子文件夹中一个新建的Word文档中，并将新建Word文档命名为“碳中和-图片.docx”。

① 登录智能体，在智能体的对话框中输入编程要求（见上面），然后单击“发送”按钮。

② 在智能体编写的 Python 程序后的说明中，查看所编写的 Python 程序需要使用的库（如图中的 PyPDF2、python-docx 库）。如果电脑中已经安装这些库，则不用再安装；如果没有安装这些库，则需要在“命令提示符”下安装这些库。

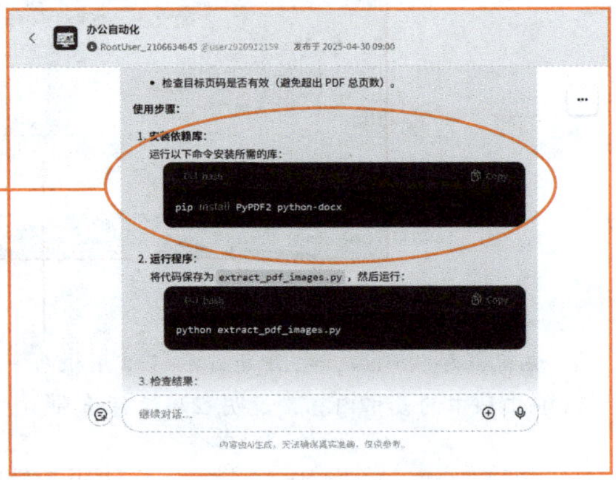
办公自动化
RootUser_2106634645 @user2920912159 发布于 2025-04-30 09:00
• 检查目标页码是否有效（避免超出 PDF 总页数）。
使用步骤:
1. 安装依赖库:
运行以下命令安装所需的库:
pip install PyPDF2 python-docx
2. 运行程序:
将代码保存为 extract_pdf_images.py，然后运行:
python extract_pdf_images.py
3. 检查结果:
继续对话...

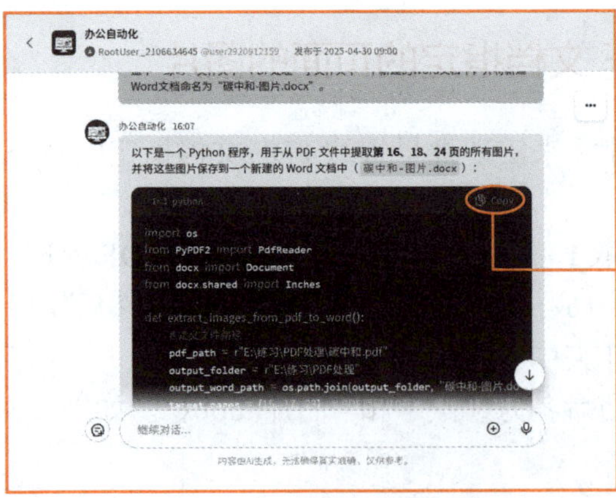
办公自动化
RootUser_2106634645 @user2920912159 发布于 2025-04-30 09:00
Word文档命名为“碳中和-图片.docx”。
办公自动化 16:07
以下是一个 Python 程序，用于从 PDF 文件中提取第 16、18、24 页的所有图片，并将这些图片保存到一个新建的 Word 文档中（碳中和-图片.docx）：
Copy
import os
from PyPDF2 import PdfReader
from docx import Document
from docx.shared import Inches
def extract_images_from_pdf_to_word():
pdf_path = r"E:\练习\PDF处理\碳中和.pdf"
output_folder = r"E:\练习\PDF处理"
继续对话...

③ 在智能体编写的 Python 程序框右上角，单击“Copy”按钮复制所编写的程序代码。

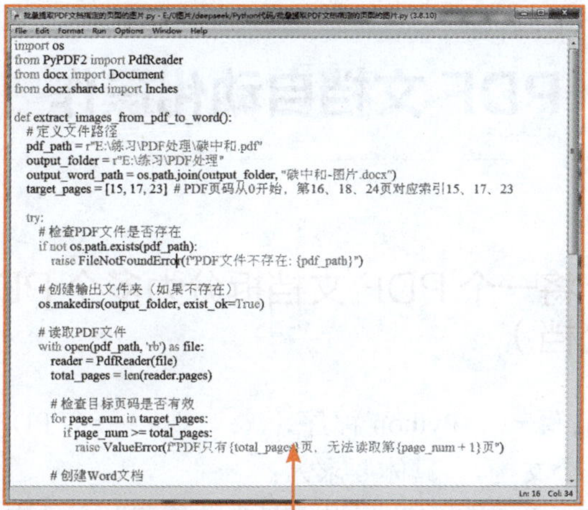

```
import os
from PyPDF2 import PdfReader
from docx import Document
from docx.shared import Inches

def extract_images_from_pdf_to_word():
    # 定义文件路径
    pdf_path = r"E:\练习\PDF处理\碳中和.pdf"
    output_folder = r"E:\练习\PDF处理"
    output_word_path = os.path.join(output_folder, "碳中和-图片.docx")
    target_pages = [15, 17, 23]  # PDF页码从0开始，第16、18、24页对应索引15、17、23

    try:
        # 检查PDF文件是否存在
        if not os.path.exists(pdf_path):
            raise FileNotFoundError(f"PDF文件不存在: {pdf_path}")

        # 创建输出文件夹（如果不存在）
        os.makedirs(output_folder, exist_ok=True)

        # 读取PDF文件
        with open(pdf_path, 'rb') as file:
            reader = PdfReader(file)
            total_pages = len(reader.pages)

            # 检查目标页码是否有效
            for page_num in target_pages:
                if page_num >= total_pages:
                    raise ValueError(f"PDF只有{total_pages}页，无法读取第{page_num + 1}页")

            # 创建Word文档
```

④ 打开“IDLE Shell”程序，新建一个 IDLE 文件，按“Ctrl+V”组合键，将 Python 程序代码粘贴到新建的文件中，并按“Ctrl+S”组合键保存程序文件。接着按 F5 键运行编写的程序代码，对程序代码进行测试。

要提取的“碳中和 .pdf”文档。

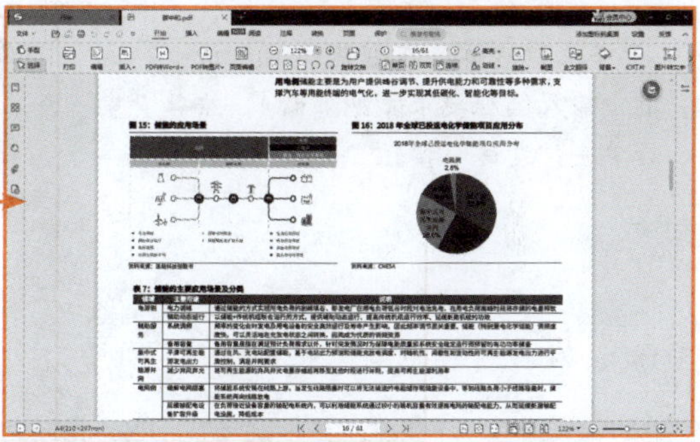

⑤ 运行程序代码后，打开新建的“碳中和 – 图片 .docx”Word 文档，看到成功提取了 PDF 文档中的图片等内容，说明程序运行正常。

图 8-5　批量提取 PDF 文档指定的页面的图片

8.2 PDF 文档自动化操作

8.2.1 案例：将一个 PDF 文档拆分为多个 PDF 文档（每页一个文档）

通过智能体编写一个 Python 程序，来实现将一个 PDF 文档拆分为多个 PDF 文档（每页一个文档）。具体要求为：

编写一个 Python 程序，自动复制 E 盘中“练习”文件夹中“PDF 处理”子文件夹中“策略 .pdf”文档中的每个页面的内容，将每个页面的内容分别保存到一个 PDF 文档，并以“策略 + 数字”来命名，如命名为“策略 1”，然后保存到 E 盘中“练习”文件夹中“PDF 处理”子文件夹中。如图 8-6 所示。

① 登录智能体，在智能体的对话框中输入编程要求（见上面），然后单击“发送”按钮。

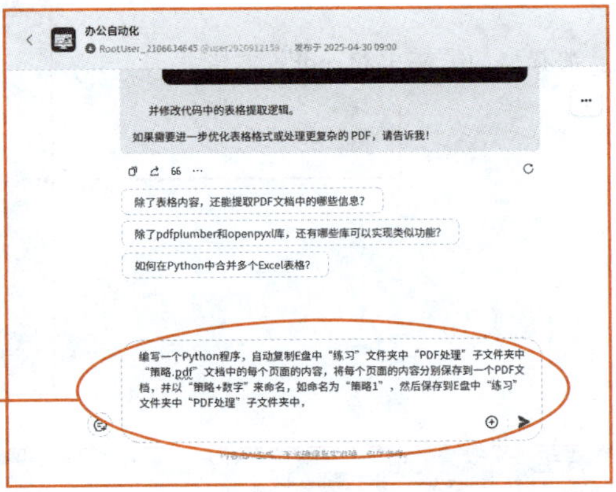
办公自动化
并修改代码中的表格提取逻辑。
如果需要进一步优化表格格式或处理更复杂的 PDF，请告诉我！
除了表格内容，还能提取PDF文档中的哪些信息？
除了pdfplumber和openpyxl库，还有哪些库可以实现类似功能？
如何在Python中合并多个Excel表格？
编写一个Python程序，自动复制E盘中“练习”文件夹中“PDF处理”子文件夹中“策略.pdf”文档中的每个页面的内容，将每个页面的内容分别保存到一个PDF文档，并以“策略+数字”来命名，如命名为“策略1”，然后保存到E盘中“练习”文件夹中“PDF处理”子文件夹中。

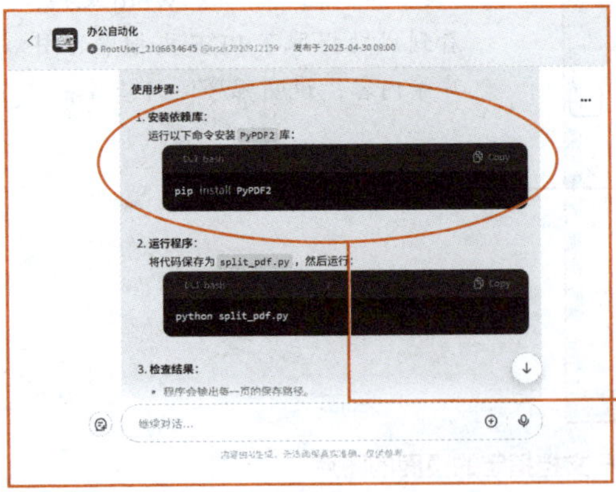
办公自动化
使用步骤：
1. 安装依赖库：
运行以下命令安装 PyPDF2 库：
pip install PyPDF2
2. 运行程序：
将代码保存为 split_pdf.py，然后运行：
python split_pdf.py
3. 检查结果：
继续对话...

② 在智能体编写的 Python 程序后的说明中，查看所编写的 Python 程序需要使用的库（如图中的 PyPDF2 库）。如果电脑中已经安装此库，则不用再安装；如果没有安装此库，则需要在“命令提示符”下安装此库。

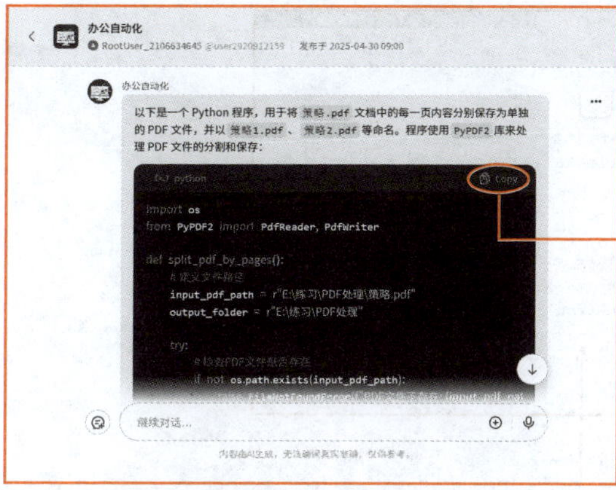
办公自动化
以下是一个 Python 程序，用于将 策略.pdf 文档中的每一页内容分别保存为单独的 PDF 文件，并以 策略1.pdf 、 策略2.pdf 等命名。程序使用 PyPDF2 库来处理 PDF 文件的分割和保存：
python
Copy
import os
from PyPDF2 import PdfReader, PdfWriter
def split_pdf_by_pages():
input_pdf_path = r"E:\练习\PDF处理\策略.pdf"
output_folder = r"E:\练习\PDF处理"
try:
if not os.path.exists(input_pdf_path):
继续对话...

③ 在智能体编写的 Python 程序框右上角，单击“Copy”按钮复制所编写的程序代码。

④ 打开“IDLE Shell”程序，新建一个 IDLE 文件，按“Ctrl+V”组合键，将 Python 程序代码粘贴到新建的文件中，并按“Ctrl+S”组合键保存程序文件。接着按 F5 键运行编写的程序代码，对程序代码进行测试。

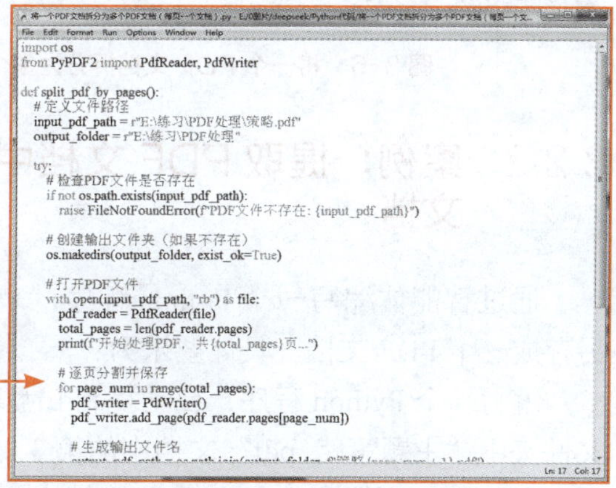
File Edit Format Run Options Window Help
import os
from PyPDF2 import PdfReader, PdfWriter
def split_pdf_by_pages():
# 定义文件路径
input_pdf_path = r"E:\练习\PDF处理\策略.pdf"
output_folder = r"E:\练习\PDF处理"
try:
# 检查PDF文件是否存在
if not os.path.exists(input_pdf_path):
raise FileNotFoundError(f"PDF文件不存在: {input_pdf_path}")
# 创建输出文件夹（如果不存在）
os.makedirs(output_folder, exist_ok=True)
# 打开PDF文件
with open(input_pdf_path, "rb") as file:
pdf_reader = PdfReader(file)
total_pages = len(pdf_reader.pages)
print(f"开始处理PDF，共{total_pages}页...")
# 逐页分割并保存
for page_num in range(total_pages):
pdf_writer = PdfWriter()
pdf_writer.add_page(pdf_reader.pages[page_num])
# 生成输出文件名
Ln: 17 Col: 17

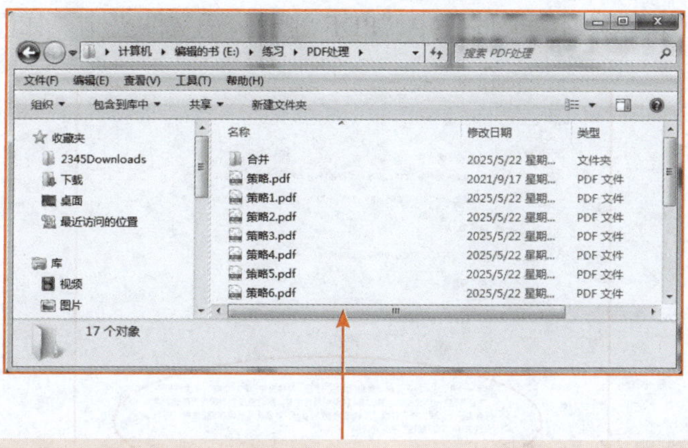
计算机 ▸ 编辑的书 (E:) ▸ 练习 ▸ PDF处理 ▸
搜索 PDF处理
文件(F) 编辑(E) 查看(V) 工具(T) 帮助(H)
组织 ▾ 包含到库中 ▾ 共享 ▾ 新建文件夹
收藏夹
2345Downloads
下载
桌面
最近访问的位置
库
视频
图片
名称
修改日期
类型
合并 2025/5/22 星期... 文件夹
策略.pdf 2021/9/17 星期... PDF 文件
策略1.pdf 2025/5/22 星期... PDF 文件
策略2.pdf 2025/5/22 星期... PDF 文件
策略3.pdf 2025/5/22 星期... PDF 文件
策略4.pdf 2025/5/22 星期... PDF 文件
策略5.pdf 2025/5/22 星期... PDF 文件
策略6.pdf 2025/5/22 星期... PDF 文件
17 个对象

⑤ 运行程序代码后，打开“PDF 处理”文件夹，看到成功拆分的“策略 1.pdf”到“策略 6.pdf”6 个 PDF 文档，说明程序运行正常。

图 8-6

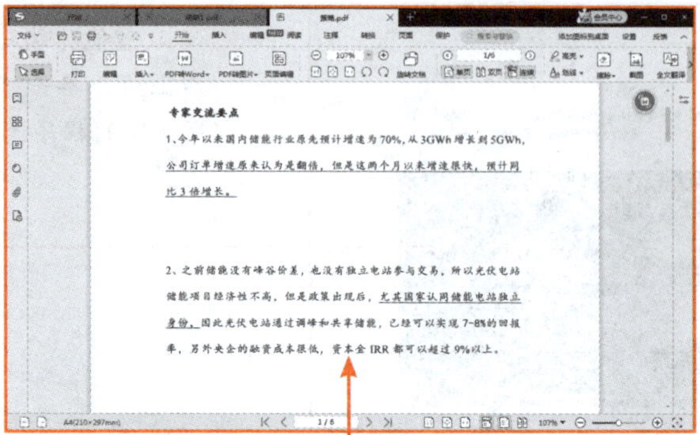
专家交流要点
1、今年以来国内储能行业原先预计增速为70%，从3GWh增长到5GWh，公司订单增速原来认为是翻倍，但是这两个月以来增速很快，预计同比3倍增长。
2、之前储能没有峰谷价差，也没有独立电站参与交易，所以光伏电站储能项目经济性不高，但是政策出现后，尤其国家认同储能电站独立身份，因此光伏电站通过调峰和共享储能，已经可以实现7-8%的回报率，另外央企的融资成本很低，资本金IRR都可以超过9%以上。

打开拆分后的“策略 1.pdf”文档，看到拆分后的文档只有 1 页内容，符合拆分要求。

图 8-6　将一个 PDF 文档拆分为多个 PDF 文档（每页一个文档）

8.2.2　案例：提取 PDF 文档中多个页面另存成一个 PDF 文档

通过智能体编写一个 Python 程序，来实现提取 PDF 文档中连续几个页面另存成一个 PDF 文档。具体要求为：

编写一个 Python 程序，自动复制 E 盘中“练习”文件夹中“PDF 处理”子文件夹中“主题策略 .pdf”文档中的第 3、8、14 页中所有内容，然后将复制的所有页面的内容保存为一个 PDF 文档，并以“主题策略 - 分割 .pdf”命名，然后保存到 E 盘中“练习”文件夹中“PDF 处理”子文件夹中。如图 8-7 所示。

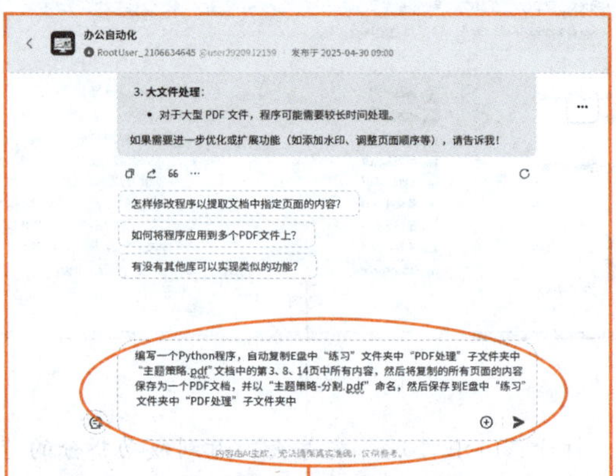
办公自动化
3. 大文件处理：
对于大型 PDF 文件，程序可能需要较长时间处理。
如果需要进一步优化或扩展功能（如添加水印、调整页面顺序等），请告诉我！
怎样修改程序以提取文档中指定页面的内容?
如何将程序应用到多个PDF文件上?
有没有其他库可以实现类似的功能?
编写一个Python程序，自动复制E盘中“练习”文件夹中“PDF处理”子文件夹中“主题策略.pdf”文档中的第3、8、14页中所有内容，然后将复制的所有页面的内容保存为一个PDF文档，并以“主题策略-分割.pdf”命名，然后保存到E盘中“练习”文件夹中“PDF处理”子文件夹中

① 登录智能体，在智能体的对话框中输入编程要求（见上面），然后单击“发送”按钮。

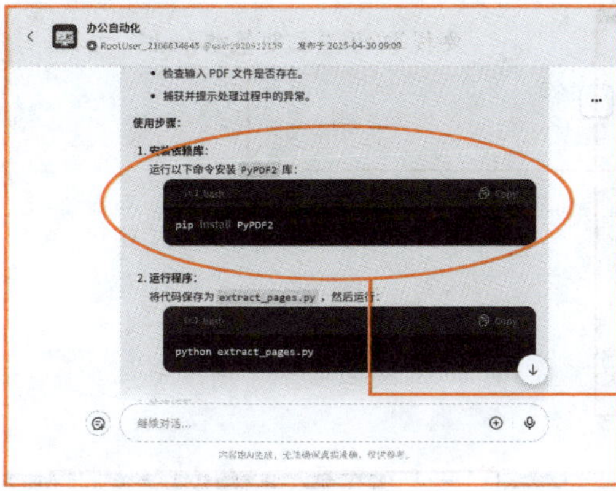
办公自动化
• 检查输入 PDF 文件是否存在。
• 捕获并提示处理过程中的异常。
使用步骤:
1. 安装依赖库:
运行以下命令安装 PyPDF2 库:
pip install PyPDF2
2. 运行程序:
将代码保存为 extract_pages.py，然后运行:
python extract_pages.py
继续对话...

② 在智能体编写的 Python 程序后的说明中，查看所编写的 Python 程序需要使用的库（如图中的 PyPDF2 库）。如果电脑中已经安装此库，则不用再安装；如果没有安装此库，则需要在“命令提示符”下安装此库。

③ 在智能体编写的 Python 程序框右上角，单击“Copy”按钮复制所编写的程序代码。

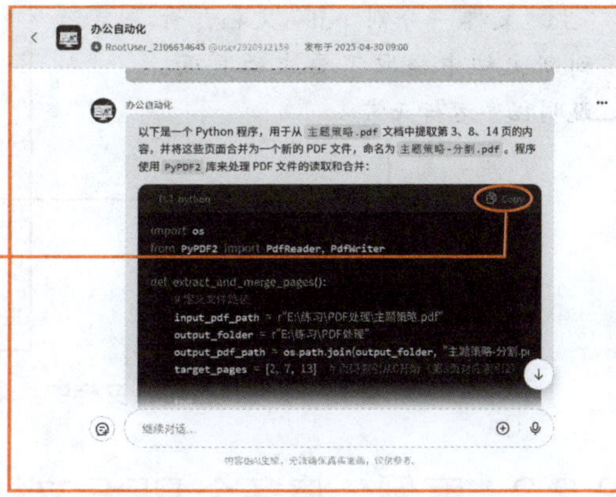
办公自动化
以下是一个 Python 程序，用于从 主题策略.pdf 文档中提取第 3、8、14 页的内容，并将这些页面合并为一个新的 PDF 文件，命名为 主题策略-分割.pdf。程序使用 PyPDF2 库来处理 PDF 文件的读取和合并:
Copy
import os
from PyPDF2 import PdfReader, PdfWriter
def extract_and_merge_pages():
input_pdf_path = r"E:\练习\PDF处理\主题策略.pdf"
output_folder = r"E:\练习\PDF处理"
继续对话...

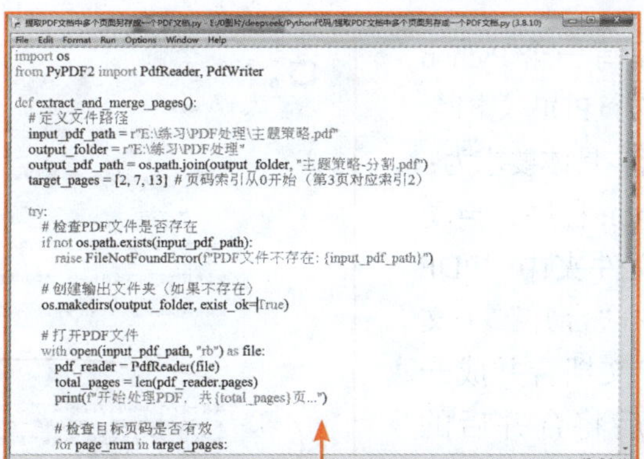
File Edit Format Run Options Window Help
import os
from PyPDF2 import PdfReader, PdfWriter
def extract_and_merge_pages():
# 定义文件路径
input_pdf_path = r"E:\练习\PDF处理\主题策略.pdf"
output_folder = r"E:\练习\PDF处理"
output_pdf_path = os.path.join(output_folder, "主题策略-分割.pdf")
target_pages = [2, 7, 13] # 页码索引从0开始（第3页对应索引2）
try:
# 检查PDF文件是否存在
if not os.path.exists(input_pdf_path):
raise FileNotFoundError(f"PDF文件不存在: {input_pdf_path}")
# 创建输出文件夹（如果不存在）
os.makedirs(output_folder, exist_ok=True)
# 打开PDF文件
with open(input_pdf_path, "rb") as file:
pdf_reader = PdfReader(file)
total_pages = len(pdf_reader.pages)
print(f"开始处理PDF，共{total_pages}页...")
# 检查目标页码是否有效
for page_num in target_pages:
Ln: 17 Col: 44

④ 打开“IDLE Shell”程序，新建一个 IDLE 文件，按“Ctrl+V”组合键，将 Python 程序代码粘贴到新建的文件中，并按“Ctrl+S”组合键保存程序文件。接着按 F5 键运行编写的程序代码，对程序代码进行测试。

图 8-7

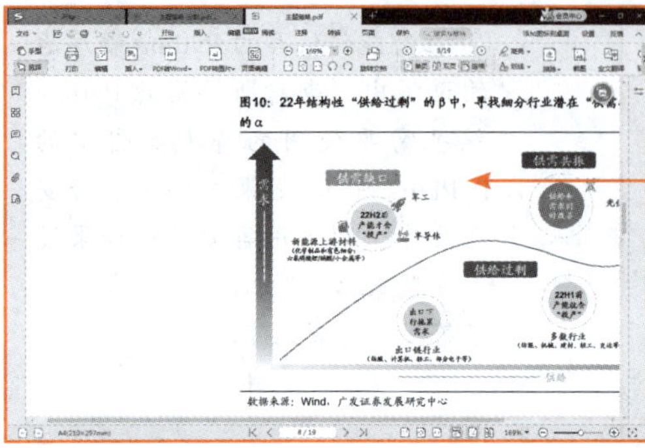
图10：22年结构性"供给过剩"的β中，寻找细分行业潜在"供需
的α
供需缺口
供需共振
供给过剩
数据来源：Wind，广发证券发展研究中心

要提取的"主题策略.pdf"文档。

⑤ 运行程序代码后，打开新建的"主题策略－分割.pdf"文档，看到新文档中提取了要求的页面，说明程序运行正常。

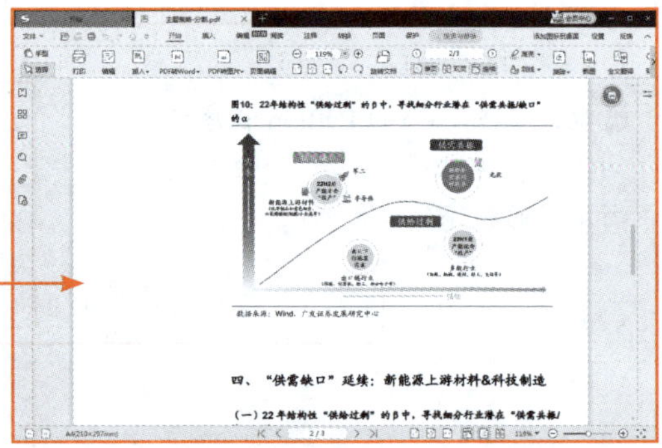
图10：22年结构性"供给过剩"的β中，寻找细分行业潜在"供需共振/缺口"
的α
四、"供需缺口"延续：新能源上游材料&科技制造

图 8-7　提取 PDF 文档中多个页面另存成一个 PDF 文档

8.2.3　案例：将多个 PDF 文档合并成一个 PDF 文档

通过智能体编写一个 Python 程序，来实现将多个 PDF 文档合并成一个 PDF 文档。具体要求为：

编写一个 Python 程序，自动将 E 盘"练习"文件夹中"PDF 处理"子文件夹中"合并"子文件夹中的所有 pdf 文档合并成一个 PDF 文档，然后将合并后的 PDF 文档保存为"合并.pdf"命名的文档，然后保存到 E 盘中"练习"文件夹中"PDF 处理"子文件夹中"合并"子文件夹下。如图 8-8 所示。

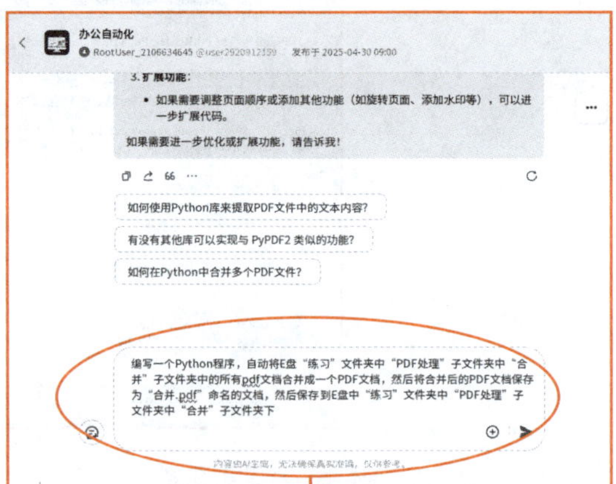
办公自动化
3. 扩展功能：
如果需要调整页面顺序或添加其他功能（如旋转页面、添加水印等），可以进一步扩展代码。
如果需要进一步优化或扩展功能，请告诉我！
如何使用Python库来提取PDF文件中的文本内容？
有没有其他库可以实现与 PyPDF2 类似的功能？
如何在Python中合并多个PDF文件？
编写一个Python程序，自动将E盘"练习"文件夹中"PDF处理"子文件夹中"合并"子文件夹中的所有pdf文档合并成一个PDF文档，然后将合并后的PDF文档保存为"合并.pdf"命名的文档，然后保存到E盘中"练习"文件夹中"PDF处理"子文件夹中"合并"子文件夹下

① 登录智能体，在智能体的对话框中输入编程要求（见上面），然后单击"发送"按钮。

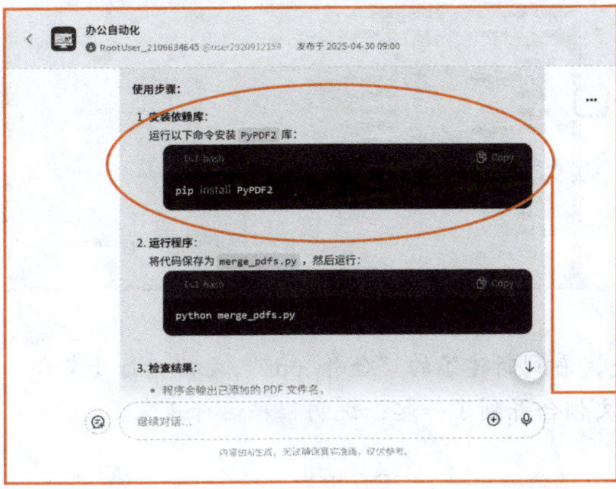
办公自动化
使用步骤:
1. 安装依赖库:
运行以下命令安装 PyPDF2 库:
pip install PyPDF2
2. 运行程序:
将代码保存为 merge_pdfs.py，然后运行:
python merge_pdfs.py
3. 检查结果:
继续对话...

② 在智能体编写的 Python 程序后的说明中，查看所编写的 Python 程序需要使用的库（如图中的 PyPDF2 库）。如果电脑中已经安装此库，则不用再安装；如果没有安装此库，则需要在“命令提示符”下安装此库。

③ 在智能体编写的 Python 程序框右上角，单击“Copy”按钮复制所编写的程序代码。

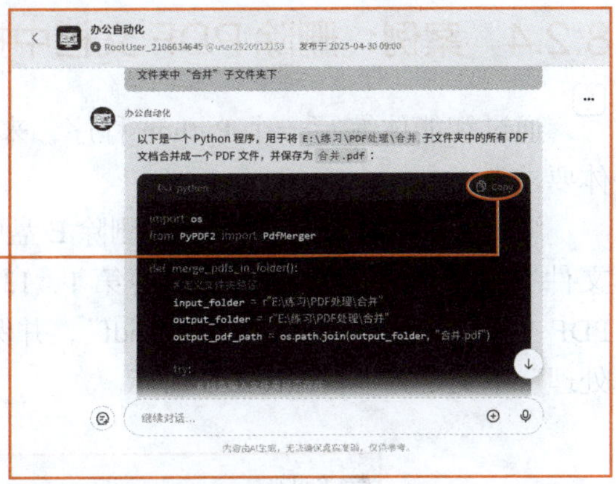
办公自动化
以下是一个 Python 程序，用于将 E:\练习\PDF处理\合并 子文件夹中的所有 PDF 文档合并成一个 PDF 文件，并保存为 合并.pdf：
Copy
import os
from PyPDF2 import PdfMerger
def merge_pdfs_in_folder():
input_folder = r"E:\练习\PDF处理\合并"
output_folder = r"E:\练习\PDF处理\合并"
output_pdf_path = os.path.join(output_folder, "合并.pdf")
try:
继续对话...

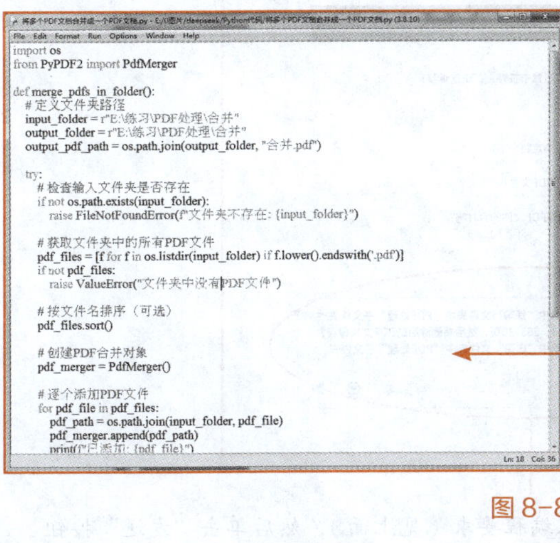
File Edit Format Run Options Window Help
import os
from PyPDF2 import PdfMerger
def merge_pdfs_in_folder():
# 定义文件夹路径
input_folder = r"E:\练习\PDF处理\合并"
output_folder = r"E:\练习\PDF处理\合并"
output_pdf_path = os.path.join(output_folder, "合并.pdf")
try:
# 检查输入文件夹是否存在
if not os.path.exists(input_folder):
raise FileNotFoundError(f"文件夹不存在: {input_folder}")
# 获取文件夹中的所有PDF文件
pdf_files = [f for f in os.listdir(input_folder) if f.lower().endswith('.pdf')]
if not pdf_files:
raise ValueError("文件夹中没有PDF文件")
# 按文件名排序（可选）
pdf_files.sort()
# 创建PDF合并对象
pdf_merger = PdfMerger()
# 逐个添加PDF文件
for pdf_file in pdf_files:
pdf_path = os.path.join(input_folder, pdf_file)
pdf_merger.append(pdf_path)

④ 打开“IDLE Shell”程序，新建一个 IDLE 文件，按“Ctrl+V”组合键，将 Python 程序代码粘贴到新建的文件中，并按“Ctrl+S”组合键保存程序文件。接着按 F5 键运行编写的程序代码，对程序代码进行测试。

图 8-8

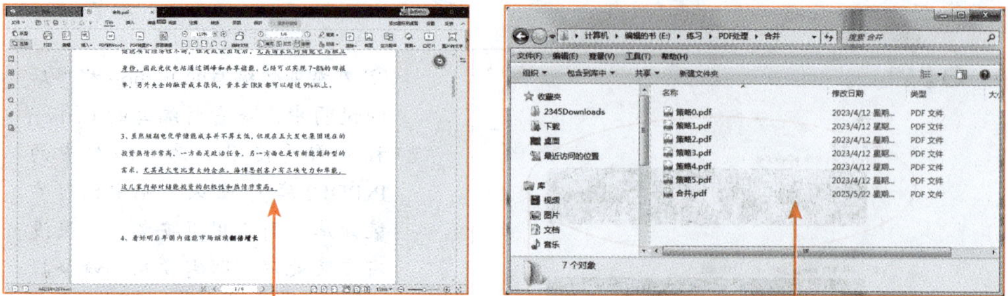

⑤ 运行程序代码后，打开“合并”文件夹，看到新建了的“合并 .pdf”文档，打开“合并 .pdf”文档，看到成功将策略 0 等 6 个文档合并到了一起，说明程序运行正常。

图 8-8　将多个 PDF 文档合并成一个 PDF 文档

8.2.4　案例：删除 PDF 文档中指定页面

通过智能体编写一个 Python 程序，来实现删除 PDF 文档中指定页面。具体要求为：

编写一个 Python 程序，自动删除 E 盘中“练习”文件夹中“PDF 处理”子文件夹中“碳中和 .pdf”文档中第 1、13、14、25、30 页，然后将删除后的 PDF 文档保存为“碳中和 - 删除 .pdf”，并保存到 E 盘中“练习”文件夹中“PDF 处理”子文件夹中。如图 8-9 所示。

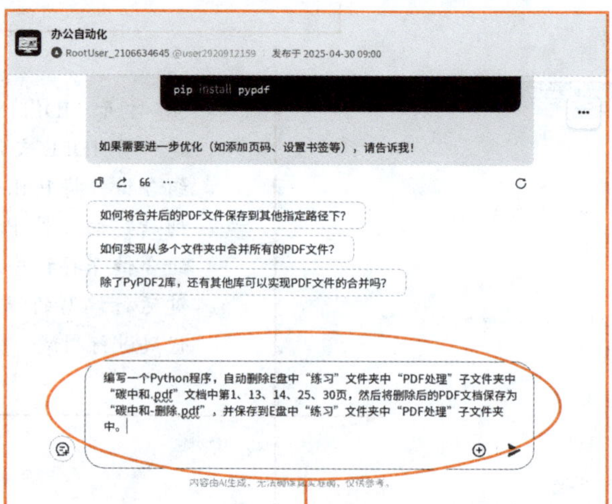
办公自动化
RootUser_2106634645 @user2920912159　发布于 2025-04-30 09:00
pip install pypdf
如果需要进一步优化（如添加页码、设置书签等），请告诉我！
如何将合并后的PDF文件保存到其他指定路径下?
如何实现从多个文件夹中合并所有的PDF文件?
除了PyPDF2库，还有其他库可以实现PDF文件的合并吗?
编写一个Python程序，自动删除E盘中“练习”文件夹中“PDF处理”子文件夹中“碳中和.pdf”文档中第1、13、14、25、30页，然后将删除后的PDF文档保存为“碳中和-删除.pdf”，并保存到E盘中“练习”文件夹中“PDF处理”子文件夹中。

① 登录智能体，在智能体的对话框中输入编程要求（见上面），然后单击“发送”按钮。

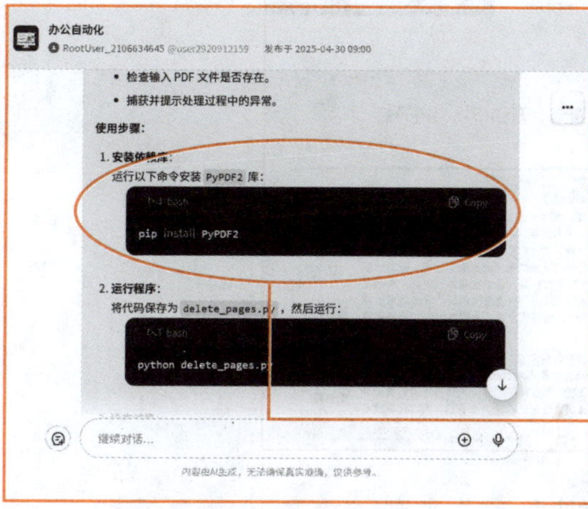
办公自动化
RootUser_2106634645 @user2920912159 发布于 2025-04-30 09:00
• 检查输入 PDF 文件是否存在。
• 捕获并提示处理过程中的异常。
使用步骤:
1. 安装依赖库:
运行以下命令安装 PyPDF2 库:
pip install PyPDF2
2. 运行程序:
将代码保存为 delete_pages.py，然后运行:
python delete_pages.py
继续对话...
内容由AI生成，无法确保真实准确，仅供参考。

② 在智能体编写的 Python 程序后的说明中，查看所编写的 Python 程序需要使用的库（如图中的 PyPDF2 库）。如果电脑中已经安装此库，则不用再安装；如果没有安装此库，则需要在“命令提示符”下安装此库。

③ 在智能体编写的 Python 程序框右上角，单击“Copy”按钮复制所编写的程序代码。

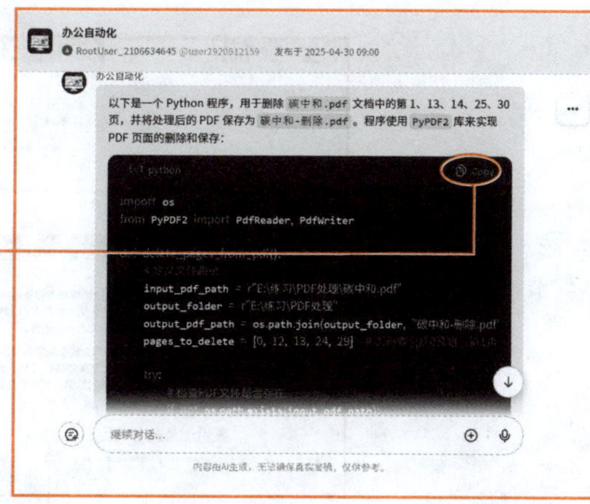
办公自动化
RootUser_2106634645 @user2920912159 发布于 2025-04-30 09:00
以下是一个 Python 程序，用于删除 碳中和.pdf 文档中的第 1、13、14、25、30 页，并将处理后的 PDF 保存为 碳中和-删除.pdf 。程序使用 PyPDF2 库来实现 PDF 页面的删除和保存:
python
Copy
import os
from PyPDF2 import PdfReader, PdfWriter
input_pdf_path = r"E:\练习\PDF处理\碳中和.pdf"
output_folder = r"E:\练习\PDF处理"
output_pdf_path = os.path.join(output_folder, "碳中和-删除.pdf")
pages_to_delete = [0, 12, 13, 24, 29]
try:
继续对话...
内容由AI生成，无法确保真实准确，仅供参考。

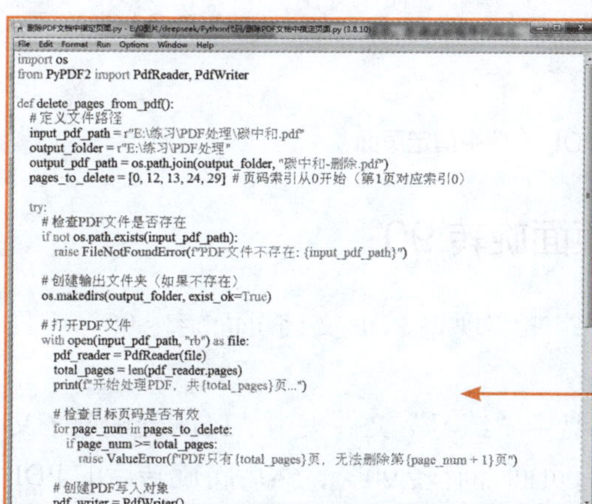
File Edit Format Run Options Window Help
import os
from PyPDF2 import PdfReader, PdfWriter
def delete_pages_from_pdf():
# 定义文件路径
input_pdf_path = r"E:\练习\PDF处理\碳中和.pdf"
output_folder = r"E:\练习\PDF处理"
output_pdf_path = os.path.join(output_folder, "碳中和-删除.pdf")
pages_to_delete = [0, 12, 13, 24, 29] # 页码索引从0开始（第1页对应索引0）
try:
# 检查PDF文件是否存在
if not os.path.exists(input_pdf_path):
raise FileNotFoundError(f"PDF文件不存在: {input_pdf_path}")
# 创建输出文件夹（如果不存在）
os.makedirs(output_folder, exist_ok=True)
# 打开PDF文件
with open(input_pdf_path, "rb") as file:
pdf_reader = PdfReader(file)
total_pages = len(pdf_reader.pages)
print(f"开始处理PDF，共{total_pages}页...")
# 检查目标页码是否有效
for page_num in pages_to_delete:
if page_num >= total_pages:
raise ValueError(f"PDF只有{total_pages}页，无法删除第{page_num + 1}页")
创建PDF写入对象
Ln: 13 Col: 46

④ 打开“IDLE Shell”程序，新建一个 IDLE 文件，按“Ctrl+V”组合键，将 Python 程序代码粘贴到新建的文件中，并按“Ctrl+S”组合键保存程序文件。接着按 F5 键运行编写的程序代码，对程序代码进行测试。

图 8-9

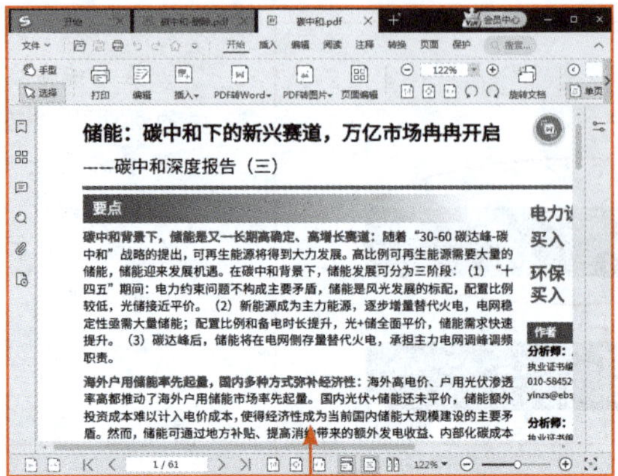
储能：碳中和下的新兴赛道，万亿市场冉冉开启
-----碳中和深度报告（三）
要点

要删除的"碳中和 .pdf"文档。

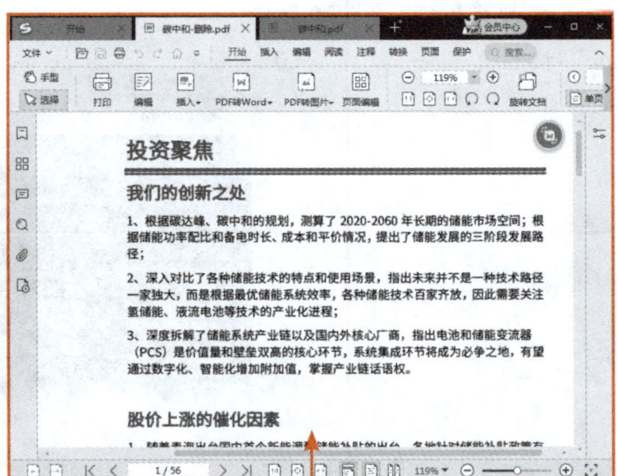
投资聚焦
我们的创新之处
股价上涨的催化因素

⑤ 运行程序代码后，打开新建的"碳中和 - 删除 .pdf"文档，看到成功删除了指定的页面，说明程序运行正常。

图 8-9　删除 PDF 文档中指定页面

8.2.5　案例：将 PDF 文档页面旋转 90°

通过智能体编写一个 Python 程序，来实现将 PDF 文档页面旋转 90°。具体要求为：

编写一个 Python 程序，自动将 E 盘中"练习"文件夹中"PDF 处理"子文件夹中"主题策略 .pdf"文档中的所有页面都旋转 90°，然后将旋转后的 PDF 文档保存为"主题策略 - 旋转 .pdf"，并保存到 E 盘中"练习"文件夹中"PDF 处理"子文件夹中。如图 8-10 所示。

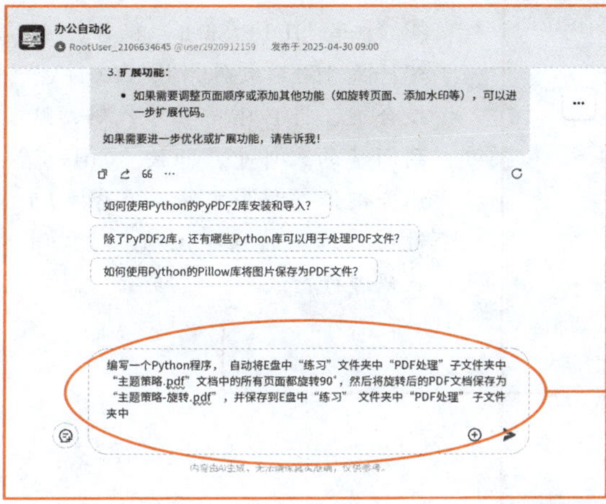
办公自动化
3. 扩展功能:
如果需要调整页面顺序或添加其他功能（如旋转页面、添加水印等），可以进一步扩展代码。
如果需要进一步优化或扩展功能，请告诉我！
如何使用Python的PyPDF2库安装和导入?
除了PyPDF2库，还有哪些Python库可以用于处理PDF文件?
如何使用Python的Pillow库将图片保存为PDF文件?
编写一个Python程序，自动将E盘中“练习”文件夹中“PDF处理”子文件夹中“主题策略.pdf”文档中的所有页面都旋转90°，然后将旋转后的PDF文档保存为“主题策略-旋转.pdf”，并保存到E盘中“练习”文件夹中“PDF处理”子文件夹中

① 登录智能体，在智能体的对话框中输入编程要求（见上面），然后单击“发送”按钮。

② 在智能体编写的 Python 程序后的说明中，查看所编写的 Python 程序需要使用的库（如图中的 PyPDF2 库）。如果电脑中已经安装此库，则不用再安装；如果没有安装此库，则需要在“命令提示符”下安装此库。

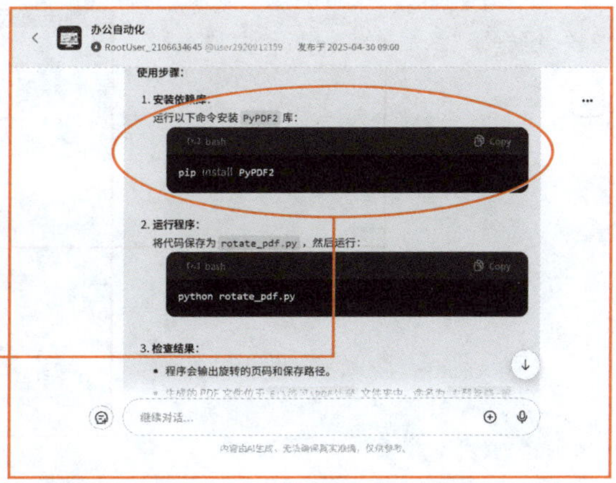
办公自动化
使用步骤:
1. 安装依赖库:
运行以下命令安装 PyPDF2 库:
bash
Copy
pip install PyPDF2
2. 运行程序:
将代码保存为 rotate_pdf.py，然后运行:
python rotate_pdf.py
3. 检查结果:
程序会输出旋转的页码和保存路径。
继续对话...

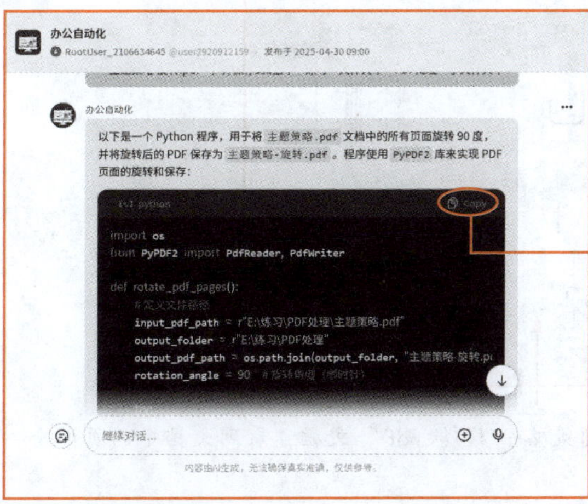
办公自动化
以下是一个 Python 程序，用于将 主题策略.pdf 文档中的所有页面旋转 90 度，并将旋转后的 PDF 保存为 主题策略-旋转.pdf。程序使用 PyPDF2 库来实现 PDF 页面的旋转和保存:
python
Copy
import os
from PyPDF2 import PdfReader, PdfWriter
def rotate_pdf_pages():
input_pdf_path = r"E:\练习\PDF处理\主题策略.pdf"
output_folder = r"E:\练习\PDF处理"
output_pdf_path = os.path.join(output_folder, "主题策略-旋转.p
rotation_angle = 90
继续对话...

③ 在智能体编写的 Python 程序框右上角，单击“Copy”按钮复制所编写的程序代码。

图 8-10

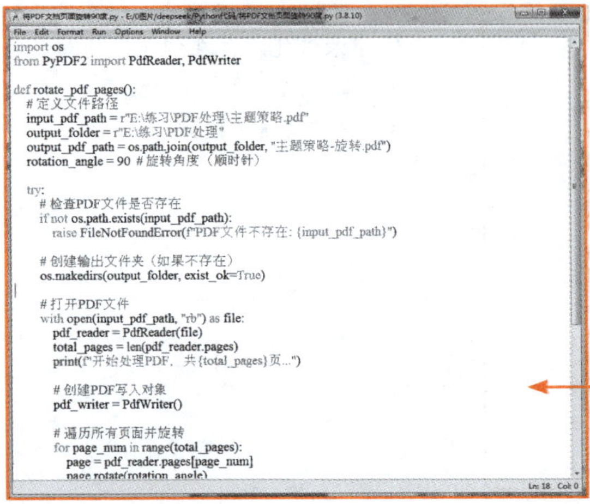
import os
from PyPDF2 import PdfReader, PdfWriter
def rotate_pdf_pages():
# 定义文件路径
input_pdf_path = r"E:\练习\PDF处理\主题策略.pdf"
output_folder = r"E:\练习\PDF处理"
output_pdf_path = os.path.join(output_folder, "主题策略-旋转.pdf")
rotation_angle = 90 # 旋转角度（顺时针）
try:
# 检查PDF文件是否存在
if not os.path.exists(input_pdf_path):
raise FileNotFoundError(f"PDF文件不存在: {input_pdf_path}")
# 创建输出文件夹（如果不存在）
os.makedirs(output_folder, exist_ok=True)
# 打开PDF文件
with open(input_pdf_path, "rb") as file:
pdf_reader = PdfReader(file)
total_pages = len(pdf_reader.pages)
print(f"开始处理PDF，共{total_pages}页...")
# 创建PDF写入对象
pdf_writer = PdfWriter()
# 遍历所有页面并旋转
for page_num in range(total_pages):
page = pdf_reader.pages[page_num]

④ 打开“IDLE Shell”程序，新建一个 IDLE 文件，按“Ctrl+V”组合键，将 Python 程序代码粘贴到新建的文件中，并按“Ctrl+S”组合键保存程序文件。接着按 F5 键运行编写的程序代码，对程序代码进行测试。

要旋转的“主题策略 .pdf”文档。

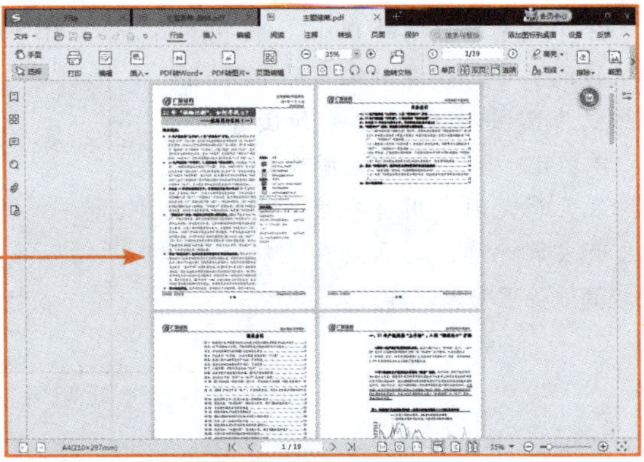

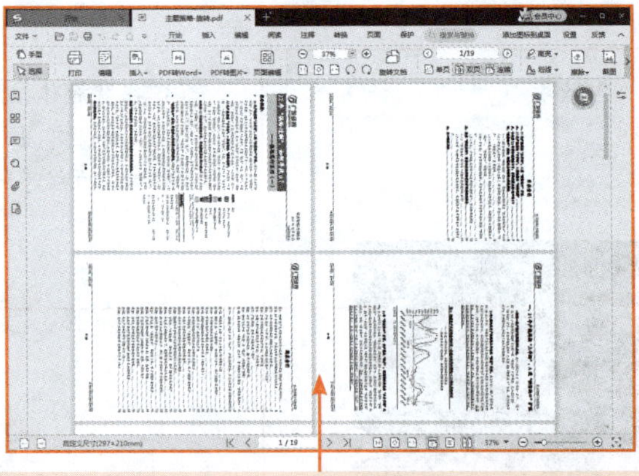

⑤ 运行程序代码后，打开新建的“主题策略 – 旋转 .pdf”文档，看到文档中的页面全部旋转了 90°，说明程序运行正常。

图 8–10　将 PDF 文档页面旋转 90°

8.2.6 案例：自动给 PDF 文档加密

通过智能体编写一个 Python 程序，来实现自动给 PDF 文档加密。具体要求为：

编写一个 Python 程序，自动将 E 盘中“练习”文件夹中“PDF 处理”子文件夹中“碳中和 .pdf”文档进行加密，设置密码为“123456”，然后将加密后的 PDF 文档保存为“碳中和 - 加密 .pdf”，并保存到 E 盘中“练习”文件夹中“PDF 处理”子文件夹中。如图 8-11 所示。

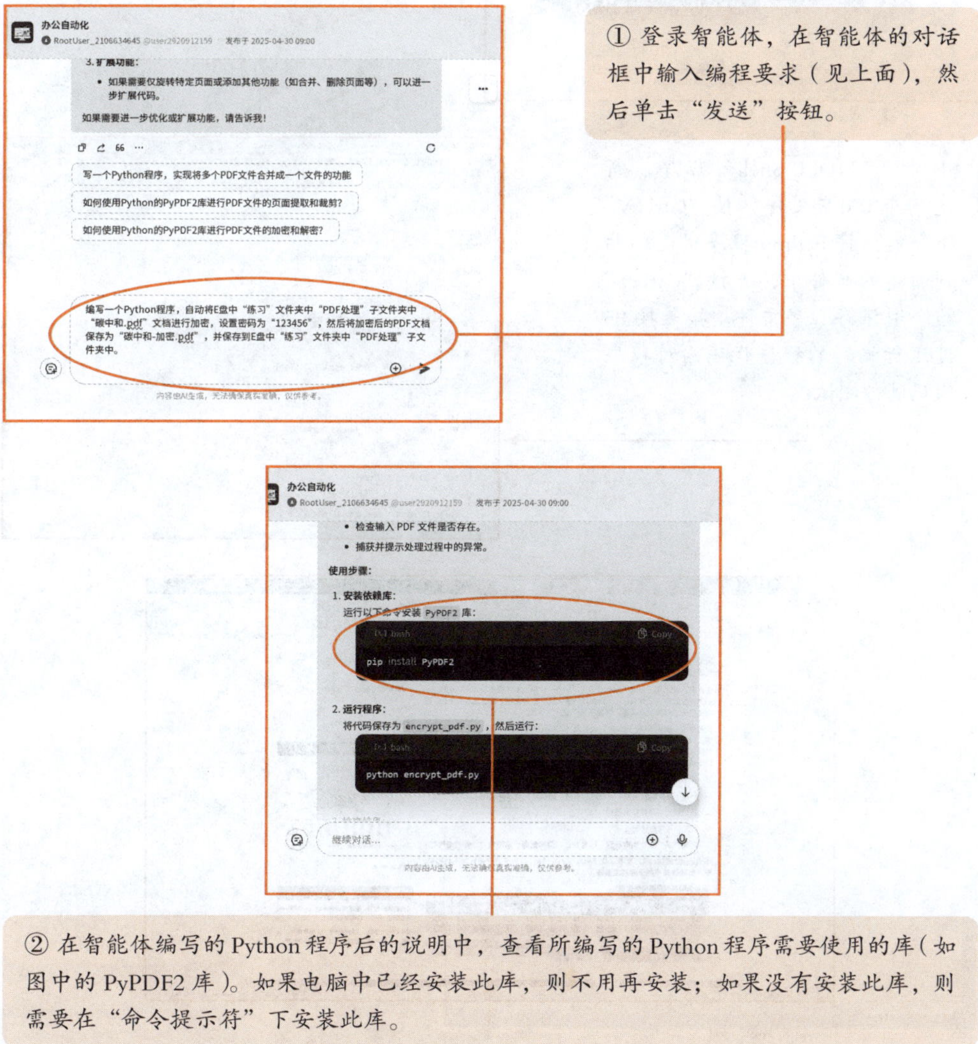
办公自动化
如果需要仅旋转特定页面或添加其他功能（如合并、删除页面等），可以进一步扩展代码。
如果需要进一步优化或扩展功能，请告诉我！
写一个Python程序，实现将多个PDF文件合并成一个文件的功能
如何使用Python的PyPDF2库进行PDF文件的页面提取和裁剪?
如何使用Python的PyPDF2库进行PDF文件的加密和解密?
编写一个Python程序，自动将E盘中“练习”文件夹中“PDF处理”子文件夹中“碳中和.pdf”文档进行加密，设置密码为“123456”，然后将加密后的PDF文档保存为“碳中和-加密.pdf”，并保存到E盘中“练习”文件夹中“PDF处理”子文件夹中。
① 登录智能体，在智能体的对话框中输入编程要求（见上面），然后单击“发送”按钮。
办公自动化
检查输入 PDF 文件是否存在。
捕获并提示处理过程中的异常。
使用步骤:
1. 安装依赖库:
运行以下命令安装 PyPDF2 库:
pip install PyPDF2
2. 运行程序:
将代码保存为 encrypt_pdf.py，然后运行:
python encrypt_pdf.py
继续对话...
② 在智能体编写的 Python 程序后的说明中，查看所编写的 Python 程序需要使用的库（如图中的 PyPDF2 库）。如果电脑中已经安装此库，则不用再安装；如果没有安装此库，则需要在“命令提示符”下安装此库。

图 8-11

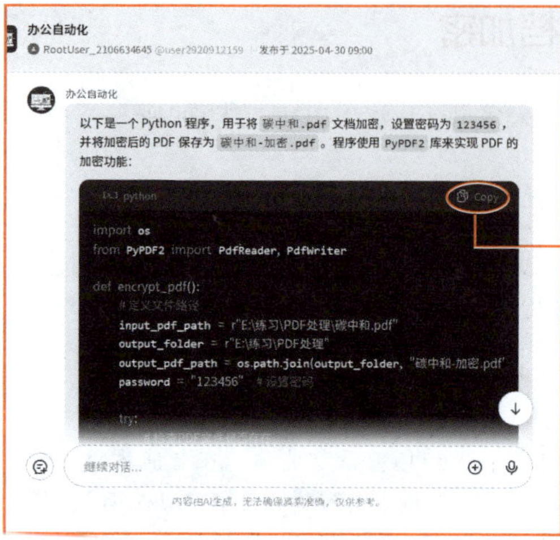
办公自动化
以下是一个 Python 程序，用于将 碳中和.pdf 文档加密，设置密码为 123456，并将加密后的 PDF 保存为 碳中和-加密.pdf。程序使用 PyPDF2 库来实现 PDF 的加密功能：
Copy
import os
from PyPDF2 import PdfReader, PdfWriter
def encrypt_pdf():
继续对话...

③ 在智能体编写的 Python 程序框右上角，单击“Copy”按钮复制所编写的程序代码。

④ 打开“IDLE Shell”程序，新建一个 IDLE 文件，按“Ctrl+V”组合键，将 Python 程序代码粘贴到新建的文件中，并按“Ctrl+S”组合键保存程序文件。接着按 F5 键运行编写的程序代码，对程序代码进行测试。

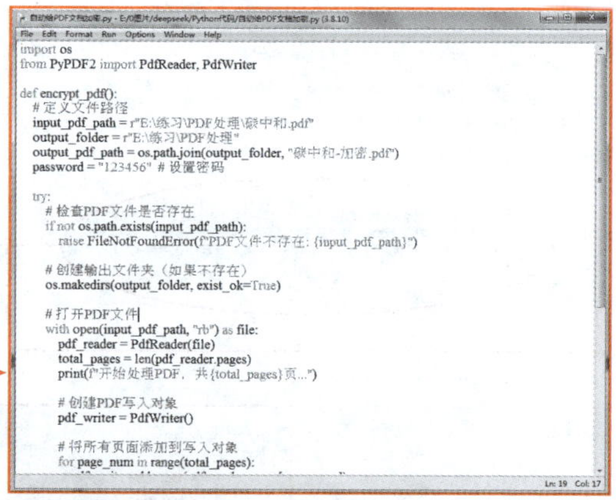

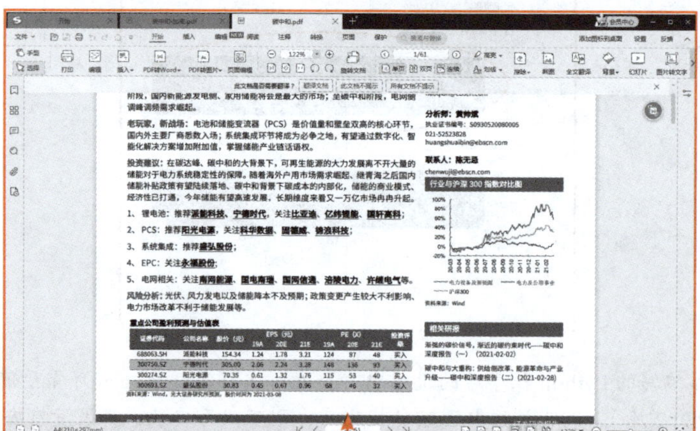

要进行加密的“碳中和.pdf”文档。

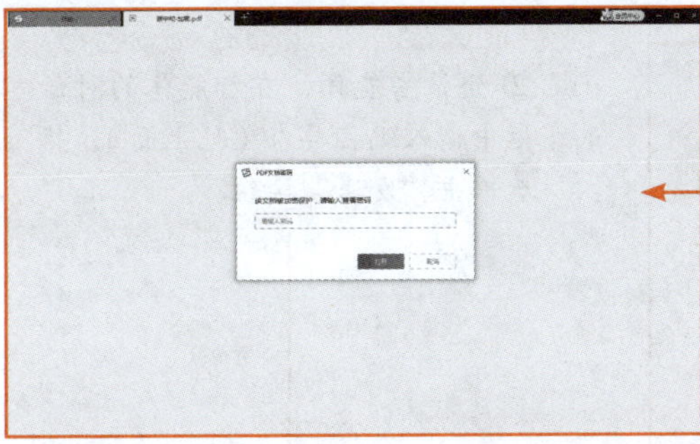

⑤ 运行程序代码后，打开新建的“碳中和－加密.pdf”文档，看到输入密码的对话框，输入密码“123456”单击“打开”按钮后，成功打开PDF文档，成功设置密码，说明程序运行正常。

图 8-11　自动给 PDF 文档加密

8.2.7　案例：自动给 PDF 文档添加水印

通过智能体编写一个 Python 程序，来实现自动给 PDF 文档添加水印。具体要求为：

编写一个 Python 程序，自动为 E 盘中“练习”文件夹中“PDF 处理”子文件夹中“策略.pdf”PDF 文档添加水印。具体为：将 E 盘中“练习”文件夹中“PDF 处理”子文件夹中“水印文本.pdf”文档中的内容，添加为“策略.pdf”PDF 文档的水印，水印位于文本下面。然后将添加水印后的 PDF 文档保存为“策略-水印.pdf”，并保存到 E 盘中“练习”文件夹中“PDF 处理”子文件夹中。如图 8-12 所示。

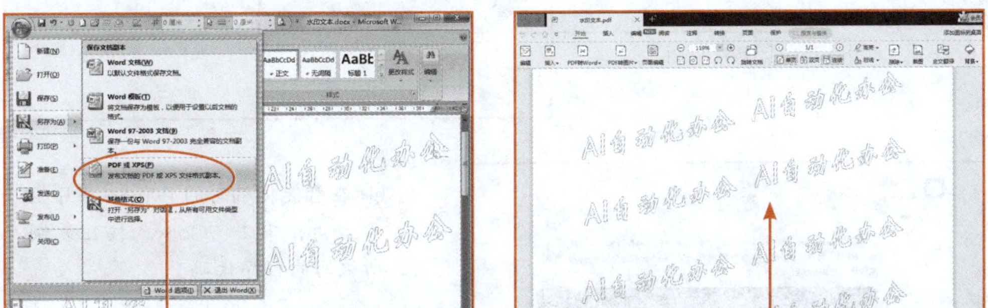

① 在 Word 文档中输入水印文字，保存为 PDF 格式文档。提示：如果要添加水印的 PDF 文档的文本有文本框，可以将水印文字制作成空心文字，然后将水印添加到位于上面。

图 8-12

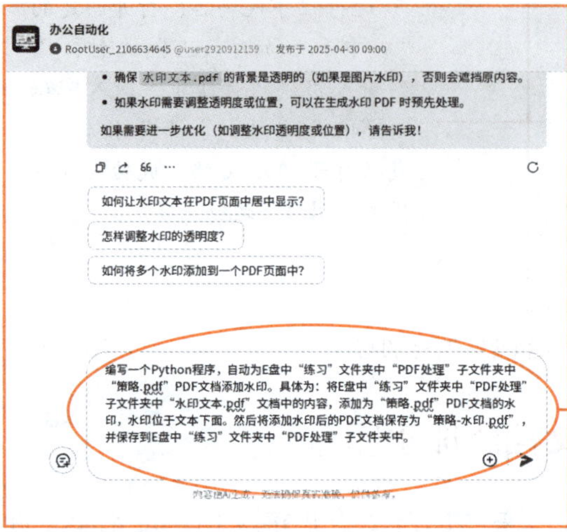
办公自动化
RootUser_2106634645 @user2920912159 发布于 2025-04-30 09:00
• 确保 水印文本.pdf 的背景是透明的（如果是图片水印），否则会遮挡原内容。
• 如果水印需要调整透明度或位置，可以在生成水印 PDF 时预先处理。
如果需要进一步优化（如调整水印透明度或位置），请告诉我！
如何让水印文本在PDF页面中居中显示？
怎样调整水印的透明度？
如何将多个水印添加到一个PDF页面中？
编写一个Python程序，自动为E盘中“练习”文件夹中“PDF处理”子文件夹中“策略.pdf”PDF文档添加水印。具体为：将E盘中“练习”文件夹中“PDF处理”子文件夹中“水印文本.pdf”文档中的内容，添加为“策略.pdf”PDF文档的水印，水印位于文本下面。然后将添加水印后的PDF文档保存为“策略-水印.pdf”，并保存到E盘中“练习”文件夹中“PDF处理”子文件夹中。

② 登录智能体，在智能体的对话框中输入编程要求（见上面），然后单击“发送”按钮。

③ 在智能体编写的 Python 程序后的说明中，查看所编写的 Python 程序需要使用的库（如图中的 PyPDF2 库）。如果电脑中已经安装此库，则不用再安装；如果没有安装此库，则需要在“命令提示符”下安装此库。

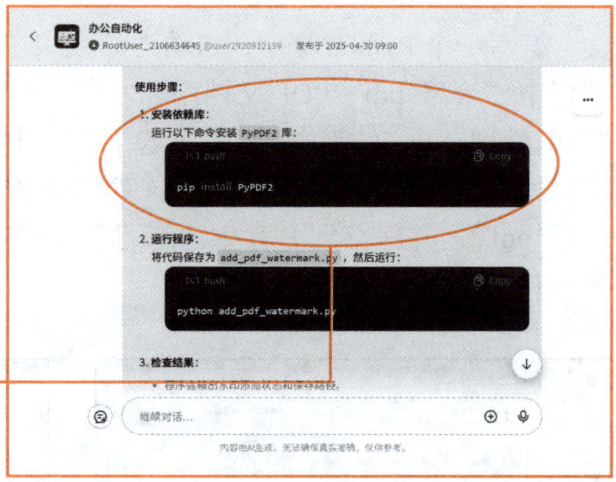
办公自动化
RootUser_2106634645 @user2920912159 发布于 2025-04-30 09:00
使用步骤：
1. 安装依赖库：
运行以下命令安装 PyPDF2 库：
pip install PyPDF2
2. 运行程序：
将代码保存为 add_pdf_watermark.py，然后运行：
python add_pdf_watermark.py
3. 检查结果：
继续对话...
内容由AI生成，无法确保真实准确，仅供参考。

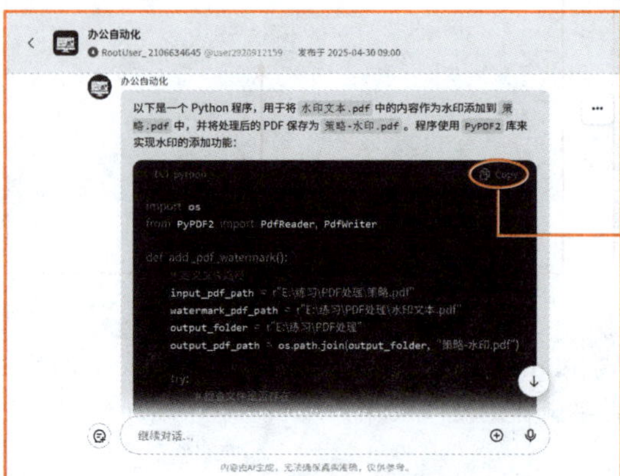
办公自动化
RootUser_2106634645 @user2920912159 发布于 2025-04-30 09:00
以下是一个 Python 程序，用于将 水印文本.pdf 中的内容作为水印添加到 策略.pdf 中，并将处理后的 PDF 保存为 策略-水印.pdf。程序使用 PyPDF2 库来实现水印的添加功能：
Copy
import os
from PyPDF2 import PdfReader, PdfWriter
def add_pdf_watermark():
input_pdf_path = r"E:\练习\PDF处理\策略.pdf"
watermark_pdf_path = r"E:\练习\PDF处理\水印文本.pdf"
output_folder = r"E:\练习\PDF处理"
output_pdf_path = os.path.join(output_folder, "策略-水印.pdf")
try:
继续对话...
内容由AI生成，无法确保真实准确，仅供参考。

④ 在智能体编写的 Python 程序框右上角，单击“Copy”按钮复制所编写的程序代码。

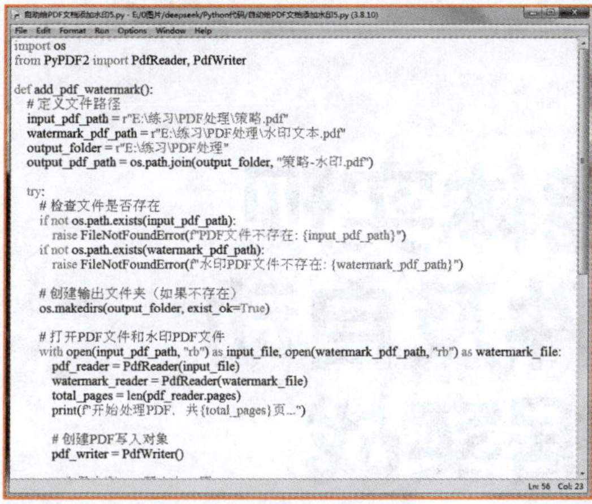
import os
from PyPDF2 import PdfReader, PdfWriter
def add_pdf_watermark():
# 定义文件路径
input_pdf_path = r"E:\练习\PDF处理\策略.pdf"
watermark_pdf_path = r"E:\练习\PDF处理\水印文本.pdf"
output_folder = r"E:\练习\PDF处理"
output_pdf_path = os.path.join(output_folder, "策略-水印.pdf")
try:
# 检查文件是否存在
if not os.path.exists(input_pdf_path):
raise FileNotFoundError(f"PDF文件不存在: {input_pdf_path}")
if not os.path.exists(watermark_pdf_path):
raise FileNotFoundError(f"水印PDF文件不存在: {watermark_pdf_path}")
# 创建输出文件夹（如果不存在）
os.makedirs(output_folder, exist_ok=True)
# 打开PDF文件和水印PDF文件
with open(input_pdf_path, "rb") as input_file, open(watermark_pdf_path, "rb") as watermark_file:
pdf_reader = PdfReader(input_file)
watermark_reader = PdfReader(watermark_file)
total_pages = len(pdf_reader.pages)
print(f"开始处理PDF，共{total_pages}页...")
# 创建PDF写入对象
pdf_writer = PdfWriter()
Ln: 56 Col: 23

⑤ 打开“IDLE Shell”程序，新建一个 IDLE 文件，按“Ctrl+V”组合键，将 Python 程序代码粘贴到新建的文件中，并按“Ctrl+S”组合键保存程序文件。接着按 F5 键运行编写的程序代码，对程序代码进行测试。

要添加水印的“策略 .pdf”文档。

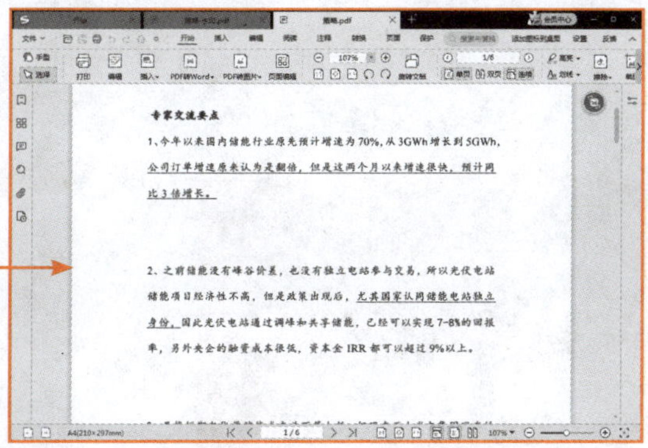
专家交流要点
1、今年以来国内储能行业原先预计增速为70%，从3GWh增长到5GWh，公司订单增速原来认为是翻倍，但是这两个月以来增速很快，预计同比3倍增长。
2、之前储能没有峰谷价差，也没有独立电站参与交易，所以光伏电站储能项目经济性不高，但是政策出现后，尤其国家认同储能电站独立身份，因此光伏电站通过调峰和共享储能，已经可以实现7-8%的回报率，另外央企的融资成本很低，资本金IRR都可以超过9%以上。

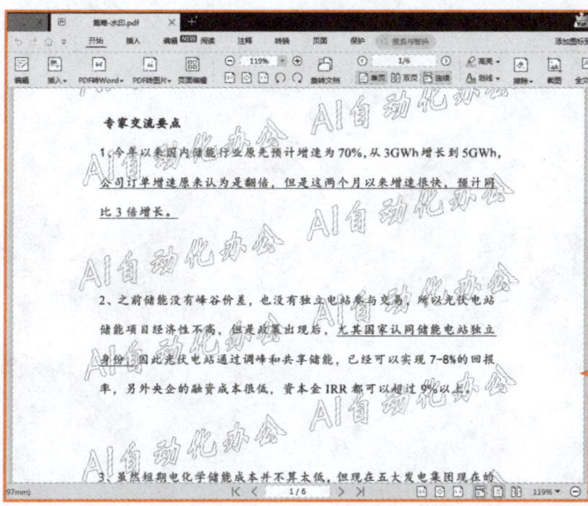
策略-水印.pdf
专家交流要点
1、今年以来国内储能行业原先预计增速为70%，从3GWh增长到5GWh，公司订单增速原来认为是翻倍，但是这两个月以来增速很快，预计同比3倍增长。
2、之前储能没有峰谷价差，也没有独立电站参与交易，所以光伏电站储能项目经济性不高，但是政策出现后，尤其国家认同储能电站独立身份，因此光伏电站通过调峰和共享储能，已经可以实现7-8%的回报率，另外央企的融资成本很低，资本金IRR都可以超过9%以上。
AI自动化办公

⑥ 运行程序代码后，打开新建的“策略 – 水印 .pdf”文档，看到文档中添加了水印，说明程序运行正常。

图 8-12　自动给 PDF 文档添加水印

第 9 章

利用 AI 智能体实现自动收发邮件及自动抓取网络数据实战

利用 AI 智能体编写 Python 程序自动发邮件，自动抓取网上竞品数据，以此实现办公自动化。本章将结合大量实战案例，重点讲解利用 AI 智能体实现自动批量收发邮件、自动抓取网络数据的方法。

9.1 自动收发邮件

9.1.1 案例：自动接收每天的邮件并将邮件内容整理到一个文档中

通过智能体编写一个 Python 程序，来实现自动接收并整理带附件邮件。具体要求为：

编写一个 Python 程序，自动接收 QQ 邮箱中的未读邮件，邮箱账号和登录密码存放在名为“email_config.ini”的文件中。然后将所有未读邮件的正文内容复制到一个 Word 文档中，如果未读邮件中有附件，将附件下载到 E 盘中“练习”文件夹中“邮件”子文件夹中“附件”子文件夹中，并将 Word 文档命名为“未读邮件 .docx”。如图 9-1 所示。

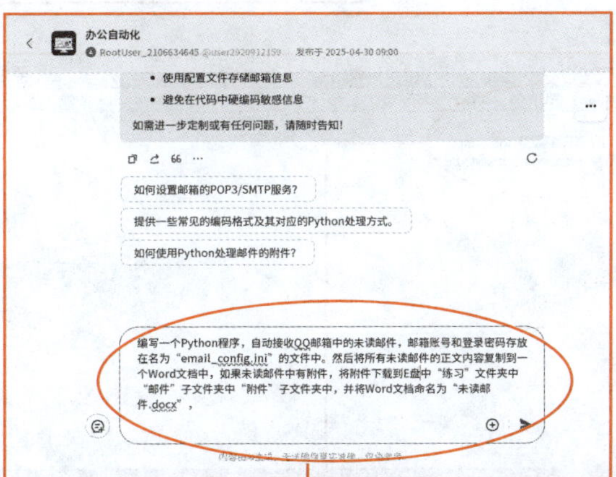
办公自动化
使用配置文件存储邮箱信息
避免在代码中硬编码敏感信息
如需进一步定制或有任何问题，请随时告知！
如何设置邮箱的POP3/SMTP服务?
提供一些常见的编码格式及其对应的Python处理方式。
如何使用Python处理邮件的附件?
编写一个Python程序，自动接收QQ邮箱中的未读邮件，邮箱账号和登录密码存放在名为“email_config.ini”的文件中。然后将所有未读邮件的正文内容复制到一个Word文档中，如果未读邮件中有附件，将附件下载到E盘中“练习”文件夹中“邮件”子文件夹中“附件”子文件夹中，并将Word文档命名为“未读邮件.docx”，

① 登录智能体，在智能体的对话框中输入编程要求（见上面），然后单击“发送”按钮。

图 9-1

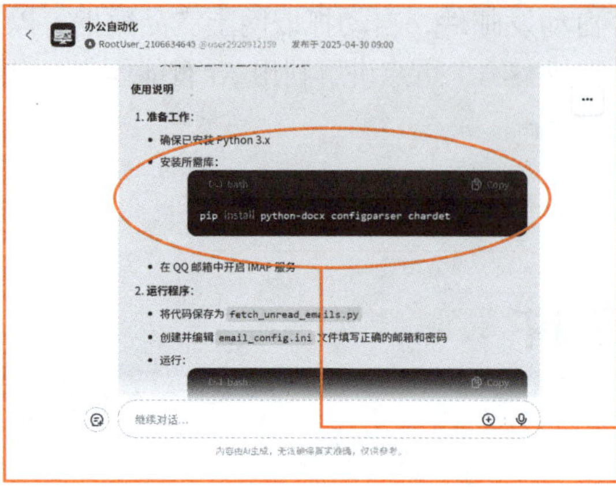
办公自动化
使用说明
1. 准备工作:
确保已安装 Python 3.x
安装所需库:
pip install python-docx configparser chardet
在 QQ 邮箱中开启 IMAP 服务
2. 运行程序:
将代码保存为 fetch_unread_emails.py
创建并编辑 email_config.ini 文件填写正确的邮箱和密码
运行:
继续对话...

② 在智能体编写的 Python 程序后的说明中，查看所编写的 Python 程序需要使用的库（如图中的 chardet、python-docx、configparser 库）。如果电脑中已经安装这些库，则不用再安装；如果没有安装这些库，则需要在“命令提示符”下安装这些库。

③ 在智能体编写的 Python 程序后的说明中，提示创建存放邮箱账户和密码的“email_config.ini”配置文件，并给出配置文件的格式。

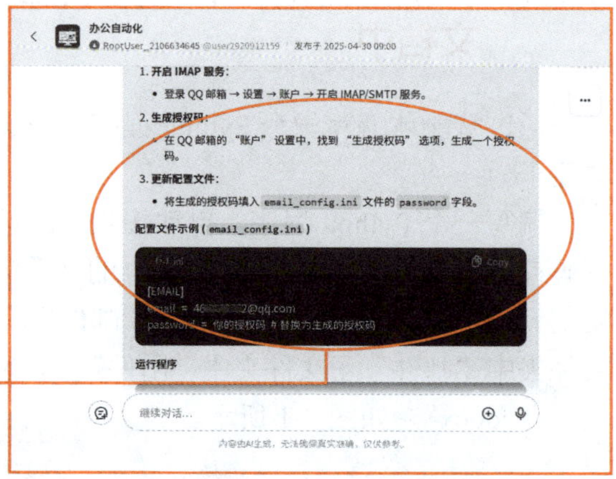
办公自动化
1. 开启 IMAP 服务:
登录 QQ 邮箱 → 设置 → 账户 → 开启 IMAP/SMTP 服务。
2. 生成授权码:
在 QQ 邮箱的“账户”设置中，找到“生成授权码”选项，生成一个授权码。
3. 更新配置文件:
将生成的授权码填入 email_config.ini 文件的 password 字段。
配置文件示例（email_config.ini）
[EMAIL]
password = 你的授权码 # 替换为生成的授权码
运行程序
继续对话...

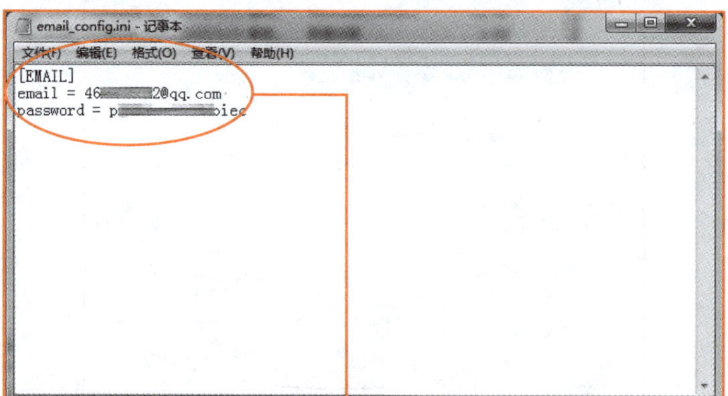
email_config.ini - 记事本
文件(F) 编辑(E) 格式(O) 查看(V) 帮助(H)
[EMAIL]

④ 创建一个记事本文件，然后按照上一步中提示的配置文件的内容，将邮箱账户和密码（注意密码要用授权码，下面的步骤会得到授权码），写入配置文件。

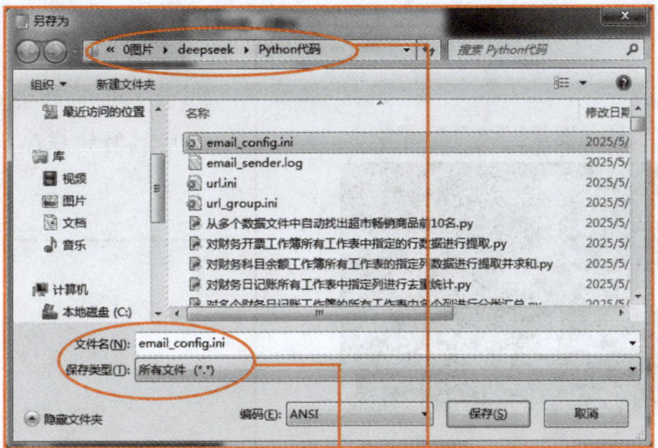

⑤ 保存记事本文件，在“保存类型”栏选择“所有文件”，在“文件名”栏输入“email_config.ini”，并设置保存文件夹为程序代码保存的文件夹（即将配置文件和程序代码文件放在同一个文件夹中），然后单击“保存”按钮。

⑥ 先登录收件箱，然后依次单击“设置”→“账户”，并在“IMAP/SMTP 服务”项中单击“开启服务”按钮。

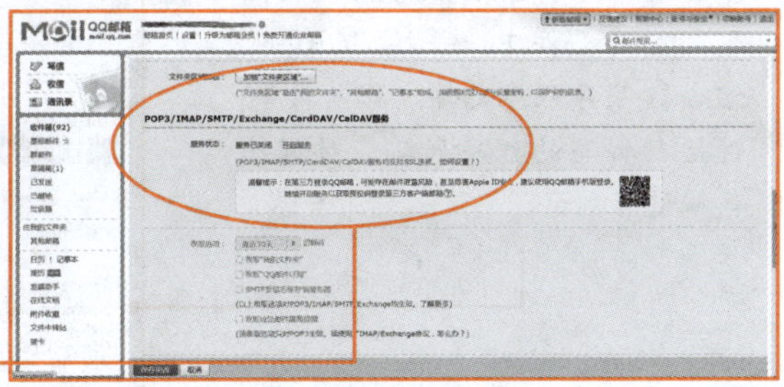

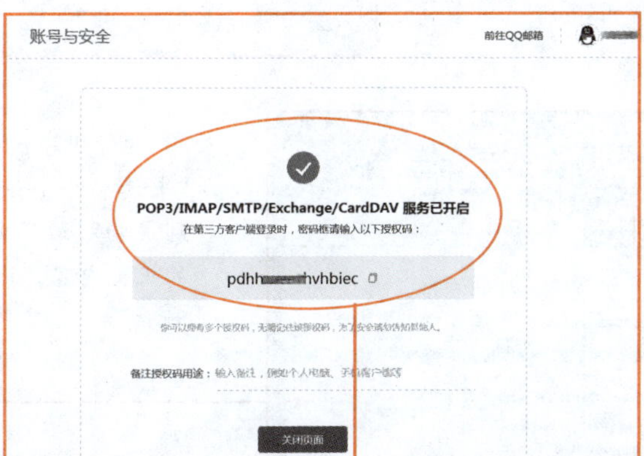

⑦ 根据开启设置提示进行验证，成功之后，会提示“服务已开启”，并给出授权码（第 4 步中创建的配置文件中的密码，就输入此处生成的授权码）。

图 9-1

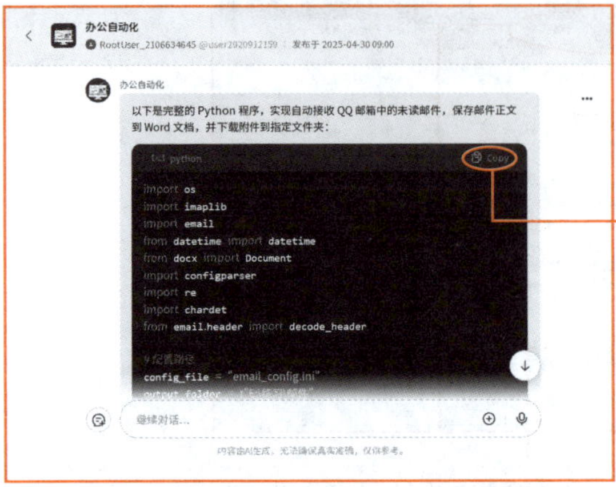
办公自动化
以下是完整的 Python 程序，实现自动接收 QQ 邮箱中的未读邮件，保存邮件正文到 Word 文档，并下载附件到指定文件夹：
python
Copy
import os
import imaplib
import email
from datetime import datetime
from docx import Document
import configparser
import re
import chardet
from email.header import decode_header
config_file = "email_config.ini"

⑧ 在智能体编写的 Python 程序框右上角，单击“Copy”按钮复制所编写的程序代码。

⑨ 打开“IDLE Shell”程序，新建一个 IDLE 文件，按“Ctrl+V”组合键，将 Python 程序代码粘贴到新建的文件中，并按“Ctrl+S”组合键保存程序文件。接着按 F5 键运行编写的程序代码，对程序代码进行测试。

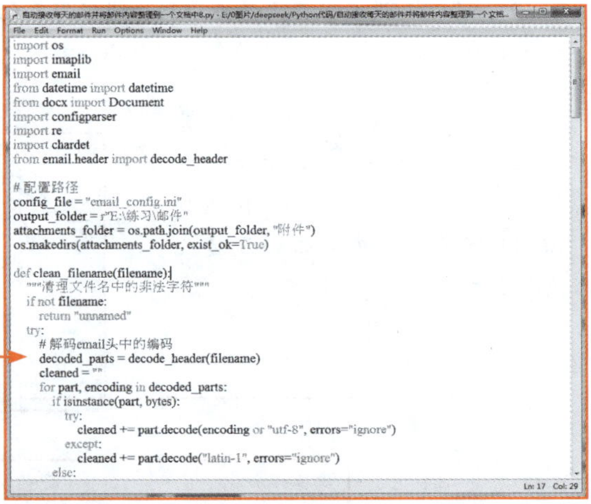
File Edit Format Run Options Window Help
import os
import imaplib
import email
from datetime import datetime
from docx import Document
import configparser
import re
import chardet
from email.header import decode_header
# 配置路径
config_file = "email_config.ini"
output_folder = r"E:\练习\邮件"
attachments_folder = os.path.join(output_folder, "附件")
os.makedirs(attachments_folder, exist_ok=True)
def clean_filename(filename):
"""清理文件名中的非法字符"""
if not filename:
return "unnamed"
try:
# 解码email头中的编码
decoded_parts = decode_header(filename)
cleaned = ""
for part, encoding in decoded_parts:
if isinstance(part, bytes):
try:
cleaned += part.decode(encoding or "utf-8", errors="ignore")
except:
cleaned += part.decode("latin-1", errors="ignore")
else:
Ln: 17 Col: 29

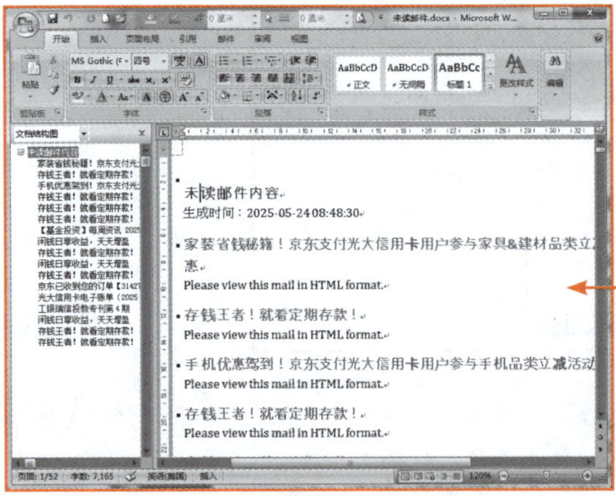
未读邮件.docx - Microsoft W...
未读邮件内容
生成时间：2025-05-24 08:48:30
家装省钱秘籍！京东支付光大信用卡用户参与家具&建材品类立减优惠
Please view this mail in HTML format.
存钱王者！就看定期存款！
Please view this mail in HTML format.
手机优惠驾到！京东支付光大信用卡用户参与手机品类立减活动
Please view this mail in HTML format.
存钱王者！就看定期存款！
Please view this mail in HTML format.

⑩ 运行程序代码后，打开新建的“未读邮件 .docx”Word 文档，看到成功提取了邮箱中的未读邮件的正文内容，说明程序运行正常。

图 9-1　自动接收每天的邮件并将邮件内容整理到一个文档中

9.1.2 案例：批量向客户群发邮件

通过智能体编写一个 Python 程序，来实现批量向客户群发邮件。具体要求为：

编写一个 Python 程序，自动向客户群发一封邮件。具体要求为：发件邮箱为 QQ 邮箱，发件邮箱账户和登录密码、收件邮箱账户都存放在名为“email_config.ini”的文件中。邮件的主题统一为：“产品信息”，邮件正文内容统一为：“你好，产品样品已经快递给你，注意查收，产品的详细信息和报价在附件中。”邮件的附件为：E 盘中“练习”文件夹中“邮件”子文件夹中“产品报价 .xlsx”文档。如图 9-2 所示。

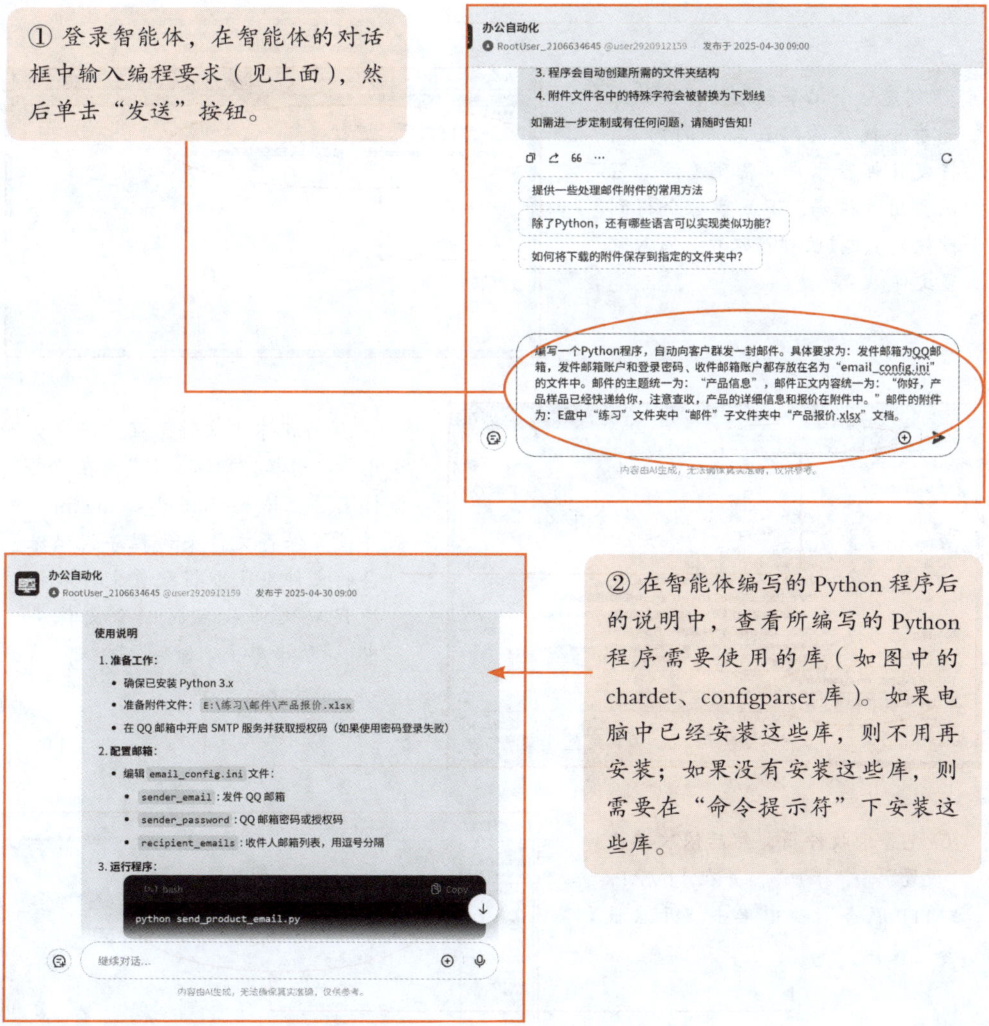

① 登录智能体，在智能体的对话框中输入编程要求（见上面），然后单击“发送”按钮。
办公自动化
3. 程序会自动创建所需的文件夹结构
4. 附件文件名中的特殊字符会被替换为下划线
如需进一步定制或有任何问题，请随时告知！
提供一些处理邮件附件的常用方法
除了Python，还有哪些语言可以实现类似功能？
如何将下载的附件保存到指定的文件夹中？
编写一个Python程序，自动向客户群发一封邮件。具体要求为：发件邮箱为QQ邮箱，发件邮箱账户和登录密码、收件邮箱账户都存放在名为“email_config.ini”的文件中。邮件的主题统一为：“产品信息”，邮件正文内容统一为：“你好，产品样品已经快递给你，注意查收，产品的详细信息和报价在附件中。”邮件的附件为：E盘中“练习”文件夹中“邮件”子文件夹中“产品报价.xlsx”文档。
使用说明
1. 准备工作：
确保已安装 Python 3.x
准备附件文件：E:\练习\邮件\产品报价.xlsx
在 QQ 邮箱中开启 SMTP 服务并获取授权码（如果使用密码登录失败）
2. 配置邮箱：
编辑 email_config.ini 文件：
sender_email：发件 QQ 邮箱
sender_password：QQ 邮箱密码或授权码
recipient_emails：收件人邮箱列表，用逗号分隔
3. 运行程序：
python send_product_email.py
继续对话...
内容由AI生成，无法确保真实准确，仅供参考。
② 在智能体编写的 Python 程序后的说明中，查看所编写的 Python 程序需要使用的库（如图中的 chardet、configparser 库）。如果电脑中已经安装这些库，则不用再安装；如果没有安装这些库，则需要在“命令提示符”下安装这些库。

图 9-2

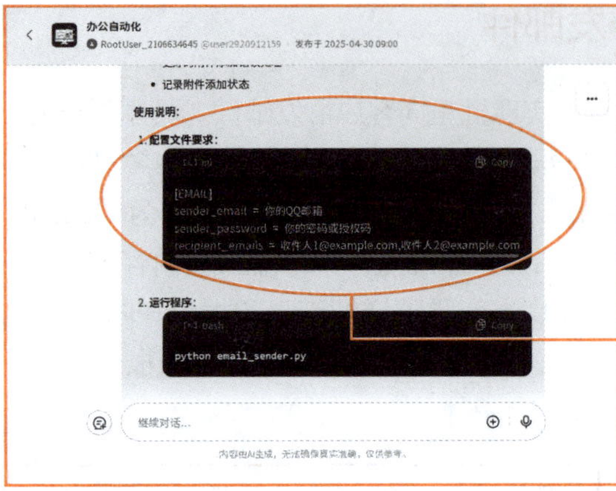
办公自动化
记录附件添加状态
使用说明:
1. 配置文件要求:
[EMAIL]
sender_email = 你的QQ邮箱
sender_password = 你的密码或授权码
recipient_emails = 收件人1@example.com,收件人2@example.com
2. 运行程序:
python email_sender.py
继续对话...

③ 在智能体编写的 Python 程序后的说明中，提示创建存放邮箱账户和密码的“email_config.ini”配置文件，并给出配置文件的格式。

④ 创建一个记事本文件，按照上一步中提示的配置文件的内容，将发件邮箱账户、密码（注意密码要用授权码，下面步骤会得到授权码）、接收邮箱账户，写入配置文件。

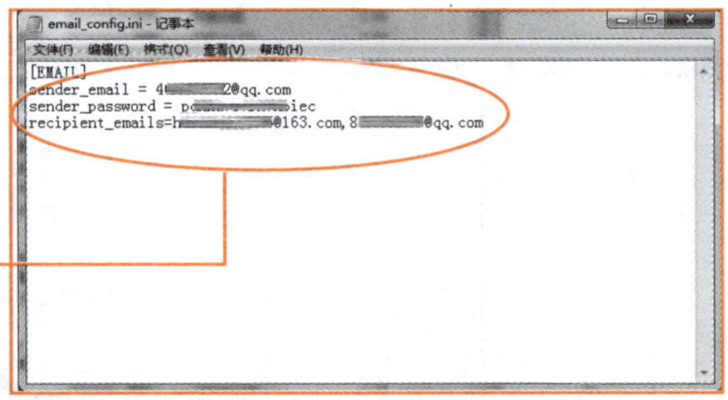
email_config.ini - 记事本
文件(F) 编辑(E) 格式(O) 查看(V) 帮助(H)
[EMAIL]

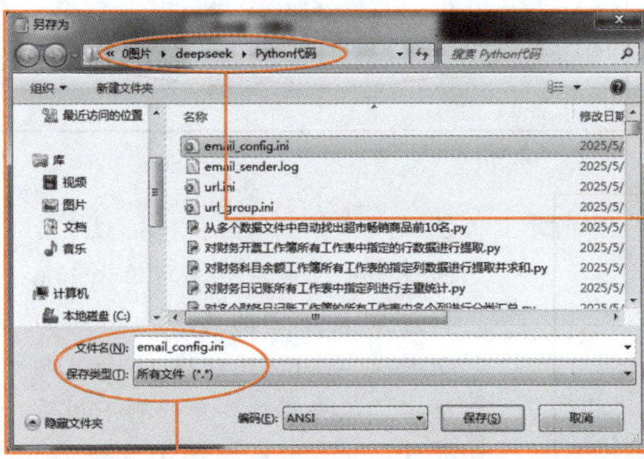
另存为
0图片 ▸ deepseek ▸ Python代码
组织 ▾ 新建文件夹
名称
email_config.ini
email_sender.log
url.ini
url_group.ini
文件名(N): email_config.ini
保存类型(T): 所有文件 (*.*)
隐藏文件夹
编码(E): ANSI
保存(S)
取消

⑤ 保存记事本文件，在“保存类型”栏选择“所有文件”，在“文件名”栏输入“email_config.ini”，并设置保存文件夹为程序代码保存的文件夹（即将配置文件和程序代码文件放在同一个文件夹中），然后单击“保存”按钮。

⑥ 先登录收件箱，然后依次单击“设置”→“账户”，并在“IMAP/SMTP 服务”项中单击“开启服务”按钮。

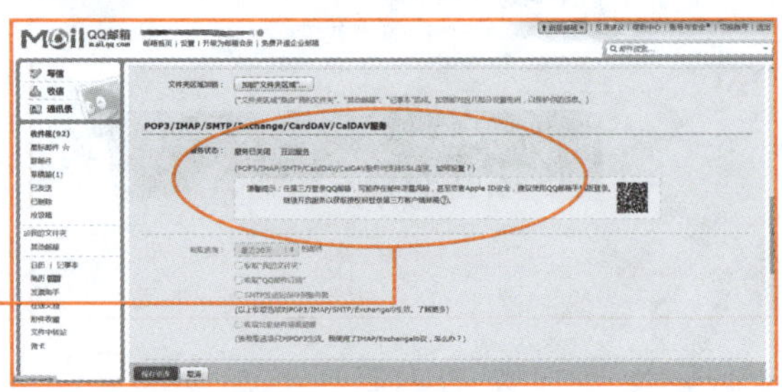

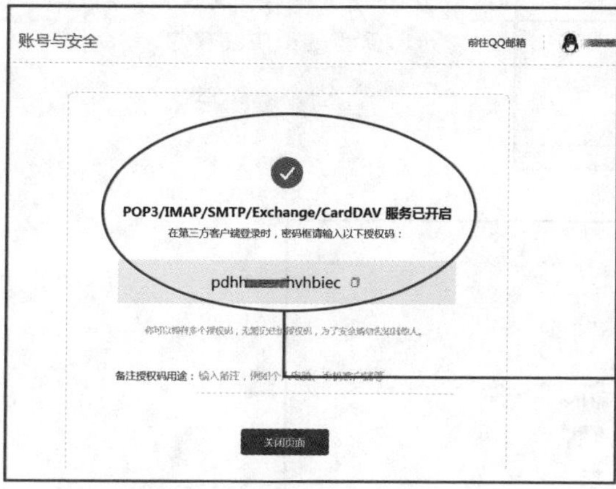
账号与安全
前往QQ邮箱
POP3/IMAP/SMTP/Exchange/CardDAV 服务已开启
在第三方客户端登录时，密码框请输入以下授权码：
关闭页面

⑦ 根据开启设置提示进行验证，成功之后，会提示“服务已开启”，并给出授权码（第 4 步中创建的配置文件中的密码，就输入此处生成的授权码）。

⑧ 在智能体编写的 Python 程序框右上角，单击“Copy”按钮复制所编写的程序代码。

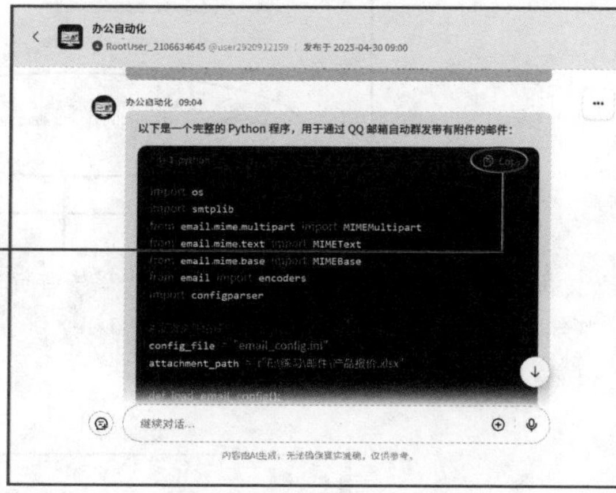
办公自动化
以下是一个完整的 Python 程序，用于通过 QQ 邮箱自动群发带有附件的邮件：

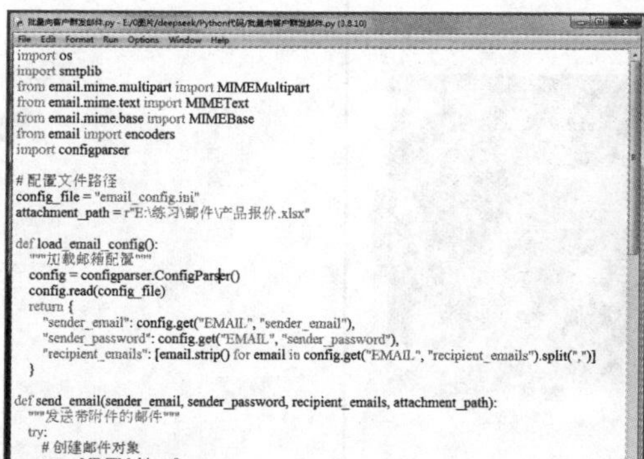

⑨ 打开“IDLE Shell”程序，新建一个 IDLE 文件，按“Ctrl+V”组合键，将 Python 程序代码粘贴到新建的文件中，并按“Ctrl+S”组合键保存程序文件。接着按 F5 键运行编写的程序代码，对程序代码进行测试。

图 9-2

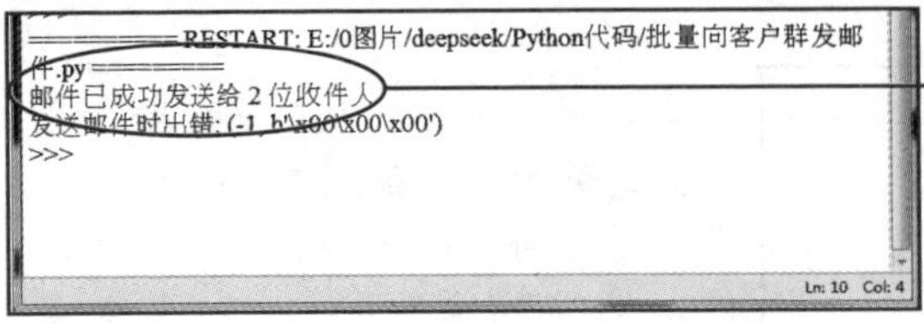
========== RESTART: E:/0图片/deepseek/Python代码/批量向客户群发邮件.py ==========
邮件已成功发送给 2 位收件人
发送邮件时出错: (-1, b'\x00\x00\x00')
>>>
Ln: 10 Col: 4

⑩ 程序运行后，发现出现错误提示，需要继续修改程序。

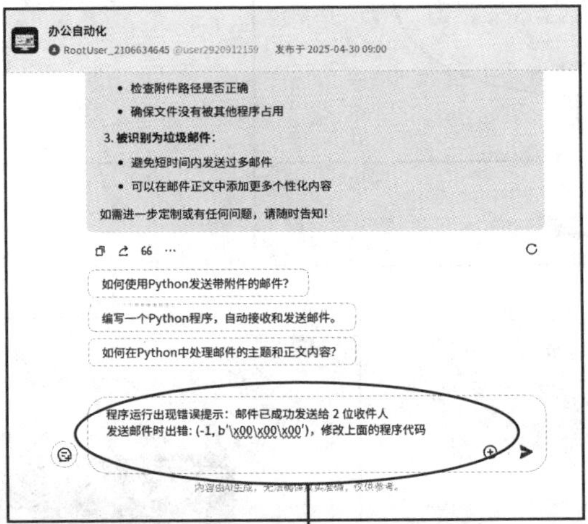
办公自动化
RootUser_2106634645 @user2920912159 发布于 2025-04-30 09:00
• 检查附件路径是否正确
• 确保文件没有被其他程序占用
3. 被识别为垃圾邮件:
• 避免短时间内发送过多邮件
• 可以在邮件正文中添加更多个性化内容
如需进一步定制或有任何问题，请随时告知!
如何使用Python发送带附件的邮件?
编写一个Python程序，自动接收和发送邮件。
如何在Python中处理邮件的主题和正文内容?
程序运行出现错误提示：邮件已成功发送给 2 位收件人
发送邮件时出错: (-1, b'\x00\x00\x00')，修改上面的程序代码

⑪ 在智能体对话框中输入修改要求："程序运行出现错误提示：邮件已成功发送给 2 位收件人发送邮件时出错：(−1,b'\×00\×00\×00')，修改上面的程序代码"，并按"发送"按钮。

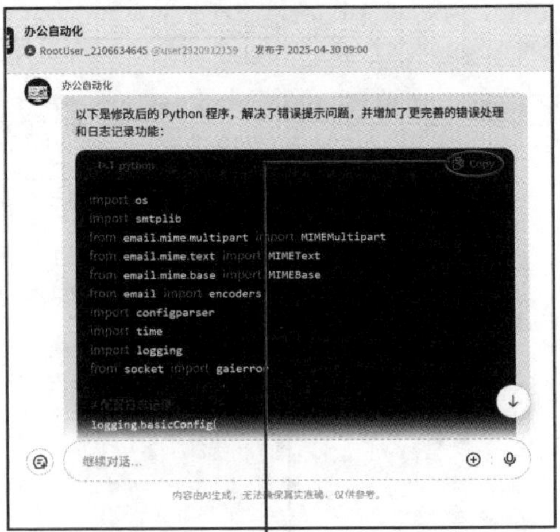
办公自动化
RootUser_2106634645 @user2920912159 发布于 2025-04-30 09:00
办公自动化
以下是修改后的 Python 程序，解决了错误提示问题，并增加了更完善的错误处理和日志记录功能:
import os
import smtplib
from email.mime.multipart import MIMEMultipart
from email.mime.text import MIMEText
from email.mime.base import MIMEBase
from email import encoders
import configparser
import time
import logging
from socket import gaierror
logging.basicConfig(
继续对话...

⑫ 在智能体修改后的 Python 程序框右上角，单击"Copy"按钮复制所修改的程序代码。

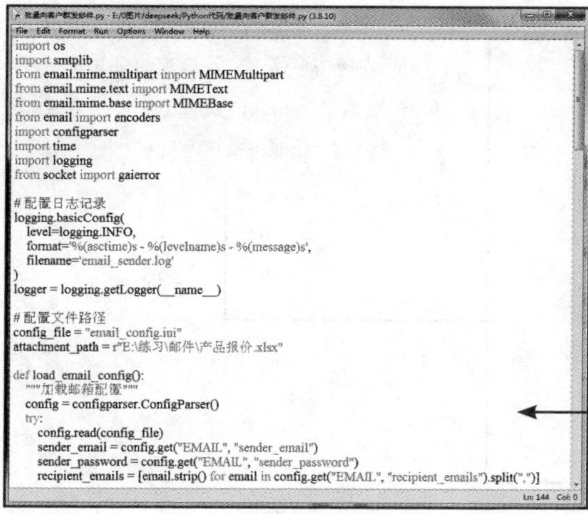
import os
import smtplib
from email.mime.multipart import MIMEMultipart
from email.mime.text import MIMEText
from email.mime.base import MIMEBase
from email import encoders
import configparser
import time
import logging
from socket import gaierror
# 配置日志记录
logging.basicConfig(
level=logging.INFO,
format='%(asctime)s - %(levelname)s - %(message)s',
filename='email_sender.log'
)
logger = logging.getLogger(__name__)
# 配置文件路径
config_file = "email_config.ini"
attachment_path = r"E:\练习\邮件\产品报价.xlsx"
def load_email_config():
"""加载邮箱配置"""
config = configparser.ConfigParser()
try:
config.read(config_file)
sender_email = config.get("EMAIL", "sender_email")
sender_password = config.get("EMAIL", "sender_password")
recipient_emails = [email.strip() for email in config.get("EMAIL", "recipient_emails").split(",")]

⑬ 在IDLE文件中将之前的程序代码删除，之后按“Ctrl+V”组合键，将修改后的Python程序代码粘贴到文件中，并按“Ctrl+S”组合键保存程序文件。接着按F5键运行修改后的程序代码，继续对程序代码进行测试。

⑭ 运行程序后，打开接收邮箱查看，发现邮件的附件不是“产品报价.xlsx”文件，附件不正常，需要继续修改程序代码。

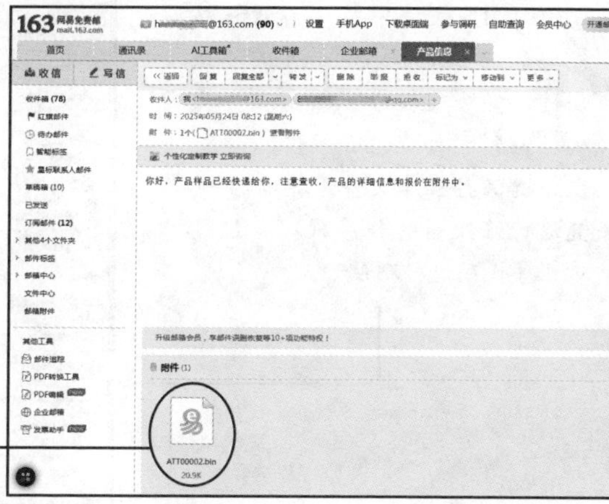
163 网易免费邮
首页
通讯录
收件箱
产品信息
你好，产品样品已经快递给你，注意查收，产品的详细信息和报价在附件中。
附件 (1)
ATT00002.bin

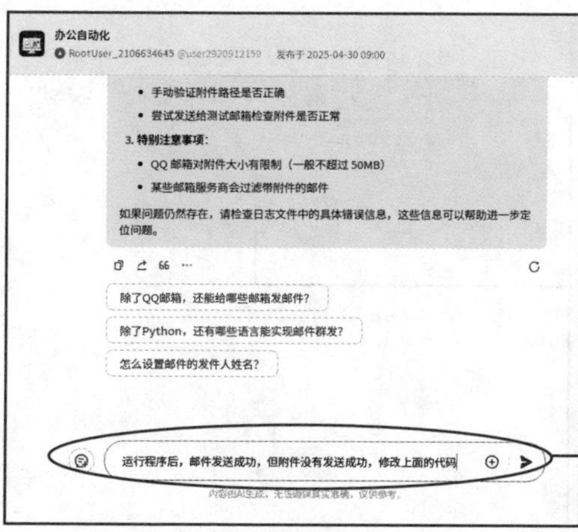
办公自动化
手动验证附件路径是否正确
尝试发送给测试邮箱检查附件是否正常
3. 特别注意事项：
QQ 邮箱对附件大小有限制（一般不超过 50MB）
某些邮箱服务商会过滤带附件的邮件
如果问题仍然存在，请检查日志文件中的具体错误信息，这些信息可以帮助进一步定位问题。
除了QQ邮箱，还能给哪些邮箱发邮件？
除了Python，还有哪些语言能实现邮件群发？
怎么设置邮件的发件人姓名？
运行程序后，邮件发送成功，但附件没有发送成功，修改上面的代码

⑮ 在智能体对话框中输入修改要求：“运行程序后，邮件发送成功，但附件没有发送成功，修改上面的代码”，并按“发送”按钮。

图 9-2

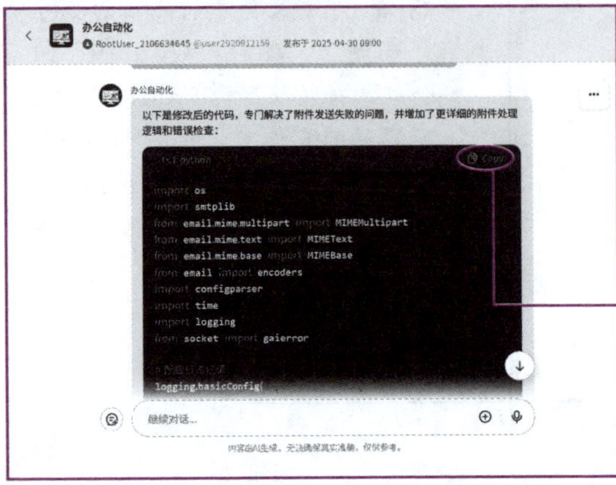
办公自动化
以下是修改后的代码，专门解决了附件发送失败的问题，并增加了更详细的附件处理逻辑和错误检查：
import os
import smtplib
from email.mime.multipart import MIMEMultipart
from email.mime.text import MIMEText
from email.mime.base import MIMEBase
from email import encoders
import configparser
import time
import logging
from socket import gaierror
logging.basicConfig(

⑯ 在智能体修改后的 Python 程序框右上角，单击“Copy”按钮复制所修改的程序代码。

⑰ 在 IDLE 文件中将之前的程序代码删除，之后按“Ctrl+V”组合键，将修改后的 Python 程序代码粘贴到文件中，并按“Ctrl+S”组合键保存程序文件。接着按 F5 键运行修改后的程序代码，继续对程序代码进行测试。

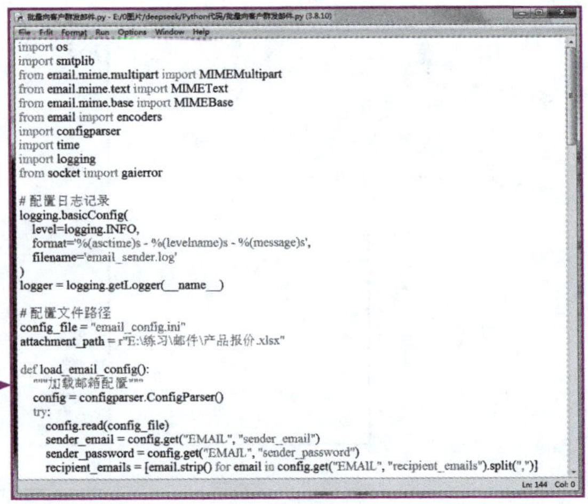
import os
import smtplib
from email.mime.multipart import MIMEMultipart
from email.mime.text import MIMEText
from email.mime.base import MIMEBase
from email import encoders
import configparser
import time
import logging
from socket import gaierror
# 配置日志记录
logging.basicConfig(
level=logging.INFO,
format='%(asctime)s - %(levelname)s - %(message)s',
filename='email_sender.log'
)
logger = logging.getLogger(__name__)
# 配置文件路径
config_file = "email_config.ini"
attachment_path = r"E:\练习\邮件\产品报价.xlsx"
def load_email_config():
"""加载邮箱配置"""
config = configparser.ConfigParser()
try:
config.read(config_file)
sender_email = config.get("EMAIL", "sender_email")
sender_password = config.get("EMAIL", "sender_password")
recipient_emails = [email.strip() for email in config.get("EMAIL", "recipient_emails").split(",")]

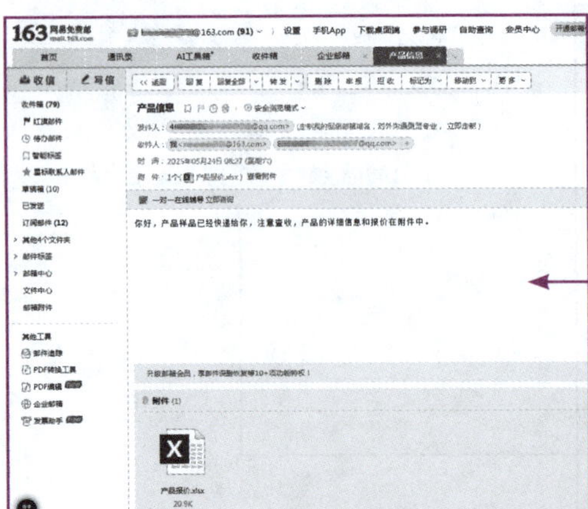
产品信息
你好，产品样品已经快递给你，注意查收，产品的详情信息和报价在附件中。

⑱ 运行程序后，打开接收邮箱查看，发现群发的邮件正常，说明程序代码运行正常。

图 9-2　批量向客户群发邮件

9.2 自动抓取网络数据

9.2.1 案例：自动抓取网页中文本内容

通过智能体编写一个 Python 程序，来实现自动抓取一个网页中所有文本内容。具体要求为：

编写一个 Python 程序，自动抓取网页中文本内容。网页的网址为：https://www.gold678.com/C/202505231852062284，将抓取的文本内容保存到一个命名为“资料 .docx”的 Word 文档中，并将此 Word 文档保存到 E 盘中“练习”文件夹中“网络数据”子文件夹中。如图 9-3 所示。

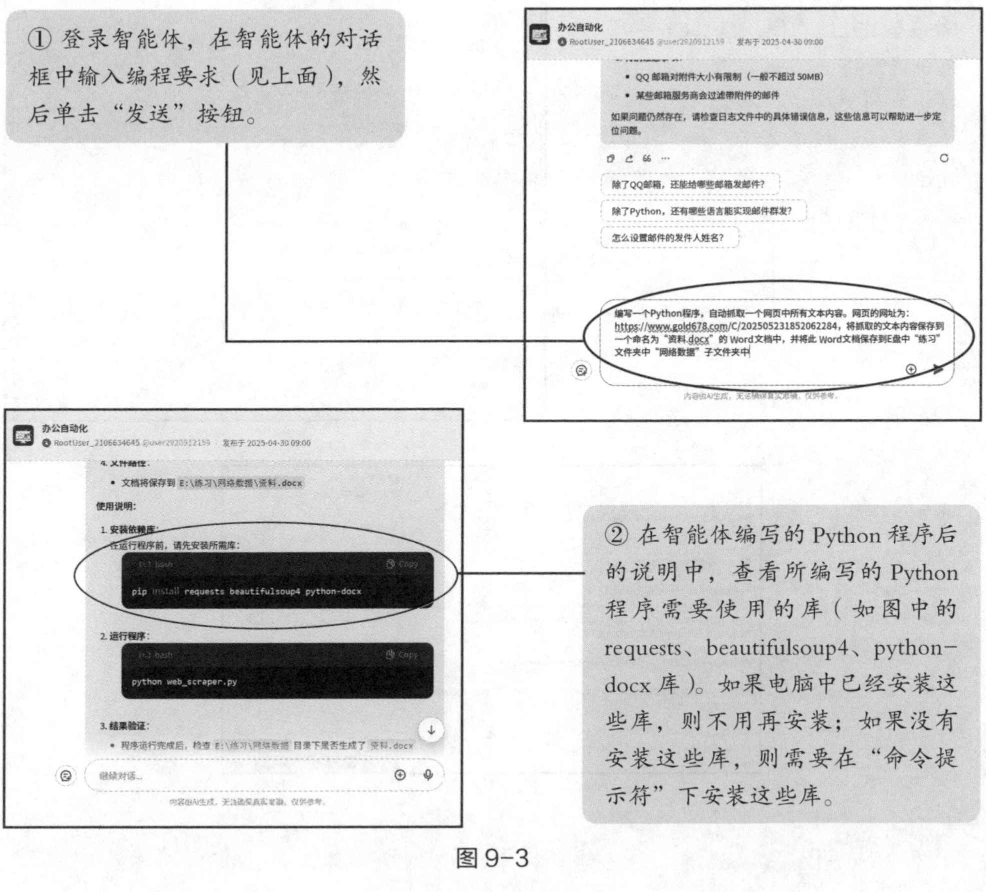
① 登录智能体，在智能体的对话框中输入编程要求（见上面），然后单击“发送”按钮。
办公自动化
QQ 邮箱对附件大小有限制（一般不超过 50MB）
某些邮箱服务商会过滤带附件的邮件
如果问题仍然存在，请检查日志文件中的具体错误信息，这些信息可以帮助进一步定位问题。
除了QQ邮箱，还能给哪些邮箱发邮件?
除了Python，还有哪些语言能实现邮件群发?
怎么设置邮件的发件人姓名?
编写一个Python程序，自动抓取一个网页中所有文本内容。网页的网址为：https://www.gold678.com/C/202505231852062284，将抓取的文本内容保存到一个命名为“资料.docx”的Word文档中，并将此Word文档保存到E盘中“练习”文件夹中“网络数据”子文件夹中
办公自动化
文档将保存到 E:\练习\网络数据\资料.docx
使用说明：
1. 安装依赖库：
在运行程序前，请先安装所需库：
pip install requests beautifulsoup4 python-docx
2. 运行程序：
python web_scraper.py
3. 结果验证：
② 在智能体编写的 Python 程序后的说明中，查看所编写的 Python 程序需要使用的库（如图中的 requests、beautifulsoup4、python-docx 库）。如果电脑中已经安装这些库，则不用再安装；如果没有安装这些库，则需要在“命令提示符”下安装这些库。

图 9-3

办公自动化
RootUser_2106634645 @user2920912159 发布于 2025-04-30 09:00
办公自动化
以下是一个 Python 程序，用于抓取指定网页的所有文本内容，并将其保存到 Word 文档中：
python
Copy
import os
import requests
from bs4 import BeautifulSoup
from docx import Document
from docx.shared import Pt
# 目标网页URL
url = "https://www.gold678.com/C/202505231852062284"
# 输出文件路径
output_dir = r"E:\练习\网络数据"
output_file = os.path.join(output_dir, "资料.docx")
继续对话...
内容由AI生成，无法确保真实准确，仅供参考。

③ 在智能体编写的 Python 程序框右上角，单击“Copy”按钮复制所编写的程序代码。

④ 打开“IDLE Shell”程序，新建一个 IDLE 文件，按“Ctrl+V”组合键，将 Python 程序代码粘贴到新建的文件中，并按“Ctrl+S”组合键保存程序文件。接着按 F5 键运行编写的程序代码，对程序代码进行测试。

File Edit Format Run Options Window Help
import os
import requests
from bs4 import BeautifulSoup
from docx import Document
from docx.shared import Pt
# 目标网页URL
url = "https://www.gold678.com/C/202505231852062284"
# 输出文件路径
output_dir = r"E:\练习\网络数据"
output_file = os.path.join(output_dir, "资料.docx")
def fetch_webpage(url):
"""抓取网页内容"""
try:
headers = {
"User-Agent": "Mozilla/5.0 (Windows NT 10.0; Win64; x64) AppleWebKit/537.36 (KHTML, like
}
response = requests.get(url, headers=headers, timeout=10)
response.raise_for_status()
response.encoding = response.apparent_encoding
return response.text
except requests.RequestException as e:
print(f"抓取网页失败: {e}")
return None
def extract_text(html):
"""从HTML中提取文本"""
soup = BeautifulSoup(html, "html.parser")
Ln: 12 Col: 49

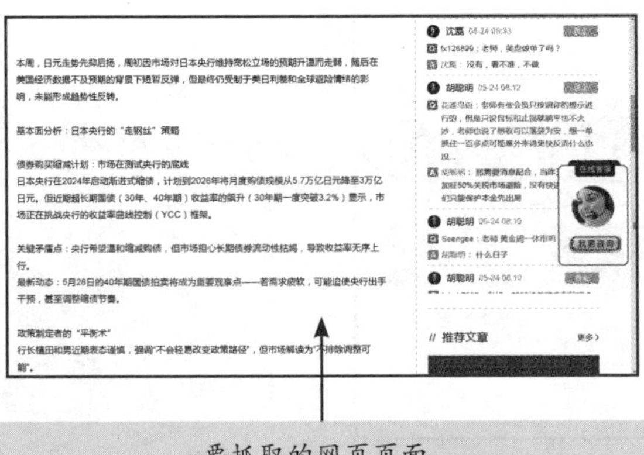

基本面分析：日本央行的“走钢丝”策略
推荐文章

要抓取的网页页面。

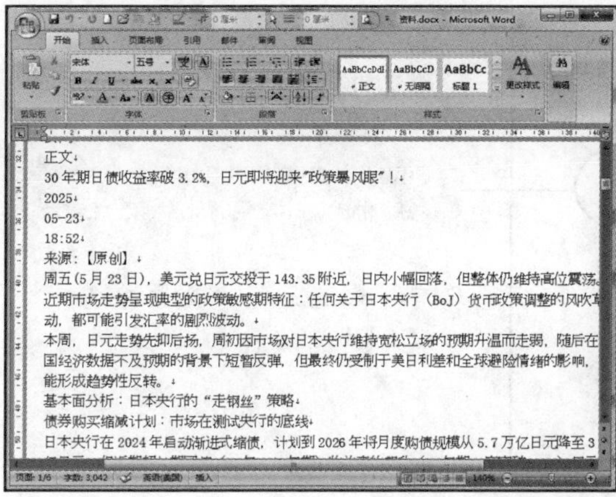
资料.docx - Microsoft Word
正文
30 年期日债收益率破 3.2%，日元即将迎来"政策暴风眼"！
2025
05-23
18:52
来源：【原创】
周五(5 月 23 日)，美元兑日元交投于 143.35 附近，日内小幅回落，但整体仍维持高位震荡。
近期市场走势呈现典型的政策敏感期特征：任何关于日本央行（BoJ）货币政策调整的风吹草
动，都可能引发汇率的剧烈波动。
本周，日元走势先抑后扬，周初因市场对日本央行维持宽松立场的预期升温而走弱，随后在
国经济数据不及预期的背景下短暂反弹，但最终仍受制于美日利差和全球避险情绪的影响，
能形成趋势性反转。
基本面分析：日本央行的"走钢丝"策略
债券购买缩减计划：市场在测试央行的底线
日本央行在 2024 年启动渐进式缩债，计划到 2026 年将月度购债规模从 5.7 万亿日元降至 3

⑤ 运行程序代码后，打开新建的"资料 .docx" Word 文档，看到成功抓取了指定网页中的文本内容，说明程序运行正常。

图 9-3　自动抓取网页中文本内容

9.2.2　案例：自动抓取网页中所有图片

通过智能体编写一个 Python 程序，来实现自动抓取网页中所有图片。具体要求为：

编写一个 Python 程序，自动抓取一个网页中所有图片。网页的网址为：https://www.gold678.com/C/202505231852062284，将抓取的所有图片保存到 E 盘中"练习"文件夹中"网络数据"子文件夹中。如图 9-4 所示。

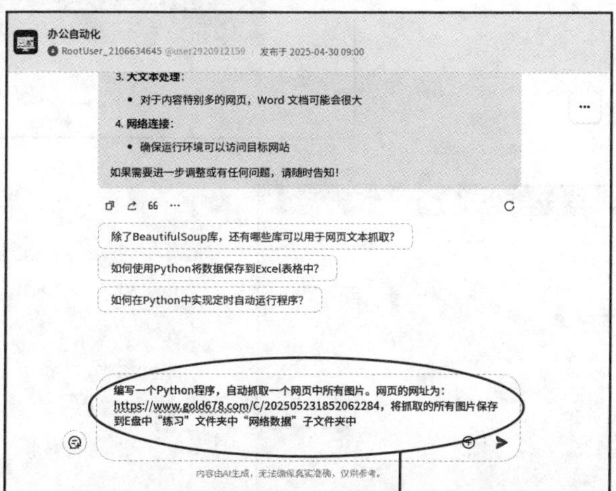
办公自动化
RootUser_2106634645 @user2920912159 发布于 2025-04-30 09:00
3. 大文本处理：
对于内容特别多的网页，Word 文档可能会很大
4. 网络连接：
确保运行环境可以访问目标网站
如果需要进一步调整或有任何问题，请随时告知！
除了BeautifulSoup库，还有哪些库可以用于网页文本抓取？
如何使用Python将数据保存到Excel表格中？
如何在Python中实现定时自动运行程序？
编写一个Python程序，自动抓取一个网页中所有图片。网页的网址为：https://www.gold678.com/C/202505231852062284，将抓取的所有图片保存到E盘中"练习"文件夹中"网络数据"子文件夹中
内容由AI生成，无法确保真实准确，仅供参考。

① 登录智能体，在智能体的对话框中输入编程要求（见上面），然后单击"发送"按钮。

图 9-4

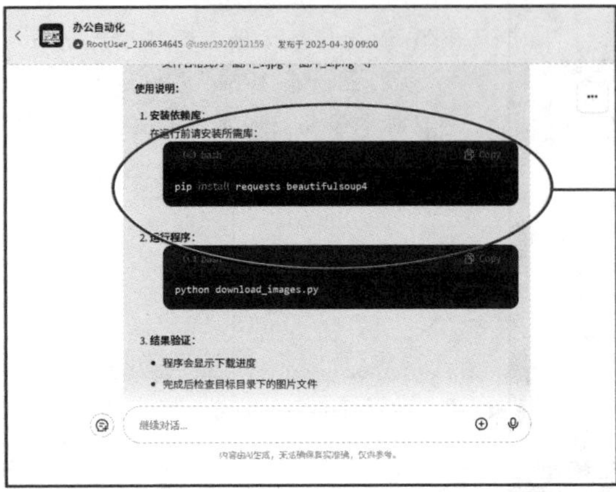
办公自动化
RootUser_2106634645 @user2920912159 发布于 2025-04-30 09:00
使用说明:
1. 安装依赖库:
在运行前请安装所需库:
bash
Copy
pip install requests beautifulsoup4
2. 运行程序:
python download_images.py
3. 结果验证:
程序会显示下载进度
完成后检查目标目录下的图片文件
继续对话...
内容由AI生成，无法确保真实准确，仅供参考。

② 在智能体编写的 Python 程序后的说明中，查看所编写的 Python 程序需要使用的库（如图中的 requests、beautifulsoup4 库）。如果电脑中 Python 编译程序已经安装这些库，则不用再安装；如果没有安装这些库，则需要在“命令提示符”下安装这些库。

③ 在智能体编写的 Python 程序框右上角，单击“Copy”按钮复制所编写的程序代码。

办公自动化
RootUser_2106634645 @user2920912159 发布于 2025-04-30 09:00
办公自动化
以下是一个 Python 程序，用于自动抓取指定网页中的所有图片，并将它们保存到指定文件夹中:
python
Copy
import os
import requests
from bs4 import BeautifulSoup
from urllib.parse import urljoin
from pathlib import Path
# 目标网页URL
url = "https://www.gold678.com/C/202505231852062284"
# 输出目录
output_dir = Path(r"E:\练习\网络数据\图片")
output_dir.mkdir(parents=True, exist_ok=True)
继续对话...
内容由AI生成，无法确保真实准确，仅供参考。

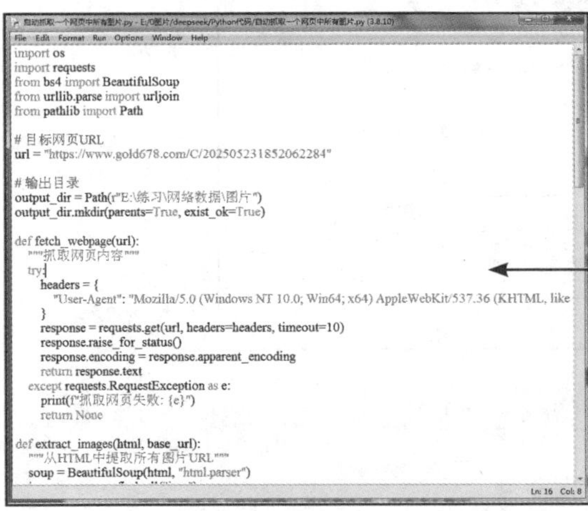
File Edit Format Run Options Window Help
import os
import requests
from bs4 import BeautifulSoup
from urllib.parse import urljoin
from pathlib import Path
# 目标网页URL
url = "https://www.gold678.com/C/202505231852062284"
# 输出目录
output_dir = Path(r"E:\练习\网络数据\图片")
output_dir.mkdir(parents=True, exist_ok=True)
def fetch_webpage(url):
"""抓取网页内容"""
try:
headers = {
"User-Agent": "Mozilla/5.0 (Windows NT 10.0; Win64; x64) AppleWebKit/537.36 (KHTML, like
}
response = requests.get(url, headers=headers, timeout=10)
response.raise_for_status()
response.encoding = response.apparent_encoding
return response.text
except requests.RequestException as e:
print(f"抓取网页失败: {e}")
return None
def extract_images(html, base_url):
"""从HTML中提取所有图片URL"""
soup = BeautifulSoup(html, "html.parser")
Ln: 16 Col: 8

④ 打开“IDLE Shell”程序，新建一个 IDLE 文件，按“Ctrl+V”组合键，将 Python 程序代码粘贴到新建的文件中，并按“Ctrl+S”组合键保存程序文件。接着按 F5 键运行编写的程序代码，对程序代码进行测试。

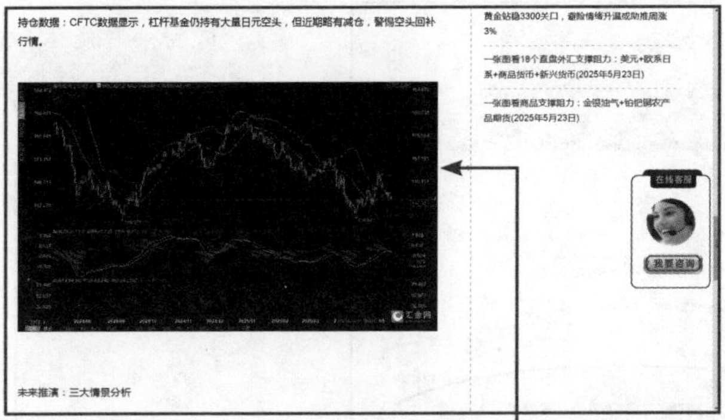
要抓取的网页页面。

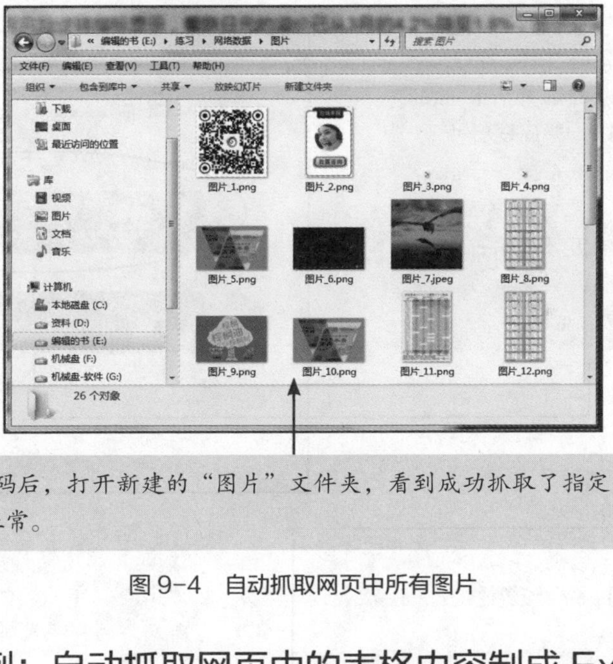
⑤ 运行程序代码后，打开新建的“图片”文件夹，看到成功抓取了指定网页中的图片，说明程序运行正常。

图 9-4　自动抓取网页中所有图片

9.2.3　案例：自动抓取网页中的表格内容制成 Excel 数据表

通过智能体编写一个 Python 程序，来实现自动抓取网页中的表格内容。具体要求为：

编写一个 Python 程序，自动抓取网页中表格内容。网页的网址为：https://www.qinxue365.com/course/517719.html，将抓取的表格内容保存到一个命名为“数据资料 .xlsx”的 Excel 文档中的“资料”工作表中，并将此 Excel 文档保存到 E 盘中“练习”文件夹中“网络数据”子文件夹中。如图 9-5 所示。

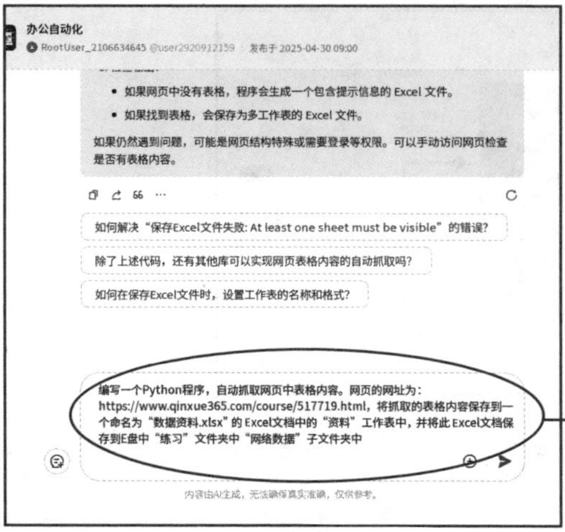

① 登录智能体，在智能体的对话框中输入编程要求（见上面），然后单击“发送”按钮。

② 在智能体编写的 Python 程序后的说明中，查看所编写的 Python 程序需要使用的库（如图中的 requests、beautifulsoup4、pandas、openpyxl 库）。如果电脑中已经安装这些库，则不用再安装；如果没有安装这些库，则需要在“命令提示符”下安装这些库。

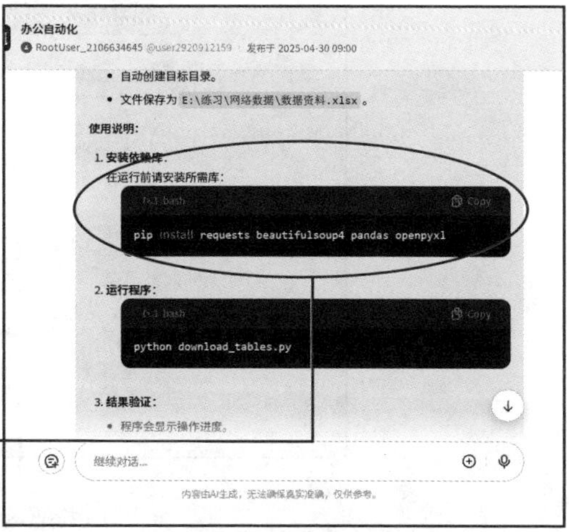

③ 在智能体编写的 Python 程序框右上角，单击“Copy”按钮复制所编写的程序代码。

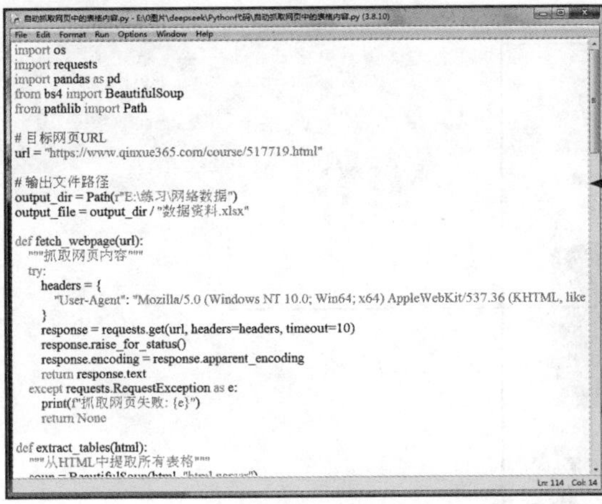
自动抓取网页中的表格内容.py - E:\0图片\deepseek\Python代码\自动抓取网页中的表格内容.py (3.8.10)
File Edit Format Run Options Window Help
import os
import requests
import pandas as pd
from bs4 import BeautifulSoup
from pathlib import Path
# 目标网页URL
url = "https://www.qinxue365.com/course/517719.html"
# 输出文件路径
output_dir = Path(r"E:\练习\网络数据")
output_file = output_dir / "数据资料.xlsx"
def fetch_webpage(url):
"""抓取网页内容"""
try:
headers = {
"User-Agent": "Mozilla/5.0 (Windows NT 10.0; Win64; x64) AppleWebKit/537.36 (KHTML, like
}
response = requests.get(url, headers=headers, timeout=10)
response.raise_for_status()
response.encoding = response.apparent_encoding
return response.text
except requests.RequestException as e:
print(f"抓取网页失败: {e}")
return None
def extract_tables(html):
"""从HTML中提取所有表格"""
Ln: 114 Col: 14

④ 打开“IDLE Shell”程序，新建一个IDLE文件，按“Ctrl+V”组合键，将Python程序代码粘贴到新建的文件中，并按“Ctrl+S”组合键保存程序文件。接着按F5键运行编写的程序代码，对程序代码进行测试。

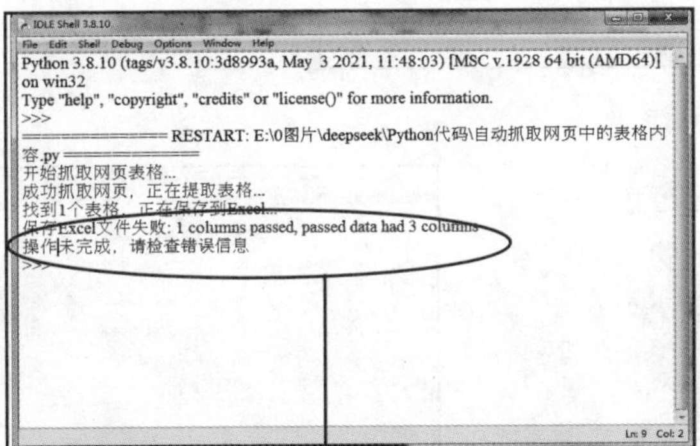
IDLE Shell 3.8.10
File Edit Shell Debug Options Window Help
Python 3.8.10 (tags/v3.8.10:3d8993a, May 3 2021, 11:48:03) [MSC v.1928 64 bit (AMD64)] on win32
Type "help", "copyright", "credits" or "license()" for more information.
>>>
============== RESTART: E:\0图片\deepseek\Python代码\自动抓取网页中的表格内容.py ==============
开始抓取网页表格...
成功抓取网页，正在提取表格...
找到1个表格，正在保存到Excel...
保存Excel文件失败: 1 columns passed, passed data had 3 columns
操作未完成，请检查错误信息
>>>
Ln: 9 Col: 2

⑤ 程序运行后，发现出现错误提示，需要继续修改程序。

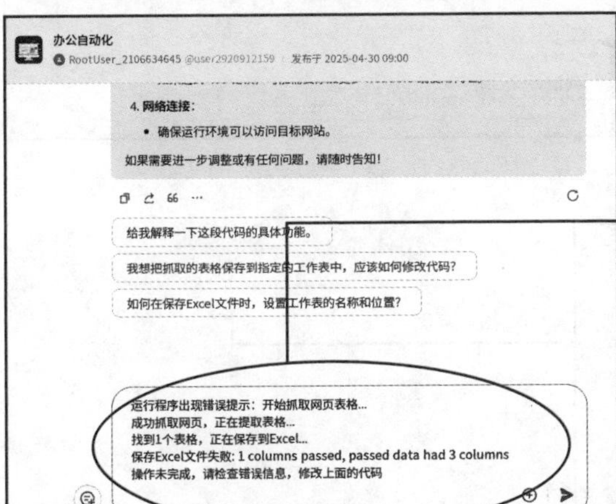
办公自动化
RootUser_2106634645 @user2920912159 发布于 2025-04-30 09:00
4. 网络连接：
• 确保运行环境可以访问目标网站。
如果需要进一步调整或有任何问题，请随时告知！
给我解释一下这段代码的具体功能。
我想把抓取的表格保存到指定的工作表中，应该如何修改代码？
如何在保存Excel文件时，设置工作表的名称和位置？
运行程序出现错误提示：开始抓取网页表格...
成功抓取网页，正在提取表格...
找到1个表格，正在保存到Excel...
保存Excel文件失败: 1 columns passed, passed data had 3 columns
操作未完成，请检查错误信息，修改上面的代码

⑥ 在智能体对话框中输入修改要求：“运行程序出现错误提示：开始抓取网页表格.成功抓取网页，正在提取表格...找到1个表格，正在保存到Excel...保存Excel文件失败:1 columns passed,passed data had 3 columns操作未完成，请检查错误信息，修改上面的代码”，然后按“发送”按钮。

图 9-5

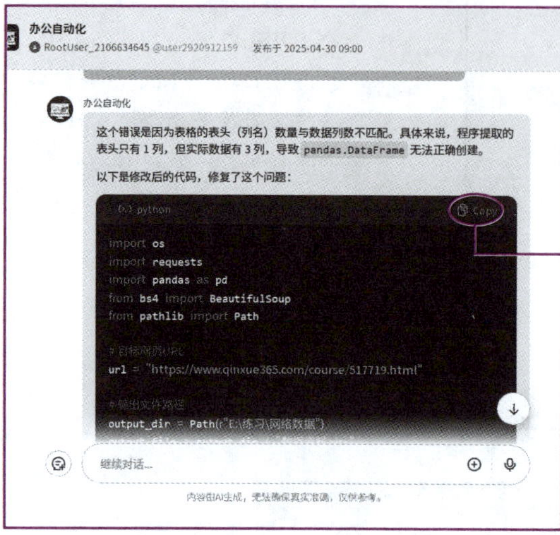
办公自动化
RootUser_2106634645 @user2920912159 发布于 2025-04-30 09:00
办公自动化
这个错误是因为表格的表头（列名）数量与数据列数不匹配。具体来说，程序提取的表头只有 1 列，但实际数据有 3 列，导致 pandas.DataFrame 无法正确创建。
以下是修改后的代码，修复了这个问题：
python
Copy
import os
import requests
import pandas as pd
from bs4 import BeautifulSoup
from pathlib import Path
url = "https://www.qinxue365.com/course/517719.html"
output_dir = Path(r"E:\练习\网络数据")
继续对话...

⑦ 在智能体修改后的 Python 程序框右上角，单击“Copy”按钮复制所修改的程序代码。

⑧ 在 IDLE 文件中将之前的程序代码删除，之后按“Ctrl+V”组合键，将修改后的 Python 程序代码粘贴到文件中，并按“Ctrl+S”组合键保存程序文件。接着按 F5 键运行修改后的程序代码，继续对程序代码进行测试。

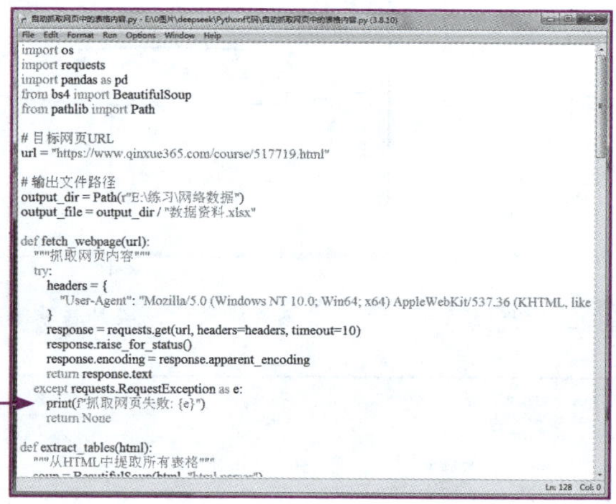
File Edit Format Run Options Window Help
import os
import requests
import pandas as pd
from bs4 import BeautifulSoup
from pathlib import Path
# 目标网页URL
url = "https://www.qinxue365.com/course/517719.html"
# 输出文件路径
output_dir = Path(r"E:\练习\网络数据")
output_file = output_dir / "数据资料.xlsx"
def fetch_webpage(url):
"""抓取网页内容"""
try:
headers = {
"User-Agent": "Mozilla/5.0 (Windows NT 10.0; Win64; x64) AppleWebKit/537.36 (KHTML, like
}
response = requests.get(url, headers=headers, timeout=10)
response.raise_for_status()
response.encoding = response.apparent_encoding
return response.text
except requests.RequestException as e:
print(f"抓取网页失败: {e}")
return None
def extract_tables(html):
"""从HTML中提取所有表格"""
Ln: 128 Col: 0

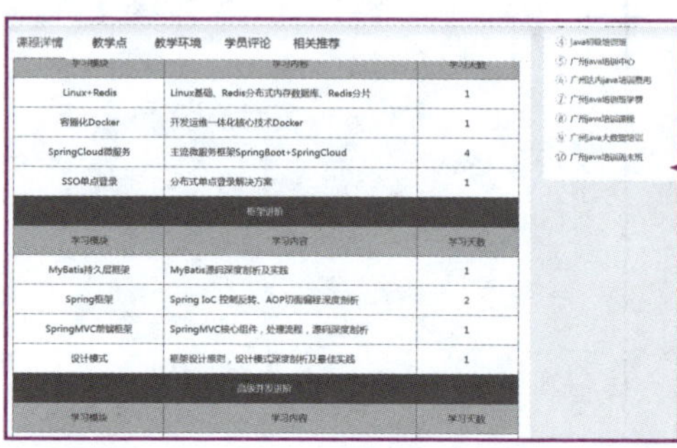
课程详情 教学点 教学环境 学员评论 相关推荐
Linux+Redis
容器化Docker
SpringCloud微服务
SSO单点登录
学习模块 学习内容 学习天数
MyBatis持久层框架
Spring框架
SpringMVC前端框架
设计模式

要抓取的网页页面。

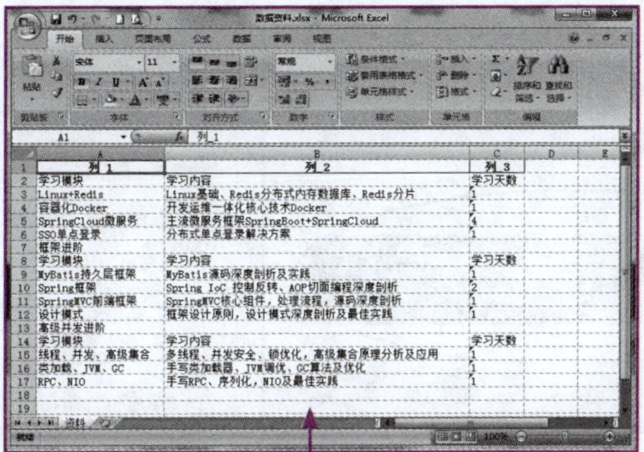

⑨ 运行程序代码后，打开新建的“数据资料 .xlsx”Excel 文件，看到成功抓取了指定网页中的表格，说明程序运行正常。

图 9-5 自动抓取网页中的表格内容

9.2.4 案例：批量抓取多个网页中的内容

通过智能体编写一个 Python 程序，来实现自动抓取多个网页中的内容。具体要求为：

编写一个 Python 程序，批量抓取多个网页中的内容。网页的网址保存在“url.ini”文件中。将抓取的内容保存到一个命名为“250524 资料 .docx”的 Word 文档中，并将此 Word 文档保存到 E 盘中“练习”文件夹中“网络数据”子文件夹中。如图 9-6 所示。

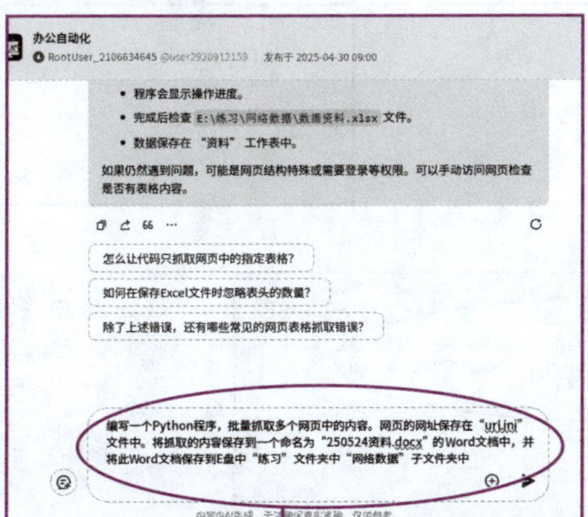

① 登录智能体，在智能体的对话框中输入编程要求（见上面），然后单击“发送”按钮。

图 9-6

办公自动化
RootUser_2106634645 @user2920912159 发布于 2025-04-30 09:00
• 自动分页
• 文件保存为 E:\练习\网络数据\250524资料.docx
使用说明:
1. 安装依赖库:
bash
Copy
ip install requests beautifulsoup4 python-docx configparser
2. 准备 url.ini 文件:
• 在与脚本相同目录下创建 url.ini 文件
• 按照示例格式添加要抓取的 URL
3. 运行程序:
bash
Copy
python batch_web_crawler.py
继续对话...
内容由AI生成，无法确保真实准确，仅供参考。

② 在智能体编写的 Python 程序后的说明中，查看所编写的 Python 程序需要使用的库（如图中的 requests、beautifulsoup4、python-docx、configparser 库）。如果电脑中已经安装这些库，则不用再安装；如果没有安装这些库，则需要在“命令提示符”下安装这些库。

③ 在智能体编写的 Python 程序后的说明中，提示创建存放网页网址的“url.ini”配置文件，并给出配置文件的格式。

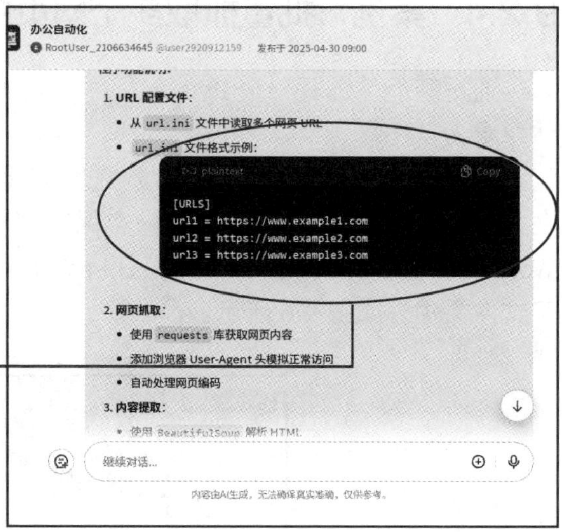
办公自动化
RootUser_2106634645 @user2920912159 发布于 2025-04-30 09:00
1. URL 配置文件:
• 从 url.ini 文件中读取多个网页 URL
• url.ini 文件格式示例:
plaintext
Copy
[URLS]
url1 = https://www.example1.com
url2 = https://www.example2.com
url3 = https://www.example3.com
2. 网页抓取:
• 使用 requests 库获取网页内容
• 添加浏览器 User-Agent 头模拟正常访问
• 自动处理网页编码
3. 内容提取:
• 使用 BeautifulSoup 解析 HTML
继续对话...
内容由AI生成，无法确保真实准确，仅供参考。

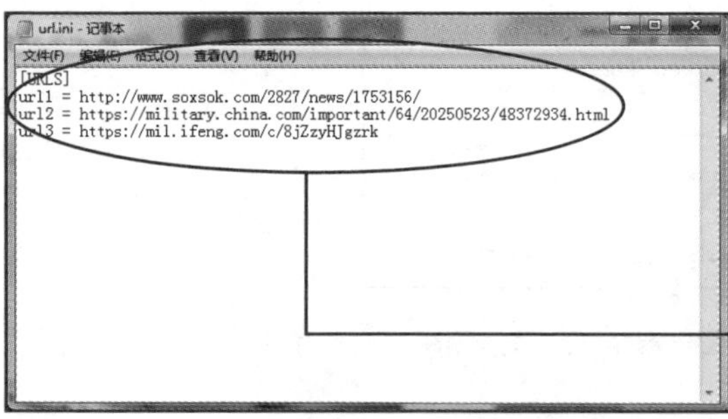
url.ini - 记事本
文件(F) 编辑(E) 格式(O) 查看(V) 帮助(H)
[URLS]
url1 = http://www.soxsok.com/2827/news/1753156/
url2 = https://military.china.com/important/64/20250523/48372934.html
url3 = https://mil.ifeng.com/c/8jZzyHJgzrk

④ 创建一个记事本文件，然后按照上一步中提示的配置文件的内容，将抓取的网页的网址写入配置文件。

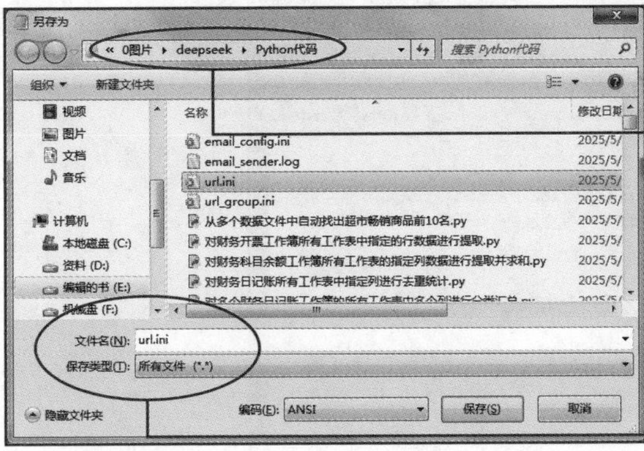
另存为
« 0图片 ▸ deepseek ▸ Python代码
搜索 Python代码
组织 ▾
新建文件夹
视频
图片
文档
音乐
计算机
本地磁盘 (C:)
资料 (D:)
编辑的书 (E:)
机械盘 (F:)
名称
修改日期
email_config.ini
email_sender.log
url.ini
url_group.ini
从多个数据文件中自动找出超市畅销商品前10名.py
对财务开票工作簿所有工作表中指定的行数据进行提取.py
对财务科目余额工作簿所有工作表的指定列数据进行提取并求和.py
对财务日记账所有工作表中指定列进行去重统计.py
文件名(N): url.ini
保存类型(T): 所有文件 (*.*)
隐藏文件夹
编码(E): ANSI
保存(S)
取消

⑤ 保存记事本文件，在“保存类型”栏选择“所有文件”，在“文件名”栏输入“url.ini”，并设置保存文件夹为程序代码保存的文件夹（即将配置文件和程序代码文件放在同一个文件夹中），然后单击“保存”按钮。

⑥ 在智能体编写的 Python 程序框右上角，单击“Copy”按钮复制所编写的程序代码。

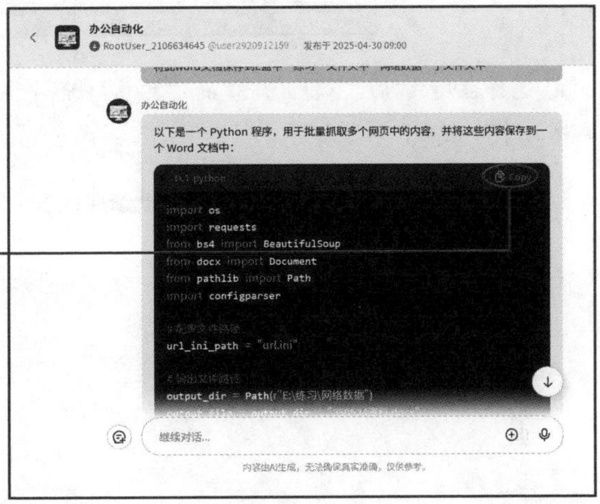
办公自动化
RootUser_2106634645 @user2920912159 发布于 2025-04-30 09:00
办公自动化
以下是一个 Python 程序，用于批量抓取多个网页中的内容，并将这些内容保存到一个 Word 文档中：
python
Copy
import os
import requests
from bs4 import BeautifulSoup
from docx import Document
from pathlib import Path
import configparser
url_ini_path = "url.ini"
output_dir = Path(r"E:\练习\网络数据")
继续对话...
内容由AI生成，无法确保真实准确，仅供参考。

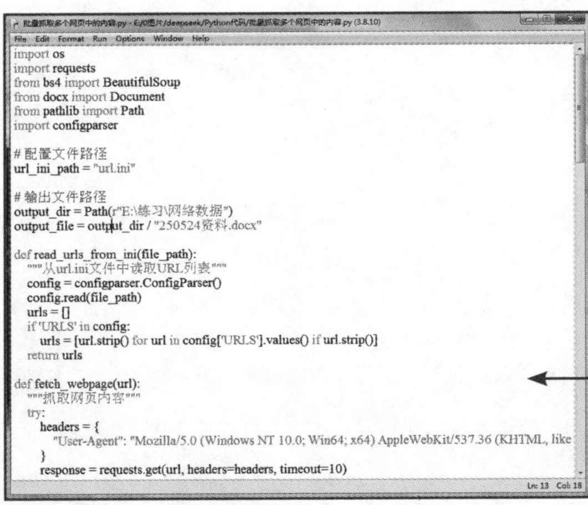
批量抓取多个网页中的内容.py - E:/0图片/deepseek/Python代码/批量抓取多个网页中的内容.py (3.8.10)
File Edit Format Run Options Window Help
import os
import requests
from bs4 import BeautifulSoup
from docx import Document
from pathlib import Path
import configparser
# 配置文件路径
url_ini_path = "url.ini"
# 输出文件路径
output_dir = Path(r"E:\练习\网络数据")
output_file = output_dir / "250524资料.docx"
def read_urls_from_ini(file_path):
"""从url.ini文件中读取URL列表"""
config = configparser.ConfigParser()
config.read(file_path)
urls = []
if 'URLS' in config:
urls = [url.strip() for url in config['URLS'].values() if url.strip()]
return urls
def fetch_webpage(url):
"""抓取网页内容"""
try:
headers = {
"User-Agent": "Mozilla/5.0 (Windows NT 10.0; Win64; x64) AppleWebKit/537.36 (KHTML, like
}
response = requests.get(url, headers=headers, timeout=10)
Ln: 13 Col: 18

⑦ 打开“IDLE Shell”程序，新建一个 IDLE 文件，按“Ctrl+V”组合键，将 Python 程序代码粘贴到新建的文件中，并按“Ctrl+S”组合键保存程序文件。接着按 F5 键运行编写的程序代码，对程序代码进行测试。

图 9-6

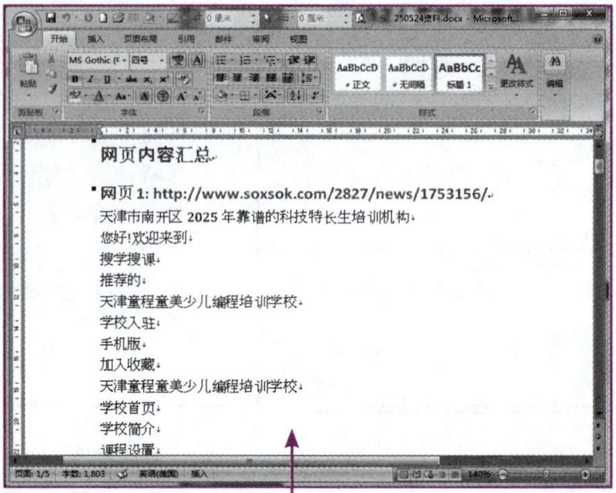

⑧ 运行程序代码后，打开新建的“250524 资料 .docx” Word 文档，看到成功批量抓取了网页中的内容，说明程序运行正常。

图 9-6　批量抓取多个网页中的内容